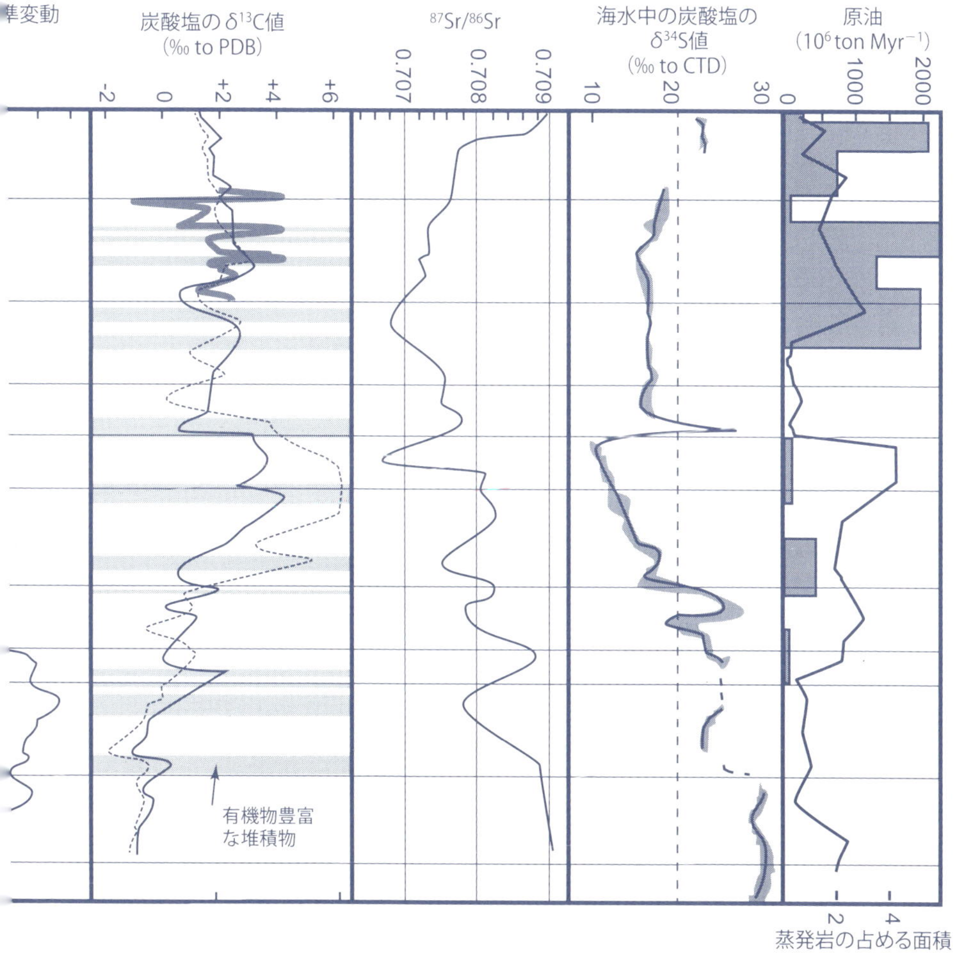

| 準変動 | 炭酸塩のδ¹³C値
(‰ to PDB) | ⁸⁷Sr/⁸⁶Sr | 海水中の炭酸塩の
δ³⁴S値
(‰ to CTD) | 原油
(10⁶ ton Myr⁻¹) |

有機物豊富な堆積物

蒸発岩の占める面積

気候(Frakes *et al.*, 1992)，太平洋スーパープルーム活動(Maruyama, 1994)，生物絶滅イベント(Barnes *et al.*, 1995; Morrow *et al.*, 1995)，平均気温(Frakes *et al.*, 1992)，平均降水量(Frakes, 1979)，生物絶滅(属レベル)(Sepkoski, 1995)，生物多様性(属レベル)(Sepkoski, 1995)，海水準変動(Hallam, 1984, 1992)，炭酸塩のδ¹³C値(顕生代の実線；Holser, 1984，顕生代の点線：Kump, 1989，中生代のみの太線；Weissert, 1989)，⁸⁷Sr/⁸⁶Sr比(Burke *et al.*, 1982; Keto and Jacobsen, 1987)，海水中の硫酸塩のδ³⁴S値(Holser and Magaritz, 1987)，原油(Tissot, 1979)，蒸発岩の占める面積(Bluth and Kump, 1991)．これらのデータおよびグラフをまとめた川幡(1998)の図を改変．

地球表層環境の進化

先カンブリア時代から近未来まで

川幡穂高［著］

東京大学出版会

The Evolution of Earth's Surface Environment
From the Precambrian to the near future

Hodaka KAWAHATA

University of Tokyo Press, 2011
ISBN 978-4-13-062720-7

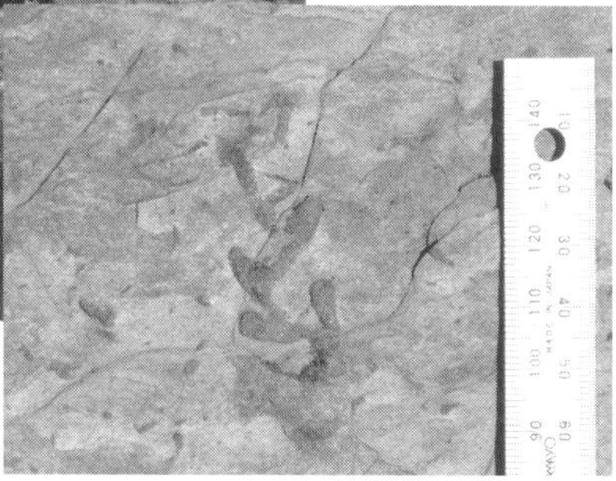

口絵1 カナダ東部のニューファンドランド島における先カンブリア時代/古生代境界（横線）と *Treptichnus*（*Phycodes*）*pedum* の生痕化石（望月貴文氏提供）

口絵2 三葉虫 *Elrathia*（守屋和佳博士提供）

口絵 3　腕足類 *Cyrtospirifer* sp.（中国産，古生代デボン紀産出）（椎野勇太博士提供）

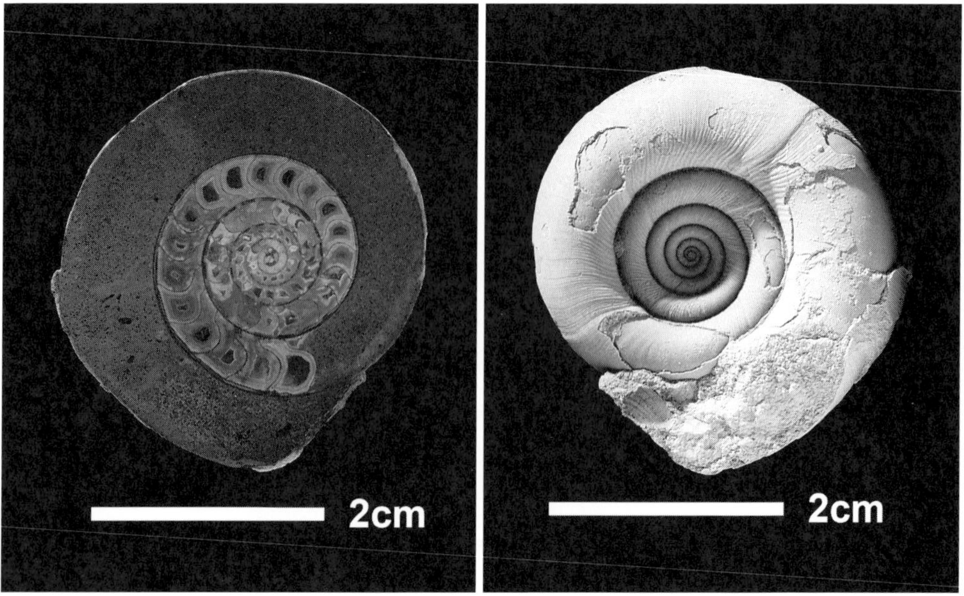

口絵 4　アンモナイト *Gaudryceras tenuiliratum*（北海道小平地域，蝦夷層群産出）（守屋和佳博士提供）

口絵 5　アンモナイト *Hoploscaphites nicolletii*（アメリカ合衆国，白亜紀マーストリヒト期産出）（守屋和佳博士提供）

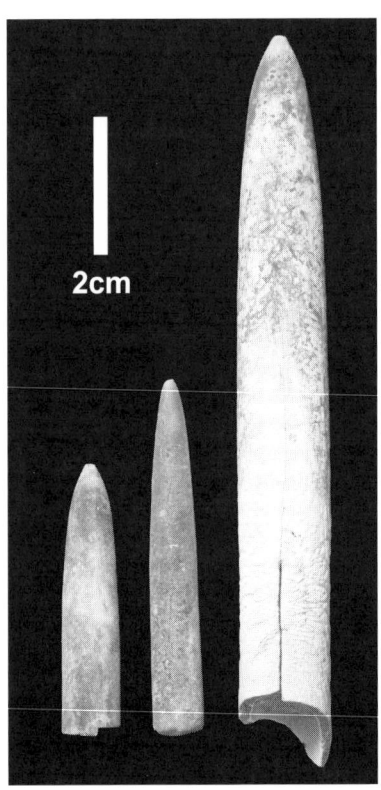

口絵 7 イノセラムス *Inoceramus*（*Platyceramus*）*japonicus*（北海道羽幌地域，蝦夷層群産出）（守屋和佳博士提供）

口絵 6 ベレムナイト *Belemunitella americana*（アメリカ合衆国サウスカロライナ，Peedee 層産出）（守屋和佳博士提供）

はしがき

　地球表層環境システムは，多種多様な影響力と時間スケールを持つ4つのサブシステム（大気圏，水圏，生物圏，地圏）から構成されている．現代という一つの時間断面で地球表層環境をみたのが，前著『海洋地球環境学―生物地球化学循環から読む』（東京大学出版会，2008年）であった．その環境が将来どのように変化していくのか，という問題を考えるためには，現在の環境がどのように形成されてきたのか，ということを理解することが重要である．これは私たちの生活する世界にもあてはまる．すなわち，文化，政治経済等，人間の営みも，毎日の積み重ねの結果を反映して，将来に結びついている．日々の変化は小さいかもしれないが，その積み重ねは非常に大きいものとなる．

　一方で，現代の地球表層環境システムの中には，過去の地球表層環境システムを経験してきた，いわば「経緯」のようなものが重要な働きをしていることが多い．たとえば，30億年前の当時は，大気中には酸素がほとんどなかった．当時の古細菌などの生物は，このような環境下で化学物質の酸化／還元で生活エネルギーを得ていた．現代の大気には酸素が十分含まれており，私たち人間や動物・植物の生活エネルギー（呼吸）は，有機物を酸素で酸化して得ているので，古細菌とはかなり異なっているではないかと思われるかもしれない．しかしながら，土壌や堆積物の中では，現在でも遊離酸素がほとんどない還元的な環境となっており，そこには同じようなプロセスで生活エネルギーを得ている微生物がたくさんいて，有機物をたえまなく分解して，地球的規模の生物地球化学循環の根幹を形成しているのである．

　第1章では，地球表層環境システムの理解のために，(1) 地球環境システムの総論，(2) 地圏・水圏・大気圏・生物圏の詳細，(3) 物質循環と時間スケール，(4) 熱収支と気候モデルについて紹介し，地球表層環境システムの位置付けについて説明する．また，地球環境を時系列の変化としてとらえる

際に最も重要な年代について解説する．第2章から第6章までは，先カンブリア時代，古生代，中生代，新生代，第四紀の地球環境と地圏・水圏・気圏・生物圏との関わりについて，これまで得られた知見を記載し，その進化の歴史とその背後にあるパラメータについて理解する．第7章では，これらの物質循環あるいは環境パラメータの重要な項目について，超長期の環境変動について整理する．最後の第8章では，これらの地球環境システムの全史を俯瞰した上で，近未来の地球環境を占うような現代環境を代表する現象を取り上げ，46億年という時間の流れの中で現代の地球環境システムがどのようなものであるのかについて考えたい．本書と前著『海洋地球環境学—生物地球化学循環から読む』とは姉妹本となり，この2冊で過去から近未来までの地球環境システムが系統的に網羅できると考える．

　本書を著すにあたり，西　弘嗣教授，磯﨑行雄教授，中澤　努博士，岡崎裕典博士，川口慎介博士，守屋和佳博士，黒柳あずみ博士，望月貴史様には原稿のご専門の部分に目を通して下さった．図は永好けい子様に描いてもらった．東京大学出版会の小松美加さんにもお世話になった．また，（独）産業技術総合研究所の鈴木　淳博士には研究も含めて大変お世話になった．以上の方々に感謝する次第です．

　さて，地球は「生命の星」と呼ばれているが，「生」と「死」が表裏一体の関係となっている．たとえば，光合成で有機物と酸素が生産されるが，呼吸ですべての有機物が酸化されてしまえば，酸素は事実上なくなってしまう．光合成で生じた有機物が酸化せずに，死後埋没したために，最終的に酸素が大気中に残存し，それを私たちが利用できるのである．また，現在地球上にいる生物種の総数は，記載された総種数で約150万種，未記載種も含めると約450万種とされている．一方，顕生累代に存在した種の総数は9億8200万種との推定もあり，長い時間の間に絶滅していったものが多かったと推定されている．岩石などの無生命からは生命は誕生せず，生命は生命のみから誕生するということを認めるならば，脊索動物であるナメクジウオから人間まで数億年が経過したことになる．両生類・爬虫類などは数年で大人になることを考慮すると，1世代平均数年で，次の世代に生命をバトンタッチしてきたことになる．約1億世代にわたってこの生命のバトンタッチは途切れも

なく連続し，最終的に今の自分にたどりついたことになる．本書の最終稿を書いていたこの1年間に相次いで両親を亡くした．両親から自分へもこの一つのバトンタッチをしたと考えられ，これらの一つ一つがこの星に生命を継続していくステップになるのであると思う．生命は地球表層環境ときってもきれない関係にあることを思い，本書を両親に捧げることにしたい．

2011年6月

川幡穂高

●本書で使われている略号・表記など

GME：川幡穂高著『海洋地球環境学—生物地球化学循環から読む』（2008年刊，東京大学出版会，ISBN978-4-13-060752-0）からの引用（たとえば，GME図2-1とあるのは，『海洋地球環境学』中の図2-1の意）

元素記号：B（ホウ素），C（炭素），Mg（マグネシウム），Ca（カルシウム），Mn（マンガン），Fe（鉄），Co（コバルト），Ni（ニッケル），Cu（銅），Zn（亜鉛），Sr（ストロンチウム），Mo（モリブデン），Pb（鉛），Th（トリウム），U（ウラン）

化学式：CH_4（メタン），CO（一酸化炭素），CO_2（二酸化炭素），HCl（塩化水素），HNO_2（亜硝酸），HNO_3（硝酸），H_2S（硫化水素），NH_3（アンモニア），SO_2（二酸化硫黄）

気体分圧：p_{CO_2}（大気中の二酸化炭素分圧），p_{O_2}（大気中の酸素分圧），p_{H_2}（大気中の水素分圧），p_{CH_4}（大気中のメタン分圧）

溶液分圧：P_{CO_2}（溶液中の二酸化炭素分圧）

単位：P（ペタ）＝10^{15}，T（テラ）＝10^{12}，G（ギガ）＝10^9，M（メガ）＝10^6，K（キロ）＝10^3，m（ミリ）＝10^{-3}，μ（マイクロ）＝10^{-6}，n（ナノ）＝10^{-9}，p（ピコ）＝10^{-12}，例：1Gt（ギガトン）＝1Pg（ペタグラム）＝10^{15}g

年代：Ga＝10億年前，Ma＝100万年前，Myr＝100万年間，Ka＝1000年暦年前，ka＝1000年前（^{14}C年代），kyr＝千年間（説明は1.2.2にあり）

そのほかの科学用語：CCD（Carbonate Compensation Depth；炭酸塩補償深度），IRD（Ice-Rafted Debris；氷源漂流砕屑物），LGM（Last Glacial Maximum；最終氷期最盛期），MIS（Marine Isotope Stage＝Oxygen Isotope Stage；海洋酸素同位体ステージ），PAL（Present Atmospheric Level；現在の大気濃度のレベル）

目次

はしがき

1. 地球表層環境システムと年代 ················· 1

1.1 地球表層環境システムの仕組み 1
 1.1.1 地球表層環境システムとサブシステム 1
 1.1.2 地圏・水圏・大気圏・生物圏 5
 1.1.3 エネルギー輸送・物質循環を支配する要因 19
 1.1.4 熱収支と気候モデル 23

1.2 年代 24
 1.2.1 相対年代と数値年代 24 1.2.2 年と年代数値の表記法 25
 1.2.3 相対年代の決定法 26 1.2.4 数値年代の決定法 28

APPENDIX 放射性年代の具体的求め方 31

2. 先カンブリア時代の地球表層環境 ················· 39

2.1 初期地球の形成 39
 2.1.1 鉱物より推定される大陸の誕生 39
 2.1.2 岩石と岩塊から推定される大陸の存在 41
 2.1.3 地殻の形成と地球表層環境への影響 41
 2.1.4 大陸の成長 42 2.1.5 原始大気 42 2.1.6 温室効果気体 44

2.2 生命の誕生と初期進化 45
 2.2.1 生命誕生への化学進化 45 2.2.2 生命誕生の痕跡 47
 2.2.3 生命の誕生と系統 49 2.2.4 従属栄養細菌と独立栄養細菌 50
 2.2.5 始生代初期の温度環境 51
 2.2.6 メタン生成菌と新たな温室効果気体候補 51
 2.2.7 硫黄同位体と硫酸還元菌の出現 52

2.3 大気・水圏での酸素濃度の上昇　54
　　2.3.1 クロロフィルの出現　54
　　2.3.2 シアノバクテリアの出現と遊離酸素の発生　55
　　2.3.3 海洋と大気での遊離酸素　56　　2.3.4 縞状鉄鉱床　57
　　2.3.5 大気中の酸素濃度の増加と生物生産　58
　　2.3.6 オゾン層の成立と紫外線の遮断　59

2.4 真核生物から多細胞生物への進化と環境　62
　　2.4.1 真核生物の出現　62
　　2.4.2 原核生物と真核生物のエネルギー代謝機構のまとめ　64
　　2.4.3 細胞内共生　65　　2.4.4 先カンブリア時代における p_{CO_2} の変化　66
　　2.4.5 超氷河時代である全球凍結　67
　　2.4.6 カンブリア紀の生命大爆発への基礎　69

3. 古生代の地球表層環境　72

3.1 先カンブリア時代とカンブリア紀との境界（Pc/C 境界）　72

3.2 カンブリア紀　73

3.3 カンブリア紀の生命大爆発　73
　　3.3.1 バージェス動物群　76　　3.3.2 補食圧　77　　3.3.3 三葉虫　78
　　3.3.4 リン酸および炭酸カルシウム　79
　　3.3.5 分子進化速度による進化年代の推定　80
　　3.3.6 脊索動物および脊椎動物の成立　81

3.4 オルドヴィス紀　83
　　3.4.1 魚類の成立と発展　85　　3.4.2 無顎類の登場　86
　　3.4.3 植物の陸上への進出　87

3.5 シルル紀　88
　　3.5.1 原始的な顎口類の登場　89　　3.5.2 軟骨魚類の登場　90
　　3.5.3 硬骨魚類の登場　91　　3.5.4 昆虫の登場と動物の陸上への進出　91

3.6 デヴォン紀　92
　　3.6.1 植物の発達と景観の変化　94
　　3.6.2 四足（四肢動物）陸上動物の成立　96

3.7 フラスニアン期／ファメニアン期境界（F/F 境界）　99

3.8 石炭紀　99
　　3.8.1 大規模な石炭の形成　103　　3.8.2 熱帯雨林の成立　105
　　3.8.3 陸上における食物連鎖　105　　3.8.4 爬虫類の出現と発展　106

3.9　ペルム紀（二畳紀）　108
　3.10　ペルム紀 / 三畳紀境界（P/T 境界）　110

4. 中生代の地球表層環境　115

　4.1　三畳紀　115
　4.2　三畳紀 / ジュラ紀（T/J）境界大量絶滅　117
　4.3　ジュラ紀　118
　　4.3.1　主竜類の繁栄　119　　4.3.2　鳥綱の発生　119
　　4.3.3　海洋の動物界　121　　4.3.4　藻類の進化と円石藻の出現　121
　　4.3.5　珪藻の出現とブルーム（大増殖）の確立　123
　　4.3.6　外洋の石灰質プランクトンの出現と海洋の物質循環の改変　125
　　4.3.7　ジュラ紀中期から白亜紀境界にかけての炭素循環　125
　4.4　白亜紀　126
　　4.4.1　白亜紀前期　127　　4.4.2　白亜紀中期　128
　　4.4.3　白亜紀の最高水温の記録　133
　　4.4.4　白亜紀中後期の高 p_{CO_2} 下での海水の中和プロセス　133
　　4.4.5　海洋無酸素事変　135
　　4.4.6　海洋無酸素事変と大規模火成活動（LIPs）　137
　　4.4.7　白亜紀の海洋環境と生物の生活様式　139
　4.5　中生代 / 新生代（K/Pg, K/T）境界　141
　　4.5.1　隕石の衝突　141
　　4.5.2　隕石衝突による地球環境への影響　142
　　4.5.3　生物の大量絶滅と生物地球化学サイクルの回復　143

5. 新生代の地球表層環境　146

　5.1　新生代の地球表層環境の長期変動　147
　　5.1.1　新生代の長期変動と関連する地殻変動（テクトニクス）イベント　147
　　5.1.2　新生代の深層水温と氷床の長期変動　148
　5.2　古第三紀の地球表層環境　149
　　5.2.1　暁新世の地球表層環境　149
　　5.2.2　暁新世 / 始新世境界の地球表層環境　150
　　5.2.3　始新世の地球表層環境　153
　　5.2.4　始新世 / 漸新世境界の地球表層環境　155

        5.2.5 寒冷化気候の生命圏への影響　159
　5.3　新第三紀の地球表層環境　162
        5.3.1 中新世におけるテチス海の消滅の完了　162
        5.3.2 中新世の前半の地球表層環境　163
        5.3.3 地殻変動による気候や炭素循環への影響　164
        5.3.4 中新世後期の地球表層環境　168　　5.3.5　鮮新世の地球表層環境　174

6. 第四紀の地球表層環境　176

　6.1　第四紀の氷期・間氷期とミランコビッチサイクル　176
        6.1.1 ミランコビッチサイクル（10^4-10^5 年周期）　176
        6.1.2 海洋堆積物に保存されたミランコビッチサイクル　179
　6.2　氷期・間氷期の環境　180
        6.2.1 海底堆積物からの氷期・間氷期の復元　180
        6.2.2 氷床コアからの氷期・間氷期の復元　184
        6.2.3 退氷期（融氷期）の環境　187　　6.2.4 完新世（後氷期）の環境　189
        6.2.5 過去5回の間氷期の違い　190
　6.3　短周期の環境変動（ダンスガード・オシュガーサイクル，10-10^2 年周期）　191
　6.4　氷期・間氷期の物質循環変動　193
        6.4.1 大陸起源の風送塵の供給と炭素循環への影響　193
        6.4.2 深海での炭酸塩の溶解　194　　6.4.3 一次生産　196
        6.4.4 大気中の p_{CO_2} の支配要因　198
　6.5　気候・環境変動への地球的あるいは地域的な応答　200
        6.5.1 中・低緯度の環境変動とグローバルな環境変動　201
        6.5.2 高緯度の環境変動とグローバルな環境変動　201
        6.5.3 南北両極域間の相互作用　202
        6.5.4 南北半球における降水量の逆相関　202
　6.6　西太平洋での氷期・間氷期の環境変動　204
        6.6.1 海氷と北太平洋中層水の形成（オホーツク海および周辺海域）　204
        6.6.2 氷期での孤立海と成層化による無酸素水（日本海）　206
        6.6.3 暗色堆積層の形成とD-Oサイクル（日本海，東シナ海，南シナ海）　208
        6.6.4 太平洋の赤道および亜熱帯循環の応答（鹿島沖，東シナ海，西赤道太平洋）　210

7. 超長期の環境変動 ... 213

7.1 先カンブリア時代以降の地球表層環境システム変化 213
  7.1.1 遊離酸素濃度（p_{O_2} と P_{O_2}）の変化 213
  7.1.2 海水の溶存遷移金属濃度の変化 217

7.2 顕生代の地球表層環境システム変化 219
  7.2.1 気候と海水準の変化 219
  7.2.2 生物多様性と有機物の埋没の変化 221
  7.2.3 海水の溶存無機炭素の $\delta^{13}C$ 値の変化 222
  7.2.4 硫黄同位体比の変化 224
  7.2.5 大気中の二酸化炭素濃度（p_{CO_2}）の変化 225
  7.2.6 海水の $\delta^{18}O$ 値の変化 227 7.2.7 海水の Sr 同位体比の変化 229
  7.2.8 海水の Mg/Ca 比の変化 231 7.2.9 海水の Ca 同位体比の変化 232
  7.2.10 海水のシリカ濃度 233

7.3 宇宙線の気候への影響 236

8. 人間圏の成立と現代・近未来環境の行方 ... 238

8.1 人類の発展と環境 238
  8.1.1 人類の進化系統樹 238 8.1.2 人類の進化と代謝消費エネルギー 241
  8.1.3 中東地域での融氷期から完新世への気候変動と人類の活動 242
  8.1.4 完新世の人類の活動と周辺環境 243 8.1.5 縄文時代 244
  8.1.6 紀元以降の人類の活動と周辺環境 246
  8.1.7 完新世の人類の活動と地質災害 248

8.2 人間圏と現代から未来の地球表層環境 250
  8.2.1 エネルギー消費量の増大 250 8.2.2 水問題そして仮想水 251
  8.2.3 地球温暖化で代表される環境変化速度 253
  8.2.4 p_{CO_2} の増加に伴う「海洋酸性化」と大量絶滅 255
  8.2.5 エネルギー資源と地球環境問題 257
  8.2.6 陸域動物の炭素重量と「地球の容量の限界」 258
  8.2.7 地球表層環境システムの重心 259

文献 261

索引 284

大陸配置図 290

1. 地球表層環境システムと年代

　地球表層環境システムは，多種多様な影響力と時間スケールを持つ4つのサブシステム（大気圏，水圏，生物圏，地圏）から構成され，各々の圏の地球誕生からの履歴を経て，現在の状況となった．それを理解するために，まず第1章で，地球表層環境システムを変化させる因子や過程，そして時系列データの基本となる年代について解説する．続く第2-6章で先カンブリア時代から第四紀までの地球表層環境システムについて解説する．そして，第7章では超長期の環境変動について整理する．そして，最後の第8章では人類の誕生とその発展を扱うとともに，全地球環境史を俯瞰し，かつ象徴的な事項を紹介しながら，地球表層環境システムの近未来の将来像について述べる．

　この本では現代の生物地球化学循環が抜けているが，これについては川幡(2008)［GME］ですでに系統的に解説したので，これを参照されたい．

1.1 地球表層環境システムの仕組み

1.1.1 地球表層環境システムとサブシステム

　地球表層環境システムでは，4つのサブシステムにおける物理学的，化学的，生物学的，地球科学的プロセスが，物質循環，エネルギー輸送を介して密接に関連している（図1-1）．概して，大陸配置などに関係した地圏が土台を提供し，ほかのサブシステムが相互作用を及ぼし合うという階層構造が顕著である［GME 図1-1］．

　現代では，人類を生物圏の構成員の一つとするには，その環境への影響力があまりにも大きな場合もあるので，人間圏と呼ぶこともある．たとえば，南極上空のオゾンホールで代表されるように，自然界には存在しなかった化学物質（フロン）[*1A]による環境破壊がよい例である．

　現代の環境は時系列の観点からは，「スピード」がキーワードとなる．地

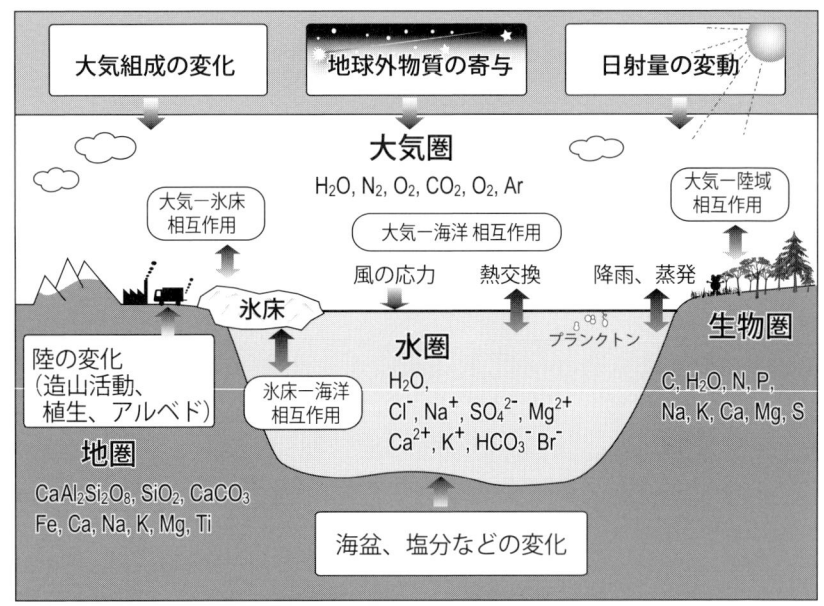

図 1-1 　地球表層環境システムの構成要素

球が誕生してから現在までの期間（46億年）を1年間とすると，私たちの直接の祖先である人類（ホモサピエンス）が出現した20万年前は12月31日の23時38分頃に，さらに，人類の影響によって地球環境が大きく影響を受けた20世紀は，あと1秒間で1年間が終了する12月31日の23時59分59秒すぎに相当する（8.1.1）．人類の影響による地球環境問題の問題点は，自然による環境変動幅を超えてしまったとともに，環境変化のスピードがとても速いことである．自然が経験した変化の速い時代と比べても，現代では人類の影響による変化の速さが10-1000倍にのぼる環境項目がある．

地球表層環境システムの変遷においては，人類圏の存在しなかった遠い過去から，4つの圏が相互作用をしながら共進化をしてきた．水圏での無機・有機反応の末に，生物の栄養となる物質が蓄積し，地球史の半分弱の時点で光合成生物が誕生し，そのために水圏，大気圏に遊離酸素（O_2）が存在す

---

*1A：フレオン（freon）が正式名称．炭化水素の水素を塩素やフッ素などのハロゲン元素で置き換えた数多くの化合物の総称．

るようになり，大規模な鉄鉱床が形成され，大気組成も変化した．生物自体も遊離酸素を効率的に利用できるように進化し，生物多様性は中断をはさみながらも増加してきた．また，土壌は基本的に鉱物と有機物の混合物であり，その有機物は陸上動植物に由来するものなので［GME 図 5-3］，生物が陸上に進出する以前には，私たちが現在見ているような通常の土壌環境はなかったということになる（横山，2002）．

　地球表層環境システムを時間との関係から見ると，さまざまなタイムレンジの現象が重なっていることがわかる．10 億年以上の超長期の変化では，太陽輝度の増加，p_{CO_2} の減少が挙げられる．数億年スケールでは，マントルのスーパープルーム活動の変動が挙げられる．これとリンクする海台の生成や火山活動の盛衰は，p_{CO_2} の変化，石炭・石油の生成などをもたらす（Irving *et al.*, 1974；Larson, 1991a,b；ラーソン，1995）．プレートテクトニクスによるプレート移動に伴う大陸の離合集散，超大陸の成立による内陸での乾燥化，海岸線の減少に伴う沿岸環境の消滅も億年スケールである．数百万年から 1000 万年のスケールでは，海峡の成立による中深層循環の変化，大陸衝突による造山運動に伴う大気循環の変化がある（たとえば，Kennett, 1982）．もっと短い時間スケールでは氷期・間氷期変動が挙げられる．カナダや北欧は 2 万年前には厚さ 2-3 km の氷床によって覆われていて，海水準も現在より 120 m も低く，現代とはかなり異なる地球表層環境であった．さらに短いスケールでは中生代/新生代境界での隕石衝突が挙げられる（Alvarez *et al.*, 1984, 1992）．

　これまで地球表層環境システムは，一方向のトレンドを持つ不可逆変化（change）と，周期的な変動（fluctuation）を経験してきた．つまり，長期と短期イベントがおりなす相互作用によって変遷してきたとも言える（川上，1995）．地球表層環境システムのリザーバーと元素の滞留時間という観点から地球層の環境変動を分類したものを図 1-2 に示す：①産業革命以降の現代の 200 年間，②産業革命以前の完新世，③氷期・間氷期が繰り返した第四紀，④数千万年の単位の期間（たとえば新生代），⑤顕生代を含む億年単位の期間，そして，⑥隕石の衝突を含む宇宙起源物質の寄与（川幡，1998），のように分類できる．

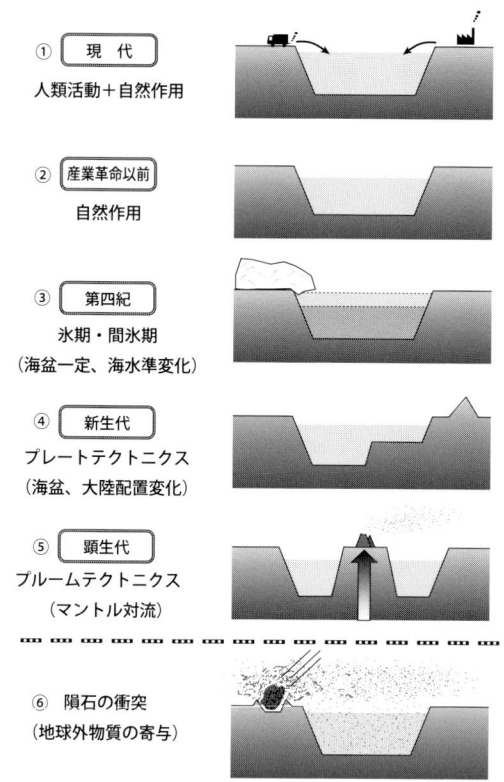

図1-2 地球表層のリザーバーと元素の滞留時間という観点から地球表層の環境変動を分類した場合の物質循環様式における模式図(川幡, 1998)

　現代は, 産業革命以前のいわばバックグラウンドに相当する地球表層環境が, 人類の活動により乱されている時代であるということができる. 氷期・間氷期に相当する第四紀の特徴は, 高緯度域での環境変動と海水準変動である. この時間範囲では海盆の形状はほとんど一定である. これより時間が長くなると, プレートの移動によって大陸や海盆の形状が変化し, 海洋表層循環や海洋大循環, 陸源物質の海洋への供給, 海溝付近でのマントルへの物質の供給, 大陸への海洋物質の付加などが起こる. 数千万年から数億年の時間レンジになると, マントルの深部まで含めた物質循環が重要となってくる. 顕生代を通じて何回かスーパープルームの活動のあったことが知られている. これ以外に重要なものとして, 地球外物質の地球表層リザーバーへの供給が挙げられる. これは, 地球最表層リザーバーへの衝撃的なフラックスという形で特徴付けられる.

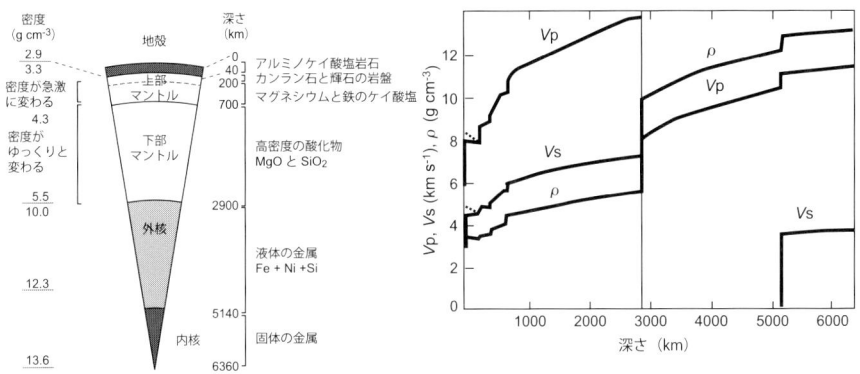

図 1-3 （a）地球の層状構造，（b）地球の内部構造
V_p は地震波 P 波（primary wave）すなわち疎密波の速度，V_s は地震波 S 波（secondary wave）すなわち剪断波の速度，ρ は密度（Dziewonski and Anderson, 1981 に基づき唐戸, 2000）．

1.1.2　地圏・水圏・大気圏・生物圏

　地球表層環境システムを理解するためには，①地圏・水圏・大気圏・生物圏というサブシステムの概略，②エネルギー輸送・物質循環を支配する地球内および地球外因子，を知ることが必要である．加えて，③タイムスケールに応じて異なった物質循環システムが存在し，④温度と気候についても大局的な端成分があることについて整理する．

　地球の構造は基本的に密度の成層構造で特徴づけられる（図 1-3）．基本的に地球内部より地圏，水圏，大気圏の順に密度は低くなる．しかも各々の圏は，固有の①化学組成，②物性，③循環に要する時間，を有している．

（1）地圏

　太陽から供給される熱エネルギーは 350 W m^{-2} で，地球内部からのそれは数千分の 1 の 60 mW m^{-2} である．それゆえ，圧倒的な太陽由来のエネルギーで駆動するシステムのほうに注目が集まっているが，地球内部からのエネルギーは，火山活動などを伴って，①大陸移動による大陸配置，②海盆地形，③大気圏への CO$_2$ の供給，を介して長期の地球表層環境システムに根本的な影響を及ぼしてきた．

　地球内部の構造は，地殻，マントル，核に分類される．地殻は海洋と大陸でその性質は大きく異なる．海洋地殻は玄武岩質で密度（ρ）が 2.9-3.2 g

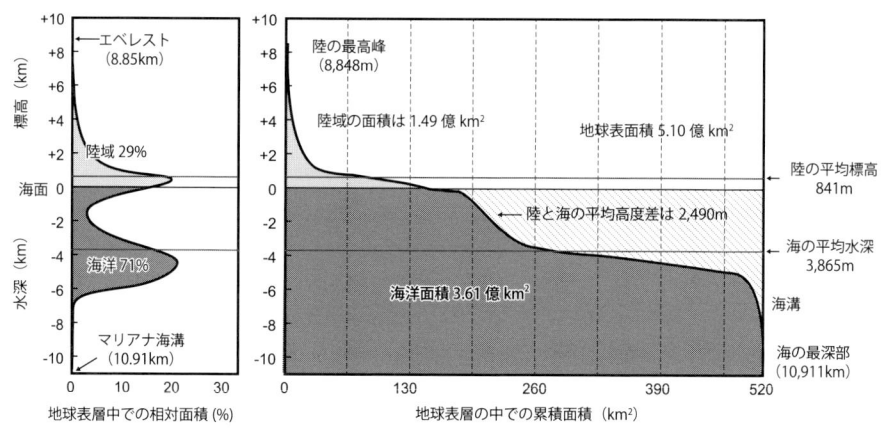

図1-4 高度あるいは水深別の面積のヒストグラム（小林，1977を改変）
分布は2つピーク（bimodal）を持っているが，これは陸と海洋の岩石が異なった化学・鉱物組成を反映し密度が違うことに起因している．

cm^{-3}と高い．大陸地殻は玄武岩質と推定される下部地殻と，密度が2.6-2.8 g cm^{-3}と低い花崗岩質の上部地殻から構成されている．これらはアイソスタシー効果で上部マントル（$\rho = 3.3$ g cm^{-3}）に浮いた状態となっているので，地殻の厚さ（地殻とマントルの境界面であるモホ面までの深さ）は海洋で約6 km，陸域で約30-60 kmとなる．密度差を反映し，陸地の平均高度は841 m，海底の平均水深は3865 mである（図1-4）．地球史の初期には，大陸の中核をなす花崗岩の形成も未発達であったため，地球表層の標高差も小さく，海面上に露出している大陸面積は小さかったと推定され，大陸の物理・化学風化も限定されていたと考えられる．

現在，地球表層は，基本的に剛体としてふるまう厚さ数十〜200 km（平均100 km）の十数個のプレートに覆われている．各々のプレートは数〜数十 cm yr^{-1}の速度で地球表面を別々の方向に移動している．プレートの境界（plate boundary）は，①収束型（convergent），②発散型（divergent），③平衡移動型（translational）という3種類に分類される．①は海溝および造山帯，②は中央海嶺（拡大センター），③はトランスフォーム断層に対応している（上田，1989）．

中央海嶺ではプレートが拡大し，発散型境界となる．マグマは中央海嶺玄

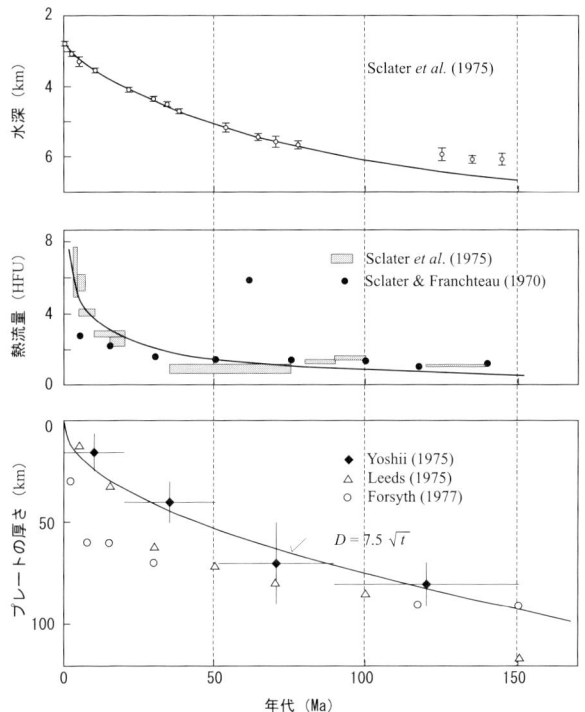

図 1-5 海洋プレートの冷却による海洋底の水深,熱流量,プレートの厚さの変化
(上田, 1989 を改変)

武岩(Mid Ocean Ridge Basalt:MORB)として噴出し,新しい海洋地殻が形成され,両側に広がっていく.海洋プレートが冷却するにつれプレートの厚さも増加し,海底も深くなっていく.0-80 Ma の海底では,水深 d(km)と海底年代 t(Myr)との間に,経験的に $d = 2900 + 270 \times t^{1/2}$(Hayes and Pitman, 1973)の関係がある(図 1-5).西部北太平洋の海底年代は 1 億年以上なので,海底深度は 4-6 km で,若い年代の東部太平洋より深くなっている.白亜紀のように拡大速度が高かった場合には,海底年代の平均値も若くなり,平均水深も浅いために,海盆容量が小さくなり,あふれた海水により大陸周辺が水没し,海進が起こった.海水準の変動とその変動時間と因子をまとめたのが,図 1-6 である.比較的長時間の変動はテクトニックな因子に,短時間の変動は氷床・海洋などの変動によることが多い(Miller et al., 2005).

1.1 地球表層環境システムの仕組み ── 7

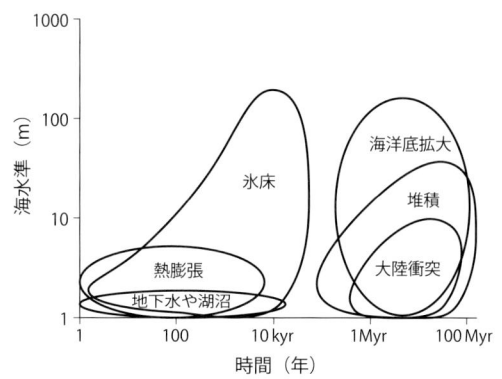

図 1-6　海水準変動とその変動時間と因子（Miller *et al.*, 2005）

　プレートが互いに近づく収束型境界は，沈み込み帯（subduction zone）と呼ばれ，海洋プレートがほかのプレートの下に潜り込む海溝（trench）を形成する．古い海洋プレートは次々に地球内部に潜り込んでしまい，新しいプレートにより置き換わるので，海洋底の年代は通常 2 億年以下である．海溝から沈み込んだ海洋プレートから水が絞り出され，その水によりマントルの融点が下がり，マグマが発生し，島弧では火山活動が発達する［GME 図 1-2］（巽，1995）．大陸地殻が載ったプレートは，原則としてマントルに沈み込まず，地球表面を水平方向に移動する．大陸が移動して，別の大陸と衝突し，大陸同士が合体すると，パンゲアなどの超大陸が形成されたり，ヒマラヤ山脈・チベット高原などの標高の高い地形が形成される（Sakai *et al.*, 2006）．

(2) 水圏

　地球は「水惑星」と呼ばれ，水は水圏（海洋，氷床，地下水，湖沼，河川など）に存在する．全水量は約 $14.1 \times 10^{17}\,\mathrm{m}^3$ で，海水はその約 97% を占めており（$13.7 \times 10^{17}\,\mathrm{m}^3$），淡水は全体の約 3% にすぎない（表 1-1）．海洋は質量にして大気の約 270 倍，熱容量にして約 1100 倍，炭素蓄積量にして約 50 倍の規模なので，地球表層環境システムの「重心」となっている．

　純粋な水は「H_2O」と表示され，常温，大気圧下で無色透明の液体である．水素結合（結合エネルギーは約 $20\,\mathrm{kJ\,mol^{-1}}$）により，沸点，融点ともにほ

表 1-1 水圏における水存在量

貯水空間	貯水量（×10^6 km^3）	全体に占める割合（％）
海洋	1370	97.253
氷河など	29	2.059
地下水	9.5	0.674
湖沼	0.125	0.009
土壌	0.065	0.005
大気中	0.013	0.000
河川	0.0017	0.0000
生物圏	0.0006	0.00000
合計	1408.7053	100.00000

かの分子から予想されるよりずっと高い温度となっている．1気圧（1.01325×10^5 Pa）下で，沸点は100℃（正確には99.974℃），融点は0℃となる（実は99.974℃以下の水蒸気も，0℃以下の水も存在する）（鈴木，1980，2004）[GME 図 3-1]．地球では，①極域に固体の氷，大気中に気体の水蒸気，海洋に膨大な量の液体の水が存在し，②気相-液相-固相での相転換による大きなエネルギーのやりとり（蓄積/放出）を通じ，③大気，海水循環を介して，地球表層環境システムの温度の平準化（海水温は0-30℃）がなされてきた[GME 図 1-3]．月はこれと対照的に，太陽からの距離は地球と同じであるにもかかわらず，大気と海洋がないため，太陽に面した赤道付近で110℃，逆側で-150℃と温度差が非常に大きい．

海洋

海水の平均塩分は3.5％で，主要成分について十分に混合された状態なので，その組成は全世界で同じである[GME 表 3-1]．塩分は，沿岸海域では淡水流入などで低くなり，蒸発が盛んなところで高くなる．海水密度は水温と塩分に依存し，外洋水の密度は1.0250-1.0280 g cm^{-3}と一見小さい変動幅であるが，地球的規模の海洋深層大循環はこの海水密度の差によって支配されている[GME 図 3-4]．密度は主に塩分と温度の関数なので，熱塩循環とも呼ばれることもある．低温で高塩分の海水の密度は高い．現在の海洋では，高密度の表層海水は北部北大西洋のグリーンランド沖（グリーンランド海，ラブラドル海）に存在し，北大西洋深層水（NADW：North Atlantic Deep Water）となり，大西洋を南下し，南極海に入り，ウェッデル海で再

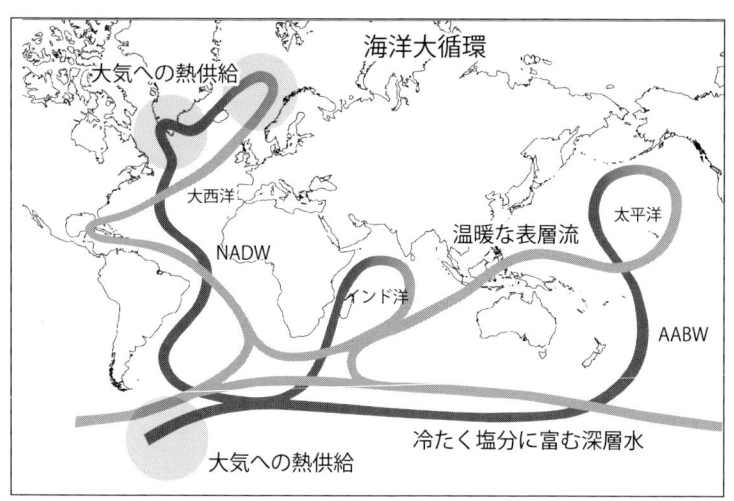

図1-7　海洋大循環の模式図（Broecker and Peng, 1982）

冷却され，南極海底層水（AABW；Antarctic Bottom Water）となる．このAABWは，東向きに南極のまわりを周回し，インド洋，太平洋，そして大西洋の南端にきたとき一部が分離し，北上する（Broecker and Peng, 1982）（図1-7）[GME 図3-6]．

海水と真水は凍結に関して異なった挙動をする．真水は3.98℃で最大密度となるので，池や湖などでは4℃以下になると対流が起こりにくく，表面に氷が張っても底層水は4℃前後に保たれる場合が多い．一方，海水では全体が氷点となるまで密度が増加するので，対流が継続し，全体の凍結は非常に難しい[GME 図3-8]．

氷床

水蒸気が対流圏の上空で冷却され，氷の結晶（氷晶と呼ぶ）が発生し，2℃以下で地上に到達した場合に雪となる[*1B]．雪には多量の空気が含まれるが，地上で沈積すると自重で圧縮され，氷になる．すると，含まれていた空気は自由な移動が阻まれる．最終的に100気圧以上の深さに達すると，低温高圧下で安定なエアハイドレート（空気水和物）となる．空気が気泡として存在している場合がbubbly zone，エアハイドレートとして存在している場合が

---
*1B：雪となるか，雨となるかは，湿度にも依存する．

bubble-free zone，その間の領域が遷移帯（transition zone）と呼ばれている．氷床コアより過去の気温，p_{CO_2}などが復元されている．

　気候変動のメカニズムを解析する際に問題になるのが，氷の部分とトラップされた空気の部分の時間差である（Kawamura *et al*., 2003）．雪が氷へと完全に変化し，通気性を失い完全にトラップされた状態になる深度は，南極では氷床の約 100 m 深度，その年代は 2-3 kyr となる．氷床内の空気は氷よりも必ず新しい年代を示す．この時間差は年間の積雪量，温度などに依存する．たとえば，降雪量の小さな場所では，約 100 m 深度に埋没するのにかかる時間が長くなるので，時間差は大きくなる傾向がある．最終氷期最盛期（LGM：Last Glacial Maximum）には，南極大陸内部ではこの時間差は 5 kyr に達する場合があった．この時間差は，気候変動の開始の原因が，日射量変化なのか，温室効果気体である p_{CO_2} 変化なのか，といった議論の際に決定的である．近年，気泡中の O_2/N_2 などを用いて年代精度が 2 kyr 以下まで改善されて解析された氷床コアもある（Kawamura *et al*., 2007）．寒冷地の降水量は概して少ない．南極やグリーンランドの沿岸域では 300 mm yr^{-1} を超えるものの，南極みずほ基地では 200 mm yr^{-1}，南極大陸内部では約 50 mm yr^{-1} となる．

　氷が大規模に集積した氷塊に関しては，面積が 5 万 km^2 以上の場合氷床（ice sheet），それ以下のものが氷帽（ice cap），川のように移動するのが氷河（glacier）と呼ばれている．氷床では年々降り積もる雪の自重で密度が高くなるので，埋没深度が増加すると 1 年分の層が薄くなる．10 万年以上昔の環境記録採取のためには深いレベルでの試料の採取が勝負となる．

　地球表層の万年氷は約 29×10^{18} kg（水圏の水量の 2.06％）で，南極大陸に 26×10^{18} kg（万年氷全体の 89.7％），グリーンランドに 2.5×10^{18} kg（8.6％）存在している．南極大陸の面積は 13.613×10^6 km^2 なので，氷の比重を約 1 とすると氷床の厚さは 1.8 km となる．全海洋の面積は 3.611×10^8 km^2 なので，南極大陸の氷床がすべて溶解した場合，単純計算で 72 m の海面上昇となる．さらにアイソスタシー効果なども考慮した場合，南極およびグリーンランド氷床の融解による海水準の上昇量は，それぞれ 61.1 m と 7.2 m となる（IPCC "Climate Change", 2001）．なお，氷期・間氷期での海水準の変

動は約 120 m とされ，海洋の平均水深で計算すると，この水量は現在の水圏全量の約 3.3% となる．

短期間（1 Myr 以下）で 10 m 以上の海水準の変動は，氷床の発達・融解に原因を求めることが多い（図 1-6）(Pitman and Golovchenko, 1983; Miller et al., 2005)．全海洋の面積は 3.611×10^8 km^2 なので，1 m の海水準変化に必要な水量は 3.61×10^{14} m^3 となるが，現在の淡水湖（1.25×10^{14} m^3），河川水（0.017×10^{14} m^3）の総量は非常に小さい．地下水についても浅いところ（深度 800 m 以浅）では全量（42×10^{14} m^3）でも海水準に変換して 10 m 程度の貯蔵量しかない．水温が高くなると海水が熱膨張するが，10℃ 上昇しても海水準で 10 m 程度の上昇にとどまる．地中海程度の大きさの内海が干上った場合の変化量は 10 m 程度である．そこで，水温変化，湖水や地下水の貯蔵量変化などで，海水準の急激な大変化を説明することは難しい．

(3) 大気圏

大気圏は地表より高度 500 km を超える範囲まで広がっている．便宜上，宇宙空間との境界は高度約 80-120 km とされる．①日常の気象現象はほとんど対流圏内 (troposphere)（高度 0 から平均 11 km まで，上限は赤道付近で約 16 km，高緯度で約 8 km と幅がある．密度は地上で約 1.225 kg m^{-3}）で起こる．温度逓減率は約 6.5℃ km^{-1} である．②成層圏 (stratosphere)（高度 11-50 km）の温度は高度約 20 km までは一定で，それより上で上昇し，約 50 km（成層圏界面 stratopause）で最大を示し，その密度は約 1.027×10^{-3} kg m^{-3} である．オゾン濃度が高い大気層はオゾン層（高度 10-50 km）と呼ばれ，この気体は紫外線を吸収する．③中間圏 (mesosphere, 高度 50-80 km) では，温度は高度とともに再び減少し，高度 80-90 km で極小となる．この境界は中間圏界面 (mesopause) と呼ばれる．④それより上空では熱圏 (thermosphere) となる．

大気組成は，高度とともに変化する：①高度約 80 km までほぼ一様であるが，②それより上空では分子や原子量の小さい気体成分の割合が増大し，高度 80-100 km 位までは窒素 N$_2$ が，③高度 100-170 km 位までは酸素原子が，④高度 1000 km 位ではヘリウムが多くなり，密度は約 3.56×10^{-15} kg m^{-3} まで減少する．⑤その上では水素が大部分となる．

地球の大気組成の主要成分は N_2（78.08%）と酸素 O_2（20.95%）であるが，ほかの惑星のそれと非常に異なっている（表1-2）（阿部・中村，1997）．地球型惑星の金星と火星は高い p_{CO_2} を示す．一方，外惑星の木星では水素やヘリウムが主体となる．大質量による強い重力により原始太陽系星雲（太陽の誕生期に太陽系を円盤状に取り囲んでいたガス星雲）ガスがそのまま大気になったものと指摘されている．その大気は還元的で，炭素は CH_4，窒素は NH_3 として存在し，地球型惑星が CO_2 や N_2 と酸化的組成が卓越するのと対象的である．なお，金星や火星と比べ地球では p_{O_2} が顕著に高いが，これは光合成により CO_2 と H_2O から有機物と遊離酸素（O_2）が生産されているためで，生物存在の証となっている．光合成生物の誕生以前には，金星と火星と同様に地球大気に O_2 は存在しなかった．

(4) 生物圏

　生物圏とは生物が存在する範囲を表す．身近な生態系は太陽エネルギーに基礎をおく光合成で形成された有機物を起源とするが，化学合成細菌などの化学反応エネルギーに基礎をおく生態系も地球生物化学的物質循環では重要で，現在でも物質循環の根幹に関わる貢献をしている［GME図10-11，GME図7-7］．

表1-2　大気の化学組成

	地球	金星	火星	木星
	101.325 kPa	9322 kPa	0.7–0.9 kPa	70 kPa
窒素	78.09%	3.50%		
酸素	20.95%	0.00%	1.6%	
アルゴン	0.93%		2.7%	
二酸化炭素	約0.04%	96.50%	95.32%	
一酸化炭素	1×10^{-5}%		0.13%	
ネオン	1.8×10^{-3}%			
ヘリウム	5.24×10^{-4}%			17%以上
メタン	1.4×10^{-4}%			0.1%
クリプトン	1.14×10^{-4}%			
一酸化二窒素	5×10^{-5}%			
水素	5×10^{-5}%			81%以上
オゾン	約2×10^{-6}%			
水蒸気	0.0–3.0%	0.001–0.1%	0.07%	0.1%
二酸化硫黄		0.01–0.00001%		
アンモニア				0.02%

生物の進化と絶滅

　地球史的な観点から生物圏の大事件をまとめると，5つ挙げられる：①生命の誕生，②光合成と有機物埋没による p_{O_2} の上昇とそれへの適応，③動植物の誕生と放散，④大量絶滅イベントと進化，⑤人類の誕生から現代文明への発展．

　現在地球上にいる生物種の総数は，記載された総種数で約 150 万種，未記載種も含めると約 450 万種となる．一方，顕生代に存在した総数は 9 億 8200 万種との推定もあり（Raup and Stanley, 1971），多くの種が絶滅していったが，一方で新種の出現も多く，長期間で見ると生物多様性は概して増大している（Sepkoski, 1995；Morrow et al., 1996）．

　多くの生物分類群が絶滅したが，前後の期間と比べて突出して大きかった場合，それは大量絶滅事変（mass extinction event）と呼ばれる．このような事変は顕生代を通じて 18 回起こった（図 1-8）（Bambach, 2006）．絶滅の直接的原因として以下のものが提案されている：①海退（海水準低下）による沿岸海洋生物の生息域の喪失と沿岸生態系の崩壊，②海洋の無酸素化に伴う酸欠状態，③地球寒冷化による大氷床の発達に伴う動植物の生息域の喪失と食物の欠乏，④砂漠化や乾燥化による水分欠乏，⑤洪水玄武岩（flood basalt）を含む火山性物質の噴出や火砕流，有毒ガスの放出と植生の衰退，⑥隕石の衝突により引き起こされた大地震および大津波，衝突の灰による植物の死滅と食物連鎖の破綻，⑦超新星爆発に伴う宇宙線量の増大や雲量等の変化を介しての寒冷化，⑧海洋酸性化によりもたらされた炭酸塩殻生物の死滅と海洋生態系の崩壊（平野, 2006）．

　大量絶滅ではバイオマスの全量も激変したと予想される．海洋リザーバーから沈積した生物起源炭酸塩の $\delta^{13}C$ 値は，海水中の無機炭酸イオンの $\delta^{13}C$ 値を反映している．通常，有機物は海水よりも相対的に ^{13}C に乏しく，^{12}C に富んでいる（たとえば堆積岩の有機物の平均 $\delta^{13}C$ 値は約 −25‰）（図 7-3）．よって，有機物が海水に溶解するとその $\delta^{13}C$ 値は減少し，逆に有機物が埋没して海洋リザーバーから除去されると海水中の $\delta^{13}C$ は増加する．たとえば，大量絶滅として有名な白亜紀/第三紀の境界では，大量絶滅により有機物が急激に海水に溶解したため，多くの地点で $\delta^{13}C$ 値はマイナスのピークを示

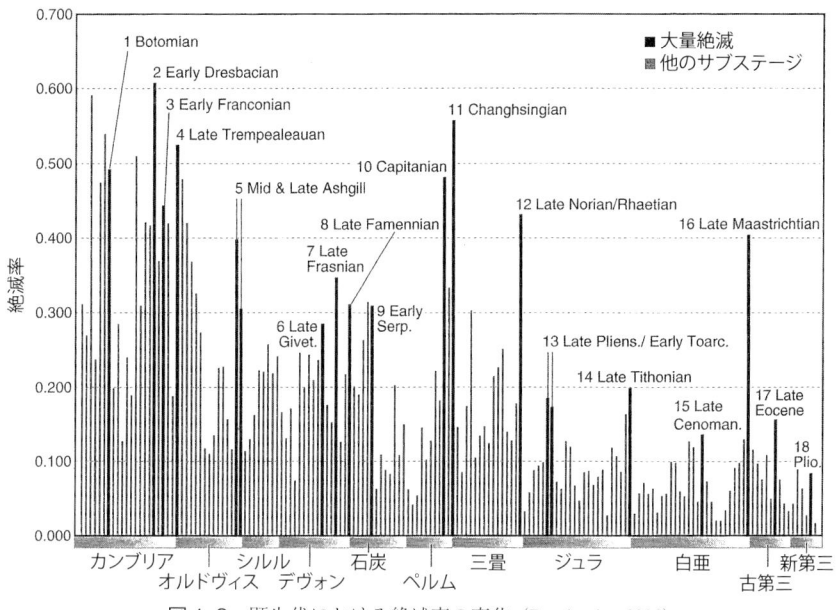

図1-8 顕生代における絶滅率の変化(Bambach, 2006)

した(図4-14)(Hsu and McKenzie, 1985；Zachos and Arthur, 1986；Kaiho et al., 1999).このような大きな$\delta^{13}C$値の変化は,ほかの絶滅時にも起こっていることが報告されている(Zachos and Arthur, 1986).大量絶滅と$\delta^{13}C$値変化は調和的に呼応するはずと考える人が多いが,バイオマスのほとんどは植物が占めているのに対し,絶滅時の記載では動物種が対象となる場合も多いので,バイオマスと種の変動とを単純に結びつけることには注意が必要である(川幡, 1998).

真正細菌,古細菌,真核生物

先カンブリア時代の説明の際とくに必要なので,あらかじめ微生物に関して語句の説明をしておく.微生物は,その大きさは漠然としているが,一般には顕微鏡などで構造観察できる位の1mm以下程度で,菌類,藻類,粘菌,(とくに顕微鏡で見える位の)小動物などの真核生物,そして,真正細菌や古細菌などの原核生物が含まれる(図1-9).

ウイルスは細菌でも古細菌でもなく,生物ですらなく,精製すると無生物の特徴である結晶になる.ウイルスは自力で増殖したりエネルギーを作るの

でなく，宿主の細胞内のシステムを利用して増殖する．細胞をもたず，遺伝子はタンパク質の殻で包まれている．生物もしくは生物のDNAから進化したものと考えられている（夏，2009）．

　真核生物はDNAが核膜に含まれ，細胞の中に「細胞核」を持っている生物で，染色体を通常2セット持っており，菌類，原生生物などがこれに含まれる（図1-9）．菌類には，キノコ，カビ，酵母菌などが含まれ，通常従属生物である．原生生物は，真核生物の中で動物，植物，菌類に属さない生物で，褐藻類（褐藻植物門：コンブなど），紅藻類（紅藻植物門：テングサなど），粘菌（アメーバ状のときは細胞壁がなく動物のようだが，胞子で増える）などが含まれる．

　原核生物は，通常真核生物よりもずっと小さく，16S rRNA配列の違いにより，真正細菌，古細菌に分類される．大腸菌，藍藻，通常の細菌は真正細

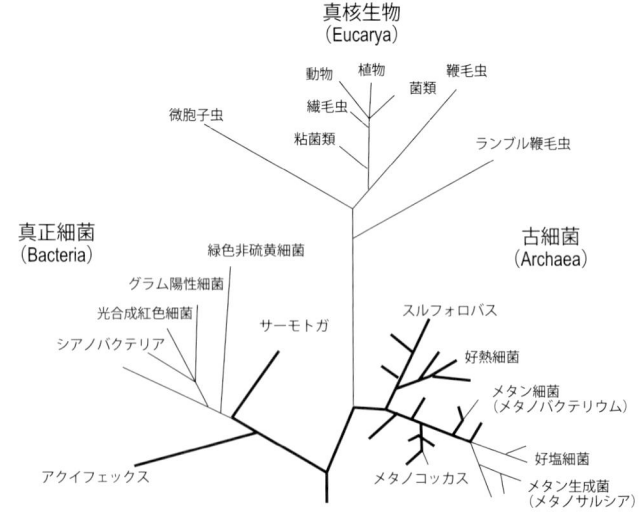

図1-9　生物の分子系統樹
　　現存する生物の共通の祖先は一つと考えられ，最初に大きく2つに分岐した．一つは大腸菌などの真正細菌で，もう一つは古細菌と真核生物である（Stetter, 1996より改変）．一方，生物界は細胞構造の違いにより，原核生物と真核生物に分類される．原核生物（細菌）はさらにバクテリア（真正細菌）とアーキア（古細菌）に分かれる．真核生物には，単細胞の原生動物から，真菌，植物，動物などの多細胞生物までが含まれる（図2-12も参照）（池谷・北里，2004）．

菌に含まれ，エネルギー源および炭素源に関して多種の代謝系を持っているのが特徴である．メタン菌，好塩菌，好熱菌，好酸菌などは古細菌に含まれ，海底熱水系や塩湖など，きわめて過酷な極限環境でも生存できる能力を有している．

植物

植物には，花（flower）の咲くもの（顕花植物あるいは種子植物）と，花の咲かないもの（隠花植物または胞子植物）がある．顕花植物は被子植物と裸子植物に分類され，被子植物は双子葉植物（網）と単子葉植物（網）に分類できる．

裸子植物の特徴は，①種子の元が外に剥き出しになっている．②雌花と雄花が別々に咲き，花弁や萼(がく)がない．雌しべには子房がなくて胚珠が裸のままついている．③すべての種類が木本で通常常緑である．被子植物の特徴は，①胚珠が心皮にくるまれて子房の中に収まっていて，外に露出していない．②花は通常，花びら（花弁），萼，雌しべ，雄しべがある．③多くは草本で，一部木本に属する．裸子植物も地味ではあるが，被子植物と同じように花が咲く植物に分類される．

被子植物は子葉（発芽して最初に出る葉）の数が2枚ある双子葉植物（ブナ科，マメ科，ブドウ科，サボテン科など）と，1枚である単子葉植物（イネ科，パイナップル科，ユリ科，ラン科など）に，双子葉植物は合弁花（リンドウなど）と離弁花（サクラやバラなど）に分けられる（加藤編，1997）．

また，光合成のタイプでの分類によると，主要な植物はC3型光合成植物に属し，カルビン・ベンソン回路によってのみ光合成が行われる[*1C]．一方，C4型光合成植物ではこのほかに濃縮回路を有している．CAM（Crassulacean Acid Metabolism ベンケイソウ型有機酸代謝）型光合成の場合はC4型光合成に類似するが，夜間にCO_2を取り込み，昼にそれを還元する．

動物

動物の特徴としては，①多細胞で，②その発生は受精卵の卵割から始まるが，細胞数が増えると内部に空洞ができ，胚胞期を経験する．③従属栄養的な生物である．地球上ではこれまで35の動物門が進化してきた．

真核生物の中で，最も動物に近い親類として知られるのは襟鞭毛虫類で，

これはコロニーを形成する原生動物のグループである．海綿は個々の細胞をばらしても独立して生存可能な多細胞生物で，最も原始的な多細胞動物門とされる．これは原生代後期に系統樹から分岐したが，エディアカラ生物群には少ない．カンブリア紀に入り，急激に多様化した．初期の海綿の一部はシリカでできた骨格を作っていたが，現世のものは，95％以上がシリカかタンパク質，あるいはその両方，残りが炭酸塩の殻を作る．海綿になかった神経系と筋繊維という組織を持つのは，刺胞動物門（イソギンチャク，サンゴ，クラゲなど）と有櫛動物門で，この3つはカンブリア紀の生命大爆発以前に出現していた．

海綿より複雑な動物は2本の大枝である．①刺胞動物門，有櫛動物門と，②左右相称動物（扁形動物から軟体動物，節足動物，脊索動物にいたる広範囲の動物）に分かれていった．海綿，刺胞動物門，有櫛動物門以外（場合によっては菱形動物門なども除く）は，左右相称動物と呼ばれて，現在では1000万種にも及んでおり，進化上，①基本的に頭部から尾部まで左右対称，②発生初期に三胚葉（内胚葉・中胚葉・外胚葉）が存在する，という特徴がある．

生活エネルギーの取得と酸化還元反応

生物圏の特徴は，進化・発展という観点から見ると，生物の利用できるエネルギーの高度化である．生物の利用できるエネルギーの分配は，①日々の生活に費やされる「生存エネルギー」と，②次世代のための子孫を残す「繁殖エネルギー」に分類できる．

---

*1C：ほぼすべての緑色植物と光合成細菌はカルビン・ベンソン回路を用いて炭酸固定反応を行う．それに用いられる代表な酵素がRubisCO（リブロース1,5-ビスリン酸カルボキシラーゼ/オキシゲナーゼ）で，地球上で量的に最も多いタンパク質といわれている．C3植物もC4植物もカルビン・ベンソン回路を持っているが，C4やCAM植物の場合CO_2濃縮のためのC4経路も持っているので類似している．経路中にあるオキサロ酢酸（炭素数4）によりC4植物と名付けられた．ただし，CAM型光合成植物は，夜間にCO_2を取り込み，昼間に還元するが，これは水分ストレスの厳しい環境には有利に働き，乾燥地域に適応したためとされ，サボテン科はCAM植物に属す．地球上の植物の90％はC3植物である．イネ科は穀物の供給としても重要な植物グループであるが，同じイネ科であってもイネ属，コムギ属はC3型光合成植物に，トウモロコシ属，サトウキビ属，ススキ属はC4型光合成植物に属するので注意が必要である．

地球誕生から約20億年間,地球表層環境システムは還元的であった.その後,生物の獲得するエネルギーは,以下の順序で発展してきた：①還元的な環境での無機化学反応からのエネルギーの獲得,②遊離酸素を用いた有機物の酸化によるエネルギー取得の飛躍的な向上,③恒温化による適温で安定した生物化学反応による,より効率的なエネルギーの運用.

 この中で上記①②は,現在の堆積物中での微生物による有機物の分解過程の中に観察される.堆積物表層から深くなるにつれ,分解時に使用される酸化剤は,①溶存酸素,②硝酸イオン,③マンガン酸化物,④鉄酸化物,⑤硫酸イオン,の順で変化する.酸化剤はこの順に段階的に消費され、化学反応はそれぞれ酸素還元,硝酸還元,マンガン還元,鉄還元,硫酸還元と呼ばれる［GME 図7-7］.さらに還元的になると,有機物の分子内酸化還元である⑥メタン発酵が起こる.この一連の反応は基本的に有機反応による放出自由エネルギーの減少順序でもある.すなわち,メタン発酵では放出される自由エネルギー(ΔG_0)は350 kJ mol^{-1}であるが,鉄酸化過程では1410 kJ mol^{-1},マンガン酸化過程では3050 kJ mol^{-1},遊離酸素を利用した場合には3190 kJ mol^{-1}まで増大する.

 証明されてはいないが,進化の順序は,上記堆積物中のより還元的なものから酸化的なものへの順と同じであったかもしれない.最初に誕生した生命はメタン発酵細菌であったらしく,その後硫酸還元菌などが出現し,シアノバクテリアが登場していった.効率的なエネルギーの取得は,敏速な行動あるいは多細胞化による機能の充実など生物の行動制約を緩和するのに本質的であったと考えられる.

1.1.3 エネルギー輸送・物質循環を支配する要因

 地球表層環境システムに影響を与える因子は,地球内部に原因を持つ地球内部因子（表1-3）と,外部に原因を持つ地球外部因子（表1-4）に分類できる.前者は大気,海洋そして地球内部に,後者は地球外の宇宙に起因するもので,一部は仮説として主張されている（川幡, 1998）.紙幅の都合から,温室効果に関係した大気中p_{CO_2}濃度に影響する風化のみについて詳しく解説する.

表 1-3　地球内部因子

アルベド（反射率）	太陽から地球に供給されるエネルギーの反射率は，地球表層に入射する太陽エネルギーに直接影響を与える．氷床の反射率は高いので，アルベドの値は高くなる．逆に，海洋でのアルベドの値は低くなる．陸はその中間の効果を持つ．氷床の発達は，反射率を上昇させるため，地球の受け取るエネルギーを減ずるので，正のフィードバックとして働く．[GME 表 4-1]
大気組成変化	太陽から地球に供給されるエネルギーの大部分は反射されて宇宙空間に戻るが，その一部のエネルギーは大気に吸収されて地球の温暖化に寄与する．温室効果気体としては，CO_2 はいうまでもなく，水蒸気，対流圏オゾン，オゾン層破壊で知られるフロン類（CFCs），一酸化二窒素（N_2O），メタン（CH_4）等が重要である．分子あたりのより温暖化する効果は，CO_2 分子を1とした場合，CH_4 は 21，CFC-12 は 15800，N_2O は 206 である．温室効果気体濃度が上昇すると，太陽からの熱エネルギーが大気圏に蓄積されて地球表層が温暖化する．大気中の CO_2 濃度の長期変動をもたらす要因として重要なものには，火山活動による地球表層への CO_2 の供給，大陸での風化，有機炭素の埋没，炭酸カルシウム殻の形成がある．[GME 図 4-1]
火山噴出	大規模な火山噴出は2つの面で影響を及ぼす．一つは火山ガスの放出で，海嶺での海洋地殻の形成とプルームに伴う地殻の発達は，地球深部に存在する CO_2 を大気中に放出する効果を有する．もう一つの影響は火山灰の噴出で，大規模な場合には細粒の火山灰は成層圏に達し，2-3年間も漂って，太陽光の対流圏への入射量を減少させ，全球的な気温降下を引き起こす．[GME 図 7-16]
海水準	海水準が高いと陸域の低地も水没するため，海洋の面積が拡大するので，アルベドが小さくなり，太陽エネルギーを多く受け取りやすくなる．また，大陸棚の発達は，炭素の埋没，生物の進化に影響を与え，物質循環を大きく変化させる．（図 1-6，図 6-4）
海水組成	海水中の主な陽イオンの組成はこの数億年間変化しなかったといわれている．ただし，同位体については，O，C，N，S，Sr 等で大きく変化してきたことが知られている．これは，生物地球化学サイクルの進化を反映したものと考えられる．[GME 図 3-2]
海洋・大気循環	一般に，大気・海洋循環は低緯度域にふりそそぐ熱エネルギーを高緯度地域にもたらし，地球表層の温度を平準化する役目がある．また，海洋深層大循環は塩分・温度によって支配される密度差によって駆動されている．いずれの循環の変化も，生物生産，風化作用などを通じて地球的規模での物質循環に影響を与える．（図 3-8）[GME 図 1-6]
海陸の地理的分布	大陸の配置は，当然のことながら大気・海洋循環に大きな影響を及ぼす．また，極地域に位置する大陸は，氷床を発達させる場を提供するとの指摘もある．さらに，海陸の地形や配置のバリエーションは生物の進化や多様性にとっても本質的な役割を演じる．[巻末図・大陸配置]
生物の量および群集	生物の絶滅などは生物の量と群集変化をもたらしてきた．また，炭酸塩の沈積に関しては，外洋では円石藻や有孔虫，沿岸ではサンゴが重要である．沈積が外洋で起これば，プレートの沈み込みにより，炭酸塩はマントルへ輸送され，マントルの物性に少なからず影響を与えたと考えられている．

表 1-4 地球外部因子

太陽放射熱量変動	太陽が誕生した当時は現在の70%の光量であったと計算されており，その光量の変化は地球表層のエネルギー輸送に大きな影響をもたらしてきた．また，太陽の黒点数の変動については，11年周期が有名であるが，10年から10億年までの単位での変動についても提案されている．(図2-2)
地球公転軌道	地球が太陽から受ける総熱量は，太陽活動が一定であると仮定すると，太陽光線の入射角および太陽と地球との間の距離の変化に支配される．すなわち，地球が太陽から受け取るエネルギー量は，地軸の傾き（黄道傾角：現在23.5度）の変化周期約4.1万年，地球の公転軌道（楕円）の離心率変化周期約10万年，太陽および月の引力による地軸の歳差運動周期約1.9-2.3万年の合成周期によって決定される．これらの周期を持ったスペクトルをたし合わせたものが，地球上のある地域でのエネルギーを受け取る量となる．このミランコビッチ (Milankovitch) サイクルは，第四紀の氷期・間氷期の気候・環境変動を規制する因子となっており，中生代にもこのサイクルが認められることが報告されている．(図6-1, 図6-2)
地球外物質の衝突	隕石あるいは彗星等の衝突により，地球表層では破壊的なエネルギーの放出と物質の拡散が起こる．この際，地球外物質が地球表層へ付加された．白亜紀と古第三紀との境界の地層には，地球外物質に特徴的とされるイリジウム (Ir) が濃集していることから，隕石が地球へ落下したと考えられている (Alvarez *et al.*, 1984, 1992)．(図4-13)
宇宙塵反射率	太陽系は宇宙空間を移動しているが，宇宙塵濃度の高い空間に入ると太陽から地球への日射量が減少するので，氷河時代が始まるとの説もある．10億年周期で起こった長期変動型の気候変動に対してこの因子の重要性が提案されている．
高エネルギー宇宙線	宇宙線の中でも高エネルギーのμ粒子は底層の雲を生成するのを促進させるのではないかと提案されている．雲量は太陽エネルギーを地球が反射する量に大きく影響し，雲量の増加は寒冷化を招くと考えられている．(図7-9)

(1) 風化

　風化とは，岩石が温度の変化，化学反応により細粒化され，土壌へと変化していくプロセスである：①機械的風化作用 (physical weathering)，②化学的風化作用 (chemical weatheirng)，③生物的風化作用 (biological weathering) [GME5.2.2]．風化のプロセスは河川水の化学組成変化を伴うので，最終的に河川水の流入する海洋の化学組成も変化させる．気候との関連では，温室効果気体の CO_2 との反応がしばしば取り上げられる．

　大気中の CO_2 は雨水に溶け，岩石と反応すると，重炭酸イオン（炭酸水素イオン＝HCO_3^-）を生成する．代表的鉱物である炭酸塩（式1-1），塩基性岩の代表鉱物であるカンラン石 (olivine)（式1-2），大陸地殻の代表的鉱

物である灰長石（anorthite）（式1-3）との反応を取り上げる．

$$CaCO_3 + CO_2 + H_2O \rightarrow Ca^{2+} + 2HCO_3^- \qquad (式1\text{-}1)$$

$$0.5(Mg,Fe)_2SiO_4 + 2CO_2 + 2H_2O \rightarrow Mg^{2+}(Fe^{2+}) + 0.5H_4SO_{4aq} + 2HCO_3^- \qquad (式1\text{-}2)$$

$$CaAl_2Si_2O_8 + 2CO_2 + 3H_2O \rightarrow Ca^{2+} + 2HCO_3^- + Al_2Si_2O_5(OH)_4 \qquad (式1\text{-}3)$$

炭酸塩の形成ではCO_2が放出され，再び大気に戻る．

$$Ca^{2+} + 2HCO_3^- \rightarrow CaCO_3 + CO_2 + H_2O \qquad (式1\text{-}4)$$

ここで炭酸塩が風化した場合とケイ酸塩が風化した場合の効果を考える．炭酸塩1モルが風化するとHCO_3^-が2モル生成するが，炭素1モルは炭酸塩，1モルは大気中のCO_2に由来する．次に，海洋で炭酸塩が生成する場合，2モルのHCO_3^-から，1モルの炭酸塩ができ，1モルのCO_2が大気に放出される．そこで，式1-1と式1-4の組み合わせの場合，炭素が1循環すると大気とのやりとりで増減はない．

一方，ケイ酸塩の風化の場合には，炭素2モルが大気中のCO_2に由来し，海洋で炭酸塩の生成でCO_2が1モル大気に放出されるので，全体として1モルのCO_2が大気から除去される（式1-2，式1-3と式1-4）．このケイ酸塩の風化のプロセスは長期のp_{CO_2}の減少に効いてきたと考えられている［GME図5-2］．

大気中のCO_2の固定が進行すると，最終的に大気からCO_2が完全に消失してしまう．しかし，地球には大気にCO_2を戻す仕組みが備わっている．海底に沈積した炭酸塩はプレート運動によって海溝よりマントルに輸送され火山ガスとして大気に戻る．このフラックスは100万年単位では相当の影響力がある［GME図1-2］（鹿園，1997, 2006, 2009）．

風化のフィードバックのプロセスでは，①気温が上昇すると概して水循環は活発化する．②p_{CO_2}が増えて温室効果が強くなると，大気からのCO_2除去が促進される．③逆に，p_{CO_2}が減少すると水循環は弱くなり，CO_2除去は抑制される．このようにして，気温がほぼ一定に保たれるように調節されてきたらしい．

1.1.4 熱収支と気候モデル

地球表層環境システムにとって，氷床が発達するかどうかということは，地球が受け取る熱収支（太陽放射と地球放射収支）に第一義的に依存する（North, 1981）．高緯度極を中心とした雪氷圏の広がりは，地球全体のアルベド（反射率）に影響を与える．アルベド値が高い氷床の増加は，地球全体が受け取る太陽放射エネルギーを減ずる働きがある［GME 表 4-1］．

実際の熱収支にはアルベドばかりでなく温室効果気体の濃度も重要で，p_{CO_2} と緯度方向の熱輸送を考慮した南北一次元エネルギーバランス気候モデルが提案されている（図 1-10；Ikeda and Tajika, 1999；田近, 2000, 2007）．この図中には，定常解（時間的に変化しない解；実線）と不安定解（破線）がプロットされているが，地球の気候状態として基本的に大きく３つの安定解がある：①氷がまったく存在しない「無氷床解」，②ある緯度まで雪氷圏が張り出した「部分凍結解」，③地球全体が雪氷に覆われた「全球凍結解」．とくに注目されるのは，p_{CO_2} によって複数の安定解（多重平衡解）が存在する点である．

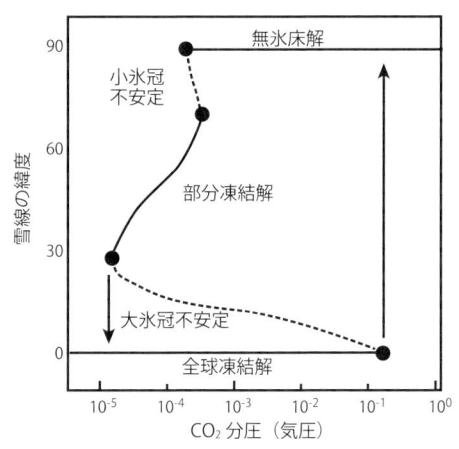

図 1-10 地球放射の大気の p_{CO_2} 分圧依存性を考慮した南北一次元エネルギーバランス気候モデルから得られた安定解

p_{CO_2} に対する雪線（雪氷圏の広がり）の緯度が示されている．実線は安定解，破線は不安定解，黒丸印は安定解が消失する臨界点，実線矢印は気候状態がジャンプする様子を表す（田近, 2000 より改変）．

p_{CO_2} が非常に低いという条件下では,雪氷が緯度 30 度付近まで成長すると安定解は消失する(図 1-10).すなわち,気候システムに何らかの撹乱が加わると,システムは不安定(大氷冠不安定)となって,氷床が赤道まで張り出して全球凍結に陥る.いったん全球凍結になると,高いアルベドに呼応して安定状態が生じる.地球が受け取る太陽放射が現在よりも約 5-10% 低下するか,現在の太陽放射条件で p_{CO_2} が約 10^{-5} 気圧以下になると,大氷冠不安定が生じて全球凍結状態に落ち込む可能性がある(Tajika, 2003).このように地球表層の気候システムは,私たちが通常認識しているより不安定であるらしい.

1.2 年代

地球表層環境システムは時間とともに変化していく.現象の起きた「時」を知るということには 2 つの側面がある:①ある現象を時間軸という線上に歴史として記載すること.②相対的な時間の前後を知ることにより,その背後にある原因・プロセスを知ること.現象の継続時間などの情報は,速度論的な側面からの解析を可能にする.年代測定については対象とする試料,年代,プロセスによってさまざまな方法があり,よい教科書も出版されているので(たとえば兼岡,1998),ここではとくに関係している事項にのみふれる.

1.2.1 相対年代と数値年代

地質時代は地層とそこに産出する化石によって区分されてきたが,その区分単位には,①地層に対応した年代層序区分単位と,②抽象的な単位である地質年代区分単位がある.年代層序区分単位は地質系統とも呼ばれ,地層が単位となって,界(Erathem),系(System),統(Series),階(Stage)に分類される.それぞれ地層と標識的な化石が産出する模式地(Type area)が指定されている.一方,地質年代区分単位は,時間が単位となって,地層の界,系,統,階に対応して,代(Era),紀(Period),世(Epoch),期(Age)に区分される(裏見返し).この単位は抽象的なもので,時間の長さなどを表したものではないので,相対年代(relative age)と呼ばれている.

ただし，古生代，中生代，新生代という分類は，それぞれ固有の生物群産出で特徴付けられる：古生代は三葉虫，腕足類，魚類（ヤツメウナギ類を除いた無顎類，板皮類），中生代は爬虫類（とくに恐竜），頭足類（アンモナイト類），新生代は哺乳類，である．化石や地層の調査・解析については，池谷・北里（2004）によい解説がある．

一方，ある条件下で一定の速度で進行する化学反応に基づき数値で与えられる年代は，数値年代（numerical age, geochronologic age, absolute age）と呼ばれる．数値年代の中でも，放射年代（radiometric age）は放射性核種の放射壊変などを測定して求められる．この信頼性の基礎は，放射性核種の壊変現象が地球環境下での温度・圧力条件下には影響されず，時間に対する壊変割合が一定であることである．

相対年代と数値年代はそれぞれ特徴があり，目的に応じて上手に使い分ける必要がある．微化石層序で代表される相対年代は，①たとえば，古生代/中生代の絶滅イベント（P/T境界）の最中のより細かな層序を決定する場合，②離れた場所における同時間面を高時間解像度で得る場合，などに依然として威力を発揮している．

1.2.2　年と年代数値の表記法

年（date）と年代（age）は異なる意味を持つ．年は火山の噴火や大地震など特定の事件，事象が起こった年を表す．一方，年代とは幅を持った期間を表す．ka（kilo anneé），Ma（mega anneé），Ga（giga anneé）は，それぞれ1000年前，100万年前，10億年前を表し，慣用的に「前」という意味が含まれる．一方，期間を表す場合には，年は yrs, yr, 10^3 年は kyr, 10^6 年は m.y. あるいは Myr となり，期間の表示に用いられる[*1D]．

[*1D]：Ka = 1000年暦年前，ka = 1000年前（^{14}C年代）を表す．AP2.1, AP2.2で詳しく説明するように，5万年までの期間については，^{14}C法を用いて年代決定がなされることが多いが，近年，氷床コアなど暦年での解析が進行し，両者を比較するため，関係式が発表されている．

1.2.3 相対年代の決定法

(1) 地質年代編年

 これは伝統的な方法で化石・微化石編年（fossil-microfossil chronology）とも呼ばれる．分布が広範囲で，時代を特定できる示準化石をまとめて，地質年代層序表，あるいは微化石層序表などが作られてきた．この弱点は，ある特定の化石の「産出」，「非産出」に基づくため，化石の溶解などの理由で，実際には生息していたのに，化石としては「非産出」の場合の評価にある．

 層序の大・中区分については，近年直接数値年代によって決定されているが，小区分については，決定された数値年代の間に堆積速度が一定などの仮定を設けて年代値が内挿されている場合が多いので，概して表示年代の桁数ほど精度はない．数値年代の改訂によって，層序年代も改訂される場合がしばしば起こるので，最新のものを用いるよう注意が必要である．たとえば，顕生代の開始である先カンブリア時代とカンブリア紀との境界は従来5億7000万年前（Palmer, 1983）であったが，現在では5億4200万年前（＝542 Ma）である．

(2) 古地磁気編年（paleomagnetic chronology）

 地磁気（強度，偏角，伏角）は時間変動している．火山岩は磁鉄鉱（magnetite, Fe_3O_4）あるいはチタン磁鉄鉱（titano magnetite, $Fe_{2-x}Ti_xO_4$）等の磁性鉱物を含んでおり，溶岩がキュリー温度以下に冷却する際に，地球磁場の強度と方向を記録する（たとえば，小玉，1999）．これは熱残留磁化（TRM；Thermoremanent Magnetization）と呼ばれる．一方，海洋や湖沼では，水中または水に飽和した状態で外部磁場に支配されて強い磁性鉱物が配列することにより，堆積残留磁化（DRM；Depositional Remanent Magnetization）が獲得される．

 地球磁場は現在の磁場とほぼ同じ向きの地磁気磁性である正磁極（normal polarity）と，逆の逆磁極（reversed polarity）を繰り返してきた（図1-11）．100-1000 kyrの長期にわたりほぼ安定して同一極性を持った時代を磁極期（polarity epoch）と呼び，より短い10-100 kyrに完全に逆転した帯磁方向を持つ時代を地磁気イベント（polarity event），さらに1-100 kyrの時代は地磁気エクスカーション（polarity excursion）と慣例的に呼ばれている．

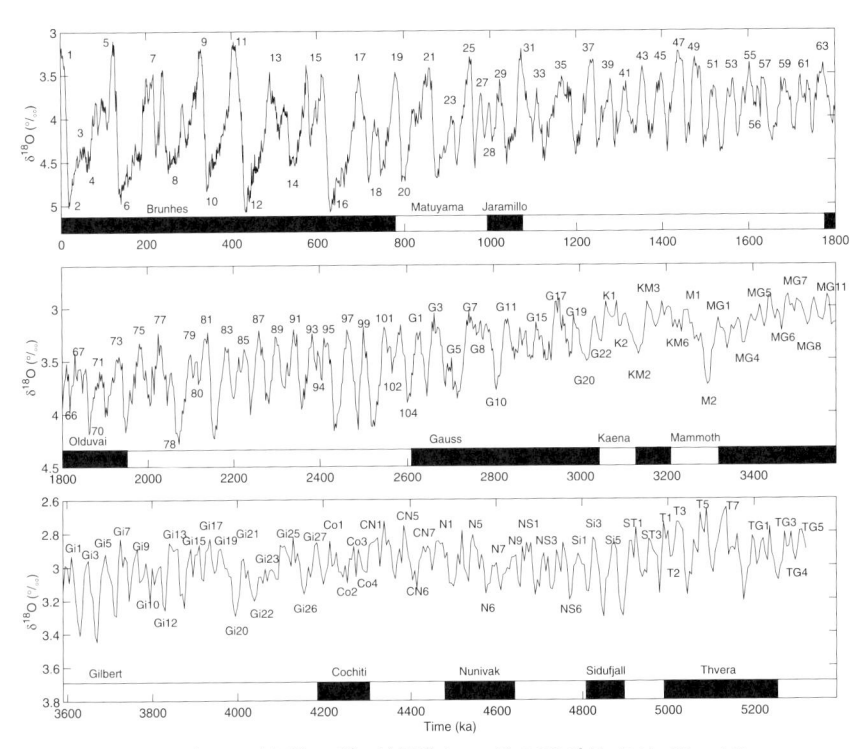

図 1-11 過去 520 万年間の $\delta^{18}O$ 値標準カーブと MIS 番号（Lisiecki and Raymo, 2005）

偶数は氷期，奇数は間氷期を表す．$\delta^{18}O$ 値は氷期に極大，間氷期に極小を示すが，図では Y 軸方向については，$\delta^{18}O$ 値が海水準の変化とほぼ逆相関しているため，上下逆にプロットされているので注意が必要である．データは地球的規模（57 カ所）で測定された底棲有孔虫の炭酸塩殻の $\delta^{18}O$ 値をコンパイルしたものである．また，図中最下部のカラムは，黒は現在と同じ正磁極期を，白は現在と逆の逆磁極期を表す．

年代単位としてクロン（Chron）が用いられて，名称としては地磁気学に貢献した研究者名（Brunhes, Matuyama, Gauss）あるいは，番号（C1n, C1r, C2n など，C は Chron，n は正磁極期，r は逆磁極期）を用いて表示される．これらの磁極期と，放射年代測定で得られた数値年代を対応させ，編集した古地磁気編年が提供されている．

実際の試料では，たとえば掘削コアの場合，試料の自然残留磁化の向きを調べ，標準の古地磁気編年表と対比することで年代決定ができる．古地磁気

1.2 年代 — 27

年表は約 450 Ma にまで遡ったものが報告されている．最近ではとくに，後期第四紀における高時間解像度の古海洋研究のために，残留磁化強度の標準曲線が報告され，これと試料のデータを比較してより詳細な年代決定がなされている．

(3) 火山灰編年 (tephrochronology)

大規模な火山噴火に起因する火山灰は，広範囲に，短時間に堆積する．火山灰はその噴火時点の火山のマグマの性質を反映しているので，火山灰の鉱物の種類，化学・同位体組成，およびそれを反映したガラスの屈折率を測定することにより，火山灰を特定することが可能である（町田・新井編，1992, 2003）．たとえば，鬼界カルデラの大噴火に伴って 7.3 Ka（放射性炭素年代で 6.3 ka）に噴出した火山灰（K-Ah）は，東北地方にまで分布して，日本周辺での完新世の古環境の解析に貴重な年代を与えている (8.1.7)．

1.2.4 数値年代の決定法

ここでは天文現象を反映した年代編年と放射年代編年について述べる．

(1) 酸素同位体層序編年

有孔虫の $\delta^{18}O$ 値は海水の $\delta^{18}O$ 値および水温を反映する．水蒸気が形成されると，軽い同位体の方が気相に移動しやすいので，液体の $\delta^{18}O$ 値は増加する．蒸発と降雨を繰り返し低緯度域から高緯度域に達すると，氷床に固定される水の $\delta^{18}O$ 値は小さくなる（図 1-12）．そこで，氷期には氷床が大きいので海水の $\delta^{18}O$ 値は増加する（図 1-11）．δD も同様な傾向を示す．一方，表層水温は氷期には概して低くなるので，浮遊性有孔虫の $\delta^{18}O$ 値は，水温低下と海水の $\delta^{18}O$ 値の上昇により増加し，間氷期には逆に減少する（たとえば，酒井・松久，1996）［GME 表 2-4, GME 図 4-8］．底棲有孔虫の $\delta^{18}O$ 値は，深層・底層水の水温変化が小さいので，氷床量を反映する（Shackleton and Opdyke, 1973）．そのため浮遊性有孔虫は底棲有孔虫より $\delta^{18}O$ 値の振幅が大きくなる．

有孔虫の $\delta^{18}O$ 値は大陸氷床の規模変化に呼応した気候変化を反映する．とくに，第四紀では氷期・間氷期が繰り返し訪れ，それを容易に表示するため MIS（Marine Isotope Stage）や OIS（Oxygen Isotope Stage）のステー

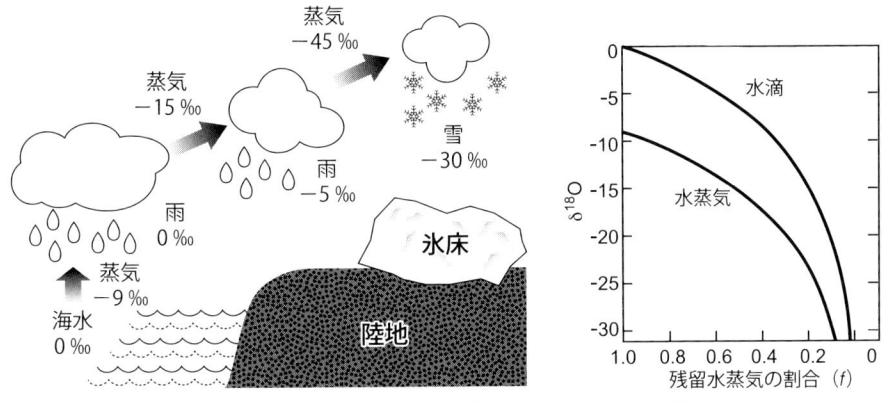

図 1-12　海水，蒸発，雲，降水における $\delta^{18}O$ 値の変化を表した模式図
　　　　右図は，平衡状態の下での緩やかな速度で凝結が起こり，凝結した水分が水蒸気中より直ちに除去されるようなプロセスでの水蒸気と水滴の $\delta^{18}O$ 値の変化．このような一種の開放系プロセスはレイリー分別と呼ばれる．

ジ分けがなされてきた．通常，間氷期には奇数番号，氷期には偶数番号がわりふられ，最終氷期は MIS 2，完新世は MIS 1 で，鮮新世まで番号がついている（図 1-11）(Emiliani, 1955 ; Lisiecki and Raymo, 2005)[*1E]．

各々のステージの境界は，氷期・間氷期の急激に変化する時期が選ばれ，さらに特徴的な酸素同位体比のピークにも番号がつけられている（たとえば，3.1 とか 3.2）(Imbrie *et al*., 1984 ; Martinson *et al*., 1987)．また，アルファベットと組み合わせた表示がなされることもある．たとえば，一つ前の間氷期で最も温暖であった時期は MIS（OIS）5e とされる．MIS 5 のピークの中で新しい方から 5a, 5b, 5c, …と表示されている．

$\delta^{18}O$ 値カーブは，スペクトル解析の結果によると，ミランコビッチ理論にある離心率変動，地軸傾斜，歳差変動に伴う周期と一致する．そこで逆に，地球が受ける太陽放射量のカーブに $\delta^{18}O$ 値の周波数を同調させるよう年代を調整（tuning）することができ，天文学的年代（orbitally tuned chronology）あるいは SPECMAP 尺度と呼ばれている．実際の堆積物柱状コア試料

[*1E]：通常，奇数番号は間氷期を表すが，MIS 3 については，MIS 2 と 4 と比較すると，相対的に若干温暖期な亜間氷期である．しかし，実際には $\delta^{18}O$ 値も含めて氷期に類似した性質を示すので，例外的に氷期として扱うことが多い（図 1-11）．

の分析では,洗浄済み有孔虫十数匹以上の酸素同位体比を分析する.これは有孔虫1匹ずつの$\delta^{18}O$値のばらつきがあるため,平準化するためである.解析では堆積構造や生物撹乱の効果なども十分吟味する必要がある(Ohkushi et al., 2003).そして,得られた$\delta^{18}O$値カーブをMartison et al. (1987)やSPECMAP尺度の$\delta^{18}O$値カーブと対比させ,各々の堆積層準の年代が求められる(図1-11).

(2) 同位体比層序年代(isotopic ratio chronology)

$\delta^{34}S$,$\delta^{13}C$,$^{87}Sr/^{86}Sr$等の同位体比は,地球表層のリザーバーの変化を反映して値が大きく変化していたことが知られている(表見返し).炭酸塩などの化石試料がそろうカンブリア紀以降について,このような同位体比編年表が発表されている.おおよその年代が予想される試料について,同位体を分析し,その値をこの編年表と比較することにより年代推定が可能である.成長速度が著しく遅いマンガンノジュールでは薄層ごとのSr同位体の標準カーブとの対比(伊藤,1993).白亜紀のヨーロッパと日本の環境変動の対比のためには$\delta^{13}C$値の対比で時代決定が行われている(Takashima et al., 2009).

(3) 放射性年代編年

放射性年代編年では,以下の3条件が満たされていることが必要である:①元素の放射壊変割合が温度・圧力の下で一定である,②宇宙線照射により生じた核種では放射線損傷量などの生成率が一定である,③分析試料の対象とする核種・同位体に関して閉鎖系が保たれている.

堆積物,岩石,化石には微量の放射性核種が含まれている.この核種(親核種)はα,β,γ線などの放射線を放出して別の核種(娘核種)に壊変していく.親核種の原子数が壊変開始時の半分になるまでの時間は「半減期($T_{1/2}$)」と呼ばれ,通常の圧力,温度などの条件に依存せず,各々の放射性核種は固有の値を持っている.$T_{1/2}$と壊変定数(λ)には次のような関係がある.

$$T_{1/2} = \ln 2/\lambda = 0.693/\lambda \quad (\ln は自然対数) \quad (式1-5)$$

通常,地球表層環境の解析に用いられる年代測定では,半減期が10^9年以下のものが多い.それは,岩石,鉱物,堆積物の年代に比べて半減期が長い

と，対象とする娘元素の数が少なく，定量分析が難しくなるからである．

放射性年代編年にはいくつかの方法がある．そこで，この分野で頻繁に用いられる主な方法について，APPENDIX で原理，特徴などを詳しく説明する：①放射平衡以上の過剰に存在する核種の壊変を利用する方法（たとえば，^{210}Pb 法），②宇宙線により生成した核種を利用する方法（たとえば，^{14}C，^{10}Be，^{32}Si，^{3}H），③放射壊変系列の放射平衡からのずれを利用する方法（たとえば，ウラン系列年代測定法，図 AP-1），④放射性核種の親核種と娘核種の比を利用する方法（アイソクロン法，たとえば，K-Ar，Rb-Sr，Sm-Nd，Lu-Hf，La-Ce，La-Ba，Re-Os）．

APPENDIX　放射性年代の具体的求め方

AP1　沿岸堆積物の堆積速度の決定（～100 年まで）

東京湾などの高い堆積速度（通常年間数 mm～cm yr^{-1}）で時間幅 100 年程度の場合には，鉛 210（^{210}Pb）法がしばしば用いられる．^{210}Pb は大気中の ^{222}Rn（半減期 3.83 日）の α 壊変で生成する（図 AP-1）．Pb は粒子状物質として，エアロゾルあるいは降水とともに海面に達し，最終的に海底面に到達する．海水中に ^{226}Ra が溶存し，これから壊変して生成した ^{222}Rn も同様に α 壊変して ^{210}Pb が生成する．この ^{210}Pb は海水中で粒子に吸着して，次々に堆積する．

堆積物の中には河川などを通じて供給された岩石砕屑物が含まれる．これにも微量ながら ^{226}Ra とそれと平衡に達している ^{210}Pb が含まれる．したがって，堆積物中の親核種の ^{226}Ra に伴わない「過剰の（excess）^{210}Pb」は，時間が経過すると放射壊変により減少していく．そこで，柱状堆積物を海底面から深い方向に ^{210}Pb の放射能濃度を測定すると，その減衰率から式 AP-1 により堆積速度を推定することができる．

$$A = A_0 \exp(-\lambda t) \qquad\qquad （式 AP\text{-}1）$$

ここで，A は堆積後 t 時間後の過剰 ^{210}Pb の放射能，A_0 は堆積物表層における放射能（$t=0$），λ は ^{210}Pb の壊変定数（$=0.693/22.3$ yr $=0.311$ yr^{-1}），t は時間（yr）である．粒子が堆積して t 年後に深さ z（cm）に埋没したとすると，堆積速度 LSR（cm yr^{-1}）は，$LSR=z/t$ となるので，$\ln(A/A_0) = -\lambda/LSR \times z$ となる．x 軸に z を，y 軸に $\ln(A/A_0)$ をプロットすると直線になり，その傾きより堆積速

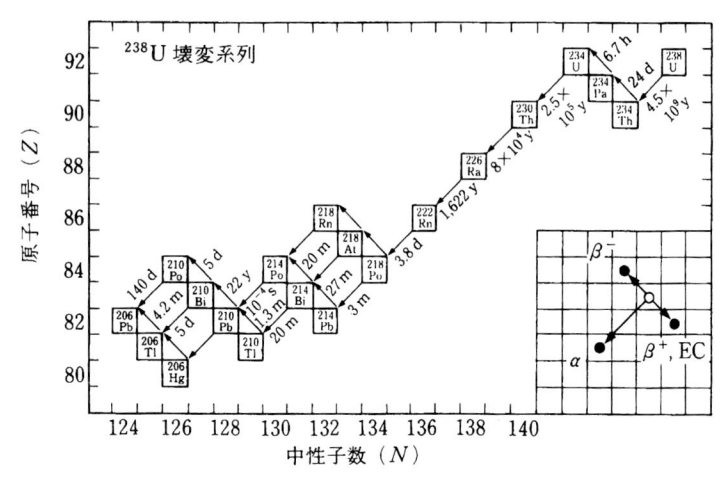

図 AP-1 ウラン系列の放射性壊変
　^{238}U に始まり，最終的に ^{206}Pb となる．図中に各壊変核種の半減期を数字で記した．右下挿入図は，α 壊変，β^- 壊変，β^+ 壊変および電子捕獲の結果生じる親と娘核種の相対的位置をベクトルで表す．

度が求まる．

AP2　放射性炭素年代の原理（数万年まで）

　放射性炭素年代測定法（^{14}C 法）は，この数万年の地球科学や考古学などの分野において最も汎用的である．大気中の ^{14}C は宇宙線の照射により以下の式より生成する．

$$^{14}\text{N} + {}^{1}\text{n} \longrightarrow {}^{14}\text{C} + {}^{1}\text{H} \quad \text{(式 AP-2)}$$

大気中で生成された ^{14}C は酸化され ^{14}CO$_2$ となり，地球表層の炭素リザーバー内に供給される．生物が生存中には炭素の交換があるが，生物が死滅すると外界からの摂取が停止し，閉鎖系となり ^{14}C は 5730 年の割合で半減する．

$$^{14}\text{C} \longrightarrow {}^{14}\text{N} + \beta^- + \text{n} + 0.156\,\text{MeV} \quad \text{(式 AP-3)}$$

ここで β^- はマイナス電荷を持った外核の電子と同等で，n はアンチニュートリノである．親核種 ^{14}C の壊変速度は λ を壊変定数（decay constant）とすると式 AP-4 となる．

$$d^{14}\text{C}/dt = -\lambda {}^{14}\text{C} \quad \text{(式 AP-4)}$$

これを積分し，時間変化のない安定同位体の ^{12}C との比をとると式 AP-5 となる．

$$(^{14}\text{C}/^{12}\text{C})_t = (^{14}\text{C}/^{12}\text{C})_0 \exp(-\lambda t) \quad \text{(式 AP-5)}$$

ここで C_0 は，壊変が始まるとき（$t=0$）の親核種の数である．

^{14}C の分析は，最近では加速器質量分析器（AMS；Accelerator Mass Spectrometry）で行われる．標準試薬（試料）に対する試料中の ^{14}C の割合である「フラクションモダン（fraction Modern）」は以下のように定義される．

$$F = N_0/N = (^{14}\text{C}/^{12}\text{C})_{試料} / (^{14}\text{C}/^{12}\text{C})_{標準} \qquad (式 AP-6)$$

ここで，$(^{14}\text{C}/^{12}\text{C})_{試料}$ は，分析しようとする試料の中の比で，木材の平均的な安定炭素同位体比（PDB スケールでの δ^{13}C 値）-25‰ に対して補正済みの値である．$(^{14}\text{C}/^{12}\text{C})_{標準}$ は，通常 NBS シュウ酸（NBS シュウ酸の 95％の放射能を持ち，1840-1860 年の間に棲息した木材の年代補正を行ったもの）の値である．そして，試料の放射性炭素年代（$T(^{14}\text{C})$）は，

$$T(^{14}\text{C}) = -\tau \ln F \qquad (式 AP-7)$$

となる．τ は Libby の半減期（Mean life）で，$5568/\ln 2 = 8033$ 年（Libby, 1952）である．放射性炭素年代の適用限界はシステムのバックグラウンドの測定誤差などによっても異なるが，通常は数万年前までである．

AP2.1 放射性炭素年代に影響を与える因子

AMS による分析法は高精度（±0.5％程度，たとえば 10000 ± 50 BP の場合，9950-10050 BP の間で誤差 1σ）であるものの，真の正確な「時計」となるには，①試料が閉鎖系として維持されたこと，②大気中の ^{14}C/^{12}C 比が一定であること，③正確な半減期で計算すること，が条件となる．

大気中の ^{14}C 濃度は ^{14}C の一定の生成率に依存するが，海洋は大気リザーバーの約 50 倍あるので，海洋の中深層の変動も大気中の ^{14}C 濃度に影響を与える（Seattle：Quaternary Research Center, University of Washington. URL：http://radiocarbon.pa.qub.ac.uk/calib/calib.html）．大気中の ^{14}C/^{12}C 濃度は基準年（1950年）には 1.2×10^{-10} であったが，この値は過去 1000 年間では数％，数万年前では数十％の範囲で変動していた．

放射性炭素（^{14}C）年代の場合には，BP（Before Physics あるいは Before Present）がつけられるが，これは 1950 年を基準という意味なので，2 つの点が重要である：① 1950 年以降では原水爆実験のために大気中の ^{14}C 濃度が急速に増加したため，^{14}C が一定との仮定は成立しなくなり，放射性炭素年代では 1950 年を基準年として，それから何年前と数えると定められた．すなわち，2005 年に測定した試料でも 1000 年 BP と記載されている場合，1950 年から 1000 年前となる．②現在求められている中で最も正確な半減期の値は 5730 ± 40 年（Godwin, 1962）であるが，放射性炭素年代の場合には国際慣習として Libby が最初に導入した値

から 2.9％ずれている 5568 年という値を用いる（Mook, 1986）．これは，過去に発表されたデータと比較する場合の混乱をおそれたためであるが，論文などでは 5730 年を用いた旨記載して計算値が公表されている場合もある．

AP2.2　放射性炭素年代の暦年代への補正方法

　氷床コアでの年代解析は暦年代で行われ，海底堆積物等の高時間解像度でのデータの比較のために暦年代（calendar age）への換算がしばしば行われる（図 AP-2）．放射性炭素年代の暦年代への補正方法はこれまでいくつか提案されている．それぞれ長所・欠点はあるものの，過去に最も使用されてきた補正計算は，Stuiver et al.（1998a, b）によって提案された INTCAL98 を使用するものである．これは，樹木の年輪と ^{14}C から求めた年代との関係を基に，0-24 kyr までの計算が可能で，とくにこの 10 kyr に関しては 10 年単位でデータがそろっているので，非常に精度よく補正することが可能である．その後，Reimer et al.（2004）によって IntCal04 が発表され，較正曲線は 0-26 kyr まで延長されるとともに，最近の年代に関しても INTCAL98 よりも高解像度になった．

　より古い年代については，Bard et al.（1993, 1998）を使用し，41100 cal yr BP までの年代換算が行われてきた．さらに 45 kyr までは，湖沼堆積物の ^{14}C 年代と年縞年代，サンゴ礁のウラン系列年代などにより対比が試みられている（Kitagawa and van der Plicht, 1998；Beck et al., 2001）．

　現在では，IntCal09 によって，補正カーブが ^{14}C 年代測定の限界である 50 kyr

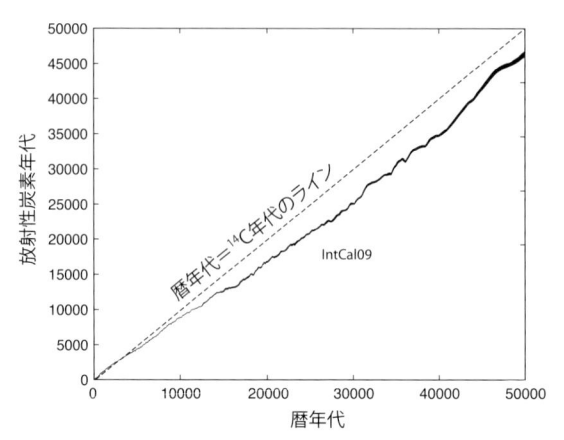

図 AP-2　^{14}C 年代と暦年代（calendar age）への換算図
（IntCal09；Reimer et al., 2004）

まで較正できるようになってきた（Reimer et al., 2009）．論文に掲載されている年代は，その論文の書かれたときの補正カーブを用いて計算されているので，生データより最新の補正カーブで計算することが望ましい．

AP2.3　有機分子レベルでの放射性炭素年代

　海底の有機物は海成物質，陸源物質とさまざまな場所で作られた有機物の混合物である．近年，分子レベルでの ^{14}C 測定（CSRA：compound-specific radiocarbon analysis）による地球化学試料への応用研究がさまざまな方面で行われている．海洋堆積物中の有機物分子レベルでの研究は，海洋堆積物中脂肪酸，n-アルカン，ステロール，ビフィタン（Eglinton et al., 1997），アルケノン（Ohkouchi et al., 2002），大気エアロゾル中有機物，脂肪酸（Matsumoto et al., 2001），大気エアロゾル（Currie et al., 1999）などがあり，大気有機物の起源，アルケノンを形成した植物プランクトンの年代などに用いられる．これらの結果によると，表層付近堆積物で，全岩（bulk）での有機物と海成有機物の分子レベルでの放射性炭素年代は，倍近く離れた年代を与えることもあることが報告されている（Ohkouchi et al., 2002）．

AP3　ウラン，アクチニウム，トリウム系列核種を使った年代測定（〜十数万年まで）

　^{238}U，$^{235}U(Ac)$，^{232}Th はウラン，アクチニウム，トリウム系列に属し，α 線や β 線などを放出して壊変し，最終的に ^{206}Pb，^{207}Pb，^{208}Pb になる．U は高溶解性がある一方，ほかの中間核種，とくに ^{230}Th，^{231}Pa は難溶性なので海水中にはほとんど存在せず，堆積物へ速やかに吸着および固定されてしまう．たとえば，サンゴ骨格のアラレ石（$CaCO_3$）と海水との間には分別が起こり，放射平衡からのずれを生じる．すなわち，サンゴ骨格の化石は U に富み，^{230}Th や ^{231}Pa に欠乏するため，時間とともにそれらの中間核種が増加する．また，堆積物は逆に ^{230}Th，^{231}Pa に富むため，時間とともにそれらの核種は壊変して平衡を取り戻そうとする．平衡のずれが生じた時点からの年代を決定するのがウラン系列（非平衡）年代測定法である．

　U-Th 法はしばしば化石サンゴに適用される（図 AP-1）．生物の生存中には Th はほとんど含まれず，死後閉鎖系が保存されたとすると，^{230}Th はサンプルが死滅したあとに ^{234}U の崩壊によって生成されたものと仮定できる．^{238}U の放射壊変は以下の通りである．括弧の中の数字は半減期（年）である．^{238}U は非常に長く，通常 ^{238}U と ^{234}U は放射平衡に達している．一方，^{234}U と ^{230}Th は達していない．しかも，^{234}U から ^{230}Th への半減期は 10^5 年のスケールなので，更新世のサンプルの

年代測定に適している．

$$^{238}\text{U} \xrightarrow[(4.47\times 10^9 \text{年})]{} {}^{234}\text{U} \xrightarrow[(2.48\times 10^5 \text{年})]{} {}^{230}\text{Th} \xrightarrow[(7.5\times 10^4 \text{年})]{} {}^{206}\text{Pb} \quad (\text{式 AP-8})$$

^{230}Th-^{234}U 年代は以下の式によって測定することができる（Kaufman and Broecker, 1965；Edwards *et al.*, 1987）．

$$1 - (^{230}\text{Th}/^{238}\text{U})_{\text{act}}$$
$$= \exp(-\lambda_{230}T) - \{\delta^{234}\text{U}(0)/1000\} \times \{\lambda_{230}/(\lambda_{230}-\lambda_{234})\} \times (1-\exp(\lambda_{234}-\lambda_{230})T) \quad (\text{式 AP-9})$$

ここで T は年代，λ は壊変定数でそれぞれ，

$$\lambda_{238} = 1.551 \times 10^{-10} \text{ yr}^{-1},\ \lambda_{234} = 2.835 \times 10^{-6} \text{ yr}^{-1},\ \lambda_{230} = 9.195 \times 10^{-6} \text{ yr}^{-1} \quad (\text{式 AP-10})$$

δ^{234}U(0) は Edwards *et al.* (1987) によって提唱されたもので，以下のような式で表される．

$$\delta^{234}\text{U}(0) = \{(^{234}\text{U}/^{238}\text{U})/(^{234}\text{U}/^{238}\text{U})_{\text{eq}} - 1\} \times 10^3 \quad (\text{式 AP-11})$$

ここで

$$(^{234}\text{U}/^{238}\text{U})_{\text{eq}} = \lambda_{238}/\lambda_{234} = 5.472 \times 10^{-5} \quad (\text{式 AP-12})$$

は放射平衡の際の原子数の比である．

　なお，閉鎖系が成立することを確認するため，変質や再結晶のチェックが必要である．生物起源アラレ石，高マグネシウム方解石（high magnesium calcite）は変質しやすいので，XRD（X線回折）分析などが有効である．また，最初の結晶化のときの ^{230}Th が混入してしまうことがある．^{232}Th は約 140 億年の半減期を持つため，Th の同位体の中で存在量が最も多い．そこで，^{230}Th の補正には ^{230}Th/^{232}Th 比が使われる．サンゴ化学試料が，サンゴが死んでから閉鎖系が保持されたかどうかのチェックには δ^{234}U(0) が指標となる．

AP4　アイソクロン編年

　アイソクロン編年も，親核種，娘核種に関して閉鎖系になったときから，親核種と娘核種の量比が年代とともに変化することを利用したものである．分析時点での放射壊変によって生成した娘核種の数を D^* で表すと，時刻 t での時点での娘核種 D 全体数は次式で表される．

$$D = D_0 + D^* \quad (\text{式 AP-13})$$

ただし，D_0 は時間 $t=0$ として，過去に遡って時間を数える時間軸を想定する．時刻 t の間に放射性娘核種 D^* が生成される数量は，その間に壊変する親核種 P（時刻 t の時点での親核種の数）の数量に等しく，$D^* = P_0 - P$ で表される．$P_0 = P \exp(\lambda t)$ となるので，式 AP-14 となる．

$$D = D_0 + P\{\exp(\lambda t) - 1\} \qquad \text{(式 AP-14)}$$

P, D は現在の量であるので，測定可能である．通常は放射壊変には直接関与しない娘核種の安定同位体 Ds との比を測定する場合が多く，安定同位体 Ds の数量は時間変化しないので，$D_0/Ds = (D/Ds)_0$ となる．

$$D/Ds = (D/Ds)_0 + (P/Ds)\{\exp(\lambda t) - 1\} \qquad \text{(式 AP-15)}$$

この中で，D/Ds と P/Ds は測定可能な現在の時点での値である．そして λ は既知定数で $(D/Ds)_0$ と t が未知数である．この2つの未知数を求めるには，2つの分析値があれば求めることが可能であるが，測定結果の信頼性などの検定も含めると最低4つ以上のデータ取得が推奨されている．

ここで，D/Ds を y 軸に (P/Ds) を x 軸としてプロットすると，同一の $(D/Ds)_0$ と t を持ち，$t=0$ 以降は P および D に関して閉鎖系を保持した試料は直線上にプロットされる．このような直線は「アイソクロン（等時線）」と呼ばれ，直線と Y 軸との交点は $(D/Ds)_0$ で初生値（または初生比）(initial ratio) となる（図 AP-3）．なお，全岩についてアイソクロン年代を求めるほかに，岩石に含まれる鉱物について同様にアイソクロン年代を求め，各々の鉱物生成時の年代を推定することもある．

よく使用される実例として，Rb-Sr 法がある．Rb-Sr は表面電離型質量分析計 (TIMS；Thermal Ionization Mass Spectometry) を用いた方法として，測定可能な年代範囲が広く，Rb がアルカリ金属，Sr がアルカリ土類金属と化学特性が異なるので，Rb/Sr 比の範囲が大きくなりやすいという利点がある．Rb には ^{86}Rb と ^{87}Rb の2つの同位体が，Sr には ^{84}Sr，^{86}Sr，^{87}Sr，^{88}Sr の4つの同位体があり，そ

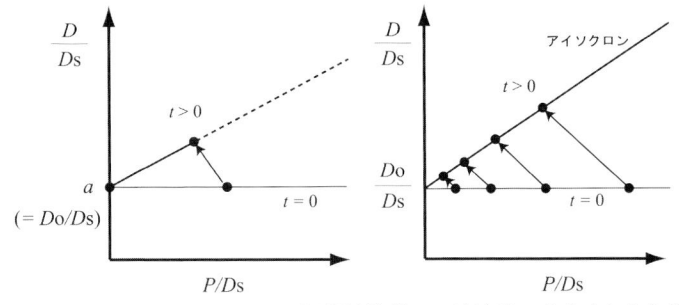

図 AP-3　アイソクロンの原理図（放射性核種 P が娘核種 D を生成したときに得られる式に基づいた図）

　　左は初生値が既知の場合（$(D/Ds)_0 = a$），右は初生値が未知でアイソクロンを用いてその傾斜から年代を算出する場合で，この図はアイソクロン図と呼ばれる．

れぞれ通常 K や Ca を置換して存在する．親核種 ^{87}Rb は半減期 488 億年で，β 壊変により ^{87}Sr になる．安定同位体 ^{86}Sr によって規格化すると

$$^{87}Sr/^{86}Sr = (^{87}Sr/^{86}Sr)_{t=0} + (^{87}Rb/^{86}Sr)[\exp(\lambda_{^{87}Rb}t) - 1] \quad (式 AP\text{-}16)$$

となる．ここで $\lambda_{^{87}Rb}$ は ^{87}Rb の壊変定数である．

なお，K-Ar 法のように初生値が既知の場合（$(D/Ds)_0 = 295.5$）には，試料が 1 個でも年代が下式より計算できる．

$$t = 1/\lambda \, \mathrm{Ln}(1 + D^*/P) \quad (式 AP\text{-}17)$$

古環境解析などで用いられる代表的な親核種と娘核種についてまとめたものを表 AP-1 に示す．

最後になるが，アイソクロン図で測定値が直線上にプロットされることが，必ずアイソクロンを構成しているということにはならない．直線上にデータがのっているということは，通常 2 つの端成分が適当な割合で混合していることが多い．このような場合にはデータは直線上にのってしまい，「偽アイソクロン」と呼ばれる．別の元素あるいはパラメータについてもプロットを行い，混合線を示しているのかどうかを確認することで識別が可能である．

表 AP-1 年代測定に使用される放射性核種の特性

親核種	壊変方式*	半減期	安定娘核種
^{14}C	β^-	5.73×10^3	^{14}N
^{40}K	E.C., β^-	1.25×10^9	^{40}Ar, ^{40}Ca
^{87}Rb	β^-	4.88×10^{10}	^{87}Sr
^{138}La	β^-, E.C.	3.2×10^{11}	^{138}Ce, ^{138}Ba
^{147}Sm	α	1.06×10^{11}	^{143}Nd
^{187}Re	β^-	4.3×10^{10}	^{187}Os
^{232}Th	$6\alpha + 4\beta^-$	1.40×10^{10}	^{208}Pb
^{235}U	$7\alpha + 4\beta^-$	7.04×10^8	^{207}Pb
^{238}U	$8\alpha + 6\beta^-$	4.468×10^9	^{206}Pb

*α：α 壊変，β^-：β 壊変，E.C.：電子捕獲．

2. 先カンブリア時代(Precambrian age)の地球表層環境

　原始太陽系では，超新星が爆発したときに放出された星間雲などが収縮を始め，レコード盤のような形になり，太陽系の惑星が誕生した．放射性核種の崩壊によるエネルギーと，一部は微惑星体がぶつかったときの運動エネルギーにより，地球は当時高温で溶融していた．鉄やニッケル等は中心部に沈降して核（core）を作り，冷却時にそれを覆うようにマントル（ほぼ$MgFeSiO_3$）や地殻ができ，地球表層環境システムがスタートした．

　先カンブリア時代は，地球が誕生（4550 Ma）してから，硬質の生物殻を持つ生物が現れる（542 Ma）までの40億年間で，3つの期間に分類できる（裏見返し年代表）：①冥王代（Hadean Eon）は地球誕生から地殻が作られ，化学進化が進行した6億年間，②始生代（Archaean Eon）は生命が誕生し遊離酸素が顕著になった2500 Maまで，③原生代（Proterozoic Eon）はオゾン層が形成され，真核生物や多細胞生物の誕生と大きな発展が確認された時代である．

　先カンブリア時代に地球表層環境システムの骨組みが作られた：①大陸の誕生，②海洋の誕生，③海洋地殻の形成，④生命の誕生および進化，⑤遊離酸素の増加．この時代の証拠は断片的で，劣化している場合も多く，学説も証明されているものはわずかである．日本語で書かれたよい参考書として丸山・磯﨑（1998），熊澤・丸山（2002），大谷・掛川（2005），堀越（2010）などがある．

2.1　初期地球の形成

2.1.1　鉱物より推定される大陸の誕生

　現在地球上で最も古い鉱物の年齢は4404 ± 8 Maで，西オーストラリアのイルガーン地域のジャックヒルズ変成岩に含まれるジルコン，すなわち世界

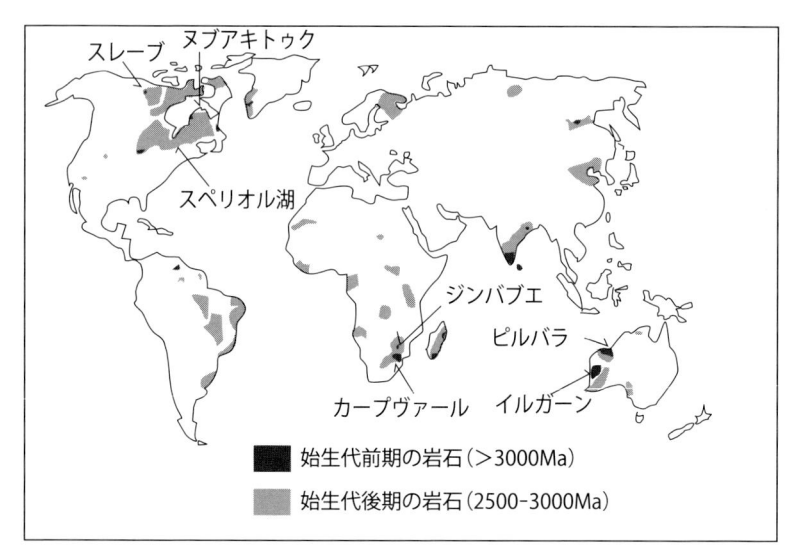

図 2-1 世界に分布する始生代前期（3000 Ma 以上）と後期（2500-3000 Ma）の地層が表層に現れた地域

最古の鉱物から得られた（Wilde *et al.*, 2001）（図 2-1）．ジルコンは，通常大陸地殻を構成する花崗岩のようなケイ長質の火成岩に含まれる．そして，これらの火成岩は風化すると砂粒となり，これが沈積すると，堆積岩の構成鉱物となる．これが変成したものが，ジャックヒルズ変成岩である．この周辺地域では 4276 Ma という年代値も報告されており，そのころまでに最古の大陸地殻が存在していた可能性が高い（Wilde *et al.*, 2001）．同様の値は近くのエラワンドーヒル（Erawondoo Hill）でも報告されている（4200 Ma, Mojzsis *et al.*, 2001）．

上部マントル物質が溶融する際，溶融マグマの組成は，水が存在しないと輝石の組成よりシリカ（SiO_2）に乏しいものが，水が存在すると輝石の組成よりシリカに富んだものができ，これが結晶固化すると，石英などのシリカ鉱物が晶出する．大陸地殻は上部マントルあるいは海洋地殻よりシリカに富んでおり，水の存在下で溶融したメルトが固化して誕生したと考えられる．また，これらの大陸地殻が削剥されて，それが沈積して堆積岩となり，これが高温に熱せられても花崗岩ができると考えられている．花崗岩の分類法に

はいくつかあるが，その中の一つの方法に基づくと，前者がIタイプ，後者がSタイプ花崗岩となる．ジャックヒルズ地域のジルコンは，高い$\delta^{18}O$値（7.6-10.0‰）を示すので，後者のプロセスで形成された，Sタイプ花崗岩に属すると考えられる（Mojzsis et al., 2001）．源岩として堆積岩の可能性が高いので，多量の水が存在した状況下で堆積したのではないかと考えられる．なお，現在と異なったプロセスで溶融マグマから大陸地殻岩ができたとの別の見解もある．

2.1.2 岩石と岩塊から推定される大陸の存在

鉱物は結晶構造を持ち，化学式で表されるように固有の組成を持ったものであるが，岩石は鉱物，ガラス（glass），化石，有機物などが集積したものである．最も古い岩石は，カナダのケベック州ハドソン湾近くのヌブアキトゥク（Nuvvuagittuq）緑色岩帯で発見され，その年代は4280 Maであった（O'Neil et al., 2008）．

この他，年代の古い岩石はオーストラリア，グリーンランド，北米，南アフリカなどから報告されている（Amelin et al., 2000；Appel et al., 2009；Baadsgaard et al., 2007；Cates and Mojzsis, 2007）（図2-1）：①西グリーンランド・イスア（Isua）地域の変成した苦鉄質岩・ケイ長岩で3800-3700 Ma，②ジャックヒルズの北に位置するピルバラ地域は変成岩で3520 Ma．

2.1.3 地殻の形成と地球表層環境への影響

マグマオーシャンが固化し，水が水蒸気の状態から液体の水へと凝集すると，塩酸（HCl）やSO_2を溶かし込んだ酸性の原始海洋ができあがった．

イスア地域では枕状溶岩，タービダイト性堆積物を含む堆積岩やその一種であるアルゴマ型縞状鉄鉱床（2.3.4参照）も観察されるが，約3800 Maの玄武岩などが極端な酸性の環境を経験した形跡がないことから，変質（二次）鉱物（secondary minerals）の緩衝能力により海水のpHは3-5程度に落ち着いていたものと予想されている．これらの事実から，約3800 Maには，①多量の水を伴う環境，すなわち海洋が存在し，②海洋地殻も形成されていたことが示唆される．海洋地殻はプレート発散型境界を特徴づけており，当

時プレート運動がすでに機能していた可能性が高い（Komiya et al., 1999）.

さらに，イスア周辺では 3800 Ma の花崗岩を含む大陸性陸塊が大規模に分布している（Moorbath et al., 1972, 1973）．花崗岩の密度は小さい（約 2.7 g cm^{-3}）ので，マントル上に浮いたように安定的に存在できる（図1-3）．大陸の頂部は海面上に顔を出し，大気に接することができる．これにより，大陸は大気と直接反応し，化学風化が促進され，p_{CO_2} を減少させた．これは潜在的に気候を寒冷化する方向で機能する．また，大陸河川からの物質の流入は，海底の熱水噴出とともに海水の化学組成を決定する上で重要であるが，その重要度を増していった．

2.1.4 大陸の成長

ジルコンは前に述べたように，大陸地殻の岩石にしばしば含まれ，機械的強度が高いため，岩石の風化（機械的な破砕や化学的な分解過程）を経て，岩石が運搬される河川河口領域の堆積物に濃集しやすい．世界の大河川に堆積した砕屑岩は，上流でいろいろな岩石が風化や侵食作用を受けて，それが沈積したものから生じているため，河川の後背地の地質を反映しているといえる．そこで，これらの砕屑岩に含まれるジルコンに対して，ウラン・鉛による年代分析を行ったところ，大陸成長は 2800-2500 Ma，1800-1500 Ma，1000-500 Ma に急激に進んだことがわかる（熊澤・丸山編集，2002）．このことは，大陸地殻の成長は太古代ではきわめて遅く，27 億年前でも現在の面積の 20％程度に過ぎず，従来の支配的な考え，すなわち 27 億年前にはすでに 80％の地殻が形成されていたとする考えが正しくない可能性を示している（図2-2）．

2.1.5 原始大気

地球が最初に誕生したときには，一次原始大気と呼ばれる揮発性物質が周囲に存在したと推定されているが，地球が形成されて間もない T-タウリ（Tauri）期（太陽の明るさが現在の 1000 倍位大きくなる高輝度期）に，強烈な太陽風により，一次原始大気は完全に吹き飛ばされたと推定されている．その後，地球内部から揮発性成分が脱ガスし，これが現在の地球の大気圏・

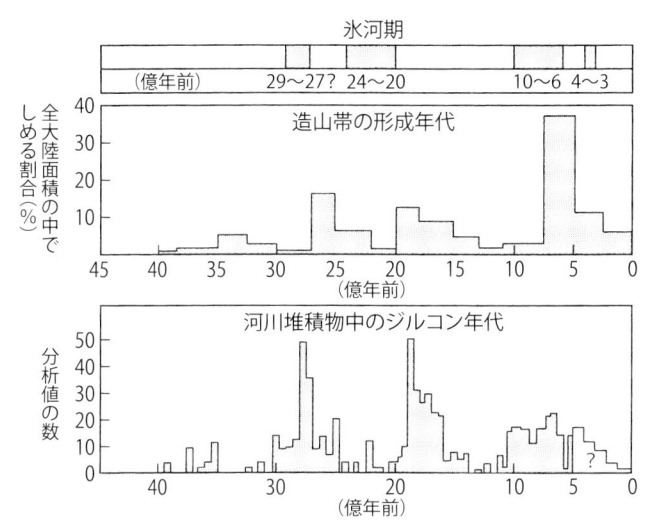

図 2-2 氷河期の歴史（上），付加型造山帯の形成年代頻度分布（中），および主要な大河の河口から採取された川砂のジルコンの鉛同位体年代の頻度分布（熊澤・丸山編集，2002）

水圏・生物圏の事実上の材料となった．この揮発成分は一次原始大気とは化学組成も異なり，二次大気と呼ばれている．

二次原始大気の化学組成は，酸化還元電位，すなわち p_{H_2}（低 p_{O_2}）により支配される．炭素は高 p_{H_2}（低 p_{O_2}）の場合には CH_4，低 p_{H_2} では CO_2 や CO の形態で，窒素や硫黄は高 p_{H_2} では NH_3 か H_2S，低 p_{H_2} では窒素ガス（N_2）か SO_2 の形態で存在する．原始大気がコアの成分と接していた場合と，マントルのようなケイ酸塩鉱物と接していた場合で，酸化還元電位は異なるであろう．p_{O_2} のレベルは遊離酸素ガスが存在しない位の低いレベルであったが，前者の場合 10^{-12}Pa（パスカル），後者の場合やや酸化的（10^{-1}Pa）と熱力学的に計算されている．

現在の学説では，二次大気が形成された頃には，すでに核とマントルは分離していたと考えられているので，原始大気はマントルと接していたと考えられ，すなわち，やや酸化的環境であったために，炭素は CO_2 で，窒素は分子窒素（N_2）で，硫黄は SO_2 の形で存在していたと推定できる．次に述べる有名なミラーの有機物合成実験は，CH_4，NH_3，H_2S を使ってなされた

が，実際はより酸化的環境での分子の組み合わせが妥当であったらしい（阿部，2005）．なお，水蒸気，CO_2 のほかに，H_2，CO や無機的に合成された CH_4 もかなりの量含んでいた可能性があると考えられている（阿部，2005）．

2.1.6 温室効果気体

原始的な大気は，地球と兄弟星（金星や火星）の現在の CO_2/N_2 比 28-35（平均 30）と同等と仮定すると，地球大気中の窒素（N_2）分圧の 0.8 気圧（8万1060 Pa）に対して，CO_2 は約 24 気圧（243万1800 Pa）となる．このような高い p_{CO_2} の条件下では，ある程度中和された弱酸性の海水中で，溶存炭酸イオンは岩石から熱水に溶出したカルシウム（Ca^{2+}），鉄（Fe^{2+}）と結合して炭酸塩を作ることで，p_{CO_2} は下がっていった．

ところで，太陽の輝きは，地球誕生時には現在の 70%のレベルであり，28億年前には 80%のレベルまで上昇した（図2-3）（Gough, 1981）．一方，2300 Ma 以前に氷河期があったとする地質学的記録はないので，温室効果は現在より強かったはずである．地表表層を氷点以上に保つには p_{CO_2} のみで 0.02 気圧（2027 Pa）以上が要求される．当時の嫌気条件下で p_{CO_2} が約 0.003 気圧（304 Pa）を超えると，熱力学的には菱鉄鉱（$FeCO_3$）が生成するはずであるが，2800-2200 Ma の土壌試料には菱鉄鉱は認められない．

そこで，別の温室効果気体が必要であることが示唆される．嫌気的条件下

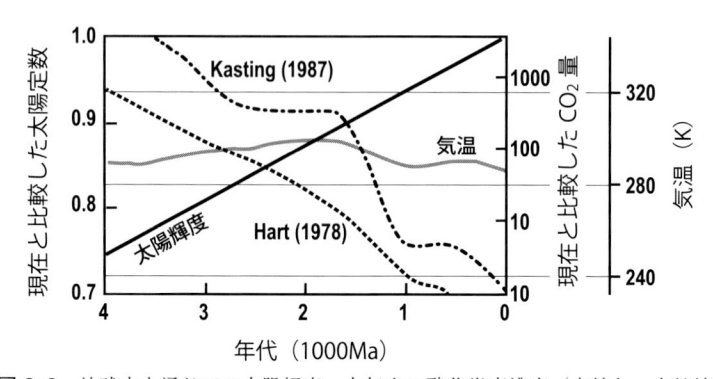

図 2-3 地球史を通じての太陽輝度，大気中二酸化炭素濃度（点線と一点鎖線），地球表層の平均気温の変化（Frakes *et al.*, 1992）

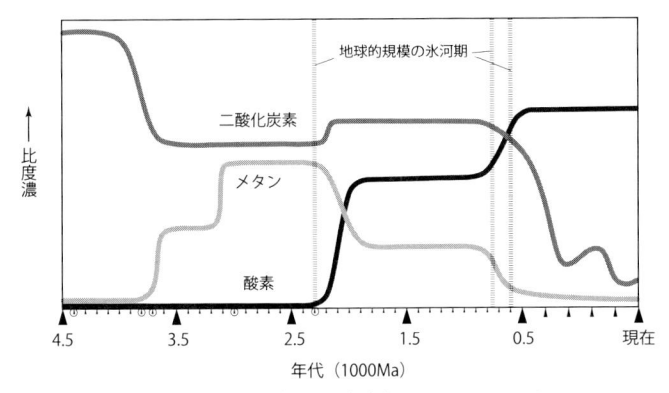

図 2-4 地球史を通じての地球大気の組成変化 (Kasting, 2004)
　大気を構成する主要ガスの濃度比は年代とともに変化した．点線は地球的規模の氷河期を表す．初期の地球では，二酸化炭素が多く，その後，メタン菌が繁栄したが，スペリオル型 BIF が形成する頃から酸素濃度が上昇した．強力な温室効果気体であるメタンの濃度減少とともに地球は寒冷化し，メタン菌は堆積物中など，生育場所が移動したと考えられる．

で温室効果気体の NH_3 は紫外線で分解してしまうので，CH_4 が候補となり，0.001 気圧（101 Pa）以上であったとの試算がある（図 2-4）(Kasting, 2004；Haqq-Misra et al., 2008)．また近年，硫化鉱物の硫黄同位体異常から，硫化カルボニル（COS）という強力な温室効果気体の寄与があったのではないかと示唆されている (Ueno et al., 2009)．

2.2　生命の誕生と初期進化

2.2.1　生命誕生への化学進化

　地球を特徴づける重要事項は生命の存在である．最初の 800 Myr（全地球史の約 20％に相当）は生命体は存在せず，化学進化が進行した．化学進化と生命誕生の識別には，生命は，①脂質およびタンパク質などからなる半透膜機能を持った外界から隔離された膜を持つこと，②自己増殖，自己複製を行うこと，③エネルギー代謝機能を持っていること，④個々の生命体ばかりでなくグループとしても，生存に有利な方向に進化すること，が挙げられる．これらの直接証拠を見付けることは難しいので，①化石などの痕跡として認

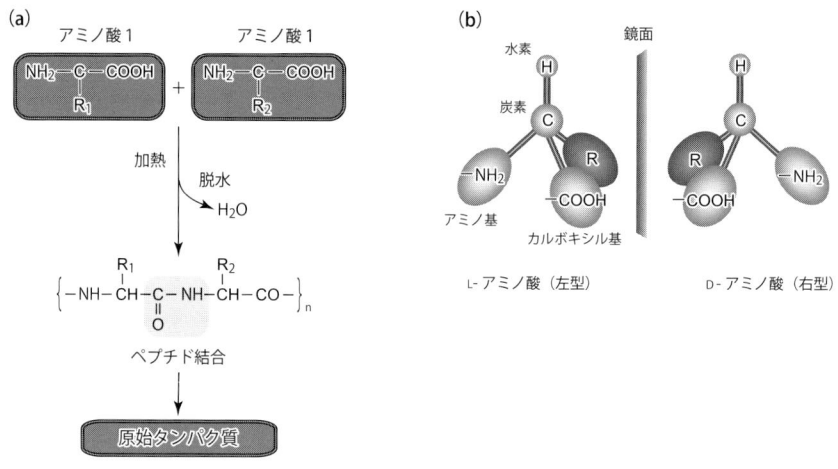

図 2-5 (a) ペプチドの生成メカニズム，(b) アミノ酸の光学異性体[*2A]

識できる形状，②特定の生物が作る，あるいは特定の生体部位に含まれる生物指標化合物（バイオマーカー），③有機物の光学異性体（optical isomer）（図 2-5b）[*2A]，④同位体異常などが判断基準となってきた．

　生命を構成する化合物の前駆物質は，簡単な分子から複雑な分子までさまざまであるが，RNA（リボ核酸），DNA（デオキシリボ核酸），タンパク質など，より複雑で機能も高度化した化合物も化学進化で作られたと考えられている．

　地球上の生物を構成する物質，あるいは酵素などの機能物質として，タンパク質は重要である．タンパク質はアミノ酸よりなり，アミノ酸にはカルボキシル基（-COOH）とアミノ基（-NH$_2$）がある（図 2-5a）．Miller（1953）は，初期地球の大気は CH$_4$ や NH$_3$ に富んでいたという当時の考えに基づき，それらの化合物を含む気体中で放電により化学反応を起こし，10 種類以上のアミノ酸，カルボン酸，糖類，核酸塩基などが合成されることを証明した．生物に特有の化学物質や生体に必須の有機物が，生物を介しない反応で合成

[*2A]：分子式は同じだが，異なる化合物どうしは異性体と呼ばれる．その中で，平面偏光をその結晶や液体，溶液に通過させたときに，その偏光面が右あるいは左に回転するような性質は光学活性と呼ばれる．前者は d（右旋性）体，後者は l（左旋性）体で表記する．生物が作り出すほとんどのアミノ酸は左旋性，DNA は右旋性だけといわれている．

されることが示された.

　タンパク質などの高分子となるには，アミノ酸のカルボキシル基が別のアミノ酸のアミノ基と脱水縮合して酸アミド結合（–CO-NH–）を形成し，ポリマーとなる必要がある．この結合はペプチド結合と呼ばれ，タンパク質の「一次構造」となっている．直鎖であったペプチドを含む化合物が水素結合などにより折りたたまれて「二次構造」を作り，さらにタンパク質全体としての「三次構造」に発展する．加えて複数（あるいは複数種）のポリペプチド鎖がまとまって複合体を形成したものは，「四次構造」を形成する．生体のタンパク質を構成するアミノ酸は20種類あるので，それが3つ連結したペプチドだけでも約20^3通りの組み合わせが可能であり，多種多様なタンパク質を作り出す．三次構造・四次構造（立体構造）は，タンパク質の機能にも表れており，同じアミノ酸の配列からなるタンパク質でも，立体構造によって機能が変化する．

　生物の存在を継続するには，「複製」が必須であるが，これには核酸が遺伝子として重要な役割を演じている（図2-6）．核酸塩基と糖が結合したものはヌクレオシド（nucleoside）と呼ばれ，五単糖の1位にプリン塩基またはピリミジン塩基がグリコシド結合したものである．これにリン酸基が結合したものがヌクレオチド（nucleotide）で，DNAやRNAなどの核酸はこのヌクレオチドが鎖のように連なったものである．半保存的複製をすることで，遺伝情報を子孫へと伝えていく．

　地球の初期には，タンパク質や核酸は無機的に合成されて，「有機物のスープ」の重要な溶質となったと考えられ，最初の生命体はこれらを栄養にしていたと推定されている．これは従属栄養を意味するが，証明されているわけではない．現在のところ化学進化から生命の誕生にいたる間の私たちの知識には大きなギャップが存在しており，生命は，①RNAから始まったとする説，②DNAから始まったとする説，③タンパク質から始まったとする説，などが混在している．

2.2.2　生命誕生の痕跡

　生命が誕生した場所については，層構造と柔らかい構造が特徴の粘土鉱物

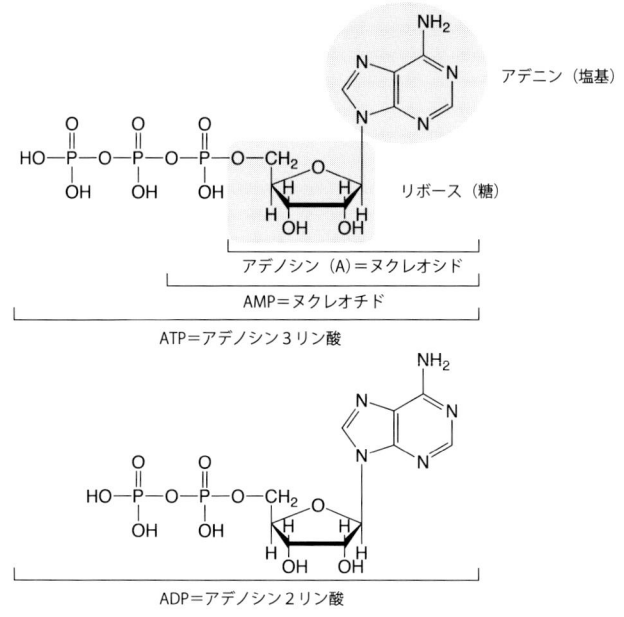

図 2-6　核酸構成物質の構造

が重要な働きをしたという説，熱水地帯は化学反応が進行しやすいので，そこで最初の生命が誕生したという説など，多数の学説が提案されているが，未だ決着していない．

約 3000 Ma 以前の試料では，バイオマーカー等の化学物質自体が変質し，解析を困難にしている．そこで，有機物がグラファイト化した炭素の同位体を基に解析が進んでいる（図 2-7）．一般的に CO_2 の固定にはカルビン・ベンソン回路が用いられ（1章の脚注1C），有機物の炭素同位体比（$\delta^{13}C$ 値）は約 $-25‰$ 〜 $-20‰$ となる．この回路を備えたものには C3 型光合成植物，藻類，シアノバクテリア（Cyanophyta），紅色硫黄細菌などがある．

グリーンランドのイスアの 3800 Ma，アキリア（Akilia）の約 3850 Ma の縞状鉄鉱床に含まれるアパタイト中の包有炭質物の $\delta^{13}C$ 値平均値は，それぞれ $-30‰$，$-37‰$ であった．当時の海水の $\delta^{13}C$ 値も現在からそれほど変っていないと仮定すると，この大きな同位体分別は，生命の痕跡ではないかと報告されている（Mojzsis et al., 1996）．一方，アパタイト中での包有炭質

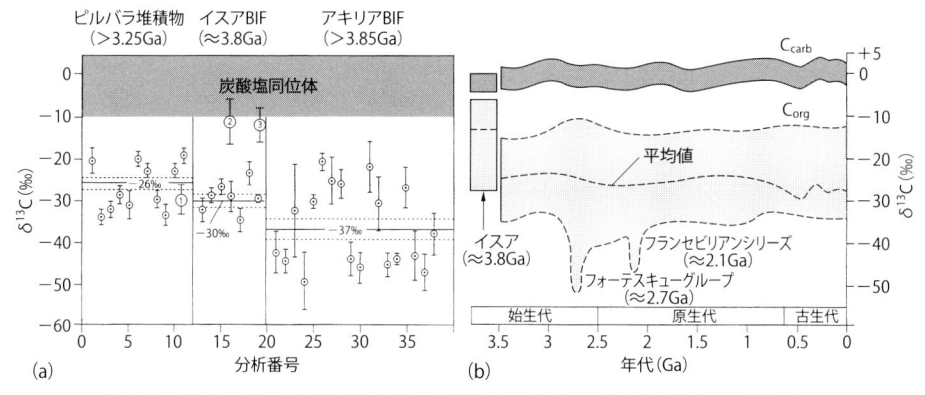

図 2-7 38 億年間の溶存無機炭酸と有機物中の炭素の δ^{13}C 値（‰）の変化（Mojzsis *et al*., 1996；Buick, 2003）

物が本当に生物活動に由来するのか，疑問も提示されている（Schidlowski, 1988；Lepland *et al*., 2005）．オーストラリアのクンタルーナ（Coonterunah）層では炭質物の δ^{13}C 値は −24‰，炭酸塩の δ^{13}C 値は −2‰ であった．炭酸塩の δ^{13}C 値はほぼ海水の炭酸系イオンの δ^{13}C 値と同じなので，この炭素の大きな同位体分別を説明するには生物活動が期待される．同様の低い δ^{13}C 値はアフリカ南部の 3500–3300 Ma のフッゲンオク層（Hooggenoeg formation）とティースプルート層（Theespruit formation）からも報告されている（Buick, 2003）．

化石の報告例としては，3450 Ma の南アフリカのスワジランド（Swaziland）累層群でのシアノバクテリア類似化石がある．以上をまとめると，確定的ではないが 3500 Ma には原始的な生物，すなわち最古の原核生物（Prokaryotes）が出現していたらしい．

2.2.3 生命の誕生と系統

リボソームは細胞内にあってタンパク質を作る重要な部位である．すべてのリボソームに RNA とタンパク質でできた複合体があり，この複合体には必ず少数のサブユニットが含まれている．リボソームの小さなサブユニットに含まれている RNA 分子（リボソーム RNA；rRNA）の塩基配列を比べて導き出されたのが，図 1-9 に示した現生生物の系統的関係である．古細菌

（Archaea）は原核生物なので，長期間細菌の一部と考えられてきたが，リボソーム RNA の遺伝子は真正細菌と真核生物の違い位大きく，古細菌は真正細菌よりむしろ真核生物に近かった．

古細菌が真正細菌と共通する性質としては，①原核生物に特有の細胞組織，②リボソームの分子構造，③環状の染色体の遺伝子配列であり，また，古細菌が真核生物と共通しているのは，① DNA 転写の分子的な仕組み，②特定の抗生物質に対する感受性である．

2.2.4 従属栄養細菌と独立栄養細菌

16S rRNA の塩基配列の結果によると，超好熱性細菌が生命の起源に近い存在と信じられている（図1-9）（Stetter, 1994）．すなわち，生命は 100-110℃位の高温下で誕生したものと考える研究者は多い（大島，1995）．超好熱性細菌（多くは古細菌）中には，H_2 を SO や SO_4^{2-} で酸化して ATP（アデノシン三リン酸）を生成している硫黄酸化細菌（sulfur oxidizing microorganisms）が多く，メタン生成菌（methanogenic microorganisms）のように，H_2 を CO_2 で酸化する細菌もいる．両者ともに独立栄養細菌で，この仲間の細菌は地球表層の生物地球化学サイクルが駆動し始めた初期から生存してきたらしい（山中，1999）．従属栄養細菌は有機物を分解して生活エネルギーを得るため，「有機物の消費者」となる．そこで，従属栄養細菌のみでは，有機物の貯蔵量は急速に減少し，枯渇してしまうはずである．

独立栄養細菌（autotrophic microorganisms）とは，無機物を酸化して得られるエネルギーを用いて CO_2 から細胞成分などの有機物を合成する細菌のことである．独立栄養細菌には，①無機物をさまざまな酸化物（たとえば，O_2 あるいは NO_3^-）で酸化して生育する独立栄養化学合成細菌と，②光のエネルギーを用いて無機物を酸化して生育する独立栄養光合成細菌（photoautotrophic microorganisms）とがある．前者の①には，メタン生成菌，硫黄酸化細菌，アンモニア酸化細菌（ammonia oxidizing microorganisms），亜硝酸酸化細菌（nitrite oxidizing microorganisms），鉄酸化細菌（iron oxidizing microorganisms），水素（酸化）細菌（hydrogen (oxidizing) microorganisms）などが，後者の②には緑色硫黄細菌（代表として *Chlorobium limicoda*) と紅色硫黄細菌 (代表として *Chromatium vinosum*) などが含まれる (山中, 1999) (1.1.2 (4) 参照).

多くの独立栄養細菌は, 植物 (C3植物) と同じくカルビン・ベンソン回路で CO_2 を固定して有機物を合成するが, 緑色硫黄細菌, メタン生成菌等では, 還元的カルボン酸回路, アセチルCoA経路, および3-ヒドロキシプロピオン酸回路などで合成が行われる. 独立栄養細菌が CO_2 から有機物を合成するためには, 多くの場合ATPとNAD(P)H (ニコチンアミドアデニンジヌクレオチドリン酸) が必要である (山中, 1999). 独立栄養光合成細菌の場合には, 光エネルギーを利用してNAD(P)Hを作れるが, 独立栄養化学合成細菌では, 水素酸化細菌とメタン生成菌を除くと, NAD(P)Hの生成反応を進行させるのにATPを投入する必要がある.

2.2.5 始生代初期の温度環境

始生代初期 (3800 Ma 以前) の温度環境については, よくわかっていないが, 現在の光合成生物が耐えられる温度の限界 (74℃) より水温は低かったものと推定されている. 古細菌の一部が高温環境に棲息できることから, 地球表層すべての温度が高かったと受け取れる議論もあるが, 現在でも好熱細菌は海底熱水地帯など限定された場所に観察されるので, 特定の海洋域が高温で, 好熱細菌は特定の場所のみに棲息していたと考える方が妥当である. ちなみに, 高熱菌での生息最高温度は113℃と報告されている (Stetter, 1999). また, 超好熱性地殻内化学合成独立栄養微生物生態系 (Hyper-SLiME) という, 水素をエネルギー源とする, 最古の生態系と類似したものが, インド洋中央海嶺のブラックスモーカー近傍で発見されている (Takai *et al.*, 2004).

2.2.6 メタン生成菌と新たな温室効果気体候補

初期地球では, 前述したように地球初期の無氷河時代を説明するために, 強い温室効果が推測されている (2.1.5参照). CH_4 の温室効果は CO_2 の21倍と強力なので, CH_4 なら0.001気圧 (101 Pa) 程度の濃度でも, 要求される条件を満たすことができる. 無酸素状態の下で, 生命誕生後すぐにメタン

古細菌と呼ばれる単細胞生物が登場した可能性が指摘されている．これは，現在の堆積物中で，メタン発酵が最も嫌気性的な条件下で観察されるのと調和的である．

メタン生成菌は，有機分子から CH_4 と CO_2 を生成することで，生活エネルギーを得ている．水素の存在下では，化学合成プロセスでも生活エネルギーを得て成長でき，-60‰程度と低い $\delta^{13}C$ 値を持った CH_4 を作り出す．3500 Ma の西オーストラリアの熱水変質岩中の熱水包有物中に $\delta^{13}C$ 値が-56‰より低い微生物起源のメタンが発見された．そこで，CH_4 を生成するような古細菌の活動開始時は 3500 Ma に遡る可能性が高い（Ueno et al., 2006）．

なお，Kasting（2004）の説によると，メタン生成菌の活動が活発化すると，CO_2 が消費されて CH_4 に変換され，温室効果が高まるので，気温が上昇するが，次の段階で，CH_4 大気下の環境では CH_4 分子がより分子量の大きな有機分子へと化学結合し，大気上層で雲を作り，結果として太陽光の地表への放射量が減り，気温はしだいに下がっていったらしい（図2-3）．化石などに基づく直接的証拠はないものの，地球的規模での最初の氷河期（2300-2200 Ma）の説明には好都合となるかもしれない（Kasting, 1993）．この説を採用すると，メタン生成菌が地球表層環境システムの主役となったのは，発生から数～十数億年というかなりの時間が必要であったということになる．

さて，始生代後期から原生代初期にかけて海底でできた炭酸塩の $\delta^{13}C$ 値と有機物の $\delta^{13}C$ 値との差は-60‰に達していた．現在海洋における植物プランクトンが作る有機物の $\delta^{13}C$ 値は約-20～-25‰程度なので，このような大きな炭素の同位体分別は現在の海洋とは対照的である．このことは，2800-2200 Ma には，メタン生成古細菌のように大きな同位体分別を引き起こす細菌の活動が，地球表層環境システムにおける炭素循環で卓越してきたことを示唆している．

2.2.7 硫黄同位体と硫酸還元菌の出現

堆積岩中の硫黄同位体比分別の有無を用いることで，硫酸還元菌の出現時期をさぐることができる．硫酸還元菌は硫酸イオンを使い，有機物を分解する．その反応は，

$$2CH_2O + 2H^+ + SO_4^{2-} \rightarrow H_2S + 2CO_2 + 2H_2O \quad (G_0 = -47 \text{ kJ})$$

(式 2-1)

また，硫黄同位体の表示は，標準物質である CDT（キャニオンダイアブロ隕石中の FeS）の $^{34}S/^{32}S$ 比に対する相対値で表される．

$$\delta^{34}S \ (‰) = \{(^{34}S/^{32}S)_{sample}/(^{34}S/^{32}S)_{CDT} - 1\} \times 10^3 \quad (式 2\text{-}2)$$

現在の海水中の SO_4^{2-} は ^{34}S に富み，$\delta^{34}S$ 値は +20‰ である（表見返し）．硫酸還元が起こる（式 2-1）と，^{32}S からなる硫酸イオンと ^{34}S からなる硫酸イオンでは，前者の方が弱い S-O 結合からなるため，^{32}S は H_2S 側に濃集する．海水中の SO_4^{2-} に比べ $^{34}S/^{32}S$ 比が低くなるので，H_2S の $\delta^{34}S$ 値はしばしば -10‰ より軽い値となる．次に，H_2S からの FeS_2 が形成するときには，同位体分別はほとんど起こらないので，硫酸還元による H_2S の同位体比が，そのまま FeS_2 に保存される．結果的に，堆積物中では海水の $\delta^{34}S$ 値に比べて大きく負の方向にシフトした $\delta^{34}S$ 値を示す FeS_2 を生成することになる．逆に，地質試料中にこの特徴を持った黄鉄鉱が見付かれば，その堆積物中で硫酸還元菌が活動していた証拠を示すことになり，$\delta^{34}S$ 値は一種の「バイオマーカー」となる．

同位体分別効果は，現在の海洋では，堆積環境によって大きな差があり，20-70‰ もの幅がある．$^{34}S/^{32}S$ の小さな硫化鉱物を作ることで，海水中に残存する硫酸イオンの量は減少し，$\delta^{34}S$ 値は増大する．この効果で急速に硫酸イオンは減少するので，$\delta^{34}S$ 値はさらに増加する．顕生代の海底堆積岩の黄鉄鉱の $\delta^{34}S$ 値は非常に大きな幅（-50〜+50‰）を示すが（大本，1994），始生代前期の堆積岩では，大半の硫化物とまれに見付かる硫酸塩の $\delta^{34}S$ 値は 0‰ 付近で，このことは始生代に細菌による硫酸還元がなかったことを示唆している（図 2-8）．一方，原生代（2500 Ma）に入ると $\delta^{34}S$ 値の幅は拡大していったので，地球表層環境システムの酸化的環境と硫酸還元を反映したものと考えられている．

なお，式 2-1 では硫酸還元菌の G_0（= -47 kJ）を示したが，鉄細菌，メタン菌の場合には G_0 値はそれぞれ -809 kJ，-31 kJ である．そこで，G_0 値に基づくと，鉄が存在する場合には鉄細菌が優先し，次に硫酸が存在する場合には硫酸還元菌が，鉄と硫酸が不足するとメタン菌が活躍することにな

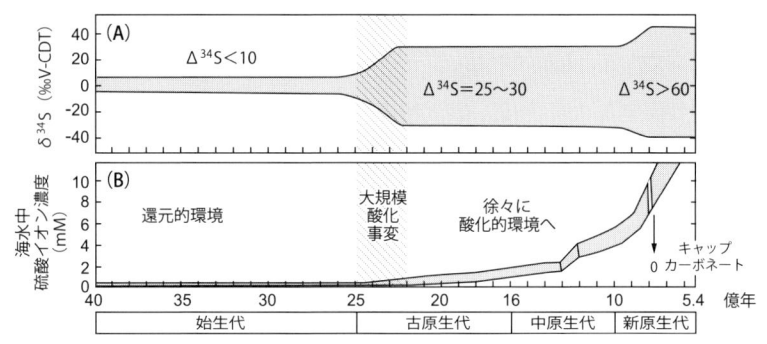

図 2-8 (A) 先カンブリア時代の堆積物中に含まれる硫化物と硫酸塩鉱物の硫黄同位体比（δ^{34}S 値）の最大差．(B) 炭酸塩岩に付随する硫酸塩の硫黄同位体変動をもとに堆積速度と硫酸還元による同位体分別作用を考慮して推定された，原生代の海水中硫酸イオン濃度 (Bottrell and Newton, 2006).

る．現在の海底下堆積物でも，深度が増すと主に酸化還元電位に支配される形で，同様の順序でそれぞれの菌類が存在する［GME 図 7-7］．

2.3 大気・水圏での酸素濃度の上昇

2.3.1 クロロフィルの出現

クロロフィル（chlorophyll）は葉緑素とも呼ばれ，光エネルギーを吸収し，電位を発生し光反応を起こす化学物質で，太陽からの光エネルギーを化学エネルギーに変換している．化学合成細菌を除くと，通常の一次生産は植物が行う．クロロフィルを持つ生物では糖類を始めとする多数の有機分子の生産が可能となり，地球表層環境システムで生命が発展する重要な土台を築いた．クロロフィルは，4つのピロールが環状に配置したテトラピロールに，長鎖アルコール（フィトール phytol）がエステル結合した基本構造を有し，天然のクロロフィルではテトラピロール環を中心に Mg が配位した構造を持っている［GME 図 6-6］．

クロロフィルは大きく2つに分類できる：①水を酸化するだけの高い電位が得られないため，酸素非発生型の光合成を行う光合成細菌が持つバクテリオクロロフィル，②酸素発生型の光合成を行うクロロフィル．

2.3.2 シアノバクテリアの出現と遊離酸素の発生

シアノバクテリア（藍藻）の誕生に伴ったクロロフィル a の出現により，初めて生物活動により遊離酸素が生産できるようになった．シアノバクテリアの誕生以前は，光合成色素としてバクテリオクロロフィルが利用されていたが，これでは遊離酸素を発生させるだけのエネルギーを得ることができない．クロロフィル a は，バクテリオクロロフィルに比べ，短波長側に吸収極大を持ち，水を酸化するのに十分な高い酸化還元電位を実現することができた．これによって，シアノバクテリア（藍藻）を起点とする藻類の繁栄が開始し，太陽系の惑星大気の中で唯一酸素濃度が高い地球大気へと変化していった．

シアノバクテリアは，藍色（青っぽい緑色）をしているので藍藻と呼ばれているが，通常の藻類，たとえば，渦鞭毛藻，珪藻，ハプト藻などの真核生物とは異なり，真正細菌に属している（図1-9）．海底堆積物の中の脂肪酸バイオマーカー（例，2-メチルホパン methylhopane；Rashby et al., 2007）に基づくと，シアノバクテリアは約 2700 Ma に出現したらしい（Brocks et al., 1999）．証拠が不充分であるものの，3500 Ma の地層の中の化石をその候補とする説もあるが，上に述べたようにメタン細菌が当時主役であるとした炭質物の $\delta^{13}C$ 値とは矛盾するので，やはりシアノバクテリアは 2450-2320 Ma に出現したのではないかとの説が有力である（Rasmussen et al., 2008）．しかし，クロロフィル a の出現は地球表層環境システムの酸化還元電位に大きく影響を与えるので，現在も議論が続いている．シアノバクテリアは光合成を行う能力とともに，一部の仲間は窒素固定能力もあり，このバクテリアの出現は海洋の栄養塩循環にも影響を与えたかもしれない［GME9.2.3］．地球表層環境システムの中で，このシアノバクテリアの出現は地球の大気に酸素を供給していくという点で大きな転換点であったが，海洋深層まで酸素に満ちたようになるには数億年位のかなりの時間が必要であった．

シアノバクテリアは堆積粒子を膠着してストロマトライト（stromatolite）という縞状構造を持つ沈積物を作る．最古のストロマトライトは 2700 Ma のオーストラリアの地層から報告されている（Buick, 1992；Kakegawa and Nanri, 2006）．

現生種の藍藻類は現在の海洋に広く分布し，一次生産に大きな貢献をしている．海洋性のシネココッカス（*Chroococcales*）は中程度の栄養塩濃度の海域に，プロクロロコッカス（*Prochlorococcus*）は成層した熱帯-亜熱帯域の有光層に分布する．プロクロロコッカスは地球上で最も多い光合成生物といわれている．これら2つは細胞径サイズが0.2-2μmで，サイズからはピコプランクトン（picoplankton）に属する[*2B]．さらに，シアノバクテリアの一部は干潟など，塩分が非常に高い，厳しい環境にも棲息している．それに耐えられる一つの理由は，細胞外に鞘を分泌して中の細胞を守っているからで，一種の殻を持っているといえる．

2.3.3 海洋と大気での遊離酸素

海洋と大気での遊離酸素の発生については，①上に述べたシアノバクテリアの出現，②縞状鉄鉱床の形成，③砕屑性の閃ウラン鉱（UO_2），黄鉄鉱（FeS_2），菱鉄鉱（$FeCO_3$）鉱床の生成，④酸化的砕屑堆積岩（red bed，Fe^{3+}/Fe^{2+}比のきわめて高い赤色層）の存在，⑤モリブデン（Mo）の堆積，から推定できる（Holland, 2006）．

閃ウラン鉱（UO_2）と菱鉄鉱（$FeCO_3$）は還元的条件下で保存される．これらは約2200 Ma以前には河川堆積物に黄鉄鉱とともに産するので，当時地球表層にこれら3つの鉱物が露出する酸化還元電位のレベルであったことを意味している．すなわち，これらの鉱物が，侵食され，河川により運搬され，氾濫源に堆積したものと考えられる．

酸化鉄により赤色となるFe^{3+}に富んだ赤色砂岩層の存在は約2200 Ma以降の堆積岩で増加する．

酸化還元に敏感なMoに関しては，2650 Maに小規模なMoの沈積があるが，酸化的な環境になった約2200 Ma以降に本格的な堆積が認められるようになる（Scott *et al.*, 2008）．これらの観察事項は，大気あるいは表層水に含まれる酸素濃度が，約2200 Maには十分上昇していたことを示唆している．

[*2B]：ピコプランクトンとは，ナノプランクトン（直径2-20μm）より小さいプランクトンという意味で，ピコ（10^{-12}）mクラスであるということではない．

2.3.4 縞状鉄鉱床

Fe^{2+}は,現在の酸化的海水中には微量しか溶存していないが,嫌気的であった当時は海水中に大量に溶存していた.海洋でシアノバクテリアの活動が始まり,遊離酸素が生産されると,Fe^{2+}がFe^{3+}に酸化され,莫大な量の水酸化鉄として沈殿して,続成作用および変成作用を経て縞状鉄鉱床(縞状鉄鉱層とも呼ばれる,Banded Iron Formation;BIF)になった.先カンブリア時代を特徴付ける縞状鉄鉱床は,鉄鉱物に富む薄い層(暗色の層)とシリカ(石英)に富む薄い層(茶色の層)が,幅数cm程度の縞(メソバンド mesoband)の互層により構成されている堆積岩である.さらにメソバンドの中には,通常,化学・鉱物組成の微妙な変化を反映した幅数mmの微小縞(マイクロバンド microband)の繰り返しが観察される.主な鉄の鉱物は赤鉄鉱(Fe_2O_3),磁鉄鉱(Fe_3O_4)である.現在,鉄資源の70%以上は縞状鉄鉱床から供給されている.オーストラリアやブラジルの鉱山は鉄含有量が高い(約60%)ということもあり,オーストラリアのマウントニューマン鉱山,ブラジルのカラジャス鉱山などが資源の観点から注目をあびている.

縞状鉄鉱床は産状により2つに分類される(図2-9):①アルゴマ型(Algoma type);火山活動地域に分布し,火山砕屑物を普遍的に含有し,典型的な縞状構造はときに不明瞭である.一般に,炭酸塩鉱物層,硫化鉱物層が発達する.生成年代は始生代(多くは3800-2600 Ma)である.②スペリオル型(Superior type);始生代末から原生代前期(大部分は3500-1800 Ma)に生成されたとされ,泥質〜砂質の砕屑性堆積岩や化学的堆積岩類を主とする累層中に発達し,地球的規模で出現する.通常,鉄鉱層自体は砕屑性礫岩をほとんど含まず,化学的堆積作用に基づく典型的縞状構造が発達している.分布および規模は前者に対して広く,かつ大きく,オーストラリアでは厚さ2.5 cmの互層が5万km^2の地域に分布していることが報告されている(梶原,1977).図2-9で,3800 Ma周辺のピークのBIFはアルゴマ型のみを含むが,3500-1800 Maの大きなピークは両者を含む.

産状よりアルゴマ型は海底熱水活動に原因があると考えられており,最古のものは3760 Maでイスア累層(Isua formation)に産する.一方,スペリオル型の生成時期はとくに2500-2200 Maに顕著な生成期のピークがあり,

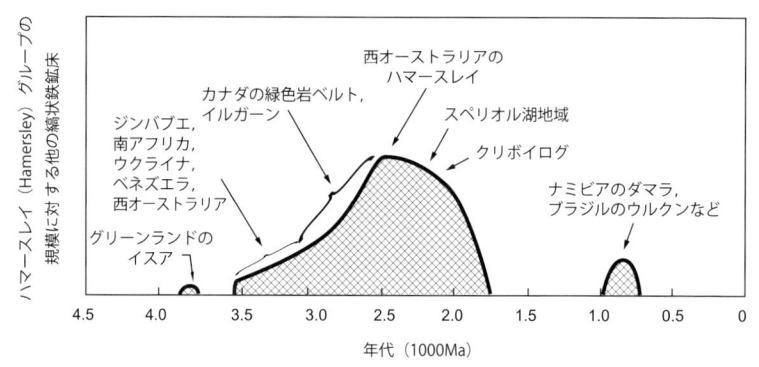

図 2-9 先カンブリア時代を特徴付ける縞状鉄鉱床の時代別の相対出現度を示す模式図
　この図では，ハマースレイ（Hamersley）グループの規模に対して，ほかの縞状鉄鉱床の量を表している（Klein and Beukes, 1992）.

この時期に沈殿速度は最大（7×10^{11} g yr^{-1}）になったと推定されている．スペリオル型の生成は，還元的から酸化的へと地球表層環境が変化したことを反映したものと考えられている．ただし，鉄の沈殿にかかわったのは酸素ではなく硫化物であったとの異説もある（Canfield, 1998）．

　例外はあるものの，基本的に 1800 Ma 以降，大規模なスペリオル型縞状鉄鉱床は形成されなくなった．酸素が海水全体に行き渡り，溶存鉄が海水から除去されたためと解釈されている．

2.3.5　大気中の酸素濃度の増加と生物生産

　生物圏の進化の中でエネルギー効率の向上は重要な柱である．発酵と酸素呼吸でエネルギー（ATP）の生産効率が逆転する酸素分圧は 1% PAL（Present Atmospheric Level, 1% PAL ＝ 0.021 気圧 p_{O_2} ＝ 2130 パスカル p_{O_2}）で，この濃度は発見者にちなんでパスツール点（Pasteur point）と呼ばれている．パスツール点以上では硝化細菌は NH_3 を酸化して亜硝酸（HNO_2）や硝酸（HNO_3）を生成し，NO_3^- の酸素を呼吸に用いる脱窒菌は脱窒作用を行わず酸素呼吸によってエネルギーを獲得するようになる．また，これ以上ではメタン細菌のような嫌気性細菌は死滅してしまう．

　現在の海洋では海底下の嫌気性ゾーンであっても上層に硫酸還元菌，下層

にメタン生成菌が生息し,深度によって,換言すると酸化-還元電位による棲み分けを行っている［GME 図 7-7］.炭素・硫黄同位体の研究から,縞状鉄鉱床が生成していた 2700-2500 Ma の海洋堆積物でも,両者が生息していた痕跡が報告されてきている.この時代に動物はいないので生物攪乱はなかった.2250 Ma で $p_{O_2} = 0.1$-5% PAL という計算結果もあり (Yang and Holland, 2003).1% PAL という p_{O_2} を通過したのは,スペリオル型縞状鉄鉱床生成期間中である可能性が高い.

ほぼ同じ頃,最初のリン灰石 ($Ca_5(PO_4)_3X$：X が OH^- だと水酸リン灰石,F^- だとフッ素リン灰石) や硬石膏 ($CaSO_4$) を含む蒸発岩が形成された (Cook and Shergold, 1986; Melezhik *et al.*, 2005).これらの形式は無機反応と推定されている.海水の硫酸イオン濃度も,現在より低かったものの増加し,BIF の形成に伴う $Fe(OH)_3$ へのリン酸の吸着によるリン酸の濃縮などが進行していた.現在の海洋でも海嶺の熱水噴出に伴い,海嶺周辺にリン酸が鉄と共沈していることが観察されている［GME10.9.1］.リン酸は,一次生産の必須の主要栄養塩である.当時,海水中のリン酸濃度は,低く保持されていたと考えられるので,当然一次生産は抑制されていたと示唆される.さらに,現在の海洋では,沈降粒子などが形成されて,鉛直輸送が効率的で,有機物の埋没が促進されているが,当時は鉛直輸送を担う,動物プランクトンや珪藻のような藻類も存在しなかったので,生成した有機物の酸化反応で,有機物を生成するときに光合成で生成した酸素が消費されてしまった.そこで,p_{O_2} と P_{O_2} の増加速度は非常に緩やかであったと推察される (図 2-10,図 7-1).

2.3.6 オゾン層の成立と紫外線の遮断

現在,オゾン層は地上から約 10-50 km の成層圏に存在している.オゾン分子は強い酸化力により殺菌・脱臭・脱色などの作用がある.成層圏では,遊離酸素 (O_2) が紫外線 (10-400 nm) の中の短波長側 (220 nm 以下) を吸収し[*2C],光分解して酸素原子となり,これと酸素分子が結合して,オゾ

[*2C]：紫外線は波長 10-400 nm の電磁波で,環境への影響の観点から,UVA (400-315 nm),UVB (315-280 nm),UVC (280 nm 未満) に分けられることもある.

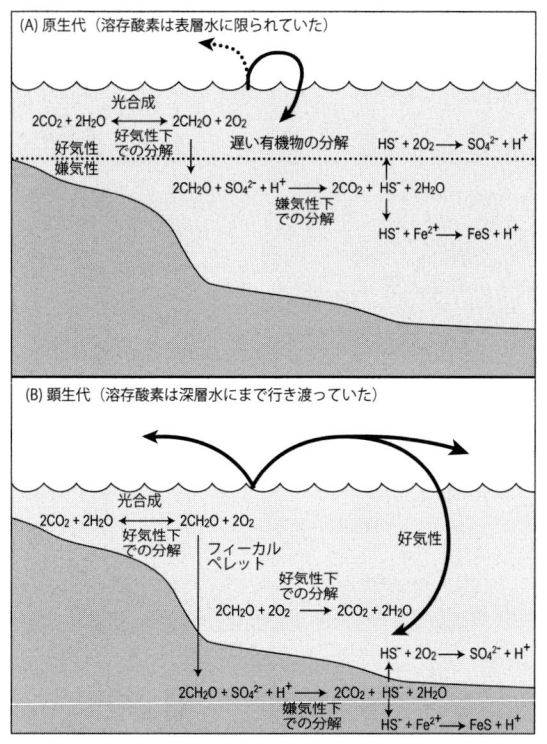

図 2-10 （A）表層のみに溶存酸素が存在する場合，（B）深層まで溶存酸素が存在する場合での地球表層環境と生物圏の関係を示した模式図

現在は，通常深層まで溶存酸素があるところでは，生物は有機物を酸化して生活エネルギーを得ているが，海底下は概して還元的となっている．原生代の海洋の溶存酸素濃度の上昇は非常に緩やかだったとされている．その原因としては，大陸からの栄養塩，とくにリン酸などの供給不足，有機物埋没率の上昇に貢献する沈降粒子を形成するような生物がまだいなかったこと，形成された粒子が細粒で分解しやすかった，などが考えられる．

ン分子として生成する．一方，オゾン分子はより長波長の紫外線を吸収して，最終的に酸素分子に分解することで，生成と分解が自然界でバランスしてきた．この一連の反応はチャップマン機構と呼ばれている．

$$O_2 + h\nu \longrightarrow 2O \qquad (式2\text{-}3)$$

$$O + O_2 + M \longrightarrow O_3 + M \qquad (式2\text{-}4)$$

$$O_3 + h\nu \longrightarrow O + O_2 \qquad (式2\text{-}5)$$

$$O + O_3 + M \longrightarrow 2O_2 \qquad (式2\text{-}6)$$

ここで，$h\nu$ は太陽からの電磁波（紫外線）のエネルギーで，M は第三者（空気分子）である．現在の大気中でのオゾン濃度は平均 40 ppb（夏に極小，冬に極大）である．大気圧は高度が高くなるほど減少するので，酸素分子の密度も同様に低くなるが，逆に，紫外線は高度が高いほど強くなるので，成層圏でオゾン濃度は最大（地上の約 10^2 倍程度の約 2-8 ppm）となる．現在，オゾン層は太陽からの紫外線の中でも短波長および中波長領域を吸収し，地球表層の生態系を保護する役割を果たしている．

地球の原始大気は CO_2 が主要成分であり，遊離酸素（O_2 分子）はほとんど存在しなかったので，オゾン層は地球誕生時から存在したわけではない．原始大気では，紫外線を吸収する効果がきわめて小さいため，地上における紫外線強度は強かった．オゾン自体の紫外線吸収スペクトル解析によると，260 nm あたりにピークがあるが，生物の細胞内の DNA などよる吸収のピークは 280 nm あたりにあるため，成層圏オゾンが減少して紫外線の吸収量が減ると，細胞死や突然変異などの頻度が増加する．

地球史の中では p_{O_2} の増加とともに，オゾン濃度も上昇していき，地上に降り注ぐ紫外線の量は急速に減少していった．オゾン層の高度は地上付近から次第に高度を上げていった．チャップマン機構の示すところによると，p_{O_2} よりオゾン濃度上昇の方がはるかに速かったので，紫外線のシールド効果は効率的に増加した．

硫黄同位体比からオゾン層形成の時期を推定できる（図 2-11）．質量に依

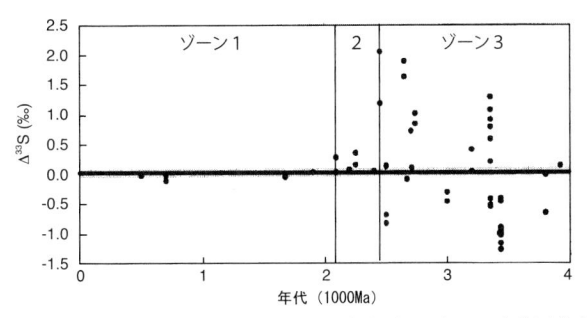

図 2-11　質量に依存した通常の変化からは大きくはずれる硫黄同位体の挙動（質量非依存性分別効果）（Farquhar et al., 2000；Ono et al., 2003；Mojzsis et al., 2003；Hu et al., 2003）

存した通常の変化からは大きくはずれる硫黄同位体の挙動（質量非依存性分別効果）が，約2450 Ma よりも古い堆積岩から報告されるが，2090 Ma 以降には認められない（Farquhar et al., 2000）．これは低 P_{O_2} 下（2 ppm 以下）での大気上層における光化学反応によるものとされるが，現在のようにオゾン層により太陽紫外線が吸収された場合には，この効果は観察されない（Farquhar et al., 2000）．そこで，堆積岩にこの効果が観察されなくなった時期は，オゾン層が形成されたことに対応している可能性が高い．紫外線吸収能という観点から見ると，オゾン層の成立条件は酸素レベルで1% PAL 程度と推定され，海洋表層水は酸化状態となる．2400 Ma 前後にはこのレベルに達していたと考えられる（Kasting, 1987）．

なお，Ohmoto et al.（1993）は，3400 Ma の南アフリカ，バーバートングリーンストーン帯（Barberton greenstone belt）で採取した黄鉄鉱結晶粒子一つ一つをレーザーマイクロプローブで分析した．単一の小さな岩石で，黄鉄鉱の粒子間に最大10‰の同位体比変動を見出し，少なくとも3400 Ma に細菌による硫酸還元が起こっていたと指摘した．しかし，上記に述べたように光反応で説明できるとの根拠より，現在この説を受け入れている人は少数である．

2.4 真核生物から多細胞生物への進化と環境

2.4.1 真核生物の出現

真核生物（eukaryota）は，細胞の中に細胞核を持つ生物のことである．p_{CO_2} のさらなる上昇とともに微生物の代謝系は進化し，グルコース分解系は発酵から酸化的リン酸化へ移行し，CO_2 まで分解されるようになった．原核細胞は一般に大きさが数 μm と小さいのに対し，真核細胞では10-100 μm と3桁ほど大きい（図2-12）．サイズで比較すると両者はオーバーラップするが，1 mm 以上の細菌細胞や，体長が300 nm 以下の真核生物はこれまで知られていない．

このような巨大化したシステムを動かすには，効率の高い酸素呼吸が不可欠である．膜組織を硬化させる物質であるステランというバイオマーカーの

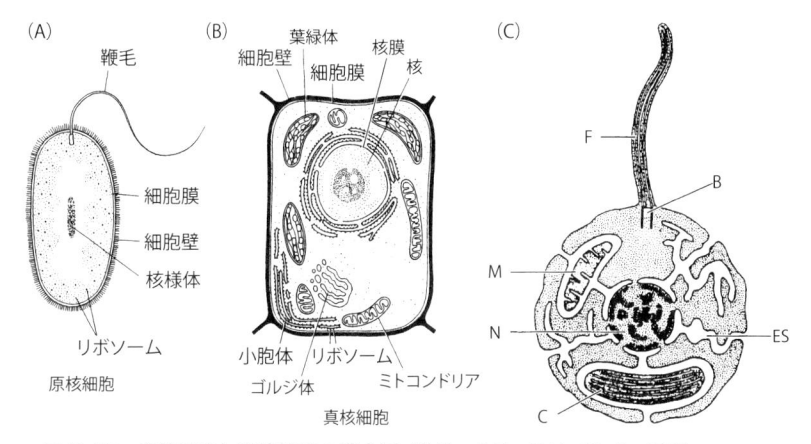

図 2-12 原核細胞と真核細胞の模式図(池谷・北里,2004;Knoll, 2003)
　生物界は細胞構造の違いにより,原核生物と真核生物に分類される.(A)原核細胞の大きさは 0.1-10 μm. その DNA は核膜を持たない核様体と呼ばれる状態で,裸で存在している.(B) 真核生物の大きさは 10-100 μm. その DNA は核膜の中に収納されていて,ミトコンドリア(大きさ 0.5-10 μm),葉緑体(大きさ数 μm),ゴルジ体などの細胞小器官を持っている.(C) 真核細胞の内部組織.細胞内膜系(ES)など,生物の持つ膜が細胞質を含む空間を規定している.ミトコンドリア(M),葉緑体(C)は,細胞の外皮をつなぐ境界線から見ると体外に存在しているように見える.鞭毛(F)が基底小体(B)を起点として延びている.

　検出に基づくと,真核生物は 2700 Ma に出現したことになる.また,真核生物の出現は DNA の保存とも関係しているので,オゾン層が形成された時期(約 2400 Ma)と読み替える研究者もいる.グリパニアスピラリス(*Grypania spiralis*)という最古の真核生物の化石は約 2100 Ma で,原生代初期のヒューロニアン氷河期(2400-2100 Ma)(Symons, 1975)直後に発見されている(Han and Runnergar, 1992).

　真核生物については現生種の 95% 以上が多細胞である.真核藻類である紅藻類は 1200 Ma に出現し,多細胞世代を持つものが多い(図 2-13).真核生物に特有の針などの装飾が備わった微化石は,約 1200-1300 Ma に出現し,原生代の終わりに向かって増加する.真核生物の藻類は,まず沿岸域に定着し,大陸棚に生息地を拡大したようである(Butterfield *et al.*, 1994).

　真核藻類の登場は生態系にも大きな変革をもたらしたかもしれない(井上,

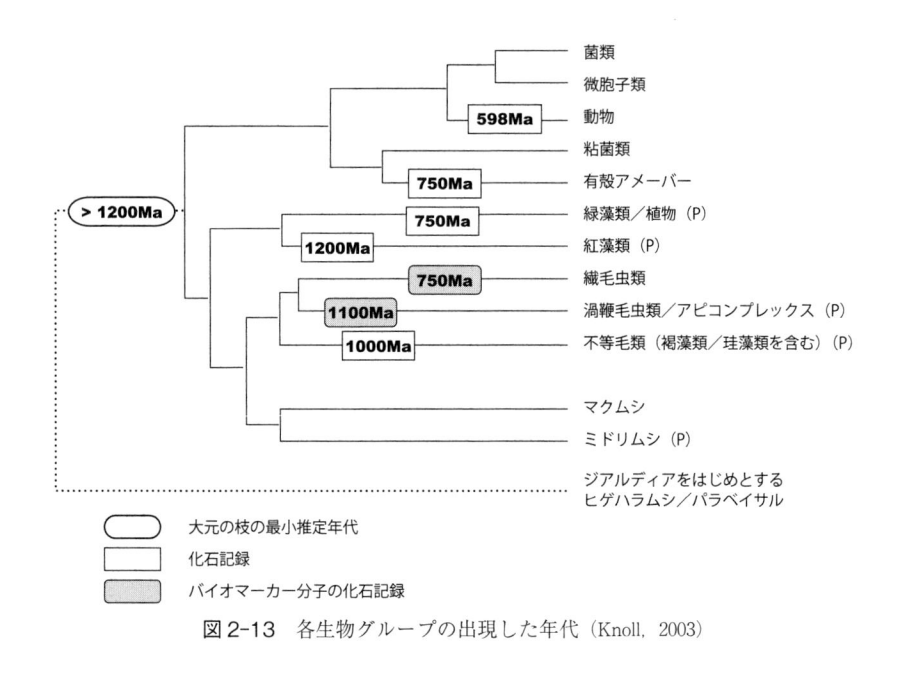

図 2-13　各生物グループの出現した年代（Knoll, 2003）

2006)．すなわち，シアノバクテリアに代わり，藻類が主要な一次生産者となり，微生物を接餌する原生動物が出現すると，肉食と草食も含めて食物連鎖も複雑になっていった．渦鞭毛藻が約 1100 Ma に，不等毛藻が約 1000 Ma に，繊毛虫が 750 Ma に現れた（Knoll, 2003）．

2.4.2　原核生物と真核生物のエネルギー代謝機構のまとめ

ここで真核生物と原核生物の代謝の特徴を整理しておく（Knoll, 2003）．

真核生物での代謝機構は以下の通りである：①植物や藻類が行っている「光合成」は，光を生化学エネルギーに転換し，CO_2 を有機物に合成する．植物は電子を必要とするため，水が必要な電荷を提供し，副産物として酸素が発生する．②「従属栄養生物」は，成長に必要な炭素とエネルギーを，ほかの生物の有機物に依存する．細胞は酸素で糖分を CO_2 と水に分解してエネルギーを得る．これは「好気的（酸素）」と呼ばれる．③酸素が不足すると「発酵」により「嫌気的（無酸素）」条件下で有機物は CO_2 に分解される．たとえば，酵母などの真核生物はほとんどをこのプロセスに頼っている．

一方，原核生物での代謝機構は以下の通りである：①真核生物同様，原核生物も酸素を使って呼吸をするが，遊離酸素でなく，硝酸（NO_3^-）や硫酸（SO_4^{2-}）などに含まれる酸素も使用できる．②シアノバクテリアはクロロフィルなどの色素で緑色をしている光合成細菌であり，真核生物の藻類や陸上植物と同様光合成によってCO_2を有機物に転換することができる．しかし，H_2Sの存在下では水ではなく，この気体を用いて光合成に必要な電子を提供することができる．副産物としては，硫酸と硫酸塩ができ，酸素が発生しないことが特徴である．シアノバクテリアは，5種類ある光合成細菌のうちの1種類であるが，ほかの種類はH_2Sか有機物（この場合炭素）によってしか電子は供給されず，酸素は発生しない．これらの細菌は，クロロフィルでなく，バクテリオクロロフィル（細菌性クロロフィル）を持っている．③化学合成細菌は，太陽光でなく，化学反応によってエネルギーを取り込む．なお，この代謝は真核生物では知られていない．

2.4.3　細胞内共生

　真核細胞でエネルギー代謝の拠点となる葉緑体やミトコンドリアは，細胞丸ごと水平移動[*2D]することにより登場したらしい．すなわち，真核生物での光合成の拠点である葉緑体は，シアノバクテリアが起源であり，これが原生動物に吸収されて共生することで誕生したと考えられている．同様に，呼吸に関する拠点であるミトコンドリアも，原生動物に同様に吸収されたものが起源である（図2-12）．

　藻類の細胞では，葉緑体は二重の膜に包まれている：①内側の膜は葉緑体が作り出す．②一方，外側の膜は周囲の細胞質が作り出し，細胞の境界となる膜をつなぎあわせると，閉じた一体の膜となっている．すなわち，真核細胞の中に，別個の細胞としていた葉緑体が存在し，共生しているということになる．

　細胞の中での葉緑体との共生関係では，細胞はCO_2と栄養物を葉緑体に，逆に葉緑体は細胞に糖を供給している．これは現生のサンゴ虫と共生藻との

＊2D：水平移動とは，通常，遺伝子が種を超えて転移することを表す．

関係と類似しているが，サンゴ虫の場合，高水温時（30-33℃以上）には，サンゴ白化が起こり，藻類はサンゴから出ていってしまう［GME 図6-14］．しかし，葉緑体の場合には，常時細胞内にとどまっている．シアノバクテリアに見付かる DNA の 10％以下しか葉緑体に含まれていないことから明らかなように，細胞から細胞小器官になる際に，遺伝子交換を宿主と行い，葉緑体の遺伝子の一部は細胞核へと移動し，2つの系統から新しい生物が誕生したためと考えられている（Douglas et al., 2001）．サンゴと同様に，共生藻との共生関係は，シャコガイ（軟体動物），原生動物（有孔虫，放散虫）などにも見られ，また，原索動物のホヤでも認められている．しかし，脊椎動物では光合成微生物との共生は認められない．

ミトコンドリアとの共生関係では，宿主の細胞が糖を与える一方，ミトコンドリアは酸素を使って直接・間接的に ATP を宿主に供給している．原核生物での代謝方法は多岐にわたっているが，共生関係に発展したものは非常に限定されている．すなわち，真核生物の代謝は，基本的に上記のミトコンドリアと葉緑体に関係したものに限定されている．

2.4.4 先カンブリア時代における p_{CO_2} の変化

先カンブリア時代の $\delta^{13}C$ 値についても，研究が進行している．石灰岩の $\delta^{13}C$ 値は，3500 Ma 以降は $-3 \sim +3‰$ の範囲を変動していた（Schidlowski, 1993）が，2200-2000 Ma と原生代終わりに堆積した炭酸塩の $\delta^{13}C$ 値は非常に高い値（＋10‰およびそれ以上）を示している．この高い $\delta^{13}C$ 値は，有機物は相対的に ^{12}C に富むので，有機炭素の埋没量が増加したということを反映している（e.g., Buick, 2003）．

原生代の後半になるとデータ数も増え，詳細な研究が行われてきている．原生代の終わり頃の炭酸塩の $\delta^{13}C$ 値は，＋5～＋10‰と正の値を示しており，生物生産がかなり盛んで，有機物（通常，$\delta^{13}C$ 値約 $-20 \sim -25‰$）の沈積が促進されて，海水の $\delta^{13}C$ 値を上昇させていたが，逆に，全球凍結した時期には海水中の $\delta^{13}C$ 値は $-2 \sim -6‰$ と負の値にシフトしていた．負の $\delta^{13}C$ 値のピークは，氷河性堆積物を覆う帽子状炭酸塩（cap carbonate）と呼ばれる炭酸塩中から報告されている．炭酸塩と海水との間の炭素同位体比の分別

作用は小さいので，海水のδ^{13}C値がマントルからの火山ガスと同等の値まで下がってしまったことを示していた．大きな正のδ^{13}C値から大きな負の値へと変化するこのイベントは，地球的規模の氷河作用（全球凍結 snowball earth）により，次に述べるように一次生産が数百万年にわたり停止したためと説明されている．

2.4.5 超氷河時代である全球凍結

先カンブリア時代には大陸は断続的に成長し，風化が促進され，p_{CO_2}が低下し，寒冷化していったと予想されている．先カンブリア時代の氷河時代は，全球凍結に近いきわめて厳しいものも含めて，最初がヒューロニアン（Huronian）氷河期（2400-2200 Ma），次がスターチアン（Sturtian）氷河期（720-700 Ma），最後がマリノアン（Marinoan）氷河期（660-635 Ma）となる（Symons, 1975；Kasting, 1993；Kirschvink et al., 2000）（図2-14）．

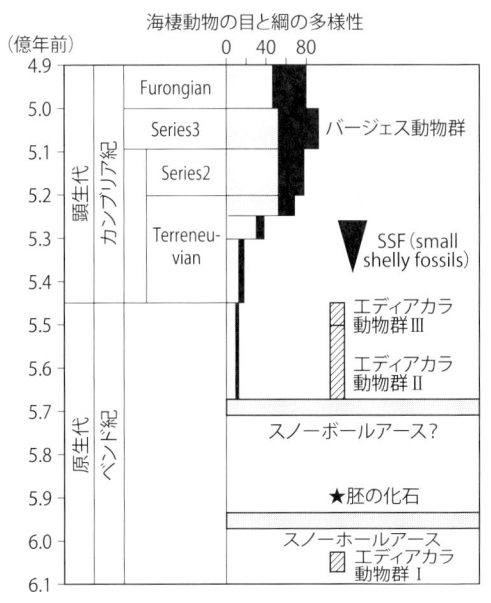

図2-14 原生代後期氷河期と生物の進化を表した模式図
灰色と黒色の四角は，海棲動物の目と綱のレベルでの多様性を表す．エディアカラ（Ediacaran）生物群Ⅰはオーストラリアのアデレード郊外でのみ産する（Erwin, 2003を改変）．

1992年カリフォルニア工科大学の古地磁気学者カーシュヴィンク（J. Kirschvink）によって提唱されたスノーボールアース（snowball earth 雪玉地球）仮説が生まれた背景には，ハーランド（W. B. Harland）によって報告された原生代後期の堆積物の奇妙な特徴がある：①氷河堆積物は当時の低緯度域で形成されたものが多く，②通常は温暖な環境で堆積することが多い炭酸塩がその直上に堆積していた．しかも，③2回あった氷河時代にそれぞれ対応して炭酸塩の $\delta^{13}C$ 値が約 -5‰ まで下がっていた（Hoffman et al., 1998）．この値は，ほぼマントル起源の火山ガスの値（約 -5‰）に相当している．火山ガスに匹敵するような低い値（約 -5‰）になるためには，生物活動が全地球的規模で停止したことが示唆される．なぜなら，生物活動が継続していたなら，海水（$\delta^{13}C$ 値が 0‰ 前後）から有機物（$\delta^{13}C$ 値が約 -20〜-25‰）が除去されると，海水の $\delta^{13}C$ 値は上昇するはずだからである．生物生産の全地球的規模での停止は，地球表層が氷で完全に覆われることにより説明でき，氷河堆積物の存在という観察事項も整合的であった．ちなみに，顕生代は生物活動が活発なので海水の $\delta^{13}C$ 値が -5‰ まで低下することはなかった．

　全球凍結にいたる詳細なプロセスについては不明なところもあるが，基本的には地球が受け取る熱収支に支配されることになる（1.1.4）．実際の熱収支には，太陽の日射量，アルベド，温室効果気体の濃度も重要となる．大陸の拡大も重要で，大陸の化学風化により p_{CO_2} が減少すると，気候の寒冷化を引き起こす．これらの要因が相乗効果で気候が不安定となり，全球凍結にいたったと考えられる．

　全球凍結解除後，直上の炭酸塩が堆積した説明としては，全球凍結状態の間，大陸表層は氷河で覆われているので風化作用が減少し，大気中の CO_2 は消費されないので，p_{CO_2} は上昇した．そして，閾値を超えたとき，温室効果によって氷が急速に融解し，風化により Ca^{2+} などが岩石から溶出するとともに大気中の CO_2 は HCO_3^- となって海洋に流入し，炭酸塩を沈積したと説明されている．その後，極端な温暖化が収束し，表層気候が穏やかになると，生物活動が復活し $\delta^{13}C$ 値の小さな有機物を沈積するため，炭酸塩の $\delta^{13}C$ 値は高い値となった．

なお，原生代後期の氷河性堆積物に伴って縞状鉄鉱床（BIF）が突然形成された．これも海洋表層1000 m が数百万年にわたり凍結している間に，大気と海水との気体交換が遮断され，海底熱水鉱床から供給された鉄イオンが蓄積し，全球融解直後に海洋が大気と酸素交換をしたため，急激に酸化沈殿した結果，BIF などが形成されたと解釈されている．また，原生代2400-2200 Ma のヒューロニアン氷河期直後には，地球史上最初でかつ世界最大のマンガン鉱床（カラハリマンガン鉱床）が形成された．Mn の堆積は太古代以前にはほとんど見られず，この鉱床以降に産出し始める．とくに，大量のMn が堆積するためには，海水中に蓄積された相当量の溶存 Mn^{2+} が一度に酸化される必要があり，カラハリマンガン鉱床の形成は，全球凍結直後に p_{O_2} が増加した証拠であると考えられている（Kirschvink *et al.*, 2000）．

　この全球凍結という考えは魅力的ではあるものの，モデリングによると大気循環によって海洋表層が撹拌されるので，海氷が全体を覆うような状態には陥り難いという指摘もある．全球凍結状態に陥るには，地球全体が雪氷で覆われて全球反射率が大きくなる必要があるが，海洋が広域的に凍結すると海面から水蒸気の供給が激減し，大陸氷床は発達しないことも予想される．藻類がこの時代をどのようにして生き延びたのか？という問いにも十分な回答は今のところない．

　なお，全球凍結の後，リン酸を主体とした鉱床規模の沈殿が起きた．これは氷河時代に微生物の遺骸が沈積し，その主要成分であるリン酸が海水中に溶解して海水中の濃度が高まり，凍結解除後にこのような海水が湧昇するとプランクトンなどの生育が促進され，遺骸が変質して貧酸素から嫌気的条件の下でアパタイトを主体としたリン酸鉱物が沈積したと解釈されている．これらは蒸発岩ではないので，海水中の栄養塩濃度が非常に高くなっていたことが示唆される．

2.4.6　カンブリア紀の生命大爆発への基礎

　最後の全球凍結（635 Ma まで）の直後の610-542 Ma にかけて，エディアカラ（Ediacaran）生物群と呼ばれる大型化石群が出現した（図2-14）．これらの化石は，オーストラリアのアデレード市近郊に産出する（図2-15）．

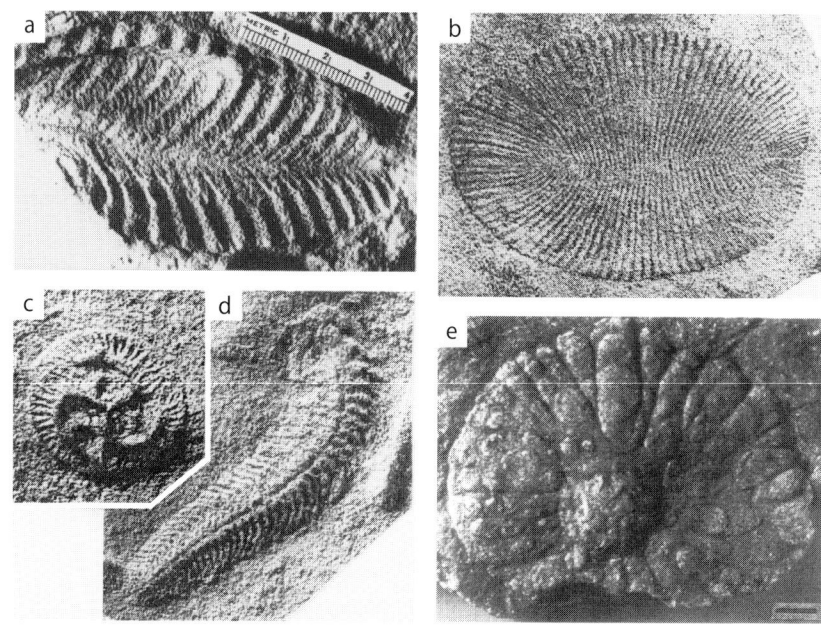

図2-15 エディアカラ (Ediacaran) 生物群
a) *Rangea schneiderhoehni* (×1.0), b) *Dickinsonia* (×1.0), c) *Tribrachidium* (×1.2), d) *Spriggina* (×1.7), e) *Mawsonites* (×1) [a) Miller (1983), b)～d) Stanley (1992), e) Schopf (1999)].

同様の生物群集はカナダの東部のニューファンドランド島などからも報告されている.原生代末期を除くと,原生代は基本的に化石記録が限定的である.実際,明らかに多細胞動物と認定できる生物化石の出現は原生代末期なので,それ以前の時代のものと報告された,動物が這った跡のようなミリメートルスケールの生痕化石は(Seilacher *et al.*, 1998),疑わしいと考える人も多い(Xiao, 2004).

　本来,硬骨格を持たない生物は化石として保存されにくいが,エディアカラでは,海底に棲息していた生物が泥流などによって突然土砂の中に埋没してしまったらしい.エディアカラ生物群には,始源的多細胞動物の化石が数多く見られるが,①一見すると,現在知られている動物界に類似のものも多く,現生の門にあてはめて,近隣の刺胞動物(ラニグリア)のポリプ,クラゲ,環形動物の多毛類,および若干の節足動物に属するという見解がある.

しかし，この類似性という点は，収斂現象[*2E]で説明できるものも多い．②逆に，現在のどの動物群にも属さない，③地衣類である，との解釈もある（平野，2006）．

エディアカラ時代特有の生痕化石には，巣穴の化石は見付かっておらず，地表を這った痕跡のみである．このことは，当時穴に潜むものはおらず，エディアカラの生物達は海底のみを移動していた生物群であることが示唆される．動物群は顕生代の生物の進化への試行錯誤の産物として出現したのかもしれない．また，この生物群には多細胞動物が多く，酸素濃度の増加が生物の大型化に寄与したとの見解がある．

---

*2E：収斂現象とは，類縁関係の遠い生物間で非常に類似した器官を持つ現象．類似した生活様式などが原因であると考えられている．

3. 古生代(Paleozoic Era)の地球表層環境

　古生代は顕生代の始まりである．古生代の大陸の配置の変化を巻末図に示すとともに，重要な環境因子について顕生代にわたりまとめたものを表見返しに示す．

3.1　先カンブリア時代とカンブリア紀との境界（Pc/C 境界）

　カンブリア紀の始まりを表す模式地は，カナダの東端のニューファンドランド島にある．生痕化石トレプティクヌス（フィコデス）ペダム（*Treptichnus*（*Phycodes*）属 *pedum* 種）が認められる最初の地層と定義され，年代は 542 Ma である．これは海底をはいまわるゴカイのような動物で，それ自体の化石は残りにくいが，砂地をはいまわったり，海底を潜ったりした跡が生痕化石として残ったと推定されている（口絵 1）[*3A]．

　先カンブリア紀最後期からカンブリア紀の最初期にかけての期間は，リン酸塩層の堆積，次に小殻化石，そして，トレプティクヌスペダムが出現するという順序がしばしば観察される．カンブリア紀最初期の生痕化石は，海底をしっかりと潜ったりできるような骨格をもった生物が地球表層環境システムに登場し，新しい時代が到来したことを示している．この背景には，P_{O_2} が閾値を超え，生物の代謝活動を活性化する環境が整ったという見解がある．

[*3A]：Pc/C 境界を示す生痕化石はかつては *Phycodes pedum* と表記されていたが，現在では *Treptichnus pedum* として表記するか，*Treptichnus*（*Phycodes*）*pedum* のように併記して示すのが一般的である．そして，実際には，Pc/C の境界の国際認定層準よりも下位の層準から *T. pedum* が産出しているとの報告もある（Gehling *et al.*, 2001）．

3.2 カンブリア紀（Cambrian Period）

カンブリア紀（542.0-488.3 Ma）の模式地は，イギリスのウェールズ（Wales）にある．カンブリアとはウェールズの古名である．超大陸であったパノティア（Pannotia）大陸が分裂する途中で，ローレンシア（Laurentia）大陸は赤道域に，ゴンドワナ（Gondwana）超大陸，バルティカ（Baltica）大陸，シベリア（Siberia）大陸が主に南半球に存在していた（巻末図）．ローレンシア大陸，バルティカ大陸の間にはイアペトゥス海（Iapetus）が存在していたが，それ以外は基本的にパンサラッサ海（Panthalassic ocean）が広大な面積を占めていた．

カンブリア紀最初期は後期原生代（約 590 Ma）から続いた寒冷な気候が卓越していたが（Frakes et al., 1992），その後温暖化して，氷床も存在せず，海水準も高かったと推定される．カンブリア紀初期には蒸発岩（岩塩や石膏）の形成が促進された．ただし，海水準が短期的に変動したことから，南半球の極付近に氷床が存在したとの説もある．

現在の世界の高度分布を見ると，海面付近の面積はかなり広い（図1-4）．カンブリア紀初期は海進となり，大陸周辺部が水没し，多様な沿岸環境が提供されたと考えられ，海洋にはさまざまな種類の生物，とくに古生代を代表する三葉虫が出現した（口絵2）（Fortey, 2000）．カンブリア紀には，動物の門のほとんどが出そろったとされ，動物の多様性が一気に増大した（白山編, 2000）．なお，ある種の菌類，藻類，地衣類などは存在していたが，陸上には今私たちが見ているような植物はまだ出現していなかった．

3.3 カンブリア紀の生命大爆発

カンブリア紀の最大の特徴は，生物圏において顕著で，現代の生物の原形が出現し，「カンブリア紀の生命大爆発」と呼ばれている（図3-1）．これは全球凍結の終結とともに起きたとされるが，リン酸で代表される海水の富栄養化などにより，生物の進化を促進させるような環境になったかもしれないとの考えもある．ただし，新型生物は，環境因子のみで発生できるわけでな

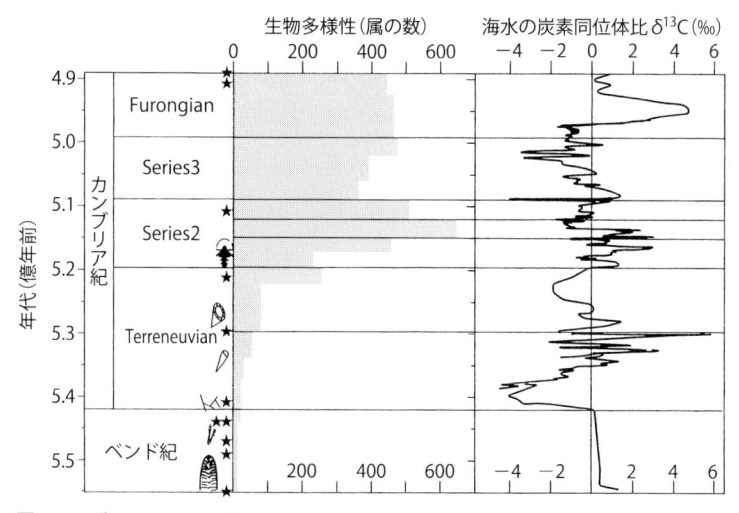

図 3-1　先カンブリア時代/カンブリア紀境界付近における生物多様性と炭素同位体の変動（Kirschvink and Raub, 2003 を改変）
★は U/Pb ジルコン年代測定を行った火山灰層の位置.

く，生物の設計図である DNA などの進化が不可欠である．凍結−融氷と生物の劇的進化の因果関係の検証は，今後の課題と思われる.

　カンブリア紀の初期のテレヌーヴ世前期（Early Terreneuvian）には，分類学的には所属不明であるが，殻をもった小さな生物が出現した．それに引き続いて，カンブリア紀初期のテレヌーヴ世後半から第 2 世（Late Terreneuvian〜Series 2，約 528-510 Ma）の短期間に，海綿動物，腕足動物，軟体動物，節足動物，棘皮動物などが登場した（Kirschvink and Raub, 2003）.この時期には，たぶん現在の分類群には属さない，その後絶滅してしまった生物も多く出現した．もし，カンブリア紀の地球表層環境システムがほんの少しだけ違っていたら，別の生物群が進化し，現在と異なる生態系が存在した可能性も高い．すなわち，カンブリア紀の生物の誕生は，その後の生物圏を規定する生物誕生の実験場であった．いずれにしてもカンブリア紀には，刺胞動物から脊椎動物にいたるすべての動物門が出そろった.

図3-2 バージェス頁岩群集を代表する動物の復元図
　属の86%程度が炭酸塩やリン酸塩などからなる骨格を持たない生物であった．この生物群は，有機物が通常は分解してしまい，化石として残りにくかった．これはカンブリア紀初期の生物一般にあてはまる．海綿類：1．ヴァウヒア(*Vauxia*)，2．チョイア(*Choia*)，3．ピラニア(*Pirania*)．腕足類：4．ニスシア(*NIsusia*)．多毛類：5．ブルゲッソカエタ(*Burgessochaeta*)，6．オットイア(*Ottia*)，7．ルイゼラ(*Louisella*)．三葉虫類：8．オレイノイデス(*Olenoides*)．そのほかの節足動物：9．シドネイア(*Sydneyia*)，10．レアンチョイリア(*Leanchoilia*)，11．マレラ(*Marrella*)，12．カナダスピア(*Canadaspis*)，13．モラリア(*Moralia*)，14．ブルゲッシア(*Burgessia*)，15．ヨホイア(*Yohoia*)，16．ワプティア(*Waptia*)，17．アイシェアイア(*Aysheaia*)，18．スケネラ(*Scenella*)．棘皮動物：19．エクマトクリヌス(*Echmatocrinus*)．脊索動物：20．ピカイア(*Pikaia*)．そのほか：21．ハプロフレンティス(*Haplophrentis*)，22．アパビニア(*Opabinia*)，23．ディノミスクス(*Dinomischus*)，24．ヴィヴァクシア(*Wiwaxia*)，25．アノマロカリス(*Anomalocaris*)(Briggs, 1991)．

3.3　カンブリア紀の生命大爆発——75

3.3.1 バージェス（Burgess）動物群

カンブリア紀の生命大爆発直後の動物群は，カナダのブリティッシュコロンビア州のロッキー山中にあるバージェス頁岩の中から発見された（Briggs *et al.*, 1991）（図3-2）．バージェス動物群は，当時赤道域で，カンブリア紀に入って約35 Myr 経過した507 Ma に堆積した層で，厚さ310 m に及ぶステファン（Stephen）累層中のわずか2 m の頁岩中に集中して産する．頁岩そのものは嫌気的環境下で堆積したもので，浅海の好気的環境下で生息していた生物が泥とともに深海に運搬され，粘土質の堆積物中で急速に化石になったものらしく，保存状態が非常に良好なのが特徴である（Morris, 1997）．

通常，軟体部しか持たない生物が化石化する可能性は非常に低い．ところが，バージェス頁岩生物群集では，属の86％が硬い骨格（biomineralized skeletons）を持っていない．そこで，硬い骨格を持つため化石になりやすい三葉虫の相対個体数は，この頁岩中ではたった4.5％である．逆に，通常のカンブリア紀の地層では，軟体部は分解してしまうので，三葉虫の相対個体数は60％と大きくなる．炭酸塩殻を持つ腕足類も30％となり，化石の産出は保存状態でかなりバイアスがかかってしまうのは明らかである．ちなみに，現代の海洋生物の場合は，軟体部しか持たない動物が優勢で，その種数や個体数が全体に占める割合は高く，約60％にのぼると見積られている（Gould, 1989）．

バージェス頁岩生物群集に関しては，全部で30の門に区分されると考えられた動物群のうちの約65％にあたる19のグループが，現在のどの門にも属さないものであった．化石生物の生活様式としては，オダライア（*Odaraia*）の舵のような尾は遊泳生物であったことを，海綿類は現在のものと同様に水中の粒子を濾過して餌を摂取したことを示唆している．バージェス頁岩生物のほとんどは堆積物表面に生息していたと推定され，摂食様式の推測では，堆積物に含まれる有機物を餌にしているものが60％以上，海底から10 mm 以上の高さで水中の懸濁粒子を濾過するものが30％で，捕食者と腐肉食者が10％以下とされている．これらの摂餌行為は，沿岸であっても海底付近での物質循環が卓越していたことを示唆している．ちなみに，現代の海洋では有機物の分解が急速に進行する境界，すなわち有機物が餌と

なり分解される場は2つあり，有光層直下と底層水/堆積物境界である．バージェス動物群に類似するものは，中国の澄江（Chengjiang）動物群，そのほかアメリカ，スペインなどでも報告されており，基本的に汎地球的規模に生息した動物群であったと考えられている．

3.3.2 捕食圧

捕食とは，複数の生物が生態系に存在する場合，生物のある個体が，別の個体全部あるいは一部を食べたりすることを意味し，捕食は一つ一つの個体のレベルでの摂餌を表している．一方，捕食圧は個体ではなく，個体群（群集）に与える圧で，食べたり傷つけることに相当している．餌となる個体からすると，捕食圧が高いということは，非常に危機的状況ということができる．

現在の生物を捕食という観点から見ると，原生動物の大多数は1匹で植物プランクトンなどを1～数個しか飲み込めないが，海綿の場合には海水を濾過して粒子を食物とするので，何千個以上の粒子個体を摂食することができる．刺胞動物であるサンゴなどは底棲固着であるものの，獲物を触手でとらえ，内部の消化腔に押し込む．さらに，クラゲなどでは移動できるので，狩りを行える段階まで発達している．

バージェス動物群にもこれらと類似のものがいたとの説もあるが，基本的にカンブリア紀初期に現れた刺胞動物が捕食を開始した．その捕食能を完成させたのは左右相称動物である．速く遊泳する能力を身につけ，口には顎，歯などを持ち，獲物を探す眼を持つようになり，また，脳のおかげでこれらの情報を処理し，運動できるようになった．ちなみに，左右相称動物には，基本的に海綿，刺胞，有櫛動物門を除く後生動物の大部分が含まれる．

この時代，視覚も発達した．基本的に動物が「光を感じること」と「見えること」は別である．さらに「見えること」は，見る側であるとともに見られる側でもあるという意味があり，捕食者と被捕食者との対立，すなわち攻撃と防御に適したように進化するきっかけを生んだ．先カンブリア時代には，光を感じることができる動物はいたが，相手をしっかりと認識できる動物の眼は存在しなかったのではないかと推測されており，カンブリア紀は目視さ

れて捕食される危険が増大した可能性が高い（Parker, 2003）．ちなみに現生の多細胞動物の95％以上は眼を持っている．

原生代後期に少なくともいくつかの動物がやや石灰化した殻を持ったとの報告があるが，骨格が本当の意味で防具として登場し，機能したのはカンブリア紀になってからである．捕食者からの防御法については，地球上の生命史上，①貝殻のように外骨格で防御するか，②堆積物中に潜って隠れているか，③運動能力を増すか，のいずれかであった．

3.3.3 三葉虫（Trilobite）

三葉虫は古生代にのみ生息した代表的節足動物で，カンブリア紀初期（521 Ma）に出現し，ペルム紀最後に絶滅した（口絵2）．5000種以上が存在し，とくに隆盛を極めたのは最初の頃とされる（Parker, 2003）．三葉虫は基本的にすべての節足動物に連なる幹グループで，節足動物の重要な特徴である硬い殻（外骨格）の原型をまとっていて，これから甲殻類，後に昆虫類が進化した．三葉虫は多数の体節を持ち，各々の体節に1対の付属肢が備わっていた（口絵2）．背板（甲羅）は，縦方向に中央部の中葉（axis），左右対となった側葉（pleura）から構成されており，この縦割り3区分が三葉虫の名称の語源となっている．

三葉虫は複眼を備え，これで餌などを追っていたらしい．その複眼は鉱物である方解石でできていた．たぶん，眼を最初に備えた動物であると推測されている（Parker, 2003）．ちなみに，バージェス動物にも眼を備えたものはいたが，節足動物以外ではその数は少なかった．捕食者に襲われた傷跡が化石で見付かっているので，三葉虫は捕食者であると同時に被捕食者でもあり，食物連鎖における位置は中程度であったらしい．ほとんどの三葉虫は捕食肉食性だったようで，ほかの多細胞動物の生体か死体を食べていたらしい．

先カンブリア時代末期のエディアカラ生物群からは，硬い骨格を持たない，軟体性の原始三葉虫が報告されている．これは全体構造はカンブリア紀の三葉虫と同等だが，弾力性の皮膚に覆われていた．原始三葉虫は菜食で，海底に生える藻を常食とし，しばしば動物の死骸も食べていたが，当時は食べられる側だったかもしれない．しかし，カンブリア紀の到来とともに複眼を備

え，捕食割合が高くなったのかもしれない (Parker, 2003).

史上最大の節足動物は古生代の海に生息していたウミサソリ (*Eurypterida*) で，全長 2 m，体重 180 kg にもなり，肉食で三葉虫などを補食していた．カンブリア紀に登場し，シルル紀およびデヴォン紀に繁栄し，古生代末期に絶滅した．

3.3.4 リン酸および炭酸カルシウム

カンブリア紀に入るとリン酸塩殻を持った生物，その後すぐに炭酸塩殻を持った生物が急速に発達していった．これらの硬組織はカルシウムとリン酸あるいは炭酸イオンとの化合物であるが，カルシウムイオンは動物の神経系や筋肉系にとって最重要の元素で，生物の仕組みが高度化するためには不可欠の元素である．カルシウムは，現代の哺乳類では，①機械的な強さ，すなわち無機物質を構成し，②生体膜に含まれていて膜の構造安定性と透過性を維持し，③筋肉の刺激と収縮に関係したり，④外分泌や内分泌腺の刺激と分泌に関係したりしている．しかも，体内におけるカルシウムの代謝はリン酸代謝と密接に結び付いている．すなわち，リン酸カルシウム ($Ca_3(PO_4)_2$) による骨の正常な形成・保持には，カルシウムとリン酸が十分に供給されることが必要とされる．これにより，副甲状腺ホルモンも含めて，内分泌系のシステムが駆動し，正常な骨が形成される．そこで，リン酸塩と炭酸塩の両硬組織は，①体を支えたり，②捕食者からの防御としての機能のほかに，③カルシウムイオンの備蓄という役目も担っていたと考えられている［GME 図 8-7］．

リン酸塩骨格を持った生物がまず出現したのは，先カンブリア時代の終わり頃から大陸地殻が発達し，大陸地殻は海洋地殻よりリン含有量が高いので，化学風化によって海洋へのリン供給が増加したという説や，氷河作用や地殻変動に伴って深海からリン酸に富む水塊が湧昇し，一次生産が急増し，餌に恵まれたためという説がある．しかし，なぜ，炭酸塩骨格を持った生物が後から出現したのか，という点はよくわかっていない．

3.3.5 分子進化速度による進化年代の推定

前述のように「カンブリア紀の生命大爆発」は生体の硬質部分の発達を伴い，短期間（543-538 Ma）にすべての動物門がいっせいに硬組織を進化させた．しかし，動物門の体を作製する設計図は，化石で証明されているよりさらに120-500 Myr以前，すなわち原生代後期に軟組織を持った生物として実際には進化していた可能性が指摘されている（図3-3）．分子時計による解析では，旧口動物と新口動物との分岐は，ヘモグロビン遺伝子だと早く

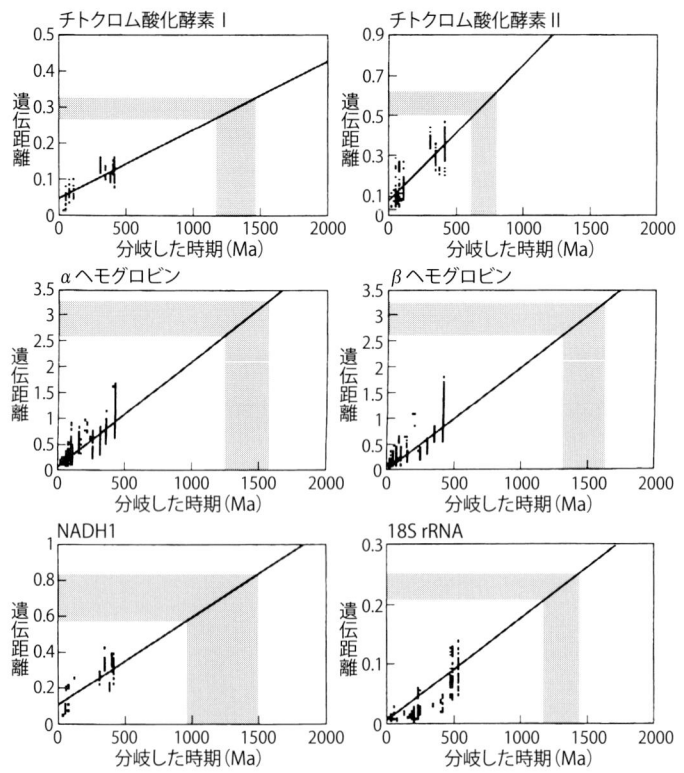

図3-3 チトクロム酸化酵素，ヘモグロビン，NADH，18S rRNSなどの分析に基づく分子時計（Wray *et al.*, 1996）
　灰色になっている領域は，新口動物と代表的な旧口動物（脱皮動物・冠輪動物）との実測した塩基配列に基づく遺伝子距離を表す．当該の2種類のグループが最後の共通祖先から分岐した時代（Ma）は，横軸の灰色で示した部分より推定できる．

て 1600 Ma，チトクロム酸化酵素 II だと 800 Ma となり，エディアカラ生物群の時期より前となる（Wray et al., 1996）．なお，旧口動物では，初期胚に形成された原口が，そのまま口となって発生するが，新口動物では肛門になる．前者には環形動物（ミミズなど），軟体動物（イカ，タコなど），節足動物などが，後者には棘皮動物（ウニ，ヒトデなど），脊索動物が含まれる．分子進化速度が脊椎動物とそのほかで違っているのではないかとの指摘もあるが，これまで公表されているすべての分子時計による推定は，動物の多様化が化石の証拠よりもずっと前に開始されていたことが示唆されている．これが正しければ，生物は硬組織以外の重要な部分の設計図を，すでに原生代後期に準備していたことになる．

3.3.6 脊索動物（Chordata）および脊椎動物（Vertebrata）の成立

　脊椎動物は多数の椎骨がつながった脊椎を持つ動物群で，これと近縁な原索動物をあわせたものが脊索動物である（松井編，2006）．原索動物には，頭の前端から尻尾の後端まで脊索のある頭索類（Cephalochordata）（ナメクジウオの仲間）と，幼生の時期のみに尻尾に脊索を持つホヤの仲間である尾索類（Urochordata）がある．脊椎動物亜門に含まれる綱には，無顎動物亜門，顎口上綱（有顎動物に対応）があり，後者は魚形上綱と四肢動物上綱に分類され，さらに魚形上綱には軟骨魚綱，硬骨魚綱がある．四肢動物上綱には両生綱（Amphibia），爬虫綱（Reptilia），鳥綱（Aves），哺乳綱（Mammalia）が含まれる（松井編，2006）．

　ホヤは尾索類に属し，成体は海底の岩などに固着して生活する．脊索動物の特徴である内柱や鰓裂（水中の酸素を取り込んだり，餌をこしたりする），心臓，生殖器官，神経節，消化器官などを持っている（佐藤編，1998）（図3-4）．ホヤは体内でセルロースを生産できる唯一の動物である．一方，ナメクジウオは頭索類に属し，体長 3-5 cm で，半透明な体を持ち，ホヤと同等の機能を有している．心臓は持たず閉鎖血管系ではあるものの，血液が部分的に循環することで，体内の物質循環を維持している（安井・窪川，2005）．ナメクジウオは一生脊索（頭から尾にかけて棒状の筋肉組織）を持ち続けるが，ほとんどの脊椎動物では発生時に脊椎（背骨）が形成されると脊索は消

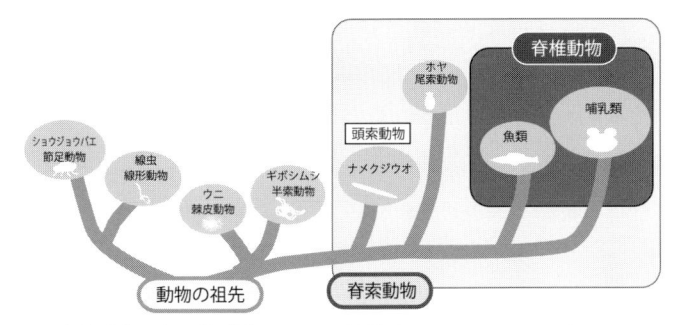

図 3-4 脊椎動物の起源と進化の一つの仮説（Putnam et al., 2008）
　　海底に固着して触手を使って捕食していたコケムシ類のような祖先から，触手と鰓を持つ翼鰓類を経て，鰓による捕食に転換し，多数の鰓孔を持つホヤ類に進化した．尻尾に脊索を持ち，自由遊泳するホヤ類の幼虫から，ナメクジウオ型の脊椎動物になり，原始的な脊椎動物に進化した．なお近年，ヒトなど脊索動物の祖先はホヤ類ではなく，ナメクジウオ類で，ホヤは独自の進化を遂げた傍流とわかった．

失してしまう．脊椎動物では脳と脊髄が頭骨と脊椎で守られているが，ナメクジウオではこれらがない．

　ナメクジウオは，「脊索」という進化上背骨の基となる構造を持つ学術的に重要な生物である．ナメクジウオの全遺伝情報（ゲノム）解読によると，ナメクジウオのゲノムの大きさはヒトの約6分の1で，約2万1600個の遺伝子が特定されている．この中の1090個の遺伝子をホヤと比較したところ，ナメクジウオの方がホヤより早く現れ，原始的であることが明らかとなった．遺伝子の6割がヒトと共通しており，かつ並び順も似ていた．これらの事実より，ヒトなど脊椎動物の祖先はホヤ類ではなく，ナメクジウオ類で，ホヤは独自の進化を遂げた傍流とわかった（図3-4）(Putnam et al., 2008)．ちなみに，ナメクジウオに近い化石は520 Maの地層から報告されている（Shu et al., 1996）．一方，ホヤ仲間の化石についても出現は520 Maとなっている（Shu et al., 2001；Chen et al., 2003）．

　ピカイア（頭索類 *Pikaia*）は体長約5 cmで，507 Ma頃に堆積したバージェス動物群に属し（図3-2），ナメクジウオによく似ていると書かれることが多い．ピカイアは原始的な脊索を持っているが，ナメクジウオの方が呼吸器や摂食器官については発達している．脊椎動物の出現にいたる過程では，

エネルギー源として大事な餌をとるための鰓(えら)と,運動するための脊索の両方を持つことが脊椎動物への進化に重要だったといえる.

3.4 オルドヴィス紀（Ordovician Period）

オルドヴィス紀（488.3-443.7 Ma）の模式地はイギリスのウェールズにあり，古代ケルト部族にちなんだ名前である．バルティカ大陸，シベリア大陸が北上した．ローレンシア大陸，バルティカ大陸の間にはイアペトゥス海，ゴンドワナ超大陸との間には古テチス（Tethys）海が広がっており，北半球の大部分はパンサラッサ海で占められていた（巻末図）．

オルドヴィス紀の海水準はほかの時代と比較すると基本的に高く，気候は少なくとも低緯度域ではカンブリア紀中期からオルドヴィス紀中期まで温暖であった（表見返し）(Frakes et al., 1992). 海水中の $^{87}Sr/^{86}Sr$ 比は海嶺熱水活動と大陸の風化量の相対的な強さを表す指標であるが（7.2.7），カンブリア紀/オルドヴィス紀境界から急速に減少し，オルドヴィス紀中期に急降下して，オルドヴィス後期に極小値を示した. $^{87}Sr/^{86}Sr$ 比が高いときには海水準は低く，逆に $^{87}Sr/^{86}Sr$ 比が低いときには海水準は高くなるなど，両者は概して鏡像関係にあるので，海嶺の活動を反映したものと考えられる（図1-5, 7-8）．また，スーパープルームの活動も活発であったとの報告もあり，少なくともオルドヴィス紀中期までは，プルームと海嶺の両方の火山活動に伴う p_{CO_2} の上昇が，温室効果を高め，温暖な気候をもたらしたものと推定される.

概して高めの海水準により大陸周辺には浅海が広がり，比較的低緯度域に炭酸塩が堆積した．砕屑性の堆積物が少ないことから大陸の削剥は進行せず，地形の起伏が緩かったものと推定されている．オルドヴィス紀の海水の Mg/Ca 比は顕生代での極小値に近く，海嶺での活発な熱水活動が原因であるとされる [GME 図 10-3, GME 図 10-10]．これにより生物起源の炭酸塩の生産では，アラレ石よりも方解石が有利となった．サンゴ自体はカンブリア紀に現れたが，オルドヴィス紀になると礁を作り，繁栄した.

オルドヴィス紀の最後期になると，ゴンドワナ超大陸の中心は南極域に達

し，氷河化が進行した．この氷河化は，オルドヴィス紀の中期後半（ダリウィル期 Darriwilian）に始まり，後期中期（カティ期 Katian）あたりには南緯50度より高緯度域に氷河は拡大し，オルドヴィス紀最後期には緯度40度周辺まで拡大したとされる．ちなみにこれに伴う海水準の降下は約100 mとサハラ砂漠で報告されている．この寒冷化のときの環境と p_{CO_2} との関係は現在のところ明らかでない．

有機物の沈積については，ヨーロッパではカンブリア紀中・後期，オルドヴィス紀前期，オルドヴィス紀後期に有機物に富む頁岩が報告されている．とくに，カンブリア紀後期には，大陸の西側で湧昇に伴う一次生産の増加があったらしい．

生物圏では，カンブリア紀に出現した動物群から，より新しい古生代の動物群に置き換えられていった．カンブリア初期に出現した三葉虫のグループはカンブリア末期には絶滅寸前まで追い込まれたが，オルドヴィス紀初期には新しいグループが出現し，オルドヴィス紀に再び大繁栄した．オルドヴィス紀は筆石類の時代と呼ばれるが，これはオルドヴィス紀初期に出現した．また，頭足類のオウムガイも誕生した．四放サンゴや床板サンゴなどのサンゴ類もオルドヴィス紀に出現した．なお，オルドヴィス紀に出現した，三葉虫，筆石，サンゴなどのいわゆる古生代動物群は，海洋の循環のよい酸素濃度の高いところに，一方，カンブリア紀から生きながらえたカンブリア動物群はより貧酸素のところに生息域を持ち，それぞれ異なった海洋環境を好んで生息したらしい（Sepkoski, 1981）．なお，陸上では最初の植物がオルドヴィス紀中期に進出した．

オルドヴィス紀最後期には氷床発達に伴う大幅な海水準低下により，浅海域は陸化し，そこを主な生息場所にしていた腕足動物，三葉虫類，コケムシ動物などの底棲生物や造礁サンゴなどが絶滅した．その後一転して，氷床が溶解し，海水準が急激に上昇した．オルドヴィス紀末期の絶滅は顕生代を通じて非常に激しかった絶滅の一つで，五大大量絶滅の一つとなっている（図1-6）（Hallam and Wignall, 1999）．この大絶滅では海洋生物の約60％が消えてしまった．

3.4.1 魚類の成立と発展

魚類は自由に水中を泳ぎまわる脊椎動物で，鰭(fin)を持ち，鰓(gills)呼吸を行っている（図3-5）．しかし，骨格化石の情報のみで，魚類の出現

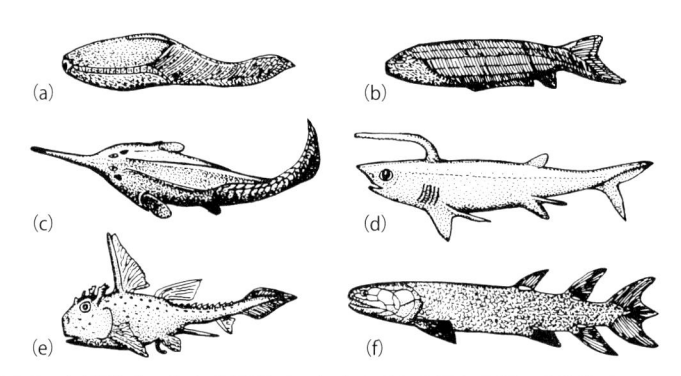

図 3-5 無顎類（a-c）と有顎類（d-f）を含めた主要な魚類の多様性（Long, 2003）
(a) 魚であるものの胸鰭などがないオルドビス紀のアランダスピス（*Arandaspis*），(b) いまだ対鰭がなかったシルル紀後期のビルケニア（*Birkenia*），(c) 骨のような甲羅で覆われたデヴォン紀のピツリアスピス（*Pituriaspis*），(d) 背中にツノ状のものがある軟骨魚の石炭紀のファルカタス（*Falcatus*），(e) 軟骨魚である石炭紀のエキノキマエラ（*Echinochimaera*），(f) 肉鰭綱であるユーステノプテロン（*Eusthenopteron*）．

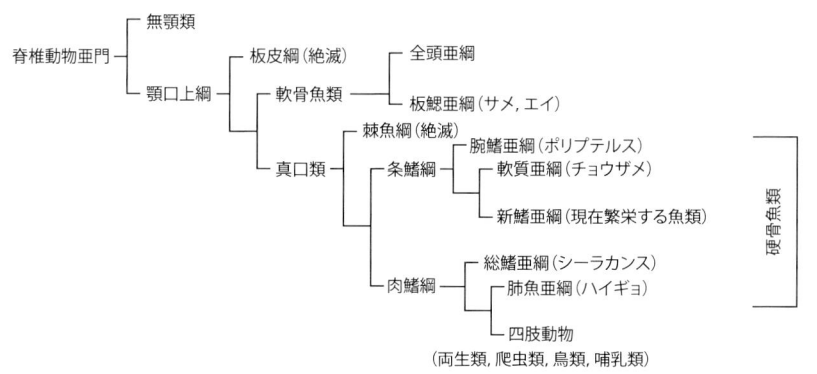

図 3-6 魚類の分類（矢部，2006 を改変）

現在，いくつかの分類法が提案されており，たとえば，硬骨魚綱として，条鰭亜綱，肺魚亜綱，総鰭亜綱，腕鰭亜綱とすることもある．本文中においても「類」として表現した箇所もある．

を特定するのはかなり難しいといわれている（Forey and Janvier, 1993）. オルドヴィス紀初期の魚は，現在とはかなり形態が異なった *Arandaspidiformes*（Young, 1997）などが有名である．最初の無顎類の魚類がオルドヴィス紀中期に出現する．*Apedolepis*, *Pteraspis* などは，その後シルル紀，デヴォン紀初期の海洋や，量的には少ないが淡水域に生存していた．多くの種類の無顎類の魚類は，シルル紀，デヴォン紀を通じて進化をとげていった（図3-6）．

3.4.2 無顎類の登場

最も原始的な魚類は，顎のない無顎類と呼ばれるサカナである．ヤツメウナギはこのグループの子孫で，その口には顎も歯もなく，対の鰭もなく，軟骨は頭部と鰓の周囲以外には発達しない[*3B]．ヤツメウナギの幼生は，丸い口を開けて水を吸い込み，それを7個の鰓孔から出して，懸濁物や微生物などを濾しとることで，食物を得ている．成体では，ゼラチン質の櫛のような歯で，魚類に取り付き，体液を吸って生活している．

古生代前期の無顎類も同様に，懸濁物や微生物などを濾しとることで食物を得ていたと推定される．なお，当時の無顎類の多くは胃腸もなく，遊泳能力が低い動物であった．現在の無顎類との大きな違いは，当時の無顎類は皮甲という骨からなる甲羅で覆われていた点であり，「甲皮類」とも呼ばれている．

無顎類はオルドヴィス紀の海洋に出現したが，デヴォン紀以降は主に淡水で進化した．その後に出現した板皮類（顎に骨を持った最初の魚類（脊椎動物））などの繁栄によって，棲息場所を奪われ，デヴォン紀後期に大部分が絶滅した（図3-6）．

[*3B]：ヤツメウナギは外見が似ていることから名前に「ウナギ」という文字が入っている．しかし，実際には，魚類が属するウナギ（ウナギ目ウナギ科 Anguillidae）とはまったく異なった，無縁の動物である．この動物の両側に左右それぞれ7個の鰓孔が目のように見えることから，本当の目をあわせて「八つ目ウナギ」と呼ばれる（實吉，2008）．

3.4.3 植物の陸上への進出

古生代初期の陸上環境については，陸域の表層で湿潤な場所はシアノバクテリアなどで覆われていたと推定されている（Gray, 1993）．次第に，数 cm の芝のような高さまで進化し，シルル紀の後期には，植物体の体長も直径も増加し，デヴォン紀中期には多くの維管束植物の原型のものが現れた（図 3-7）．

植物の陸域への本格的な進出は，オルドヴィス中期（約 470 Ma）に始まったとされ，①水分への耐性，②大気を介しての種子などの散布，③大気中の低酸素濃度に伴う強い紫外線量に備える耐性への対処，が必要であった（Edwards, 2003）．植物体にとって重要な化合物であるリグニンは，とくに紫外線吸収体になる前駆物質より進化したのではないかと推測されている．現存する光合成を行う生物には，シアノバクテリア，藻類（algae），コケ植物（bryophytes），維管束植物（Tracheophytes）があるが，維管束植物が最も陸上での棲息に成功した植物と考えられている．

(a) デヴォン紀初期　　(b) デヴォン紀中期

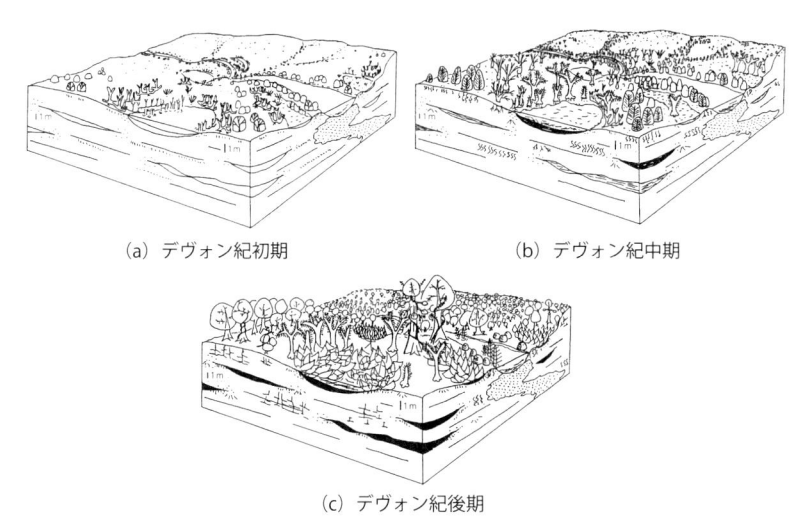

(c) デヴォン紀後期

図 3-7　デヴォン紀の復元された景観（Scheckler, 2003 から改変）

3.5　シルル紀（Silurian Period）

　シルル紀（443.7-416.0 Ma）は 27.7 Myr 続いた．シルル紀初期，南半球にはゴンドワナ超大陸がオルドヴィス紀と同様に南半球に存在し，南進していたが，氷床の発達はオルドヴィス紀ほどではなかった．北半球には，相変わらず広大なパンサラッサ海が存在していた．

　赤道付近には，シベリア大陸，ローレンシア大陸，バルティカ大陸という中程度の大きさの三大陸，そして少し南にアバロニア大陸という小大陸が存在した．ゴンドワナ超大陸とこれらの大陸の間には古テチス海が，これらの大陸の間のイアペトゥス海はせまく浅くなりつつ広がっており，多くの生物が繁栄していた．現在のイギリスのウェールズとアイルランドはアバロニア大陸の一部で，カンブリア紀にゴンドワナ超大陸から分離して北上した．スコットランド，北米大陸一部とグリーンランドはローレンシア大陸の一部であった．バルティカ大陸はノルウェー，北欧，ロシアのウラル以西となった．シルル紀末（420 Ma まで）にこれら三大陸は衝突し，イアペトゥス海は消滅し，ユーラメリカ（Euramerica）大陸（ローレンシア大陸とも）という大陸が形成された（巻末図）．

　オルドヴィス紀後期からシルル紀初期まで気候は寒冷であった．シルル紀初期には氷河の最前線は緯度で 50 度程度まで拡大したが，その後，低緯度に後退していった．この寒冷化により炭酸塩の沈積も抑制された．現在でもサンゴあるいは有孔虫など生物起源炭酸塩を作る生物は，概して温暖域に多い．一方，赤道域は概して温暖でしかも水深も浅かったので，多くの生物が繁栄した．

　その後，シルル紀後期からデヴォン紀を経て石炭紀初期までの約 1 億年は温暖な気候となった．炭酸塩の沈積は，シルル紀初期の緯度約 35 度から，デヴォン紀には概ね中緯度，石炭紀初期には緯度 50 度まで拡大した（Frakes et al., 1992）．一般に炭酸塩の生産は，海洋から大気中への CO_2 の放出となり，温暖化にとって正のフィードバックとなる［GME 図 6-13］．このプロセスは，持続的な温暖期の継続にある程度貢献したと考えられる．

　陸上では，オルドヴィス紀に最初の植物が出現し，シルル紀の間に発展し

た．この時点で植物は維管束またはそれに類似する水分・栄養分を輸送する組織や，陸上で浮力にたよらず重力に抗して体を支える組織，乾燥から体を防御するシステムを備えるまでに進化した．

3.5.1 原始的な顎口類の登場

化石の記録によると，顎の出現は歯の出現の先駆けとなった（松井編，2006）．脊椎動物（顎口上綱 Gnathostomata）には，顎と歯が存在する最初の魚類が含まれる．顎と歯の両方を持つ最初の脊椎動物は，シルル紀初期に出現した棘魚類(きょくぎょるい)（Acanthodii）である（図 3-6）．棘魚類は多数の棘(とげ)を持った魚類で，シルル紀初期に海洋に出現し，デヴォン紀には淡水域に入って栄えたが，古生代末期（ペルム紀後期）に絶滅した．硬骨魚と軟骨魚の両方に共通する特徴を持っている．

顎と歯の成立は，脊椎動物の進化にとって大きな進歩で，その後のデヴォン紀に出現した軟骨魚類，硬骨魚類に引き継がれた（図 3-6）．顎を持つ動物は，四足動物（Tetrapoda）も含め顎口類と呼ばれる．

顎骨は，無顎類の補食器である鰓孔(さいこう)の周囲に網目状に存在した軟骨の一部が，それにつく筋肉とともに発達して，獲物を捉えるために活発に動く開閉装置へと進化したものである．鰓骨の上にあった象牙質の結節がエサをひっかける突起として発達し，最終的に顎上の歯になっていった（三木，1989）．また，口の開け閉めにさらに力が必要になり，ついには顎になったと考えられている．顎と歯は，このようにペアで進化したものである．

シルル紀初期には，顎を持ち骨の突起が歯として機能した板皮類（Placodermi）も出現した．板皮類は顎に骨を備えた最初の脊椎動物である．骨性の下顎と頭蓋(とうがい)と結合した上顎を持ち，顎骨が歯状の突起となり，これで獲物を捕獲していた．頭部から胸部にかけて大きな皮甲で覆われ，胸鰭，腹鰭を持っており，泳ぎも巧みであったと考えられている．初期の顎口類の中で最も成功したものは板皮類で，シルル紀初期に出現し，デヴォン紀中期-後期に多様性は最盛期を迎え，石炭紀に絶滅した．

3.5.2 軟骨魚類の登場

　軟骨魚類は，硬骨を持たず，軟骨だけの骨格を持っている．軟骨は，軟骨基質（細胞外基質）とその中に点在する軟骨細胞より構成され，全体が軟骨膜によって包まれる構造を持っている．軟骨基質は，主にコンドロイチン硫酸など多くの糖鎖が結合した糖タンパク質の一種であるプロテオグリカン（proteoglycan）から構成される．コンドロイチン硫酸に水和水が付随しやすいので，通常軟骨は豊富な水分を含むことになる．軟骨は，そこそこの支持力と柔軟性を持つ組織で，必要に応じて石灰化し，硬い石灰化軟骨になることもある．基本的に無顎類，板皮類，棘魚類は，体表面に皮甲を持つ一方，体内部は脊索や軟骨で骨格構造が維持されてきた．

　軟骨魚類はよく発達した顎と歯を持ち，胸鰭と腹鰭の2対の対鰭を持ち，体の表面は丈夫な楯鱗または皮歯と呼ばれるウロコで覆われており，原始的な顎口類の特徴を持っている．また，浮き袋を持たないので，肝臓の肝油で浮力を調節する．軟骨魚類は，現在のサメ・エイ類を含む板鰓亜綱と全頭亜綱に大きく2つに分類される．後者はほとんどが化石種となり，現在ではギンザメ目などが代表的なものである．

　軟骨魚類の特徴である軟骨は長時間のうちに分解されてしまう傾向があるので，サメ類の化石はほとんど歯しか化石として残らないことが多い．化学物質的にはリン酸塩鉱物であるハイドロキシアパタイト水酸リン灰石（hydroxylapatite, $Ca_5(PO_4)_3(OH)$）が主成分である．

　板鰓類では，何百という歯が，彼らが生きている間に次々に生えてくる．進化したものでは，それぞれの食性に応じてさまざまな形態の歯を顎上に発達させている．現代の平均的なサメでは，一生に約2万本の歯が生えてくるが，古生代のサメはそれほどではなかったと考えられる．最古のサメに類似した化石はオルドヴィス紀後期あるいはシルル紀初期に出現し，最古のサメは歯を欠いていたらしい．最古のサメの歯はデヴォン紀最初期なので，そのずれは約 30 Myr となる．デヴォン紀中期には歯の化石は地球的規模で認められ，デヴォン紀後期には50種以上のサメが確認されているように，時代とともに進化した．サメは古生代後期そして中生代に放散し，多様化した（Long, 2003）．新生代第三紀中期に見られる巨大なサメは，歯の高さが18

cm もあり，体長は 15 m にも達したものまで現れた．

3.5.3 硬骨魚類の登場

現在「サカナ」は一般に硬骨魚類（Osteichthyans）をさすように，このグループは現在の海洋で最も繁栄している（図 3-6）．硬骨魚類の特徴は，それ以前の魚類と異なり，内部骨格として軟骨だけでなく，硬骨を発展させていることである．骨はリン灰石でできており，静止時，運動時に体を支持するとともに，Ca の貯蔵の役割を持っている．硬骨魚類は酸素呼吸のために浮き袋あるいは肺を持っていることも大きな特徴である．水中では浮力があるために骨は軟骨でも十分対応できるが，硬骨は陸上生物にとっては不可欠のものである．肺も水中生活から陸上生活へと進化するための基礎となった．

硬骨魚類は，硬い骨がある魚類で，ほぼ真骨類と同等で，シルル紀後期までに出現した．この仲間は放射状組織である鰭条(きじょう)の鰭を持っているが，現在生存している魚の 99% 以上の鰭はこのタイプである．なお，現代生息する魚類の多くは，科レベルでいうと白亜紀頃までに出現した．

3.5.4 昆虫の登場と動物の陸上への進出

現在の陸上動物の多様性は，海洋のそれを上回っている．その主な理由は，動物の 70% を占める昆虫の存在である．昆虫は節足動物門に属し，種数で最大の動物綱（Insecta）で，現在 100 万種以上が棲息しているとされる．昆虫は基本的に陸上で進化した生物なので，そのほとんどが現在でも陸上に棲息している．水分の維持，酸素呼吸など体の機構を進化させながら，海洋から陸上への動物の進出をなしとげた（Little, 1983）．

陸上への動物の進出は，化石本体と生痕化石の両方から評価できる．最も古い陸上動物の化石本体はシルル紀後期であるものの，陸上に残された生痕化石はオルドヴィス紀の地層から報告されている（Jeran *et al.*, 1990）．初期の陸上生物は，基本的に水中に棲息していたが，ときどき陸上を歩き回ったのではないかと考えられている．多足類（Myriapod，ムカデ，ゲジなど）とクモ類は，すでにシルル紀後期には存在していた．風変わりと思われるか

もしれないが,動物の糞の化石もりっぱな生痕化石の一つである(Edwards et al., 1995).シルル紀後期からデヴォン紀前期にかけての陸上の糞の化石は,小さな節足動物のものと考えられている.

海洋および河川から初めて上陸した昆虫は,触覚を持つ節足動物で,その時期は両生類よりも少し早く,デヴォン紀初期であったと推定されている.そして,石炭紀後期に劇的に多様性を増大させた.昆虫は陸上で最も成功した動物であり,中生代,そして新生代を通じて繁栄は現在も続いている.

3.6 デヴォン紀(Devonian Period)

デヴォン紀(416.0-359.2 Ma)は 56.8 Myr 続いた.北半球には,広大なパンサラッサ海が存在していた.ゴンドワナ超大陸とユーラメリカ大陸の間には,まだ古テチス海が存在していたが,海洋のほとんどはパンサラッサ海で占められていた.北半球にシベリア大陸,南半球にはゴンドワナ超大陸,南北 30 度位の低緯度域にユーラメリカ大陸が存在していた(巻末図).

ユーラメリカ大陸のとくに回帰線の周辺では,旧赤色砂岩(Old Red Sandstone)と呼ばれる,赤鉄鉱(hematite, Fe_2O_3)などを含む砂岩が堆積した.イギリスのデヴォン紀層などで観察される.

一般に,太陽から地球への熱供給は赤道から極に近づくほど少なくなる.赤道付近では大気が上昇し,低圧帯となり雨の降ることが多い.これらの空気は,緯度 30 度付近まで北上(南半球では南下)した後下降して,地表付近を南下して赤道に戻る.これはハドレー循環(Hadley circulation)と呼ばれている(図3-8).また,極域は高圧帯で,同様に大気が下降し,緯度 60 度付近で上昇する.これは極循環と呼ばれている.その間の循環はフェレル循環(Ferrel circulation)と呼ばれ,緯度 30 度付近で下降し,地表付近を北上して緯度 60 度付近で上昇し,南下して緯度 30 度付近まで戻る.旧赤色砂岩の存在は,中緯度域が非常に乾燥していたことを示しており,デヴォン紀に現在と同様のハドレー循環,フェレル循環が存在したことが示唆される.

古地磁気あるいは古生物地理のデータからは,ユーラメリカ大陸とゴンド

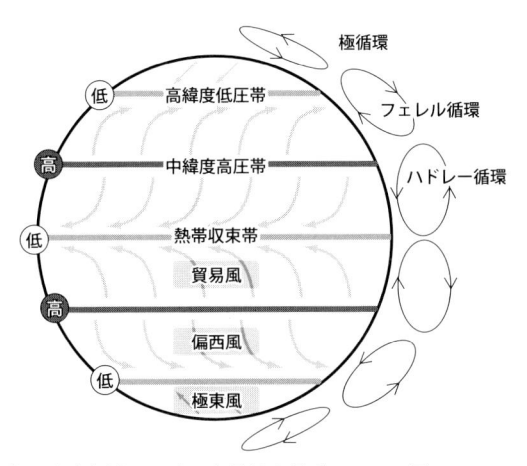

図 3-8　現在の地球表層における大局的な風系のモデル図
　　極域には極高圧帯，高緯度に高緯度低圧帯，中緯度に中緯度高圧帯があり，低緯度には熱帯収束帯が存在する．これらをつなぐのが，極循環，フェレル循環，ハドレー循環である．

ワナ超大陸は低緯度域で衝突を開始し，最終的にペルム紀の初期にパンゲア（Pangea）としてまとまった超大陸へと発達していったことが示される．これにより，アパラチア山脈（Appalachian Mountains），カレドニア山脈（Caledonian Mountains）などが形成されていった．

　デヴォン紀の気候はおおむね温暖であった．炭酸塩などに残された酸素同位体比の結果も 30℃ 前後の値を示している．これは，氷河がほとんど存在しなかったというデヴォン紀の地質学的記録とも整合的である．この時期，火山活動なども活発であった．大陸の火山活動は，シルル紀に比較的低調であったものが，しだいに活発化し，デヴォン紀後期には顕生代最大の規模となり，石炭紀初期には衰退していったと推定されている．地球的規模での温暖化と火山活動に起因する CO_2 の放出との関係については，超長期間の時間レンジで解析すると，火山活動が活発だったときには概して気候は温暖であったことが知られている．換言すると，シルル紀から石炭紀までの温暖期は，広範囲の火山活動によって支えられていた可能性が高い（Frakes *et al.*, 1992）．

　一方，海水準はオルドヴィス紀より低かったが，現在よりもかなり高く，

これもデヴォン紀の温暖化を支えてきた．海水は陸域や氷床よりもアルベドが低いので，太陽エネルギーをより吸収でき，正のフィードバックとして機能していた［GME 表 4-1］．海進により大陸周辺は水没し，しかも低緯度域ではより温暖であったので，サンゴやコケムシ（外肛動物 Bryozoa）などが大規模な礁を形成していった．ただし，デヴォン紀の最後には小規模ではあるものの氷河が高緯度域に出現し，短期間の寒冷期があったとされる．

　デヴォン紀は生物界でも大きな進展があり，古生代を通じて海生動物の多様性が最大になった時代である．主要な生物としては，サンゴ，コケムシ，腕足類（Brachiopoda）（口絵 3），ウミユリ（棘皮動物ウミユリ綱 Crinoidea），三葉虫，オウムガイなどが挙げられる．また，アンモナイトが出現した（シルル紀後期との説もある）．

　「デヴォン紀は魚類の時代」といわれるように，魚類が繁栄した．とくに，魚類の中でも無顎類，板皮類，棘魚類などの古いタイプの魚類が繁栄していた（図 3-6）．一方で，現在も繁栄している硬骨魚類とサメなどの軟骨魚類も進化し，多様性を増していった．また，水中の酸素濃度の低い環境や湿地帯でも生息できるように，肺魚やシーラカンスがこの時代に出現した．

　後述するように，陸上に植物が進出した．最初の木であるワッチーザ（*Wattieza*）は，デヴォン紀中期に出現し，高さも数 m に達していた．その後，シダ植物のアーキオプテリス（*Archaeopteris*）がデヴォン紀後期に出現し，大陸の河川に沿って植生域を広げ，世界中に最古の森林を形成していった（図 3-7）．また，森林の拡大とともに，陸域には湿地帯も形成されていき，そこに昆虫類，肺魚などの魚類，そして，両生類の進化を促す土台が整っていった．

3.6.1　植物の発達と景観の変化

　陸域生態系はオルドヴィス紀中期頃から開始したと考えられるが，植物の典型的な成長のための本質的な器官である「茎や根」などが確立されたのは，シルル紀中期であった．陸域への生物の進出はめざましく，植物はシルル紀に入るとコケ類（moss），菌類と藻類の密生とともに，原始的な根を持つ植物が次々と上陸した．これにより，安定的ないわゆる（鉱物と有機物が混じ

った)土壌が初めて形成された (Ashman and Puri, 2002) [GME 図 5-3].

　最初の植物の高さは数 cm であったが,デヴォン紀中期には,植物は多様化し,「木」といえるように,植物の大きさは十分に増大していった.根にさらに革新が加えられたことが重要である.すなわち,根が土壌に深く侵入し,地面より上にそびえたつ植物体を安定的に支えることが可能となった.これにより氾濫原や土壌が侵食から保護されることになり,新たな植生の二次的遷移が進行した(図 3-7).すなわち,河川の土手に生息する植物は,土手や氾濫原を安定させ (Scheckler, 2003),堆積物の保持時間を劇的に長くし,これにより粘土鉱物の生成は増加し,土壌層の発達を促進した (Algeo and Scheckler, 1998 ; Retallack, 2001).また,落葉などに由来する有機物の分解生成物である有機酸は酸性なので,岩石の化学風化を増進させ,土壌の化学組成も変化した.

　木々は 3 つの系統 (Woody aneurophyte progymnosperms, Cladoxylopdis fern, Cormose lycopsides) より進化し,デヴォン紀中期から石炭紀初期にかけて「木」のサイズの子孫を残すまでに発展した.プロジムノウスパーム (Progymnosperms 絶滅したシダ植物でたぶん裸子植物につながった植物)と裸子植物は,維管束系の形成層として,コルク形成層を持つようになった.維管束は,水分,栄養分,光合成産物を植物体内に供給する組織で,セルロースおよびリグニンなどを含む幹は,植物の大型化に寄与し,陸上生態系での炭素の大きなリザーバーとして機能している.陸上植物の中でもコケ植物やシダ類などでは,生活環も含めて水環境を必要とするが,種子植物の場合には遊離した水分が環境にわずかしか存在しなくても陸環境に十分適応できるように進化している.

　シダ植物のアーキオプテリスは高さが 10-30 m にも達した.植物は一次生産のために光量が必要であるが,密集している木々の間の競争では,より背の高い大きな木は光量を獲得するという点で有利である.アーキオプテリスは,湿潤から季節性の乾燥気候に順応し,多種の土壌にも耐えられたため,広大な氾濫原に森林を形成することができたと考えられる (Algeo and Scheckler, 1998).また,この木は,側方向にのびる一種の枝を作れたが,成長期が終わり,乾燥期になると,葉がついた枝を地面に落とした.これに

より，おびただしい枝が河川域の堆積物に蓄積され，森林に厚い腐葉土を残すこととなった．そこで，アーキオプテリスの森林では，乾燥期には明るい森林となり，光量と湿気に関して大きな季節性をもたらすという特徴があった．

　森林の形成および湿地帯の形成は，「陸の緑化」を促し，陸域で大量の有機炭素の蓄積が開始されたことを意味する．p_{CO_2}の減少をもたらし，結果として，温室効果は抑制され，気候がわずかに寒冷化した．当時の地球表層リザーバーでの炭素の存在量はわかっていないが，現在（1990年）の地球表層リザーバーでの炭素現存量は，大気圏に750 PgC（ギガトン炭素），陸域の生物圏に550 PgC，土壌に1500 PgCが存在している．これを簡単な比率に直すと，大気圏：陸上植物および土壌の合計で1：3となっており，炭素のリザーバーとして陸域生態系が非常に重要な役割を果たしていることがわかる［GME図9-1］．デヴォン紀中期-後期の急速なp_{CO_2}の減少（Berner, 1997；Algeo and Scheckler, 1998）は，植物の形態にも影響を与えたと考えられている．すなわち，これに応答して，葉の面積が増大した．これはCO_2の吸収という点で有利となったに違いない．

　このように，将来の化石燃料の原料である植物体が埋没，蓄積されていったことは，単にp_{CO_2}の減少のみならず，これと表裏一体となっているp_{O_2}の増加がもたらされた（図7-1）．p_{O_2}の上昇は概して森林火災を誘発しやすくなる．デヴォン紀後期までに森林火災の頻度は上昇し，森林の更新，森林の回復に寄与していった（Berner, 1997；Algeo and Scheckler, 1998）．なお，デヴォン紀後期の気候寒冷化が，海洋の無脊椎動物の大量絶滅などを引き起こしたのかもしれない．

3.6.2　四足（四肢動物）陸上動物（Tetrapod）の成立

　四肢動物は脊椎動物で，四肢を持つ両生類，爬虫類，哺乳類，鳥類が含まれる（松井編，2006）．蛇では足が退化してしまっているが，これも仲間である．基本的に，肢は魚類の鰭に相当し，前肢は胸鰭，後肢は腹鰭が起源である．魚類と四肢動物との大きな違いは，魚類では肩骨と腰骨を欠くが，四肢動物では骨格が背骨とつながっていることである．デヴォン紀中期（約385

Ma）の魚類のパンデリクティス（*Panderichthys*）には最初の指の骨ができた（図3-9）（Boisvert *et al*., 2008）．

　四肢動物は魚類から進化したが，陸上に向かったのは，その中の肉鰭類から進化したもので，これは総鰭類（代表的なものとしてシーラカンス），肺魚類に分かれて進化した（図3-6）．肉鰭類では，鼻から口をへて肺に通じる内鼻孔と肺を持っていた．総鰭類の生き残りであるシーラカンスでは，長期間海のみで生活していたので，肺は脂肪のかたまりとなっている．一方，肺魚は肺を発達させ，魚類でありながら泥の中で空気呼吸ができるまで適応したグループである．しかし，肺魚の場合，吸気である酸素は空気から取り込めるが，呼気である二酸化炭素は鰓から水中に放出するので，完全に水から上がって生活することは不可能であった．陸上脊椎動物は肉鰭類から進化したと考えられているが，どちらのグループから進化したのかについては決着していない．なお，魚類と両生類は変温動物である．

　肺魚などの近接種より最初の両生類がデヴォン紀末期に誕生した．最古の両生類はグリーンランドのデヴォン紀最後期（ファメニアン期 Famennian Stage の約 365 Ma）の河川域で棲息していたアカントステガ（*Acanthostega*）やイクチオステガ（*Ichthyostega*）が有名である（Coates, 2003；Boisvert, 2005）（図3-9）．アカントステガは，体長は数十 cm で，骨格より陸上よりも水中で生活し，鰓と肺呼吸の両方をしていたらしい．すなわち，陸域の浅い川や湖沼などの海底を対鰭で歩いたり，乾期に生息地の水が干上りつつある場合に，水場から水場に点々と移動していくうちに，対鰭は四肢に進化していったと考えられる．指の数はアカントステガで8本，イクチオステガで7本であった．多指は鰭の性質を残した原始的な特徴とも考えられ，水中生活をしていたことを示唆している（Coates, 2003）．なお，初期の両生類は魚類に似ていて（Ahlberg and Milner, 1994），たとえば，イクチオステガは 1-1.5 m で，魚類に似た脊椎，尾鰭を持っており，四肢はがっちりとし，四足動物に進化していたが，あまりに頑丈すぎて体重過多となり，動きづらく，陸上より水中での生活に適していたらしい．

　両生類は，卵生のものが多く，基本的には水中に産卵する．このことは，両生類は水辺から遠く離れた地域に生息するのが難しいことを示唆している．

両生類の属する両生綱（Amphibia）は，両棲という意味で，一生の間に水中生活と陸上生活の両方が必要である．幼生期は基本的に鰓で呼吸して水中にすみ，成体になると陸上で肺呼吸する．両生類は，基本的に陸上での生活に適するように，①呼吸の問題のほかにも，②陸上での体重の支持，③四肢による推進力の獲得，④体表の乾燥防止，⑤空気の振動を探知する聴覚，などを発展させた．

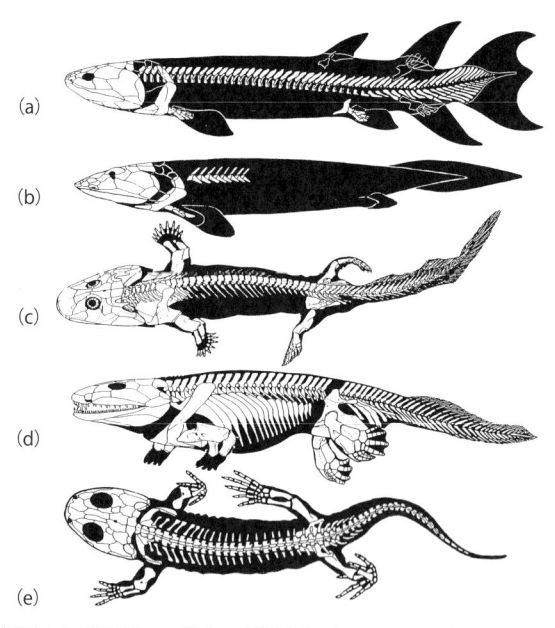

図 3-9　魚類より両生類への進化の形態変化（Coates, 2003）
　（a）デヴォン紀中期-後期の肉鰭類の魚類であるオステオレピフォームス（*Osteolepiformes*），（b）上下に平べったい形で，背鰭がなくなっている，デヴォン紀中期-後期の魚類，パンデリクティス（*Panderichthys*），（c）手足は鰭から変わったばかりであることを示している，デヴォン紀後期のアカントステガ（*Acanthostega*），（d）足はまだ櫂のような形状で，内臓を守るための肋骨が発達したデヴォン紀後期のイクチオステガ（*Ichthyostega*），（e）石炭紀初期からの両生類であるバラナーペトン（*Balanerpeton*）．

3.7 フランスニアン期 (Frasnian Stage)/ファメニアン期 (Famennian Stage) 境界 (F/F 境界)

デヴォン紀後期に大規模な大量絶滅事変があった．海生動物の全科の約 21％，属のレベルだと約 50％が絶滅した (Sepkoski, 1986)．これは，顕生代の最大級の大量絶滅 5 つの中の一つに数えられている．この事変はデヴォン紀の終了時 (359.2 Ma) ではなく，デヴォン紀後期のフランスニアン期とファメニアン期の境界 (374.5 Ma) であるために，F/F 絶滅と呼ばれている．デヴォン紀後期に大打撃を受けた分類群は，腕足動物，三葉虫 (プロエタス目は除く)，コノドント，アクリターク，床板サンゴ，層孔虫などである．そこで，この絶滅は「海生生物だけの絶滅」といわれる．とくに熱帯礁性生物や礁周辺海洋生態系への影響が大きかった (平野, 2006)．

デヴォン紀中期から後期の F/F 境界までの時代は，地球上で最も広範囲に礁が発達した時代で，その面積は現在の約 10 倍の 500 万 km^2 と推定されているが，F/F 境界後のファメニアン期後期には，それが 1000 km^2 まで減少したといわれている．また，腕足類あるいは有孔虫などについては低緯度・熱帯性の種が，高緯度・冷水性の種より差別的に絶滅した．原因としては，①気温・水温の低下，②貧酸素～無酸素，③海水準の低下，④隕石の衝突，などが指摘されているが，隕石の衝突の証拠とされるイリジウム (Ir)，衝撃石英，マイクロテクタイトなどは産出していないので，地球外物質の衝突ということはないと考えられる (平野, 2006)．また，デヴォン紀後期は概して海水準は低下する傾向にあったが，一方で，F/F 境界のあたりで海水準は上下に大きく変動したとされ，少なくとも一つの無酸素環境の形成には，海水準の上昇が関与したとされている．

3.8 石炭紀 (Carboniferous Period)

石炭紀 (359.2-299.0 Ma) は前半はミシシッピ亜紀 (Mississippian, 359.2-318.1 Ma)，後半はペンシルバニア亜紀 (Pennsylvanian, 318.1-299.0 Ma) と呼ばれる．石炭紀という名前の由来は，この時代の地層に石炭が認められることによる．これは現在の北米やヨーロッパで，当時非常に

大きな森林が形成されていたためである（DiMichele and Phillips, 1994；DiMichele, 2003）（図 3-10）.

石炭紀には，ユーラメリカ大陸がゴンドワナ超大陸と衝突し，パンゲア超大陸形成へ進展していった．大陸の衝突は，現在のヨーロッパや北米に活発な造山運動をもたらし，アパラチア山脈なども隆起した．そして，中生代になって完成するパンゲア超大陸の主要な部分ができあがった．この2つの大陸の衝突，そして，それらの大陸にはさまれた海の消滅とともに，生物の陸上進出が進んだ．海洋では，デヴォン紀同様，超海洋であるパンサラッサ海が存在し，ゴンドワナ超大陸とローレンシア大陸にはさまれた位置に古テチス海が存在した．なお，南極点はゴンドワナ超大陸上に存在していた．

海水準は，デヴォン紀最後に下降したが，ミシシッピ亜紀前期には上昇し，その後ミシシッピ亜紀/ペンシルバニア亜紀境界あたりで 200-240 m も再度

図 3-10　石炭紀後期の沼沢に分布する石炭を作り出した植物の生息環境の復元図
（DiMichele and Phillips, 1994）
　　シダ植物，裸子植物，リンボクの一種，マングローブの一種．高さの最大は約 30 m である．

下降した (Ross and Ross, 1987；Nakazawa and Ueno, 2009). ミシシッピ亜紀前期の気候は，シルル紀後期から続く温暖期となり，氷河もほとんどなかった．炭酸塩の沈積も比較的高緯度域（緯度60度）にまで達することもあった．ゴンドワナ超大陸は南半球に存在していて，南極付近の温度は下がっていったが，その影響は低緯度域には及ばなかった．その後（サプコビアンSerpukhovian 期後期）一転して，地球的規模で寒冷な気候となり，少なくともペルム紀前期まで基本的に寒冷で，氷床が南極周辺に継続的に存在した (Gastaldo et al., 1996；Crowell, 1999). すなわち，氷床はミシシッピ亜紀最後のサプコビアン期あたりに拡大を開始し，ペンシルバニア亜紀には極域から緯度35度まで発達した（表見返し）.

　海洋生物に関しては，無脊椎動物ではデヴォン紀以来の有孔虫，サンゴ，コケムシ，アンモナイト，ウミユリ，F/F 境界でほとんど絶滅に近い状態となった腕足類も回復して繁栄したが，とくに有孔虫が顕著に躍進した（白山編, 2000). これは大型有孔虫である紡錘虫類（フズリナ fusulina）の繁栄によるところが大きい．紡錘虫類は，基本的には底棲で，ペルム紀まで繁栄した．ケイ質殻を作る放散虫もチャートなどの形成に貢献した．三葉虫は衰えてプロエトゥス目のみとなり，デヴォン紀以前と比較するとずっと衰退した．海洋の脊椎動物については，サメ類などの軟骨魚類が支配的であった．

　なお，日本列島は島弧活動に関連した付加体より構成されているが (Isozaki et al., 1990)，ペルム紀付加体である秋吉帯は，パンサラッサ海での海山とその頂部・周辺で堆積した石炭紀・ペルム系海洋性岩石によって形成され (Kanmera et al., 1990；Musashi et al., 2010)，浅海性石灰岩は約335-260 Ma の年代を示す（図3-11). 秋吉帯に属する山口県秋吉石灰岩には，堆積層序により10 Myr 以上の長期から0.08-0.5 My の短周期の海水準変動が半定量的に復元され (Nakazawa et al., 2009)，ペルム紀中期のワーディアン期 (Wordian Age) 前期には $\delta^{13}C$ 値は比較的高く（約 +2.0‰），一次生産が増加し，有機物の埋没も高かったことが示唆される (Musashi et al., 2010).

　陸域での植生は，石炭紀初期はデヴォン紀と類似していた．とくに，リンボク (*Lepidodendron*) が繁栄した．これは，シダ類の中でも大きいもので，直径2 m，高さは20-30 m 位にもなった．大きさは異なるが，現在のシダ植

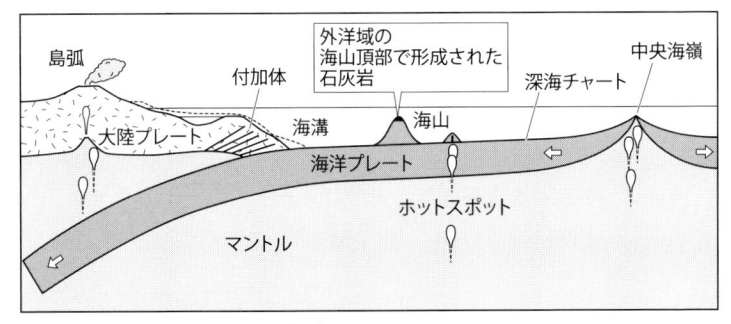

図3-11 秋吉帯の石灰岩の形成プロセス
　石灰岩はもともと海山の頂部，浅海で形成され，沈み込み帯で大陸側に付加して，現在にいたっている．このように付加した岩石より，当時の海洋プレート中央部域の海洋表層環境を復元できる．後述する，後期ペルム紀の環境の日本の地層からの復元も同様である（Musashi et al., 2010）．

物であるツクシと姿は似ていた．また，封印木（Sigillaria）も同様に巨木であった．このような巨大なシダ類が湿地帯に大森林を形成していた．古生代の初期に上陸したコケ植物から，その後より乾燥に強くなったシダ植物が古生代を支配した．

　この時代に陸域では爬虫類が登場した．陸域動物で繁栄したのは，両生類や昆虫であった．とくに，昆虫，多足類，クモ類などで，空中を飛んだものが出現した．化石によると，石炭紀後期に初めて空へ進出できるような翅を持ったものが現れた．また，昆虫などはデヴォン紀の温暖期から継続して巨大化し，翼長70 cmを超える巨大トンボ，プロトドネータ（Protodonata）やメガネウラ（Meganeura）などが発見されている．これらの節足動物は陸上進出を果たした両生類や初期爬虫類の貴重なタンパク源になったと推定されている．

　これら生物の巨大化の原因として，大きな環境変化が指摘されている．すなわち，大規模な森林の形成によって，大気中のCO_2が有機物として固定された．生産された有機物のほとんどは生物活動などにより再びCO_2などに分解されるが，石炭紀には次項で述べるように，有機炭素が石炭として地球表層の炭素リザーバーから隔離されてしまった．光合成による有機物の生産過程では酸素が大気中に放出される．逆に，分解される場合には酸素が消

費されるが，石炭紀の場合，石炭埋没が卓越したと考えられるので，石炭紀中期以降，石炭の生成の結果としてp_{O_2}はかなり上昇し，現在よりかなり高い35％であったとの推定値がある（7.1.1参照）．通常，ほとんどの昆虫では，酸素は気門で取り入れられ，気門から気管を通過し，拡散により細胞に輸送されるが，拡散に依存するため体のサイズに限界が生じる（Westneat *et al*., 2003）．しかし，このように高p_{O_2}状況下では，陸上動物の酸素の摂取も容易で，これが昆虫や両生類が巨大化できた理由の一部とする考えもある．なお，高p_{O_2}状況下で野火も増加したであろう．

3.8.1 大規模な石炭の形成

北米大陸とヨーロッパでは，この時期石炭が大規模に形成された．この地域の石炭紀の地層は，基本的に石灰岩，砂岩，頁岩，石炭の互層であるが，北米大陸では石炭紀前期では石灰岩がほとんどであった．陸域での炭素の保存に関しては，成長した木々が枯れた後，菌類や微生物によって有機物は分解されていく．酸素が十分にある場合には分解が速く進行するが，次々と植物が埋没すると堆積物の中への酸素の供給が限られる．このような場合には分解がほとんど停止し，有機物は保存されやすくなり，泥炭となり，時間とともに圧力や地熱により褐炭→瀝青炭→無煙炭と熟成し，石炭となっていく．堆積プロセスについては湿地帯での沈積，あるいは洪水による埋没などが原因のことが多い．植物，とくにシダ類などを構成する有機物は，セルロース（約40-50％，$(C_6H_{10}O_5)_n$）やリグニン（木材の20-30％）が主要な有機化合物である（図3-12）．構成元素は副成分も含むとC，H，N，Sであるが，泥炭から無煙炭に変化すると炭素含有量は70％以下から90％以上まで上昇する（鈴木・真下，2002）．

石炭紀に大規模な石炭層が形成されるようになった理由としては，①樹皮を持った木本の出現やリグニンの進化，②海水準が低下した際，北米大陸とヨーロッパでは沼地・湿地などに大森林が繁栄する場が提供されたこと，が示唆されている．また，炭化水素の中でセルロースは草食動物でも分解できるが，リグニンは難分解性で，カビによってさえも分解されず，木材腐朽菌（白色腐朽菌）によってのみ分解される（夏，2009）．当時は，リグニンを分

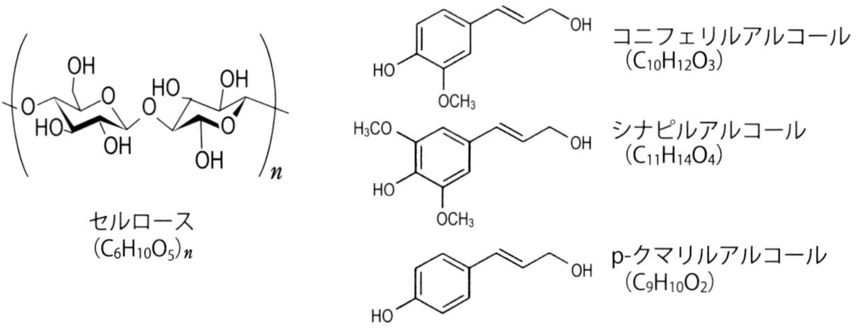

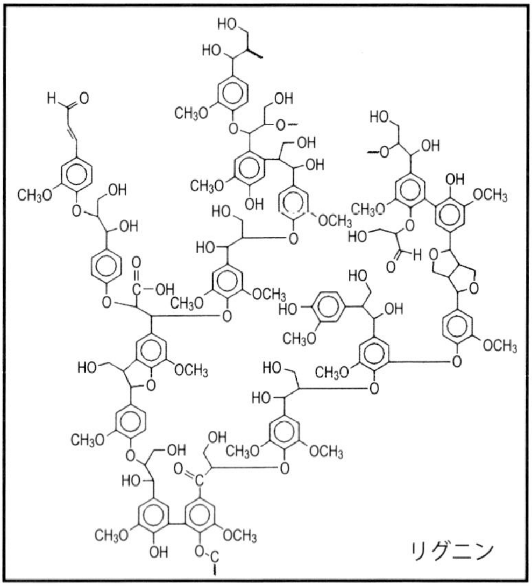

図3-12 セルロースとリグニンの化学式
　リグニンは，3種類のリグニンモノマーが酵素の触媒のもとで重合して生成した三次元網目構造の巨大な生体高分子である．

解するような生物がまだ進化していなかったことに石炭生成の原因を求める説もある．また，現在よりもリグニン含有量が高かった木本が多かったとの説もある．石炭はゴンドワナ超大陸の南北30度までの低緯度域で形成されたが，三畳紀に入ると間氷期には中高緯度域にも形成された．ただし，モデリングの結果によると，一次生産は中程度であったものの，ゆっくりとした分解速度のために有機物が蓄積されたとの説もある（Beerling and Woodward, 2001）．

　なお，地球表層リザーバー（大気圏・海洋・陸上生物圏・土壌）に存在す

る炭素量のみでは，このような膨大な石炭を作ることは不可能である．そこで，スーパープルームなどで炭素がマントルより地球表層リザーバーに供給された可能性が高い．実際，この時期，石油が生成した白亜紀と同様に，磁気が逆転しない期間が318 Maより数十Myrも連続し，大規模な火山活動のあったことが報告されている（Irving and Pullaish, 1976；Tatsumi et al., 2000）．

3.8.2　熱帯雨林の成立

石炭紀後期には，泥炭（究極には石炭）となる森林が赤道付近に存在していたので，これこそが熱帯雨林であるという人もいる．この森林は背の高い木々にからまるような植物，ツタや着生植物を伴っていた．現代の熱帯雨林は，陸上生態系の中では，一次生産が最も高く（2200 g m^{-2}yr^{-1}），陸上生態系全体の一次生産の33％に，炭素貯蔵量では42％に相当している（Whittaker and Likens, 1975）．量的には石炭紀の大森林は熱帯雨林に相当するかもしれないが，その多様性は現代の熱帯雨林と比較すると著しく低く，構成要素も現代の植物とまったく異なっていた（図3-10）．そこで，熱帯雨林の成立については，石炭紀後期という説から，最終氷期後の数千年前という説まで諸説がある．

3.8.3　陸上における食物連鎖

動植物が最初に陸上に進出したのはシルル紀なので，シルル紀に初期段階の植物-動物の食物連鎖があったという報告もあるが（Edwards et al., 1995），一般的にはデヴォン紀以降とされている．さらに，デヴォン紀中期（396 Ma）のスコットランドのライナイトチャート（Rhynite chert）の詳細な研究などでも，デヴォン紀中期に観察された動物は，ムカデ類，クモ類などの肉食動物，あるいはトビムシ目（Collembola，節足動物門昆虫綱），ムカデ類などの腐敗有機物を食するものであった．そこで，この当時の生態系は，基本的に現在の生態系とは違ったものであったと考えられている．植物-草食動物-肉食動物といった現在一般的な食物連鎖の関係は，石炭紀以降に確立したとされる．実際，草食の四肢動物は，石炭紀後期以前には知られてい

ない（Selden, 2003）.

　なお，現代の食物連鎖においても，土壌の生態系では，腐敗した植物由来の有機物を餌とする動物は，自分で消化する手前に，まず消化管中で微生物により有機物を分解してもらうプロセスが整っていることが観察されている.

3.8.4　爬虫類（Reptilia）の出現と発展

　両生類は，水中での産卵，水辺での生活などにより，水辺から遠く離れた地域に生息することが難しい．陸上生活をするには，乾燥した陸域環境でも子供を繁殖させ，かつ活動できるように進化する必要があった．爬虫類は，①炭酸塩の殻で包まれた卵の内部で，羊水という液体の中で胚を育てる育児方法を獲得した．この羊水を入れる袋を羊膜，羊膜を持つ卵を有羊膜卵という．これにより，陸上動物として生活できるシステムを確立したので，爬虫類・哺乳類・鳥類の四肢動物は有羊膜類（Amniote）とも呼ばれている．爬虫類にはほかにも特徴がある：②体表は鱗で覆われていること，③排泄する窒素化合物は，両生類や哺乳類のように尿素ではなく，水に不溶な尿酸であること，④それを糞とともに総排泄腔から排泄すること，⑤一部恐竜などに恒温であったとの説があるが，多くは変温動物である．

　単弓類（Synapsid）はいわゆる「哺乳類型爬虫類」と呼ばれる哺乳類へいたる系統で，哺乳類以外はすでに絶滅している（Urashima and Saito, 2005）．単弓類の最初の化石として，石炭紀後期（約 310 Ma）の地層において頭骨の側頭領域に「窓」（外側頭窓）を持つ小さなトカゲ様生物が発見されている．これは，初期の陸生脊椎動物，いわゆる羊膜卵を持つ有羊膜類の1系統分岐である．単弓類は石炭紀後期からペルム紀に多様なグループへと放散し，そして獣弓類（Therapsid）を出現させた（小林・栃内，2008）．その後，単弓類は放散と絶滅を繰り返し，三畳紀後期に恐竜に置き換わるまでは，ペルム紀と三畳紀の最も優勢な動物相であった．ペルム紀後期に初期に獣弓類の放散が起こった．ペルム紀の終わりのP/T境界で大絶滅が起こり，わずかに生き残った獣弓類からキノドン類（Cynodont）が出現した．三畳紀末までにキノドン類は，歯，頭，蓋骨，骨格の形態において哺乳類様の特徴を示すまでに進化し，約 225 Ma に哺乳形類（Mammaliaform）が出現した．双

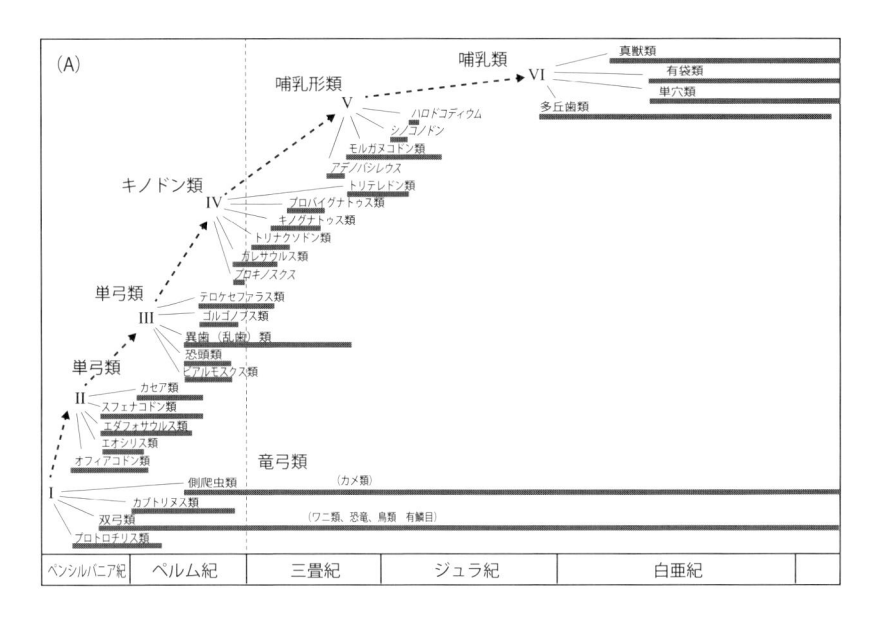

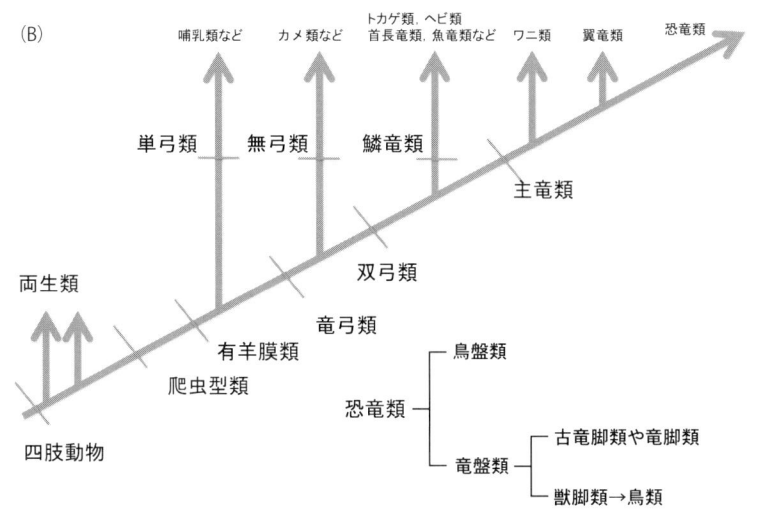

図3-13 (A) 有羊膜類から現生哺乳類までの放散 (Urashima and Saito, 2005). (B) 四肢動物の系統樹 (小林・栃内, 2008を改変). 有羊膜類はおもに, 単弓類, 無弓類, 双弓類から構成されており, 双弓類には鱗竜類や主竜類が含まれる. 主竜類の系統には, ワニ類, 翼竜類, 恐竜類が含まれるが, 現在生息している主竜類は, ワニ類と鳥類(恐竜類)である. 鳥類は獣脚類恐竜より進化した. なお, 近年カメ類は双弓類といわれている.

3.8 石炭紀—107

弓類には,魚竜,主竜形類などが含まれ,とくに主竜形類に属する主竜類は中生代に繁栄した.

最古の爬虫類は,カナダの東部ノヴァスコティアの石炭紀の地層(311 Ma)から産出するヒロノムス(*Hylonomus*)である(van Tuinen and Hadly, 2004).竜弓類に含まれる双弓類(Diapsida,現生爬虫類の祖先)や単弓類などの爬虫類も繁栄していった(図3-13)(松井編,2006).

現在,爬虫類の子孫として残っているのは,鳥類のほかに,ワニ類(Crocodilia),トカゲ類(Sauria/Lacertilia),ヘビ類(Serpentes),カメ類(Testudines)などである.

3.9 ペルム紀(二畳紀,Permian Period)

ペルム紀は299.0-251.0 Maまでの時代である.ペルム紀の初期にはパンゲア超大陸が形成された.シベリア大陸は北半球に存在していたが,これもパンゲア超大陸と衝突し,ウラル山脈が形成され,ほぼすべての陸地が一つの超大陸としてまとまることとなった.大陸の西側には超海洋であるパンサラッサ海が広がり,パンゲア超大陸は南極付近から北半球高緯度域まで縦に長かったので,従来中緯度で存在していた古テチス海との水路もふさがれてしまった.古テチス海の東側には,将来極東アジアからインドシナとなっていく小さな大陸や島が存在していた.

ペルム紀には,パンゲア超大陸の形成に伴い,大陸が分裂していた場合と比べると,海岸線もずっと短くなり,沿岸域も狭くなったと考えられる.さらに,ペルム紀には,超大陸の形成に伴いプレート活動が減退し,海嶺の活動も低下した.これに伴い,海洋プレートの平均年齢が増加し,平均水深も深くなり,海盆の容積が増加したため海水準が下がったと解釈されている.

ペルム紀の開始時は,ゴンドワナ超大陸が南極域に位置していたので,大規模な氷床が存在し,気候も概して寒冷だった.ペルム紀の前期から後期まで寒冷化した気候であったとの考えもある(Frakes *et al.*, 1992).一方で,ゴンドワナ超大陸には,石炭紀後期からペルム紀前期に氷河があったが,ペルム紀前期(アッセリアン期 Asselian Stage;299.0-294.6 Ma)からサク

マーリアン期（Sakmarian Stage；294.6-284.4 Ma）にゴンドワナ超大陸が北上して，南極点が大陸外となったことから，厳しい氷河状態は終了し，気温は上昇に転じてきたとの説もある（平野，2006）．ペルム紀末期には激しく気温が上昇し，それに引き続く白亜紀を中心とした約 200 Myr の「温暖地球」に地球表層環境システムは大きく転換していった．

　超大陸の出現で，大陸内部の乾燥化が進行し，大陸性気候となり，季節変動も大きくなり，一部は砂漠化した．そして，鉄酸化物を含んだ地層が堆積したが，この地層は酸化した赤鉄鉱（hematite，F_2O_3）を含んでいたので，新赤色砂岩（New Red Sandstone）と呼ばれた．また，このような乾燥気候により，蒸発岩の形成も促進された．その規模は大きく，ペルム紀前期の最終のクングーリアン期（Kungurian Stage）の蒸発岩は顕生代を通じて最大規模であった．海水の塩分が 10% ほど下がり，海成生物の絶滅の原因の究極の一つになったのではないかと示唆されている．

　超大陸内陸ではこのように乾燥化が進行していったので，陸上では植物が多様性を増加させ，シダ類のほかにもイチョウ綱（Ginkgoopsida）やソテツ綱（Cycadopsida）などの裸子植物が繁栄した．一方で，裸子植物の中でも後期石炭紀に現れた針葉樹が分化していった．ペルム紀の石炭は，中国などが産地となるが，そこは当時パンゲア大陸とは別の小大陸で赤道付近に位置したので適度な降雨があったものと推定される．p_{O_2} は後期石炭紀に引き続き，依然としてかなり高かったと推定されている（図 7-1）．

　動物では，節足動物，昆虫，そしてさまざまな種類の四肢動物が生存していた．その中には，巨大な両生類が含まれる．恐竜や石炭紀に出現した双弓類や単弓類などの爬虫類も繁栄していった．海洋生物圏でペルム紀に繁栄したのは，棘皮動物，二枚貝類，腕足類，紡錘虫類，アンモナイトなどであった．古生代の示準化石である三葉虫はわずかな種が生息するのみで，ペルム紀の終わりに絶滅していった．基本的に古生代は三葉虫と腕足類の時代で，中生代以降は軟体動物二枚貝類の時代となる（平野，2006）．

3.10 ペルム紀/三畳紀境界（P/T 境界，Permian/Triassic boundary）

ペルム紀/三畳紀境界での絶滅は顕生代で最大で，種絶滅率で90％，属レベルでも70％位で，隕石が衝突したという中生代/新生代（K/T）境界のときの50％前後よりもはるかに高いことがわかる．また，多様性もカンブリア紀を除くと最低値を示し，絶滅前のペルム紀の多様性の水準に戻るのに約1億年が必要であった．

この絶滅で最も打撃が大きかったのは海洋底棲固着型無脊椎動物であった．絶滅した古生物の代表は，腕足動物有関節類，ウミユリなどの棘皮動物有柄亜門，コケムシ類で，これらの科の79％が絶滅した．両生類も科で81％が絶滅した．これらの生物の生息環境に関連した海水準については，先に述べたようにペルム紀を通じて海退が進行し，ペルム紀中期/後期（G/L, Guadalupian/Lopingian）境界付近で最も低くなり，最大で210 mほど低下したとされ，大陸棚面積もこれまでの13％に減少したという推定もある（Erwin, 1990）．なお，風化量などの間接指標となる $^{87}Sr/^{86}Sr$ はG/L境界前

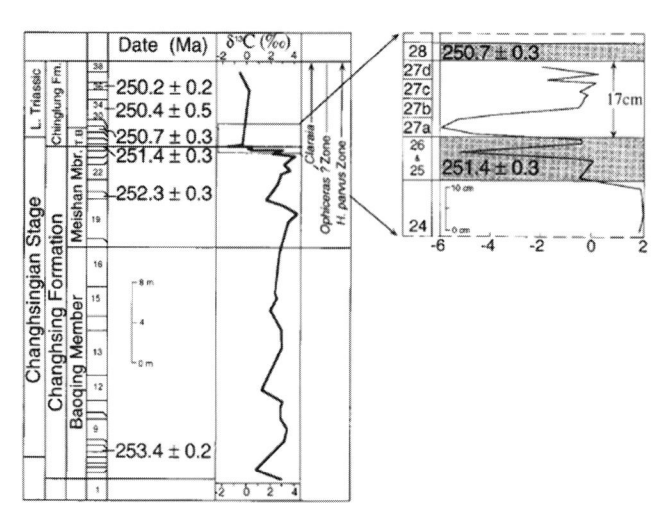

図3-14 中国メイシャン（Meishan）におけるP/T境界での高精度の年代決定と $\delta^{13}C$ 値（Bowring *et al.*, 1998）
年代決定された火山灰層には，誤差を含めて数字で年代が表示されている．

のキャピタン (Capitanian) 期に最低値となり，大陸内部の乾燥などが原因の候補と考えられている (Kani *et al.*, 2008.).

後期古生代およびP/T境界はコノドントにより年代区分がされている．P/T境界を生きのびたグループは，死体の有機物などを餌とできる砕屑物食者であることから，食物連鎖への依存度が低く，海洋の生物生産の影響が即座に影響を及ぼすことがなかったらしい．また，二枚貝で生きのびたものは，貧酸素環境に強いグループであるという．

P/T境界付近での外洋域での環境が日本の地層で明らかにされている．すなわち，P/T境界を含む地層では，黒色の粘土岩，下位に灰色チャート，その下位に赤色チャートとなっている．とくに，この境界粘土岩は高い有機炭素量 (4-10wt.%)，自生黄鉄鉱の高含有量という特徴があり，これは無酸素水塊が存在していたことを示している (Isozaki, 1994, 1997). 同様の状況がカナダにおいても観察されたので，この状態が外洋域の広い海域に拡大していたことが示されている.

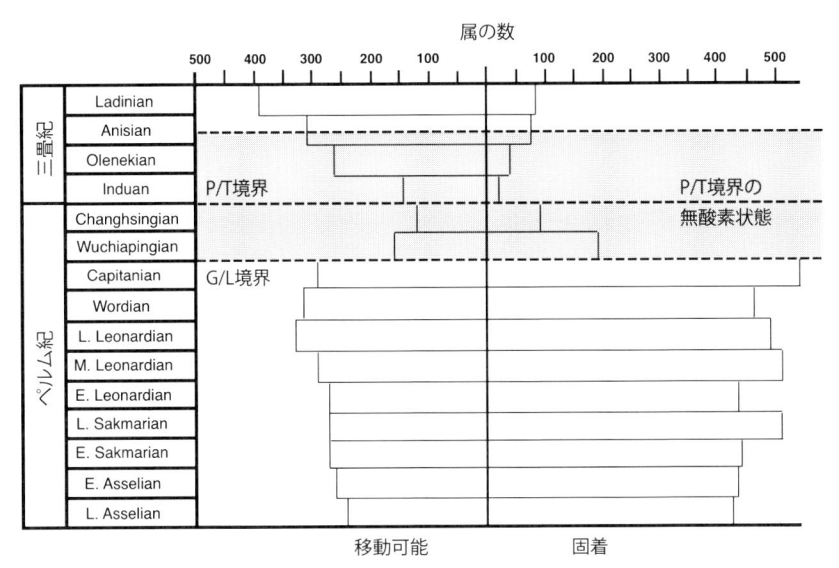

図3-15 P/T境界付近の生物多様性の時代変化 (Isozaki, 1994, 1997)
　　　横の棒グラフで表したものは，各々時間を区切った区間における，底棲で動けない生物，自分で動ける生物の属レベルの数を表す．また，無酸素水塊はG/L境界で開始され，P/T境界で最高潮になったと考えられる．

3.10 ペルム紀／三畳紀境界 (P/T境界) ——111

古生代末の絶滅の研究は，近年非常に進展している．P/T 境界の高精度年代決定は，P/T 境界模式層である中国浙江省メイシャン（Meishan）でなされた．ジルコンのU/Pb年代が精密に測定され，境界が251.5±0.3 Maであることが明らかとなった（図3-14）（Bowring et al., 1998）．この図より計算すると，絶滅直前のチャンシンギアン期の平均堆積速度が0.52 cm kyr^{-1}，P/T 境界の直上が0.025 cm kyr^{-1}であると計算できる．現代の外洋域の，一次生産が中程度のヘス海膨で同様の計算を行うと，だいたい0.5 cm kyr^{-1}であることを考慮すると（Kawahata et al., 2000），当時の南中国大陸棚ではP/T 境界前には生物生産が中程度の現代でもよく見られる海洋環境を維持していたが絶滅により生物起源物質が沈積しなかったと推定できる．

　古生代末の絶滅は，従来の説では1段階と考えられてきたが，2段階，すなわちP/T（Changhsingian/Griesbachian；Induanの最初の時期）境界と，G/L（Guadalupian/Lopingian）境界の2つの大量絶滅を経てきたことが明らかにされている（Jin et al., 1994）（図3-15）．P/T と G/L 境界の間にある，

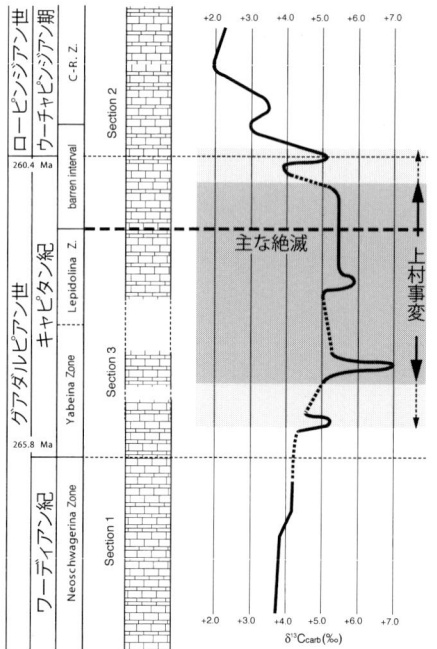

図3-16　上村（Kamura）事変を示す，グアダルピアン世（Guadalupian）岩戸層の炭酸塩の$\delta^{13}C$値（$\delta^{13}C_{carb}$）の変化
　主要な絶滅は，有機物は通常低い$\delta^{13}C$値を持っており，これが埋没したために海水の$\delta^{13}C$値は上昇したと考えられるので，$\delta^{13}C$値が高い値を示す期間に起こったと考えられる（Isozaki et al., 2007）．

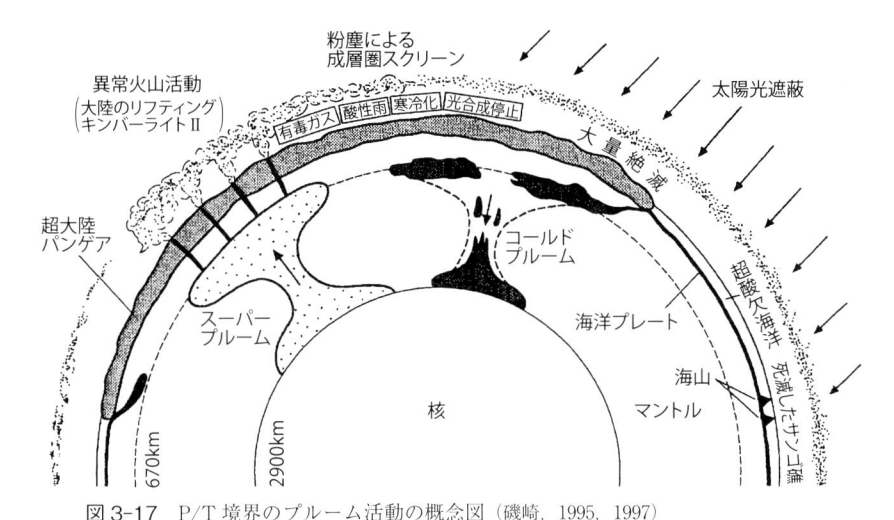

図 3-17 P/T 境界のプルーム活動の概念図(磯崎,1995,1997)
核・マントル境界で発生したスーパープルームの上昇により,異常な火山活動が起こり,成層圏に巨大なダストスクリーンを作った.その結果,光合成停止を始め表層環境システムは激変し,生物の食物連鎖が崩壊し,大量絶滅や長期的な酸欠状態が海洋にもたらされた.上昇したプルームに引き裂かれるように,超大陸パンゲアも分裂を開始した.

ウーチャピンジアン期は 6.6 Myr,チャンシンギアン期は 2.8 Myr であるので,10 Myr 以下という短時間の間に 2 度の大絶滅が起こったということになる.

石灰岩中の炭酸塩の $\delta^{13}C$ 値は当時の海水の溶存無機炭素の同位体組成を記録し,その値は地球表層での炭素循環における主要リザーバー間の炭素の移動の変化を敏感に反映する.九州の高千穂町上村の古海山の礁石灰岩は,両絶滅が起きた当時のパンサラッサにおける赤道域外洋水の環境を記録していたと推定されている.上村の層準での $\delta^{13}C$ 値は全層序において正であり,フズリナで定義された G/L 境界で負方向に 2-3‰ シフトした(図 3-16).図中上村事変(Kamura event)期間では,$\delta^{13}C$ 値は +5.0‰ 以上と現在と比較しても高い値を示しており,この時期一次生産の増大と炭素の埋没が進行していたはずである.とくに,グアダルピアン世(Guadalupian)の最後のあたりの Lepidoline ゾーンと無化石ゾーン(barren interval)の間で大量絶滅が起こった可能性が高い.その上位の G/L 境界直下では,ペルム紀中期ま

で栄えた*Verbeekinidae*科の大型フズリナが絶滅した後,*Staffellidae*科などの小型フズリナのみが産出し,海棲動物群の多様性と外洋の炭素リザーバーとの変化が連動していたことを示している.その後,$\delta^{13}C$値は極大を示した後,極小値(約+2.0‰)となり,有機物などの炭素が分解したか,それとも一次生産が顕著に衰えたことが示唆される(Isozaki *et al.*, 2007).

生物の絶滅には,直接的な近因が関係するとともに,その背後にある遠因がある.近因については,①気候変化,②海洋無酸素,③玄武岩噴出説,④食糧不足,⑤海水の濃度変化,⑥毒物中毒,⑦伝染病,⑧超新星の爆発,⑨巨大隕石の衝突,⑩巨大彗星,などが指摘されており,遠因としては大陸直下でのスーパープルームの活動などが指摘されている(磯崎,1995, 1997)が,古生代/中生代の境界での究極の原因はまだ特定されていない(図3-17).

4. 中生代(Mesozoic Era)の地球表層環境

　中生代は顕生代の古生代と新生代にはさまれた比較的温暖な時代である．重要な環境因子について顕生代にわたりまとめたものを表見返しに示すとともに，中生代の大陸の配置の変化を巻末図に示す．

4.1　三畳紀（Triassic Period）

　中生代の初めの三畳紀（251.0-199.6 Ma）は，P/T 境界の大量絶滅の終了とともに始まり，その期間は 51.4 Myr であった．この時代ほとんどすべての大陸が合体していたパンゲア超大陸は，三畳紀後期の 200 Ma 頃からアメリカ合衆国の東海岸（ニュージャージー）と北アフリカ（モロッコ周辺）を開始地点として，再び分裂を始め，分裂の完了に約 160 Myr かかった（巻末図）．この大陸は赤道から高緯度まで連続していたので，赤道を周回する海流は存在しなかった．超大陸の赤道付近にくさびのように古テチス海が広がり，超大陸は巨大な「C」のような形をしていた．超大陸では，小大陸に分裂しているときより海岸線の長さがより短くなり，沿岸域の面積も小さくなるので，この時代の海洋堆積物の記録はほかの時代と比べると少なくなっている．

　赤色砂岩層の存在から示唆されるように，内陸は海岸から離れているので，水分が内陸に到達せず，夏期に非常に暑く，冬が寒いという大陸性乾燥気候が発達した．海水準は P/T 境界付近の大幅な低下から回復し，218 Ma に極大を示したが，三畳紀全体では海水準は比較的低く，降水量も相対的に少なかった（Haq *et al.*, 1987）．岩塩や石膏などの蒸発岩が，三畳紀前期に多量に沈積した．ペルム紀後期からジュラ紀中期までの間は温暖気候が優勢で，氷河作用は高緯度地域でも認められておらず，極地域も温暖であった．

　生物圏では，P/T 境界の大量絶滅の後，空白になったニッチ（生態的地

位）を埋めるように新しい生物群の進出が始まった．新海洋環境に適応して，三畳紀中期頃から六放サンゴ（hexacoral）が出現した[*4A]．アンモナイトは一部がP/T境界を生き抜き，その後ジュラ紀，白亜紀にかけて大繁栄した（口絵4，5）．魚類も一部のみがP/T境界を乗り越えられたのに対し，爬虫類の場合は，かなりの種類が生き長らえることができた．プランクトンでは，三畳紀後期（カーニアン期 Carnian age, 約 225 Ma）の外洋域で円石藻が出現し，ジュラ紀以降，白亜紀の発展をもたらした（Bown et al., 2004）．陸上植物では，裸子植物の中でも針葉樹類，ソテツ目，ニルソニア属，ベネチテス（Bennettites）目，イチョウ目が栄えた．

恐竜は三畳紀中期に出現した．環境変化は恐竜の進化に好条件を提供したかもしれない．超大陸パンゲアの大陸内部での乾燥した気候こそ，乾燥に強い皮膚や卵を生むという恐竜の特性を活かすことになった．逆に，この気候により，両生類の生息は不利になり，爬虫類の多くも絶滅にいたった．そして，ニッチは恐竜に提供され，彼らの繁栄に有利に働いた（平山，2001；Fastovsky and Weishampel, 2005）．また，P/T境界をどうにか生き抜いた哺乳類型爬虫類が進化し，ついに哺乳類が出現した．

この時代で興味深いのは，石炭層が7 Myrにわたり完全に欠落していることである（coal gap と呼ばれる）．石炭層は三畳紀前期には知られず，243 Ma に再び現れ，植物の多様性なども含めて 230 Ma にペルム紀のレベルに戻った．現時点でこの間隙を十分説明できる説はないが（Retallack et al., 1996），①海水準が急激に下がり，湿地帯が消滅した，②内陸部では乾燥化により塩湖となった，③石炭の起源となる植物がP/T境界で絶滅し，湿地などの酸性状況下で十分生育でき泥炭などの起源となる植物が進化するのに数 Myr 以上を要した，などの説が提唱されている．

---

*4A：初期の六放サンゴは高さが3 m 程度の小丘を作るのみであったが，その後進化し，ジュラ紀にはスペインからルーマニアにいたる約 2900 km にわたり，グレートバリアリーフ［GME 図6-15］より大きなサンゴ礁を作るまでになった．なお，現在の造礁サンゴの大部分が六放サンゴに含まれる．

4.2 三畳紀/ジュラ紀（T/J）境界大量絶滅

T/J境界の大量絶滅では，海洋生物に対する打撃が大きかったとされ（Erwin，1995），カンブリア紀から生息していたコノドントが三畳紀末に絶滅した．アンモナイト類，巻貝，二枚貝などもかなり絶滅した．デヴォン紀から白亜紀までのアンモナイト類の科レベルで，多様性の変動解析を行ったところによると，アンモナイト類が生存していた全期間の中で，三畳紀末が最大の絶滅期となっている（平野，2006）．造礁生物の六放サンゴや石サンゴ目のサンゴなども，かなりの属が絶滅した．陸域の動植物は，海洋生物の絶滅と比較すると打撃が少なかったとされるが，これには反対意見もある．哺乳類型爬虫類も大きな打撃を受けたことで，恐竜がジュラ紀に大発展したとの説もある（平野，2006）．

植物群のデータに基づくと，この絶滅の期間は，4万年以内と計算され，絶滅事変としては非常に短時間であったという推定がある（Olsen et al., 1990）．絶滅原因については，①海水準の低下（Hillebrandt，1994），②貧酸素〜無酸素水塊の形成，③隕石衝突，が挙げられている．礁生態系の突然の消滅を気候の寒冷化に求める説（Shaviv and Veizer，2003）もあるが，多少乾燥はしていたものの温暖期であったとの説もあり（Frakes et al., 1992），意見がわかれている．また，海退は礁生態系の崩壊につながる要素といえる．そして，海退の後のジュラ紀初期に有機物に富む黒色頁岩が世界各地に堆積していることが知られており，海水中の溶存酸素が下がる時期もたびたびあったらしい（Hallam，1981）．

多田（2004）は三畳紀/ジュラ紀境界（199.6 Ma）での天体衝突と生物絶滅に関する学説を紹介している．これによると，T/J境界での大量絶滅はK/Pg境界と同様，イリジウム（Ir）濃集が認められるので，天体衝突が原因らしいとしている．しかし，衝撃石英やマイクロテクタイトを欠いているので，議論の余地があるかもしれない．

4.3 ジュラ紀（Jurassic Period）

　ジュラ紀（199.6-145.5 Ma）は三畳紀と白亜紀にはさまれた54.1 Myrの期間で，恐竜の活動で特徴付けられる．ジュラ紀の地質学的記録は主に西ヨーロッパに残されており，基本的に海成層で，低緯度域の浅海性堆積物が沈積していた．ジュラ紀の模式地は，フランス，スイス，ドイツにまたがるジュラ山脈にあり，この地域には広範囲に石灰岩地層が露出している．そこで，当時この地域には，鎖状につながる島々が存在し，石灰質のプランクトンが多く生息していたと考えられる．

　ジュラ紀初期にパンゲア超大陸は，北はローラシア（Laurasia）大陸，南はゴンドワナ（Gondwana）大陸へと分裂を開始し，大西洋も最初は狭い入江的な海洋であった．その後，ジュラ紀後期にさらにゴンドワナ大陸が分裂し始めたが，北大西洋は開いたものの幅は狭く，南米とアフリカ大陸は依然として合体していて，この状態は白亜紀になるまで続いた（巻末図）．この分裂し始めた北大西洋は地溝帯となり，多数の盆地で区切られた．そして，一部が干上がると大規模な蒸発岩が形成された．これらは現在メキシコ湾の海底下に存在している．海水準はジュラ紀を通じて変動しながらも上昇していった．

　温暖気候のため大陸に永久氷河は存在しなかったと考えられており，三畳紀同様，両極域に氷冠は存在しなかった．気候をもう少し詳しく見ていくと，ジュラ紀前半には温暖気候が優勢で，ジュラ紀後期から白亜紀初期にかけて気候は再び寒冷化したが，現在よりも全球平均気温は高かったらしい（Frakes, 1979）．

　ジュラ紀には三畳紀の乾燥した大陸性気候が緩和されてきた．大陸の分裂に伴い，地域的に限定されていた小さな海洋が陸の中に入り込んでいき，諸大陸の中心，あるいは高緯度域であっても湿潤温暖な気候となったため，以前は植生が乏しかった内陸部まで植物は生育範囲を拡大し，広大な森林を作り，動植物の種類は増加し，大型化していった．動物では爬虫類が繁栄した．裸子植物はこの時期多様化し，とくに針葉樹が，三畳紀に引き続きより発展していった．三畳紀に出現し，白亜紀末に絶滅した種である低木のベネチテ

ス目もこの当時は繁栄した．イチョウの近縁種はペルム紀に確認されているが，ジュラ紀には多様性が最大になるほど拡大し，とくに中高緯度域でよく見られたが，暁新世までにはほとんどが絶滅してしまい，現在は *Ginkgo biloba* 1種のみが生き残っている．ソテツの祖先はペルム紀後期に現れ，裸子植物の中で最古に発生したグループとされ，ジュラ紀にはほかの裸子植物とともに繁栄した．しかしながら，当時繁栄したソテツのほとんどは絶滅してしまい，現在見られるソテツの起源は新生代に誕生した．

4.3.1 主竜類の繁栄

陸域の動物では，爬虫類の中でも主竜類が繁栄した（図3-13）．とくに，ジュラ紀は竜盤目（Saurischia）の仲間であるアパトサウルス（*Apatosaurus*），カマラサウルス（*Camarasaurus*），ディプロドクス（*Diplodocus*），ブラキオサウルス（*Brachiosaurus*），マメンチサウルス（*Mamennchisaurus*）などの草食性が活躍し，超巨大〜巨大型恐竜の黄金時代となった（図4-1）．これらは，体長が25 m以上，体重30 t以上に及ぶものがあり，巨大な体を養うため，針葉樹やシダ植物，ソテツ目，ベネチテス目の葉や枝などを1日あたり100 kg以上も食べていたと推定されている．

一方で，これら草食恐竜をエサとしていた，アロサウルス（*Allosaurus*），メガロサウルス（*Magalosaurus*）などの獣脚亜目（Theropoda）に属する肉食恐竜もいた（図4-1）．アロサウルスは全長10 m前後，体重2 tくらいで，クビは短く，前足は小型化していた一方，後ろ足は強くてたくましく，ほぼ完全な二足歩行体勢ができていたようである．この恐竜は凶暴で，アパトサウルスの尾にアロサウルスにかまれた痕跡があったり，アロサウルス同士で戦った跡などが化石に残っている．これらはすべて恐竜上目の竜盤目に分類される（図3-13）（平山，2001）．

4.3.2 鳥綱（Aves）の発生

ジュラ紀後期になると，獣脚類から進化したとの説が最近は有力であるコエルロサウルス類（*Coelurosauria*）を起源として，最初の鳥が出現した（図4-1）．始祖鳥（*Archaeopteryx lithographica*）の最初の化石は，ドイツのジ

図4-1 (a) 竜盤目 (Saurischia) 竜脚亜目 (Sauropodomorpha) に属する草食竜であるブラキオザウルス (*Brachiosaurus*, 体長20-25 m), (b) 獣脚亜目 (Theropoda) に属する肉食類であるアロサウルス (*Allosaurus*, 体長7.5-12 m), (c) 獣脚亜目コエルロサウルス類に属し羽毛恐竜であるミクロラプトル (*Microraptor*, 体長45-75 cm), (d) 鳥盤目 (Ornithischia) でK/Pgの絶滅まで生き延びた草食竜であるトリケラトプス (*Triceratops*, 体長8-9 m) (Bursatte, S. (2008) Dinosaurs, Quercus Publishing)
化石に残るのは主に骨格であるが,理解しやすいように復元図を示す.

ュラ紀後期(キンメリッジアン期 Kimmeridgian age, 155.6-150.8 Ma)の地層から発見された.しかしながら,鋭い歯を持つ点,尾部に骨を持つ点などは,現在の鳥類と異なっている.始祖鳥は現生の鳥類の祖先に近い生物であるものの,進化の過程で分岐した古鳥亜綱(Archaeornithes)の一種で,直接の祖先ではないと考えられている.ちなみに,現在の地球上で鳥類に最も近縁なのはワニ類である(Padian and Chiappe, 1998).

鳥類は，生物の分類区分の一つで，動物界脊椎動物亜門の下位で鳥綱（Aves）を構成する（松井編，2006）．鳥類の先祖は獣脚亜目（竜盤目の恐竜の分類群の一つ）から種分化したと考えられる（図3-13）．鳥類は二足歩行（bipedal locomotion）が特徴で，前肢が翼に変化し，飛翔能力があった．二足歩行は，三畳紀の原初的な恐竜類に始まる．大型化した恐竜類の中には，四足歩行に戻ったものもいるが，中生代を通じて獣脚亜目の肉食性の恐竜はいずれも二足歩行となった．全身が羽毛に覆われ，恒温であるものの，獣脚亜目の多くも羽毛を有していたことが近年の中国の羽毛恐竜の相次ぐ発見からわかってきた（図4-1）．羽毛は *Protarchaeopteryx*（白亜紀前期のアプチアン期 Aptian age），*Caudipteryx*（白亜紀前期のバレミアン期 Barremian age）などの恐竜に認められる（Ji *et al.*, 1998）．生殖は卵生で，歯がなく，くちばしを有する（Chiappe, 2001）．

4.3.3 海洋の動物界

海洋の生物界では，脊椎動物では，魚類とイチクオサウルス（*Ichithyosaurus*），プレシオサウルス（*Plesiosaurus*）などの魚竜が主流であった．イチクオサウルスは体長が2-3 m で，体型より高速で泳いでいたと推定されている．化石によると，子供をおなかの中で成長させて産む卵胎性で，ベレムナイト（Belemnite）などを補食する肉食であった．無脊椎動物では，礁には群生もする厚歯二枚貝（Rudists）が出現した．ベレムナイトなどがジュラ紀と白亜紀に繁栄した．ベレムナイトは，軟体動物門頭足綱に属し，甲イカの祖先種とされ，体の背部の外套膜内に頭部から尾部にかけて殻を持ち，化石は矢石と呼ばれ，方解石よりなっている．アメリカ合衆国サウスカロライナ州のピーディー（Pee Dee）層から産出するベレムナイトは，酸素・炭素同位体比の測定の際に PDB（Pee Dee Belemnite）標準物質として広く用いられている（口絵6）．

4.3.4 藻類の進化と円石藻の出現

藻類は現在の海洋で光合成を行う重要なグループである．その起源として，光合成機能を有する生物が，別個の真核生物と合体した「共生」により発展

したという説がある（Falkowski *et al*., 2004a,b）.

　紅藻類の葉緑体はシアノバクテリアと類似した光合成色素を持ち，その色素体の内側と外側の膜は，それぞれ葉緑体と紅藻類に由来する2枚の膜に包まれているとされる．これは「一次」共生によって，シアノバクテリアが真核細胞に取り込まれたことを示している（図2-12c）．緑藻類の葉緑体は，紅藻類とは多少違う色素として加えてクロロフィル*b*を持っているが，膜は2枚となっており，やはり「一次」共生の痕跡だと考えられている．クリプト植物は，温帯・高緯度帯の水中で見付かる単細胞藻類の小グループで，その葉緑体を包む膜は紅藻類や緑藻類のような2枚ではなく，4枚である．クリプト藻の2枚の内膜は，共生体として取り込まれた藻類の葉緑体が持っていた2枚の膜であり，残る2枚の外膜は，共生体の細胞膜と宿主が合成した包膜のなごりと考えられ，「二次」共生となっている．

　さらには，「三次」共生も一例存在し，海洋性プランクトンに多い渦鞭毛藻で見付かっている．このいわば生物のマトリョーシカ人形のような仕組みは，鞭毛を持つ原生生物がハプト藻と呼ばれる藻類を飲み込んで生まれたものだが，ハプト藻自体，原生動物が現生の紅藻類に近い単細胞藻類を飲み込んで生まれたものであり，さらにこの単細胞藻類もシアノバクテリアが真核生物に取り込まれた内部共生を経て進化したものである．

　このハプト藻で炭酸塩の殻を持つものが円石藻と呼ばれるもので，三畳紀に出現した．T/J境界，ジュラ紀/白亜紀境界，K/Pg境界に打撃を受けながらも，石灰殻を持つ一次生産者として現代にいたっている［GME 口絵3］（図4-2）（Tierstein and Young, 2004）．ドーバー海峡の有名な白亜の崖も，そのほとんどが円石藻の殻の堆積層で，チョーク（chalk）と呼ばれる．南欧に広がる石灰岩の堆積層も同様に円石藻の寄与が大きい．現在の円石藻は概して鉛直混合が不活発な成層化した海域に生息しているので，中生代における円石藻の安定した多様性の増加傾向と高沈積流量は，海洋表層環境が長期間，広範囲に貧栄養であったことを示唆している．なお，海洋生物の危機的環境とされる海洋無酸素事変（OAE：Ocoan Anoxic Events）があっても，進化スピードや絶滅にはほとんど影響がなかったことが知られている．

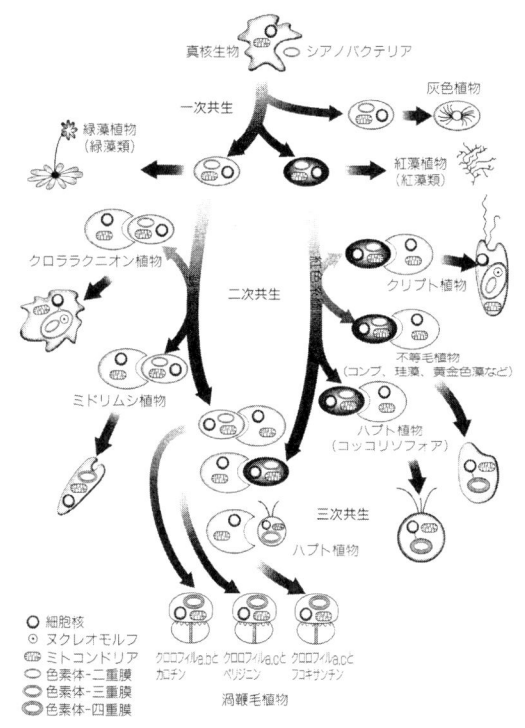

図4-2 真核生物に光合成が広まった過程と，藻類における色素の違いと，さらなる共生に関する模式図（Falkowski et al., 2004a,b）
「一次」共生によって真核細胞にシアノバクテリアが取り込まれた．緑藻類は紅藻類と多少違う色素を持っており，さらにクリプト植物は共生体として別の藻類を取り込んだと考えられる．このように「二次」，「三次」共生なども伴いながら，藻類は発展してきた．

4.3.5 珪藻の出現とブルーム（大増殖）の確立

珪藻の最古の化石はジュラ紀初期（185 Ma）とされている（Kooistra and Medlin, 1996）．しかし，実際に十分化石として残るようになったのは白亜紀からで，新生代に急激に多様性を増加させた（図4-3）(Spencer-Carvato, 1999）．珪藻は淡水から海水まで広く分布するが，70 Ma までには非海洋性の環境にも出現した（Chacon-Baca et al., 2002）．珪藻はすべて光合成を行う独立栄養生物で，単細胞の隠花植物で藻類に属しており，とくに海洋生態系においては，現在でも一次生産者として大きな生態的地位を占め，赤潮の主

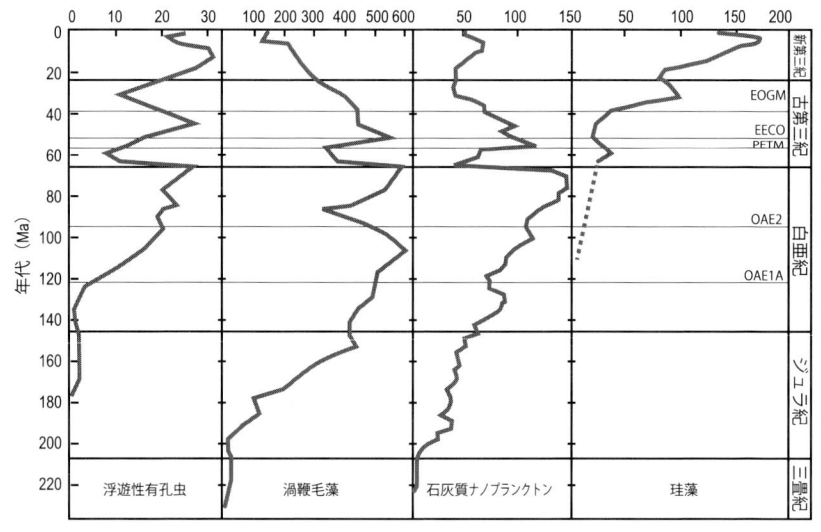

図 4-3 過去 220 Myr 間の浮遊性有孔虫，渦鞭毛藻，石灰質ナノプランクトン，珪藻の多様性の変化（Falkowski *et al.*, 2004b を改変）

要構成生物の一つでもある．珪藻の殻は生物起源オパール（$SiO_2\ nH_2O$）からできており，海洋のシリカ循環の中で重要な役割を果たしている［GME 口絵 3, GME 6.2.1, GME 9.4, GME 表 9-1］．珪藻は，オパールの密度が大きいので，その沈降粒子は急速に鉛直下方に輸送され，表層水からの炭素の除去に大きな役割を果たしていて，p_{CO_2} の減少に正のフィードバックとして働いていた可能性が高い（Kawahata *et al.*, 1998）．

中生代には一次生産者である珪藻と円石藻が新たに参入し，海洋の食物連鎖に大きな変化が起きた．現在，珪藻と円石藻は衛星画像からも容易に観察されるほど大規模なブルーム（大増殖）を起こすが，これは増殖速度が非常に高い機能を有していることを意味している．現代の海洋では，表層海水中にシリカが十分あると，珪藻の増殖速度は円石藻より速いので，珪藻に遅れて円石藻のブルームが起こる（Furnas, 1990）［GME 図 6-10］．なお，近年温暖化に伴い，北太平洋の表層水が温暖化し成層化しつつあり，ブルームが従来の珪藻から円石藻によるものに変化して，生態系にも重要な影響のあることが指摘されている（Merico *et al.*, 2003）．ちなみに珪藻は現在，海洋と淡

水と両方の世界で棲息しているが，淡水種が現れたのは新生代中新世になってからである．

4.3.6 外洋の石灰質プランクトンの出現と海洋の物質循環の改変

外洋域で円石藻とともに重要な炭酸塩殻生物である浮遊性有孔虫はジュラ紀後期に出現し，現在と同じような植物プランクトンから魚類にいたる食物連鎖（food web）が確立したと考えられる．円石藻と浮遊性有孔虫の外洋域での炭酸塩の沈積は，白亜紀以降に顕著となった．現在の海洋では，生物起源炭酸塩の生産は約 90％ が外洋域で行われ，両者がほぼ半分ずつ貢献している．両者の出現以前には，サンゴなど沿岸域での炭酸塩沈積が優勢であった．ジュラ紀後期から白亜紀にかけて，炭酸塩の生産・沈積の重点が沿岸域から外洋域に移動していったといえる．

これは地球表層環境システムのみならず，固体地球にとっても，マントルへの炭酸塩の輸送という点で重大な変化であると考えられる．すなわち，外洋域での炭酸塩の海洋プレート上への沈積により，プレート運動で炭酸塩がマントルに運搬されやすくなった．Ca の付加はマントル物質の粘性などにも影響を与えたと推定されているので，これは生物圏の固体地球への本質的な影響と解釈することができる．

4.3.7 ジュラ紀中期から白亜紀境界にかけての炭素循環

ジュラ紀中期から後期にかけての有機物に富む堆積物が，イギリス，北海，西シベリア，南アンデス，西南極，東グリーンランドから報告され（Frakes et al., 1992），炭酸塩の $\delta^{13}C$ 値の極大期と一致していた．これは有機物の沈積を反映したものと考えられている（1.1.2(4)）．

ジュラ紀／白亜紀境界付近では，逆に $\delta^{13}C$ 値が＋2.07‰ から＋1.26‰ に下がった．西部北大西洋では，ジュラ紀後期から白亜紀境界に向けて有機物の沈積流量が下がったとされ，$\delta^{13}C$ 値の減少と整合的である．この時期，海洋環境も大きく変化したらしく，堆積物は，生物起源オパールに富む放散虫堆積物や炭酸塩の台地状地形（platform）に沈積したものから，石灰質ナノ化石に富む石灰岩に変化していき，炭酸塩補償深度（CCD）も深くなった

[GME 図 6-17]（Frakes *et al.*, 1992).

4.4 白亜紀（Cretaceous Period）

　白亜紀（145.5-65.5 Ma）は中生代の最後の紀で，その期間は顕生代の中で最長の 80.0 Myr である．通常古い海洋地殻は海溝よりマントルに沈み込んでしまうが，120 Ma 以降の海洋地殻は現在の海底にも残されている．そこで，この時代以降の環境復元のための記録は質量ともに格段に改善される．
　白亜紀初期には各大陸は近隣に位置していたが，末期にはかなり分裂した．すなわち，パンゲア超大陸は，ジュラ紀に北半球のローラシア大陸と南半球のゴンドワナ大陸に，ゴンドワナ大陸はさらに南米，アフリカ，そのほかと

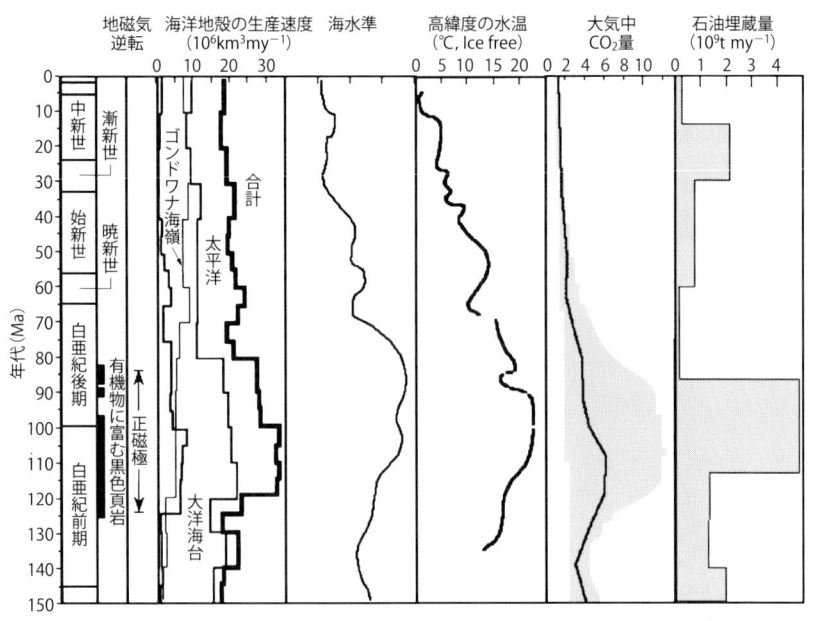

図 4-4　過去 150 Myr を対象とした，黒色頁岩の堆積（Jenkyns, 1980），海洋地殻形成速度（Larson, 1991a），全世界の海水準変動（Hallam, 1984, 1992），高緯度海域の古水温（Savin, 1977；Arthur *et al.*, 1985），p_{CO_2}（大気中の CO_2 量）（Berner, 1990），世界の石油資源（Irving *et al.*, 1974；Tissot, 1979）をまとめた川幡（1998）の図

いうように分かれていった．それに伴い，南大西洋が誕生し，北米のコルディレラ（Cordillera）などの収束域では造山活動が見られた（巻末図）．インドはまだアジア大陸より離れており，東アジアと東南アジアもまだ合体せず，テチス海が存在していた．しかしながら，アフリカの北部あたりでは，テチス海も狭くなっていき，現在のキプロスやオマーン周辺では，当時の海洋地殻と上部マントルがオフィオライトと呼ばれる岩体として 90-100 Ma に陸上に衝上した．

　白亜紀は概して温暖で，海水準が高かった（図 4-4）．生物圏では，恐竜や翼竜などの爬虫類が，地上，海洋，空を含め多種多様に進化して，ジュラ紀に引き続いて全盛を極めた．ティラノサウルス（*Tyrannosaurus*）は，地上に現れた動物の中で最強の一つといわれているが，白亜紀後期に出現した．体長は 12 m，体重は 6.5 t，体高 4 m で，50 本以上並んだ歯はそれぞれが 20 cm 以上もあった．なお，肉食獣であるアロサウルスはジュラ紀に生息していたので，ティラノサウルスと出会うことはなかった．草食獣であるトリケラトプス（*Triceratops*）などの恐竜の骨にくいこんだ歯の跡などが化石記録として見付かっている（図 4-1）．また，翼竜のプテラノドン（*Pteranodon*）は肉食獣で，翼を広げると約 6-8 m もあったとされるが，体重は十数 kg で，十分な筋肉がなく，上昇気流にのって滑空していたらしい．いずれにしても，これら恐竜は白亜紀の終了とともに絶滅してしまった．

　哺乳類は形態が大きく進化し，カモノハシなどの例外的に卵生のものを除くと，胎生となり，有袋類と有胎盤類への分化を遂げた．植物は原始的な裸子植物やシダ植物などが減少する一方，被子植物が主流となって進化した．

　海洋生物では，エラスモサウルス（*Elasmosaurus*）などを含む首長竜（長頸竜）が魚竜よりも繁栄することとなった．アンモナイト，有孔虫，円石藻も繁栄していた．珪藻も適応放散が始まった（図 4-3）．

4.4.1　白亜紀前期（early Cretaceous, 145.5-125.0 Ma）[*4B]

　白亜紀は中生代以降で最も温暖な紀といわれているが，実際には多少の寒冷気候がジュラ紀後期からの白亜紀初期オーテリビアン期（Hauterivian age）あたり（130 Ma）まで継続していた（Frakes, 1979）．小規模な氷河の

存在の可能性が指摘されているが、大規模な大陸氷床はなかったので、白亜紀前期には海水準は基本的に高く、海進となり、アルベドも低かった (Frakes and Francis, 1988；Ridgwell, 2005). p_{CO_2} も有機物および炭酸塩の沈積流量データを基にしたモデリングの計算によると、現在より 2-4 倍ほど高かった. 中央海嶺の拡大速度は現在とほぼ同じレベルであったが、白亜紀前期の最後頃から海台の形成が始まったので、p_{CO_2} 上昇原因の一部は火山活動に求めることができる（図 4-4）. 白亜紀には炭酸塩が多量に沈積したが、炭酸塩形成は海水から大気への CO_2 の輸送を促進するので、高 p_{CO_2} の保持に役立ったと考えられる［GME 図 6-13］. 高 p_{CO_2} に伴い温室効果は増大したと判断される.

4.4.2　白亜紀中期 (mid Cretaceous, 125.0-83.5 Ma)

白亜紀中期は温暖地球 (hot earth) として顕著な特徴がある. 極域には氷床も形成されないほどきわめて温暖で、全球の気温は現在より 6-14℃ も高かった[*4C]. 海洋の深層水温も 18℃ 程度で温かく、南北温度勾配が 17-26℃（現在は 41℃）と小さかった（表見返し、図 4-4）. 温暖化の原因としては、①大規模な火山活動に起因する高い p_{CO_2}、②海水準の上昇による陸域面積の減少に伴う全球のアルベド平均の低下、③現在とは異なる大陸配置による大気・海洋循環の変化、などが考えられる. モデリングの結果を併せると、

[*4B]：白亜紀 (Cretaceous Period) の正式の区分は「前期 (Early Cretaceous, Berriasian-Albian)」と「後期 (Late Cretaceous；Cenomanian-Maastrichtian)」であるが、環境を説明するときに便利なため、3 つに区分されることがある.

[*4C]：現在のところ温室期の白亜紀を舞台に活発な論争が続いているので紹介する. 地球的規模での系統的な海水準カーブは Exxon Production Research Company (EPR) によりまとめられた (Vail et al., 1977；Haq et al., 1987；Miller et al., 2005). 白亜紀後期から始新世にかけての温室期に 1 Myr 以下の短期間に 20-30 m 程度の海水準低下があるなど、海水準が急激に変化したとの報告があり、その原因を氷床の形成／融解に原因を求める説がある（図 1-6）(Miller et al., 2003；Miller, 2009；DeConto and Pollard, 2003). Moriya et al. (2007) は ODP Site 1258（当時の北緯 5 度）で浮遊性と底棲有孔虫の完璧に未変質の殻のみについて、高時間解像度（平均 26 kyr）で $\delta^{18}O$ 値、$\delta^{13}C$ 値を分析し、温室期の代表である白亜紀には氷床はやはりなかったと結論した. 無氷床時代の海水の $\delta^{18}O$ 値を -1.27 ‰ とした場合 (Shackleton and Kennett, 1975) には、白亜紀の表層水温は 32℃、南アメリカ沖の水深 1000 m 程度の低層水の水温は 13-24℃ となる (Moriya et al., 2007).

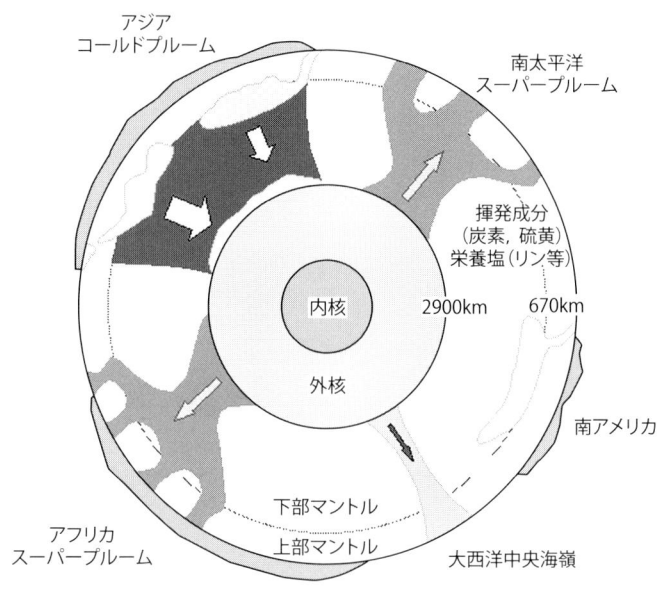

図 4-5 スーパープルームのモデル図

　海嶺での海洋地殻形成に伴う物質循環，海溝での地殻物質の上部マントルへの輸送や，付加体による海洋物質の大陸への付加などに伴う環境変動は，概して地球表層のプレート運動範囲での物質輸送という観点で処理することができる．しかし，もっと深い下部マントルあるいはコアから地球内部の物質が地球表層に直接到達するスーパープルームの活動により，全体として地球の表層と深所が一つのシステムとして成立する可能性が大きくなってきている（丸山ほか，1993；Maruyama, 1994；丸山，1997；磯崎，1997）．

温暖気候の主たる原因は①，②と考えられている．当時の活発化した火山活動はスーパープルームの活動とリンクしていた（Barron and Washginton, 1982；Caldeira and Rampino, 1991）（図 4-5）．すなわち，マントル／核境界付近からホットプルームが上昇し［GME 図 1-2］，マニヒキ，オントンジャワ，ケルゲレン海台などの玄武岩を主体とした巨大火成岩区（LIPs；Large Igneous Provinces）がたくさん誕生した（図 4-4, 図 4-6）．火山島も形成され，プレートの生産速度も速くなった（Coffin and Eldholm, 1994；Coffin et al., 2006）．海洋地殻の形成は，125-80 Ma の期間には新生代の 1.5-2 倍に増加した．これに伴い海嶺の平均年齢が若くなったため，平均海底深度は浅くなり，結果として海水準が 250 m 上昇して海進が起こり，陸地は地球表

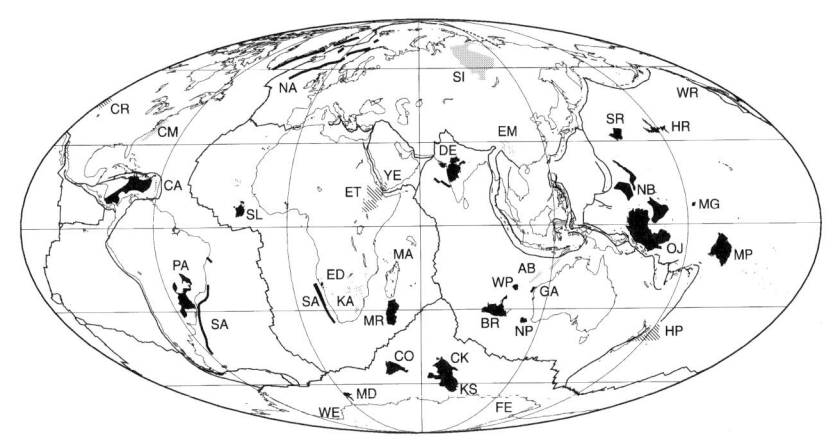

図 4-6　中生代と新生代の巨大火成岩岩石区（LIPs）の分布図（Eldholm and Coffin, 2000）
　これには，海台，大陸縁辺域の火山活動，大陸の洪水玄武岩，連鎖状に分布する海山などを含む．灰色は 150 Ma 以前，黒色は 150-50 Ma，斜線部は 50-0 Ma の時期を表す．

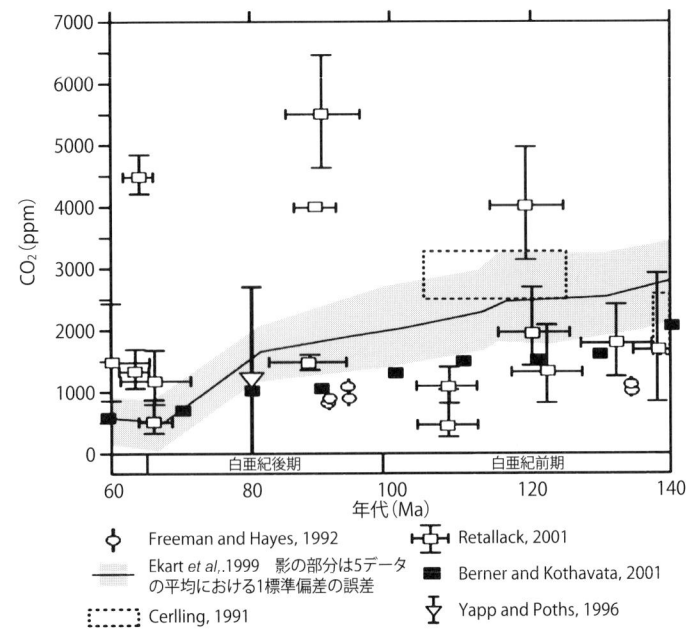

図 4-7　白亜紀を中心とした時代の p_{CO_2} の変化（Bice and Norris, 2002）

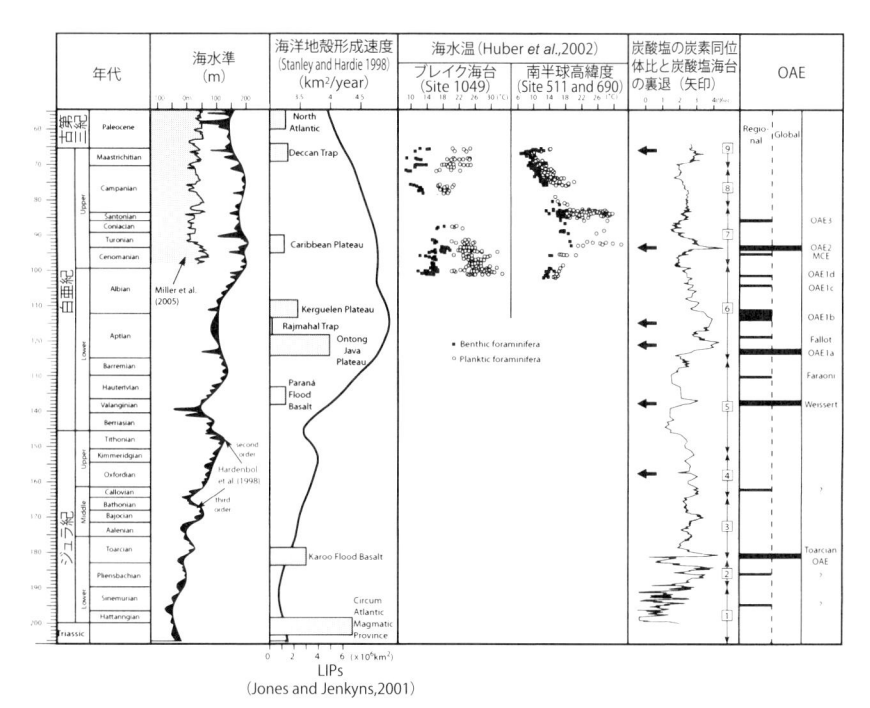

図 4-8 ジュラ紀から白亜紀にかけての，海水準，海洋地殻生産，古水温，炭酸塩の$\delta^{13}C$値，炭酸塩台地の沈水，OAE（海洋無酸素事変）のまとめ (Takashima *et al.*, 2006)
　古水温については，ブレーク海台および南半球高緯度域を表す．チューロニアン期からカンパニアン期にかけての水温低下は高緯度域の方が大きかったことがわかる．

面積の 20% 以下となり，地球全体のアルベドを下げた（図 1-5，表見返し）．

　火山活動に伴い，地球内部から多量の CO_2，SO_2（亜硫酸ガス），H_2S などの揮発性物質が地球表層環境システムに供給された（図 4-5）．ただし，脱ガスはプレート生産の場ではなく，プレート沈み込み帯の火成活動によるもののほうが重要であるとの説もある（鹿園，1995）．また，火山ガス内の HCl や熱水起源の高塩分水も海洋中深層に供給された可能性が高い．モデリングの結果によると，p_{CO_2} は現在のそれの数倍程度高く，たぶん 2000-3000 ppm 程度（推定範囲は 500-7500 ppm）であった（図 4-7）(Berner, 1994；Bice and Norris, 2002；Bice *et al.*, 2006)．

4.4　白亜紀——131

この高 p_{CO_2} の時期には，有機炭素を最大で 35wt.% も含む黒色頁岩の堆積が顕著であった（Deroo *et al.*, 1978；Arthur and Natland, 1979；Brumsack, 1980）．この堆積は 120.5-83 Ma まで断続的に起こり，海洋無酸素事変（OAE）と密接な関係があったらしい（Jenkyns, 1980）（図 4-4，図 4-8）[*4D]．この時期は石油形成にとっても重要な時期で，全世界の石油の 50% 以上が，ジュラ紀から白亜紀チューロニアン期にかけて断続的に形成された（Irving *et al.*, 1974；Klemme and Ulmishek, 1991）．その内の 75% 以上はペルシャ湾，残りの大部分がメキシコ湾，南米の北海岸沖である．天然ガスの形成も白亜紀にピークを持っていることが報告されている（Larson, 1991a,b）．

　海洋や陸域での光合成を介した有機物の生産，そして有機炭素の埋没は p_{CO_2} の減少をもたらす．さらに，黒色頁岩の形成は，ケロジェンの生成を促し，熱変成を経て石油となるが，これらは有機炭素埋没率を増加させるので，概して p_{CO_2} の減少をもたらすはずで，結果として気候の寒冷化を引き起こす原因となる（たとえば，石炭紀末期や原生代後期など）．逆に，スーパープルーム活動による固体地球要因による地球内部からの CO_2 の供給は p_{CO_2} を増大させる（図 4-5）．最終的な p_{CO_2} のレベルは両者のバランスにより決定される．黒色頁岩が地球的規模で形成されていた事実は，現在よりも有機物埋没率が上昇していたことを意味している．換言すると，有機物埋没率が現在と同じであったなら，p_{CO_2} はずっと高くなり，当時よりさらに温暖化したはずである．白亜紀中期の OAE は，地球表層環境システムにとって負のフィードバックとして機能し，温暖化を抑制したと考えられる．

　このように，白亜紀中期は地球表層リザーバーでの炭素循環に関して非常に特徴ある時期であった．なお，地球表層環境システムとは一見無関係と思われるかもしれないが，80-120 Ma の期間には地球磁場の反転がなく，地球内部でも大きな変化があったと考えられている．スーパープルーム活動との関連も指摘されており，地球表層と深部の活動が密接に結び付いていたことを示している．

＊4D：「海洋無酸素事変」という言葉の厳密な定義は「地理的に広範囲に同時間に黒色頁岩が分布すること」なので（Schlanger and Jenkyns, 1976），実際に無酸素になったか否かという問題は海洋無酸素事変の定義とは無関係である．

4.4.3 白亜紀の最高水温の記録

白亜紀は温暖な紀とされるが，底生有孔虫殻の $\delta^{18}O$ 値によると，とくに 90 Ma 前後（白亜紀中期にあたるセノマニアン期 Cenomanian age，チューロニアン期 Turoniann age）の時代に温暖期最盛期（極域の水温も 12℃ 程度，Huber *et al.*, 2002）を迎えた．当時記録された温度は，過去の環境記録が十分に残る中生代以降で最高となっており，地球表層環境システムの端成分であると考えられる．水温はその後，白亜紀／暁新世境界に向けて降温していった．大西洋とインド洋では，チューロニアン期からカンパニアン期（Campanian age）にかけて約 6℃ 水温が低下した（$\delta^{18}O$ 値で -1.5‰）．

太平洋の海洋底で掘削が行われ堆積物中の有孔虫炭酸塩殻の酸素同位体比などを用いて，水温の定量的復元が行われてきたが，現在中緯度に位置するシャツキーライズも当時の位置に復元すると赤道域となってしまう．白亜紀中期の中緯度域の太平洋の環境復元をするためには，現在陸域となっている場所を選ぶ必要がある．たとえば，北海道中部の地層（当時の北緯 40 度）を用いて北太平洋の表層水温を復元すると，チューロニアン期，コニアシアン期（Coniacian age），カンパニアン期で 28, 26, 27℃，同期間の水深 300-400 m の水温は 18℃ でほぼ一定で，現在の亜熱帯域の水温に相当していた．対照的に大西洋では，同じ時代でも水温低下が観察されており，海盆によって水温変化に差が認められた（Moriya *et al.*, 2009；Moriya, 2011）．

4.4.4 白亜紀中後期の高 p_{CO_2} 下での海水の中和プロセス

今世紀末に p_{CO_2} は 600 ppm 以上になると予想されている．CO_2 は酸性化気体なので，p_{CO_2} の増加は海洋酸性化を招く．海水への CO_2 の溶解は，pH を低下させ，炭酸イオン濃度（[CO_3^{2-}]）と炭酸塩の飽和度を急速に減少させる [GME 図 2-4]．今世紀末には南極海では，準安定な炭酸塩であるアラレ石に関して不飽和となってしまうと予測される（Orr *et al.*, 2005）．このような状況から推察すると，白亜紀の海水組成が現在と同じであったなら，高 p_{CO_2} 状況下である白亜紀（3500-4000 ppm 程度）には，当然のことながら，すべての炭酸塩は溶解してしまったはずである（Yamamura *et al.*, 2007）．しかし，フランス南部やイタリアなどには，白亜紀中後期の石灰岩が多量に存

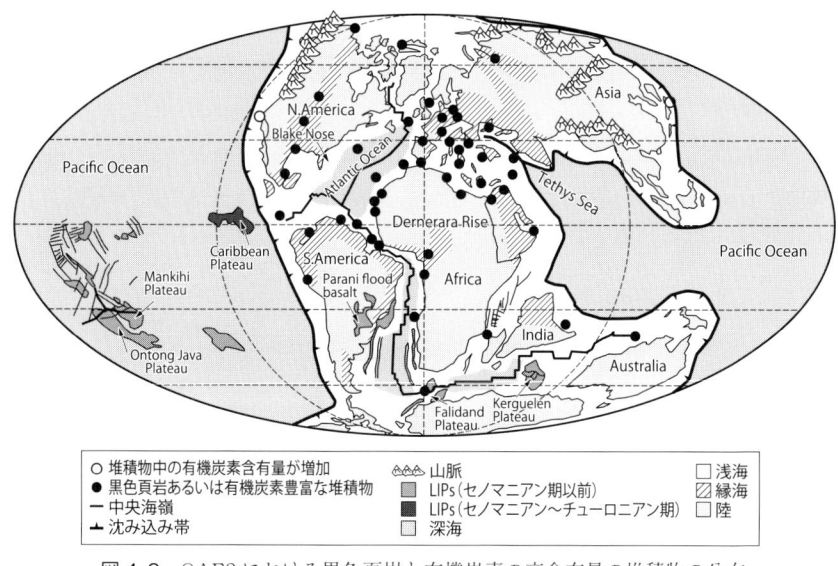

図 4-9　OAE2における黒色頁岩と有機炭素の高含有量の堆積物の分布
（Takashima *et al.*, 2006）

在していて，ワイン用ブドウ栽培に好適なアルカリ土壌を提供している．また，太平洋および大西洋の赤道域のODP/DSDPコアの記載でも，当時，生物起源炭酸塩が多量に堆積していたことが報告されている（Dean, 1981；Duval *et al.*, 1984；Norris *et al.*, 1998）．

このように高p_{CO_2}にもかかわらず，海水が中和されていたことを解明するため，簡単な物質循環モデリングによる解析が行われた．深層水温が17℃，p_{CO_2}が1120 ppmの条件下で，炭酸塩が深海で堆積するための条件は，海水の組成が現在とは異なり，全アルカリ度が現在の1.2倍以上必要であることがわかった（Yamamura *et al.*, 2007）．アルカリ度の増加のプロセスとしては，大陸地殻の風化などにより，下式のように重炭酸イオンが供給された可能性が高い．

$$\mathrm{Mg(Ca, Fe)SiO_3 + 2CO_2 + H_2O \rightarrow Mg(Ca, Fe)^{2+} + 2HCO_3^- + SiO_2}$$

（式 4-1）

4.4.5 海洋無酸素事変

黒色頁岩の形成は，海洋無酸素事変（OAE）と呼ばれている（図4-8，図4-9）．もう少し正確に記すると，白亜紀の大気には酸素が十分に存在したので，表層水は酸化的であった．つまり，中深層の水塊が無酸素となったのが「海洋無酸素事変」といえる．

大西洋・テチス海を中心としたOAEは，白亜紀初期（オーテリビアン期）から白亜紀後期（サントニアン期 Santonian age）にかけての白亜紀中期を中心として，断続的に，古い方からOAE1a（約120.5-119.5 Ma），OAE1b（約113-109 Ma），OAE1c（102-101 Ma），OAE1d（100-98 Ma），OAE2（92-94 Ma，セノマニアン/チューロニアン（C/T）境界前後），OAE3（約89-83 Ma，コニアシアン期〜サントニアン期間内）に起こった（図4-8，図4-9）（Kuroda and Ohkouchi, 2006）．その還元の程度は，詳細に調べられたOAE1bなどでは10^{3-5} yrの周期で変動していた．OAEでは海水の溶存無機炭酸塩の$\delta^{13}C$値は正の異常を示した．これは，$\delta^{13}C$値の小さい有機炭素が海洋に大量に堆積したため，海洋に溶存する炭酸系の$\delta^{13}C$値が増加するはずで，炭酸塩の$\delta^{13}C$値の上昇をもたらす結果となる．OAE1a，OAE2はたしかに地球的規模で$\delta^{13}C$値の変動を伴っていたが，そのほかは必ずしもこのような変動を示さないので，地球的規模での海洋無酸素事変（OAE）はOAE1a，OAE2に限定されるのではないかとの見解がある[*4E]（Takashima et al., 2006）．すなわち，太平洋では一部のコアにOAEが認められるのみなので，大西洋がOAEとなっても，太平洋は無酸素状態にいたった時代はまれであったらしい（図4-9）．

白亜紀後期に黒色頁岩が堆積したプロセスについては，(A) 海洋大循環の抑制による海洋全体の無酸素状態，(B) 溶存酸素極小層の拡大，の2説がある（図4-10）．通常，海洋大循環では，沈み込む表層水は大気と接しているので，大気中の酸素が海水に溶存する．しかし，深層水となった後では，この水塊は大気と接しないために，上から沈降してくる有機物の酸化により，

＊4E：ジュラ紀前期末のトアルシアン（Toarcian age）と白亜紀前期のバランギニアン期（Valanginian）後期からオーテリビアン（Hauterivian）前期までのOAEも地球的規模と推定されている（Takashima et al., 2006）．

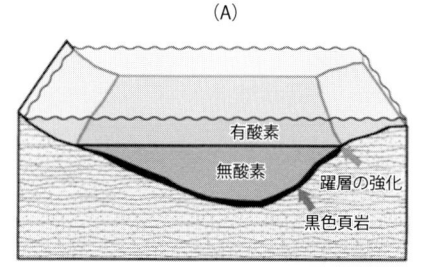

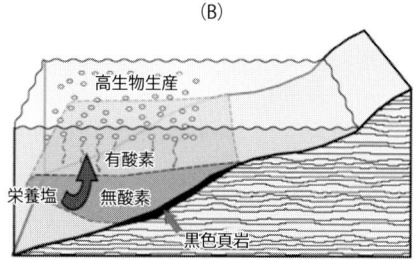

図 4-10 黒色頁岩の形成に関する 2 つのモデル：(A) 海洋循環の停滞状態，(B) 溶存酸素極小層の拡大 (Takashima et al., 2006 を改変)
　(A) では，底層はすべて無酸素水塊となるが，(B) の場合には中層のみが無酸素水塊で，表層と底層には溶存酸素が存在するので，底層でも通常の生物が生息できる．黒色頁岩は有機炭素埋没率を増加させるが，その原因としては，①海洋循環の停滞，②海洋の生物生産性の増大，③陸上からの有機物流入量の増加，が指摘されている．海洋循環と生物生産に関し，①と②は互いに排他的である．生産増大には栄養塩供給の促進が不可欠で，そのためには海洋循環が活発化して湧昇が促進される必要がある．逆に，海洋循環の停滞は海洋表層への栄養塩供給を抑制するので，生産は低下する．

　深層水が古くなるに従い，溶存酸素は減少することになる．大循環の速度が減速すると，深層水の滞留時間が長くなり，これに伴い溶存酸素がさらに減少し，枯渇して無酸素水塊が形成される場合が生じる［GME 図 3-7］．これが前者 (A) のケースとなる．なお，温室効果が激しくなると低緯度域での蒸発によって高塩分の海水が形成され，低緯度で深層水の形成が促進されたとの仮説もあったが (Barron and Peterson, 1990)，最近のモデリング解析で基本的に否定されている．後者 (B) のケースでは，溶存酸素極小層の溶存酸素が枯渇してしまう場合に相当する［GME 図 1-4, GME 図 9-8］．現代環境との類似性でいえば，前者は黒海，後者はペルー沖などに対応するが，OAE に相当する黒色頁岩は現在，これらの海域で堆積していない．

　OAE1a では，表層水が温暖化し，昇温により，沈み込む深層水の溶存酸素濃度が減少したのと，表層水の密度が小さくなるのに伴う水柱の成層化により，海洋大循環が弱まったため前者 (A) のパターンをとり (Erbacher et al., 2001)，逆に，OAE2 では，深層水が相対的に温暖化し，表層水は冷却化し，鉛直混合が活発となり，一次生産や沈降粒子が増加し，溶存酸素極小層付近での有機物の酸化が促進されたので，後者 (B) のパターンに相当し

たと考えられている（Huber et al., 1999）．しかし，近年 OAE2 で表層水温が約 4℃ 上昇する場合も指摘されており（Forster et al., 2007），場所により一次生産も大きく変化した可能性が指摘されている．とくに OAE の中でも地球的規模であると認識されている OAE1a と OAE2 の黒色頁岩では，有孔虫，石灰質ナノ化石，放散虫などを欠いているので，表層まで無酸素であった可能性が高い（Coccioni and Luciani, 2005）．これは，シアノバクテリアのバイオマーカーや緑色硫黄細菌などの存在からも支持される（Kuypers et al., 2004；Dameste and Koster, 1998）．

　OAE2 は $\delta^{13}C$ 値が 2‰ 以上正のピークを持ち（Takashima et al., 2009），その黒色頁岩中に含まれる全窒素の $\delta^{15}N$ 値は 0‰ 付近の値を示す（Rau et al., 1987；Ohkouchi et al., 1997）．この値は，現在あるいは過去の「普通の」堆積物（+4～+12‰）に比べると明らかに小さい．もし大気中の窒素の $\delta^{15}N$ 値が白亜紀も現在と同じ 0‰ であると仮定すると（Sano and Pillinger, 1990），黒色頁岩中の窒素は窒素固定プロセスを通して有機物として固定されたものであることを示唆している．酸化的な海洋環境において窒素固定を行う生物は，シアノバクテリアや光合成細菌などの原核生物に限られている（Ohkouchi et al., 1997）．このうち光合成細菌に関しては，光合成細菌に由来するバイオマーカー（生体指標有機物）の量がそれほど多くないことから主要な一次生産者となりえない．それに対しシアノバクテリアは，トリコデスミウム（*Trichodesmium*）のように現在の外洋域において大規模なブルーム（大増殖）を形成し，主要な一次生産者となりうることから，有力候補となる（Zehr et al., 2000）．

4.4.6　海洋無酸素事変と大規模火成活動（LIPs）

　OAE は白亜紀中期に約 6 回出現したことが知られているが，その時期が LIPs の形成時期に近いものがいくつかあるので，両者に因果関係があるのではないかと指摘されてきた（図 4-11）．OAE2（C/T 境界付近）では，イタリアの黒色頁岩バナレリ（Bonarelli）層堆積開始時に炭酸塩の $\delta^{13}C$ 値が負の方向へ約 3.0‰ シフトするとともに，鉛同位体値（$^{208}Pb/^{204}Pb$ と $^{206}Pb/^{204}Pb$）も小さい方にシフトし，しかもその値はカリブ海あるいはマダ

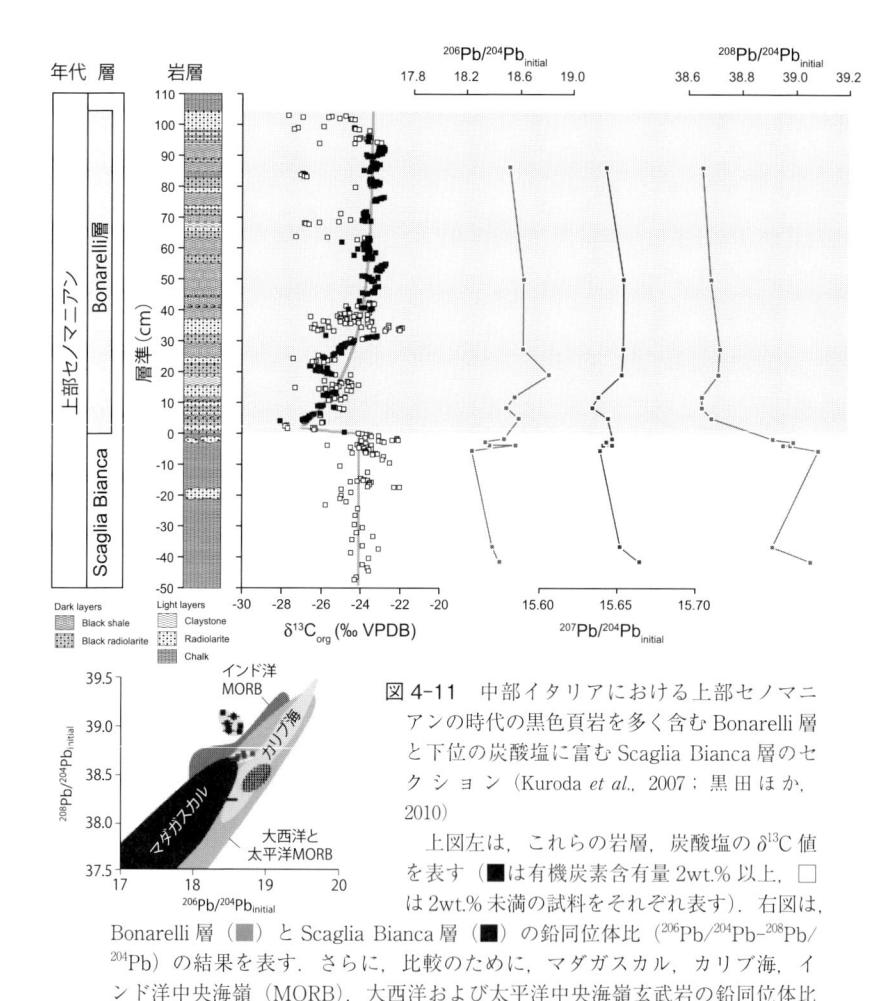

図 4-11 中部イタリアにおける上部セノマニアンの時代の黒色頁岩を多く含む Bonarelli 層と下位の炭酸塩に富む Scaglia Bianca 層のセクション（Kuroda et al., 2007；黒田ほか, 2010）

上図左は，これらの岩層，炭酸塩の $\delta^{13}C$ 値を表す（■は有機炭素含有量 2wt.% 以上，□は 2wt.% 未満の試料をそれぞれ表す）．右図は，Bonarelli 層（■）と Scaglia Bianca 層（■）の鉛同位体比（$^{206}Pb/^{204}Pb$–$^{208}Pb/^{204}Pb$）の結果を表す．さらに，比較のために，マダガスカル，カリブ海，インド洋中央海嶺（MORB），大西洋および太平洋中央海嶺玄武岩の鉛同位体比を表す．粗い網の部分は LIPs の火山岩の鉛同位体比の端成分と推定される値．

ガスカルの LIPs の火山岩の鉛同位体値とも整合するという事実が示された（図 4-11）．このことは，$\delta^{13}C$ 値が -7‰程度の低い値を持つ火山起源の CO_2 が，LIPs 活動により多量（約 10^5 PgC）に地球表層環境システムに供給されるとともに，LIPs の大規模火山活動に伴う火山灰が地球的規模でまき散らされたことを意味している．これより，LIPs の活動と OAE の形成が結び付いている可能性が高いことが示唆された（Kuroda et al., 2007）．

さらに，OAE1aを示すイタリアのセリ（Selli）層について，Os（オスミウム）同位体の値は明暗色マール互層直下のチョーク層でいったん負にシフトし，セリ層を通じて低い値を示し，セリ層上部で元に戻った．Os同位体の極小値は，低い同位体を持つマントル物質の数十万年間の地球表層環境システムへの供給により影響を受けた可能性が高く，その供給源としてオントンジャワ海台が有力な候補地として挙げられている（Tejada et al., 2009）．

4.4.7 白亜紀の海洋環境と生物の生活様式

白亜紀の海洋では軟体動物（Mollusca）頭足綱（Cephalopoda）のアンモナイト（口絵4, 5）や矢石化石（口絵6），二枚貝綱（Bivalvia）のイノセラムス（*Inoceramus*）（口絵7）が繁栄した．生活様式が近年安定同位体を用いて明らかになりつつある．

(1) 白亜紀後期のアンモナイト類の生活様式

アンモナイト類は，420 Ma（シルル紀後期）に出現し，デヴォン紀末，ペルム紀末，三畳紀末などの大量絶滅を経て，白亜紀末に地球上から完全に姿を消した（House, 1988）．その多様性と海水準の変動が調和的であるなど，地球史を通じたイベントと密接に関連した進化史を有することから，古環境変動と生物多様性変動を知る上で重要な生物である．しかし，アンモナイト

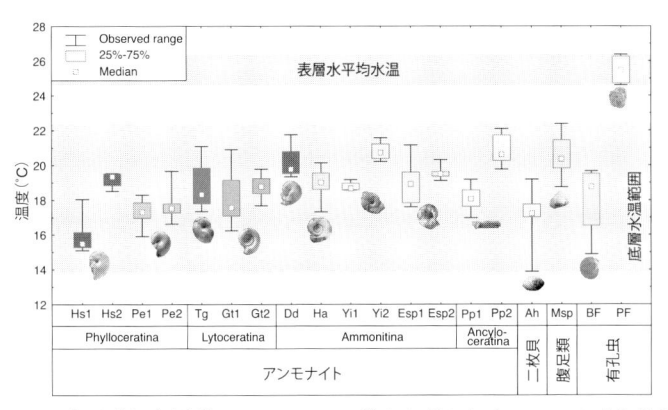

図4-12 白亜系蝦夷層群のカンパニアン階から得られたアンモナイト殻体の$\delta^{18}O$値，軟体動物化石（二枚貝，腹足類），浮遊性（PF）および底生（BF）有孔虫化石の$\delta^{18}O$値（Moriya et al., 2003）

類は海洋表層や中層付近を上下に移動しながら遊泳しているとも，比較的深いところに生息していたともいわれ，水中での生活様式については不明であった．

　北海道北西部（当時北緯40度），前弧海盆堆積物である白亜系蝦夷層群のカンパニアン階から得られたアンモナイト殻体の $δ^{18}O$ 値を，軟体動物化石，浮遊性および底生有孔虫化石の $δ^{18}O$ 値から独立に求められた海洋鉛直温度構造と比較し，アンモナイト類の生息深度の定量的な評価がなされた．アンモナイト類の生息深度（正確には石灰化した深度）の温度は14-22℃であった．浮遊性有孔虫殻体から算出された平均表層水温は26.2℃，底生有孔虫からは18.8℃，二枚貝類および腹足類からはそれぞれ17.5℃，20.0℃であり，底生の生物殻から得られた水温と調和的であった．これらのデータより白亜紀後期のアンモナイト類はほぼ海底付近に生息していたものと結論された．この水温は現在の亜熱帯地域（北緯25度）に相当し，かなり温暖であったことがわかる（図4-12）（Moriya et al., 2003）．

(2) 白亜紀後期のイノセラムス類の生活様式

　イノセラムス類（二枚貝綱・翼形亜綱）（口絵7）は，三畳紀に地球上に出現して，ジュラ紀，白亜紀に世界的に分布し，マーヒトリヒチアン期（Maastrichtian age）中期に絶滅した生物である．この仲間の中でも貧酸素環境で棲息するものには，底生および擬浮遊性（流木などに付着）の2説が提唱されてきた．白亜紀後期の蝦夷層群から採取された① *Inoceramus balticus*，② *Inoceramus japonicus*，③ *Sphenoceramus naumanni* の殻内の真珠層（アラレ石）の $δ^{18}O$ 値の分析を行ったところ，算出された水温は①29℃，②26-29℃で，浮遊性有孔虫から得られた27℃，底生有孔虫から得られた19℃と比較すると明らかに海洋表層で殻を形成したことを示していた．一方③については，26-27℃（3個体），21℃（2個体）となり，同一種であるにもかかわらず，バイモーダルの値を示した．このことは，固着する基質に選択性がなく，底生および擬浮遊性の両者の生活様式を持っていたものと推定された（守屋，2008）．

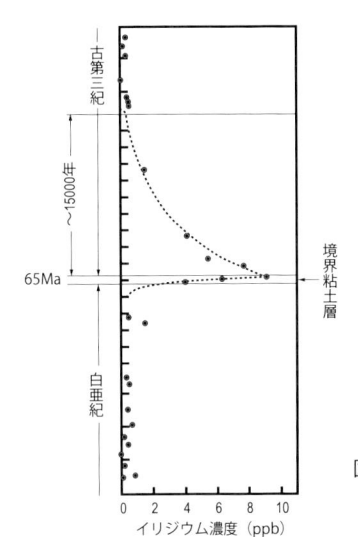

図 4-13 イタリア中部グッビオ中期の K/Pg 境界層における Ir（イリジウム）の濃集（Alvarez et al., 1980 を改変）

4.5 中生代/新生代（K/Pg, K/T）境界

4.5.1 隕石の衝突

　K/T 境界は，ドイツ語でいう白亜紀：クライデ（Kreide）と第三紀：テリエール（Teriaer）の境界を表したが，近年は古第三紀（Paleogene）との境界ということで K/Pg 境界と呼ばれている．年代は 65.5 ± 0.3 Ma で，そのとき，恐竜を含む生物の 50-60％が絶滅した．この大量絶滅の原因については現在までに数十の説が提唱されたが，最有力なものは直系 10 km ほどの巨大な隕石が地球に衝突したというものである（Alvarez et al., 1984, 1992）．その特徴は以下の通りである（図 4-13）．

　①境界部の粘土層（厚さはヨーロッパでは 1 cm，メキシコ湾周辺では 1 m 以上）には，イリジウム（Ir）などの白金族元素の高濃度（イタリアで 3-9 ppb（ppb＝10 億分の 1））が濃集している．Ir は Fe と結び付きやすいので親鉄性元素ともいわれる．地球誕生時には，地球表層にも存在していたが，時間の経過とともに地球がコア，マントル，地殻に分化していくにつれて，地球深部に沈降していった．そこで，現在の地殻中には ppb 以下でし

か存在しない．よって，この Ir の濃集は，地球外物質の寄与によるものと考えられた．②境界部の粘土層からは，隕石の衝突時にできたとされる高圧下のテクタイトも検出され，隕石衝突説を強く支持している．③巨大隕石の衝突によるものとされる直系 100 km もの巨大なクレーターが，メキシコ東海岸，ユカタン半島の北西端で発見されている．④また，それに伴うと考えられる大津波による堆積物が存在する（松井，1999）．

このような衝突の頻度と衝突エネルギーとの間には負の相関があるといわれており，直系 1 km 位の隕石が衝突するのは 10 万年に 1 回位，K/Pg 境界の際の 10 km 程度の隕石の場合は数千万年に 1 度と推定されている．太陽系では，木星，土星などの外惑星が公転しており，これらの外惑星が巨大な重力により隕石を引きつけて内惑星への衝突を妨げているとの試算がある．この結果によると，木星や土星など存在しなかった場合には隕石の地球への衝突の頻度は 400 倍に上昇する可能性がある[*4F]．

4.5.2 隕石衝突による地球環境への影響

隕石衝突に伴い大量のガスが蒸発し，溶融した岩石および破壊された岩片が飛び散る．それらは，場合によっては，大気圏を突き抜けて，一部は地球の外まで飛び出すこともある．逆に，地球に落ちてきた隕石の中には，月起源，火星起源の隕石だと判断されるものもある．通常，ガスおよび破片岩石のほとんどは地球の重力圏内にとどまる．大量の固体粉塵は通常一次粒子（primary particles）と呼ばれ，成層圏まで舞い上げられ，暗黒雲が太陽光を遮ることにより，光合成植物に打撃を与える．また，植物は食物連鎖の基をなすので，動物にも多大な影響を及ぼした．

蒸発したガス雲あるいは加熱された大気中では，O_2 と N_2 が反応し，大量の一酸化窒素が生成する．これは，さらに酸化されると硝酸となり，酸性雨の原因となる．また，SO_2 も成層圏などで酸化されると硫酸となり，これも酸性雨の原因となる．これら 2 つの物質は，最初は気体の形で供給されるが，

[*4F]：白亜紀以降，30 程度の中規模隕石の落下が確認されているが，生物絶滅などとの密接な関係が明確になっているのはほとんどない（Benest and Froeschlé, 1998）．

二次粒子（secondary particles）と呼ばれる粒子に変化する．これは，現代の地球環境問題でも注目されているエアロゾルに相当する．このような硫酸が大量に存在したということは，当時の石灰岩に石膏（$CaSO_4$）が含まれることによっても支持される．なお，多量の酸性雨は海水のpHを下げたと予想される．

4.5.3 生物の大量絶滅と生物地球化学サイクルの回復

K/Pg境界の地球表層環境の瞬間での劇的変化は，とくに陸上生物と浅海生物に衝撃的な影響を与えた．陸上では恐竜を含む体重約25 kg以上の大型

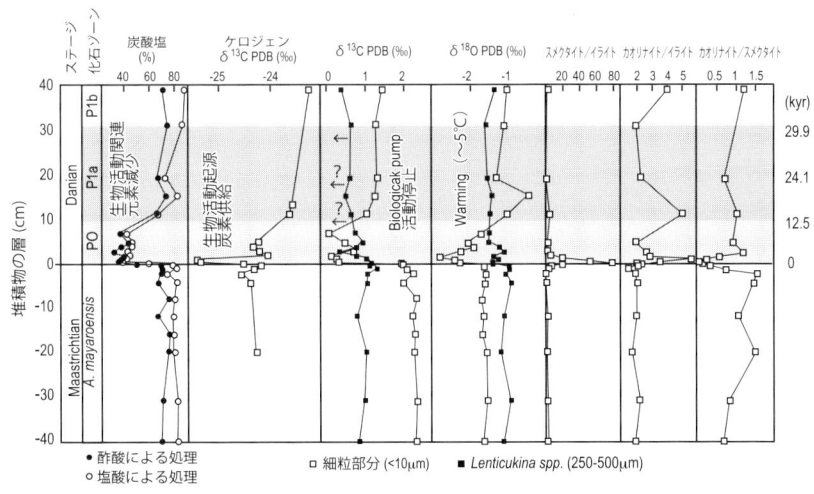

図4-14 K/Pg境界における高時間解像度解析による炭酸塩含有量，ケロジェンのδ^{13}C値，底棲有孔虫（■）と浮遊性有孔虫（□）のδ^{13}C値とδ^{18}O値，スメクタイト／イライト比，カオリナイト／イライト比，カオリナイト／スメクタイト比（Kaiho et al., 1999）

　炭酸塩は生物生産量の一つの指標あるいは酸性化の指標となる．ケロジェンは有機物の代表的な化合物なので，そのδ^{13}C値が炭酸塩のδ^{13}C値と同じような増減のパターンを示すときには，地球表層の炭素リザーバーの変動を基本的に反映すると考えられている．有孔虫のδ^{18}O値は水温を表す．底棲有孔虫（■）と浮遊性有孔虫（□）のδ^{13}C値の差，すなわち前者が後者より顕著に小さい場合には，生物ポンプが機能していたことを，差がない場合には，生物ポンプの停止を意味する［GME図9.1.2］．粘土鉱物の中で，カオリナイトの生成は通常，高温湿潤の環境を示すとされる［GME図8-2a］．

動物,およびアンモナイトなどの浅海に生息した生物のほとんどが絶滅した[*4G].逆に,珪藻,放散虫,両生類,魚類などの生物はあまり被害を受けることなく生きのびた.

$\delta^{13}C$ 値と $\delta^{18}O$ 値の高時間解像度の分析によれば,Ir が増加する地層で,海洋炭酸塩堆積物の $\delta^{13}C$ 値は約 1‰低下し,$\delta^{18}O$ 値は約 1.2‰程低下した.この $\delta^{13}C$ 値の低下は,生物が大量に死滅して有機物起源の低い $\delta^{13}C$ 値が炭酸系イオンとなって海洋に供給されたことを意味する.$\delta^{18}O$ 値の低下は,海水温が約 5℃上昇したことを示しており,この温暖化は隕石の衝突による CO_2 の放出に 0-3 kyr 遅れていた.生物ポンプが働いているときには,表層水より中深層水のほうの溶存炭酸の $\delta^{13}C$ 値は小さいので,底生有孔虫の殻は浮遊性有孔虫殻より殻の $\delta^{13}C$ 値も小さくなる.白亜紀末期にはこの状態であったことが,図 4-14 より明らかであるが,K/Pg 境界直後は,両者の差はほぼゼロとなり,生物ポンプはほとんど停止し,衝突から約 13 kyr 経過すると回復した.この回復は炭酸塩とリン P の含有量にも表れている (Kaiho et al., 1999).これまで,大量絶滅という生物圏システムの大破壊に際し,生物の種の回復には数〜数十 Myr というかなりの時間が必要なことが知られていたが,生物地球化学サイクルは急速に回復することを示唆している (図 4-14).

なお,恐竜の絶滅は隕石衝突事件のみが原因ではないらしい.白亜紀後期には,カナダのアルバータ州における恐竜の種は,76 Ma には 35 種であったが,70 Ma には 19 種,65 Ma には 9 種と減少していた (Archibald, 1996;池谷・北里,2004).この期間,生物界全体では属数は顕著に増加していたので,種数の減少は恐竜の顕著な衰退を物語っている.恐竜絶滅にはいくつかの説が発表されており,植生との関係も指摘されている.すなわち,被子植物が増加して餌となる裸子植物が減ったためとか,花をさかせる被子植物のせいで昆虫が増加し,それを餌にする哺乳類が増えたためといわれている.哺乳類は恐竜が減びる頃には,個体数では恐竜を上回っていた.なお,

---

*4G:最近,白亜紀末の恐竜大絶滅が起きてから 70 万年ほど生き延びた草食恐竜がいたことが報告された (Fassett et al., 2011).

白亜紀末に衰退していったほかの生物に関する情報としては，大西洋に面したスペインのビスケー湾のアンモナイトの種数，大西洋のイノセラムス，厚歯二枚貝の相対存在度も当時減少傾向にあった（Keller, 2001）．

　陸上植物では，中生代に繁茂したソテツ類などの裸子植物が減少し，被子植物が主体となった．被子植物は白亜紀前期アプチアン期（Aptian age）に出現し，末期には植生の80%を占めるまでに発展して，世界のほとんどの地域で生態学的に重要な地位を占めるようになった（Hughes, 1994）[*4H]．裸子植物はより寒冷な高緯度域に退き，針葉樹のように葉も細くなり，環境に適応していった．裸子植物の仲間である針葉樹も白亜紀の環境変動により影響を受けたが，マツ科などのいくつかのグループは，被子植物の放散とともに多様性を増していった．

　植物相の変化は，動物の大量絶滅より早く起こった（白亜紀後半）と考えられている．これらの動植物相の変化は，白亜紀後期における海水準の低下傾向（Hallam, 1984, 1992）に伴う大陸の乾燥化，全球的な寒冷化の傾向による影響かもしれない．実際，高緯度域の海水温は，約100 Maの約23℃から65 Maの約13℃まで低下した（Savin, 1977；Arthur *et al.*, 1985）．

＊4H：一時期，中国の化石でジュラ紀の被子植物と報告されたものがあったが，その地層の年代が白亜紀に変更になり，ジュラ紀ではなくなった．現在，一般的な見解は被子植物の出現は白亜紀前期アプチアン期あたりとなっている．

5. 新生代 (Cenozoic Era) の地球表層環境

　新生代は中生代に続き，K/Pg境界から現代まで，すなわち古第三紀 (Paleogene period)，新第三紀 (Neogene period)，第四紀 (Quaternary period) に分かれるが，この章では新生代の大部分を占める古第三紀，新第三紀について扱い，第四紀については次の6章で扱う．重要な環境因子について顕生代にわたりまとめたものを表見返しに示すとともに，新生代の大陸の配置の変化を巻末図に示す．

　新生代の前半は，基本的に温暖な地球表層環境システムが維持されてきたが，後半は寒冷化と極域での氷河化で特徴付けられる．とくに，南極大陸周辺での地殻構造運動は海洋環境（大陸周囲の海洋の寒冷化，海氷の生産に伴う深層水の形成，中層水の湧昇に伴う生物生産量と種）の変化をもたらし，世界の気候の進化にも大きな影響を与えた．南極大陸は現在から90 Myrの間，極域に位置してきたが，顕著な氷河化は始新世の後期（約37 Ma）まで起こっていなかったらしい．極点が大陸の中に位置しているということは，氷床の発達にとって大変有利である．逆に，海氷の場合は不安定であるとともに，海氷の下は液体の海水が存在するため冷却が加速されないという点で不利である．事実，現在の南極大陸には巨大氷床が存在しているのに対し，北極海は海氷のみである．

　白亜紀の終わりまでに，パンゲア超大陸は完全に分離した．北アメリカ大陸とヨーロッパ大陸も分裂し，ゴンドワナ大陸が南極大陸，オーストラリア大陸，アフリカ大陸，南アメリカ大陸に分かれ，大西洋・インド洋が誕生し，現在の陸と海の基本形が確立した（巻末図）．新生代の生物圏での特徴は，哺乳類と鳥類の繁栄である．

　新生代の地球表層環境は，時間のスケールで分類すると理解しやすい：① 大陸配置や海峡形成も含む構造地質学的プロセスで支配される 10^5 年から 10^7 年スケール，② ミランコビッチ周期に代表されるような軌道要素で支配

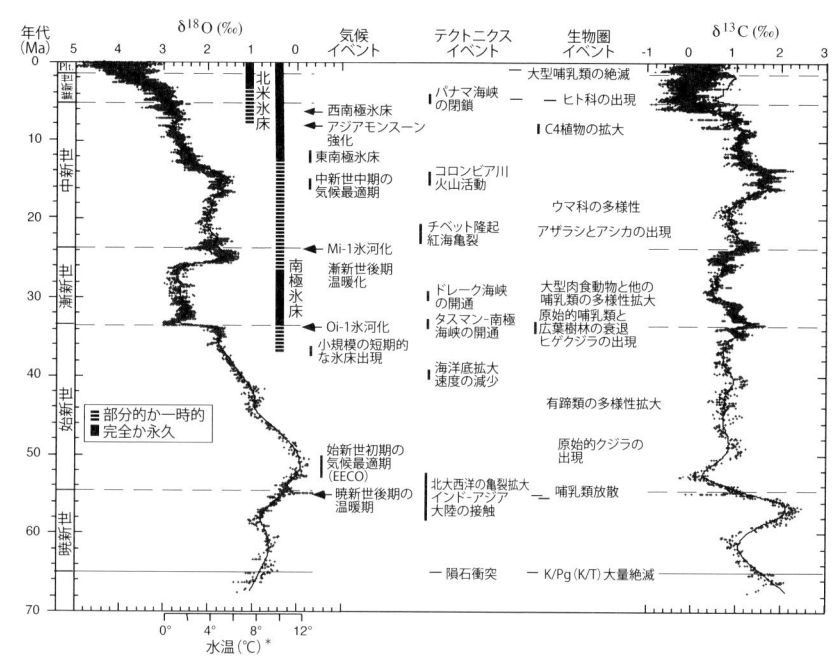

図 5-1 DSDP/ODP の 40 掘削地点から得られた新生代における底生有孔虫の
$\delta^{18}O$ 値，$\delta^{13}C$ 値，さまざまなイベント（Zachos *et al.*, 2001）

される 10^4 年から 10^6 年スケール，③急激な環境変動で支配される 10^3 年から 10^5 年スケール（Zachos *et al.*, 2001；Lyle *et al.*, 2005a）（図 5-1）．

5.1 新生代の地球表層環境の長期変動

5.1.1 新生代の長期変動と関連する地殻変動（テクトニクス）イベント

　新生代の長期変動と関連した重大な地殻変動イベントは，①中央海嶺の活動に伴う大西洋の拡大，②南極周辺海域での 2 つの海峡（タスマン海峡・ドレイク海峡）の開口と拡大（Kennett, 1977；Stickley *et al.*, 2004；Anderson and Delaney, 2005；Livermore *et al.*, 2005；Scher and Martin, 2006），③テチス海の消滅，④インド大陸とアジア大陸の衝突と，それに引き続くヒマラヤとチベットの隆起（酒井，1997），⑤パナマの隆起と中央アメリカ（Central American Gateway）の閉鎖（Haug and Tiedermann, 1998），である（表見

返し).地殻変動は風化などを通じて地球表層環境システムに影響を与え,
p_{CO_2} を減少させた(e.g., Raymo and Ruddiman, 1992;Pearson and Palmer, 2000).

5.1.2　新生代の深層水温と氷床の長期変動

　深海の底生有孔虫殻の $\delta^{18}O$ 値は,底層水温と氷床量を反映した海水の $\delta^{18}O$ 値によって決定される(図5-1).底層水は基本的に高緯度域での深層水の沈み込みで形成されるので,この値から高緯度域での表層水温を推定することができる(図1-7)[GME図3-4,GME図3-5](Zachos *et al.*, 2001).

　新生代は暁新世(65.5-55.8 Ma)に始まるが,暁新世中期(middle Paleocene, 59 Ma)から気候は温暖化し,始新世初期の気候最適期(Early Eocene Climatic Optimum;EECO, 52-50 Ma)にかけて,$\delta^{18}O$ 値は約1.5‰減少した.当時氷床はなかったので,水温は約6℃上昇したことになる.このような長期間の温暖化のトレンドのほかに,暁新世/始新世境界(Paleocene/Eocene boundary, 55.8 Ma)には一時的に昇温した.EECOから37 Maまでの期間,とくに始新世中期(45-42 Ma)のほとんど変化がなかった期間をのぞいて,気候は寒冷化し,$\delta^{18}O$ 値の増加の累計は約1.83‰となった.陸上記録に基づくと無氷河時代であったので,氷量の補正は必要なく,深層水温は7℃降下したことになる.

　始新世/漸新世境界(Eocene/Oligocene boundary, 33.9 Ma)には,1‰に達する $\delta^{18}O$ 値の急激な増加が観察されたが,概略的推定によると0.6‰分の変化は氷床の増大,0.4‰分の変化は水温降下とされている(Miller and Katz, 1987;Zachos *et al.*, 1994).底生有孔虫の Mg/Ca 比から求められた水温に基づくと,氷床による変化がもう少し大きい可能性(約0.8-1.0‰)が示唆されている(Lear *et al.*, 2000).この氷河化は,Oi-1(Oligocene isotope event 1)氷河化と呼ばれている.漸新世以降は,基本的に氷床が存在した氷河時代となったが,8 Myr にわたって比較的 $\delta^{18}O$ 値の変化が小さく,その後急激に δ^{18} 値が減少し,そして漸新世の27-26 Ma には $\delta^{18}O$ 値は比較的安定した.当時の氷床量は現在の約50%,深層水温も約4℃と計算されるが,気候は比較的穏やかであったと推定されている(Zachos *et al.*, 2001).漸新

世の最後の時期（26-24 Ma）は，気候が温暖化して，漸新世後期温暖期（Late Oligocene Warming）と呼ばれている．

漸新世/中新世境界（Oligocene/Miocene boundary, 23.03 Ma）には，氷河が一時的に発達した時期があり，Mi-1（Miocene isotope event 1）氷河化と呼ばれている．中新世最初のアキタニアン期（Aquitanian, 23.03-20.43 Ma）は比較的寒冷で乾燥気候が卓越したが，次のバーディカニアン期（Burdigalian, 20.43-15.97 Ma）は温暖期で，中新世中期の気候最適期（late middle Miocene climatic optimum, 17-15 Ma）と呼ばれ，氷床量もわずかに減少し，深層水温も少し上昇傾向を示した（Miller *et al.*, 1991；Boehme, 2003）．次のサーラバニアン期（Serravallian）の途中からは，中新世の後期に向かって寒冷化したが，これには西南極（Kennett and Barker, 1990）や北極域で氷床の小規模な拡大があったと報告されている．中新世の最後期（約5.332 Ma）には，寒冷化は一時ストップした．鮮新世（5.332-2.588 Ma）には，気候は寒冷化し，北半球の本格的氷床の発達（Northern Hemisphere Glaciation；NHG）を反映し，$\delta^{18}O$ 値は再び増加した（図5-1，図1-9）（Zachos *et al.*, 2001；Lisiecki and Raymo, 2005）．ただし，ピアセンジアン期（Piacenzian, 3.600-2.588 Ma）の最初期に，一時期わずかに寒冷化がストップした．

5.2　古第三紀（Paleogene period）の地球表層環境

古第三紀とは，暁新世（Paleocene；65.5-55.8 Ma），始新世（Eocene；55.8-33.9 Ma），漸新世（Oligocene；33.9-23.03 Ma）の期間である．古第三紀は基本的に温暖で，温度的には中生代の地球表層環境システムが維持されてきたといえる．

5.2.1　暁新世の地球表層環境

暁新世の地球表層環境は，基本的に白亜紀後期同様，気温・湿度ともに高く，両極域に氷床はなかった．前述したように，暁新世中期からさらに温暖化が進行した．$\delta^{18}O$ 値カーブを基にすれば，底層水温は，K/Pg境界と同等

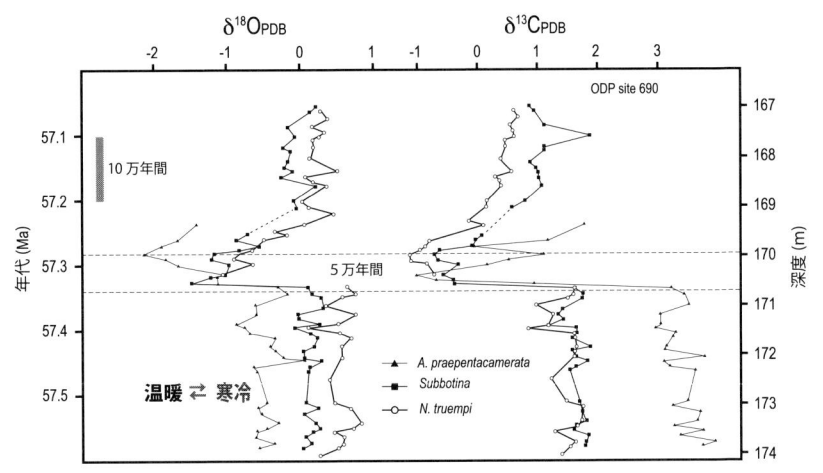

図 5-2 始新世/漸新世境界における底生有孔虫殻の $\delta^{18}O$ 値, $\delta^{13}C$ 値
年代は Kennett and Stott (1991) の図を基に描かれているが，現在では 55.8 Ma が境界の正確な年代とされている．なお，$\delta^{18}O$ 値は図 5-1 とは正負が逆の表記になっていることに注意．

あるいはそれ以上に温暖で，10 Myr 以上続いた．南北アメリカ大陸は白亜紀からすでに分離し，アフリカ大陸と南米大陸はこの時期に完全に分離した．鳥類を例外として恐竜は絶滅し，哺乳類が優勢の時代となったが，小型のものが多かった．植物界では白亜紀に引き続き被子植物が栄えた[*5A]．

5.2.2 暁新世/始新世 (Paleocene/Eocene) 境界の地球表層環境

新生代の急激な気候変化で特筆すべきは，暁新世後期の急速な温暖化 (Paleocene Eocene Thermal Maximum；PETM) で，暁新世/始新世境界 (55.8 Ma) に起こり，その時期にちなんで P/E 境界イベントと呼ばれる (図 5-2)．その急激な変化は 1-10 kyr と短時間幅で，100 kyr で元に戻り，有孔虫炭酸塩殻の $\delta^{13}C$ 値，$\delta^{18}O$ 値変動で顕著である．この境界では，①海洋，大気，大陸の炭素リザーバーの $\delta^{13}C$ 値の大きな負の異常（-3‰），②

[*5A]：現生被子植物は約 400 科，20 万種にものぼるほど大繁栄を遂げている（加藤編，1997）．

湿潤,高温気候に関係すると考えられるカオリナイトの広範囲の分布増加,③底生有孔虫の$\delta^{18}O$値から推定された深層水温の5-6℃の上昇,④海底の炭酸塩の溶解,⑤底生有孔虫の35-50%の絶滅,⑥浮遊性有孔虫種(Kelly et al., 1996)とケイ質鞭毛藻アペクトディニウム(Apectodinium)(Crouch et al., 2001)の拡散,という特徴がある.なお,浮遊性有孔虫の$\delta^{18}O$値から求められた海洋表層水温も上昇し,低緯度の変化は小さかったものの,高緯度での変化は8℃に達した(Kelly et al., 1996; Thomas et al., 1999).

このP/E境界の最大の特徴は$\delta^{13}C$値の急激な低下で,これを通常のマントル起源の火山ガス($\delta^{13}C = -7‰$)で説明するためには,1.6 Pg (10^{15}) C yr^{-1}のCO$_2$を放出する必要がある.この火山活動のレベルは現在の約20倍必要となるが,このような大規模な噴出はこの時代には確認されていない.図5-2に示したように,$\delta^{13}C$値の変化は10 kyr以下で起こっていることから,現在最も注目されているのはメタンハイドレートの急激な崩壊である(Weissert, 2000).メタンハイドレートの$\delta^{13}C$値は$-60‰$と非常に低いので,約900-1500 PgCのメタンハイドレートの分解で$\delta^{13}C$値のシフトは十分説明可能である.この量は,現在堆積物中に貯蔵されているメタンハイドレートの総量($0.75-1.5 \times 10^4$ PgC)の約10%なので,妥当な範囲であるといえる.

現在このP/E境界が注目されるもう一つの理由は,現在の人為的な温暖化のアナロジーとしてである.10 kyrにわたり供給されたCH$_4$の量は,上に述べたメタンハイドレート仮説のシミュレーションから0.09-0.15 PgC yr^{-1}×10^4年とされている(Dickens et al., 1997).現在,化石燃料による人為起源CO$_2$が大気中に残存しつつある量は3.0 PgC yr^{-1}であるので,PETMの流量は現代の1/30位となり,現在の人為的温暖化と似たようなスケールで自然の実験を行ったものと考えられている.

さて,$\delta^{13}C$値の回復のスピードはゆるやかで,イベントの開始から約200 kyrを要した(Röhl et al., 2000).これはモデリングによっても検証されている(図5-3).換言すると,現代の人為的な大気中CO$_2$濃度の増加をある程度のところで停止させても,自然のプロセスのみで元の状態に戻るには数千から数万年必要であることが示唆される(Dickens et al., 1997).

なお,CH$_4$は海水中の溶存酸素などと反応すると,数年以内にCO$_2$となり,

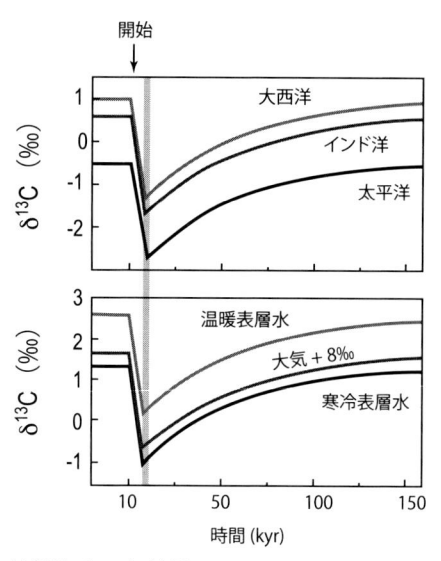

図 5-3 暁新世/始新世（P/E）境界におけるメタンハイドレートの融解，および その後の回復期におけるモデリングによっても検証された $\delta^{13}C$ 値の変化 (Dickens et al., 1997)

これは海水に溶解すると海水を酸性化する．これにより，深海の炭酸塩が急速に溶解し，炭酸塩補償深度（CCD）は 2000 m 位上昇したことが示される．これによる吸収分を補正するとメタンハイドレートの崩壊による炭素の放出は 4000 PgC にも上るのではないかと指摘され，この PETM での CH_4 供給の規模はもっと大きかったかもしれないと考えられている（Zachos et al., 2005）．

メタンハイドレートの崩壊には，メタンハイドレートの貯蔵されている現場の圧力低下か，温度上昇が必須である［GME 図 7-8］．崩壊の誘因については，①地すべり説（Katz et al., 1999），②海底での火山活動による堆積岩中のメタンハイドレートの融け出し（Dickens, 2004），が提唱されている．後者は，ノルウェー海で大規模火成活動があり，マントルから上昇したマグマが堆積岩中にシル状に貫入し，最終的に CH_4 が海洋に供給されたという説である（Svensen et al., 2004）．

5.2.3 始新世の地球表層環境

(1) 始新世における大気循環

　中央北太平洋の海台，シャツキーライズ（当時は北緯15度）での記録によると，暁新世後期から始新世初期にかけて，風送塵の粒度が8.3ϕから9.3ϕまで細粒化したが，漸新世初期から徐々に粗粒子化し，現在までその傾向が継続してきた（8.7ϕ）(Janecek, 1985)*5B. 粒径が粗い，すなわちϕが小さいと風が強かったことを示唆するので，風送塵の粒度は風速の間接指標となる．白亜紀後期から暁新世までは温暖であったので風は弱かったと予想されていたが，このデータからは風は当時強かったことが示された．その後，始新世初期に向かい風は急速に弱まったことが示唆される．この傾向は基本的に大西洋にもあてはまり，始新世には全球的に風速が弱まったらしい (Hovan and Rea, 1992).

　暁新世後期から始新世初期にかけて風が弱まっていたことは，赤道-極域間の緯度方向の温度勾配が緩和されたことを意味している．表層水温の勾配（赤道-緯度70度）は暁新世後期の17℃から，始新世初期の10℃にまで減少した (Corfield, 1994). 基本的に，温度勾配が緩くなった主な原因は高緯度域が昇温したためとされるが，風速の低下に伴い，大気・海洋循環も弱まったと予想される．極域を暖めるプロセスとして温室効果気体（CO_2, CH_4）の濃度増加も提唱されているが，今のところ詳細な原因は不明である．低緯度域での高塩分水の沈み込み（warm saline deep water）の可能性も以前指摘されたが，現在の地中海からの流出水の80倍の水量が必要なことから，ほぼ否定されている (Sloan *et al.*, 1995).

(2) 始新世における炭酸塩の沈積変動

　始新世は基本的に温暖であった．しかし，$\delta^{18}O$ 値の大きな正のピークを示すような1-2 Myrの短期の寒冷期に，炭酸塩やオパールの沈積が急激に増加したことが知られている．炭酸塩の沈積の場合には，CCDに換算して800 mにも及ぶくらい，この短期間の時期に炭酸塩の保存が促進された．た

---

*5B：粒径区分においてϕ（ファイ）スケールは対数尺度で，$\phi = \log_2 D$（粒径mm単位）．粒径 1/16-1/256 mm（4-8ϕ）はシルト，8ϕ 以上は粘土サイズを表す．

とえば，42.4-40.3 Ma の間の CAE-3 と呼ばれる炭酸塩の沈積の極大期には，$\delta^{18}O$ 値は 1.2‰ も増加し，同時に生物起源オパールの沈積流量も通常の 4 倍に増加した．この CAE-3 イベントの終了時には，CCD は 4400 m から 3250 m まで浅くなり，そのスピードは 100 kyr 以内で実に 600 m にもなり，新生代の中でも最大級の変化速度であった（図 5-4）(Lyle *et al.*, 2005b)．しかも，このような炭酸塩沈積ピークは 47-40 Ma の時期には 2.5 Myr 間隔，40 Ma 以降は 1.25 Myr 間隔の周期性を持っていたらしい．これは太陽の離心率の変化と呼応しており，日射量の変化が大事だったのではないかといわれ

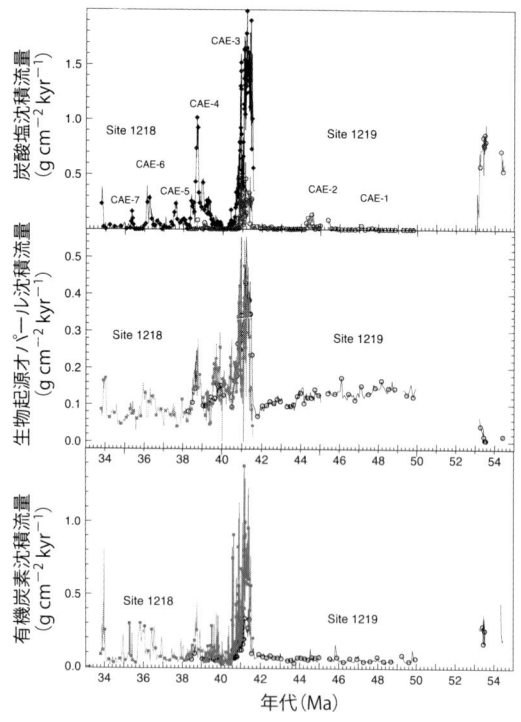

図 5-4　始新世における炭酸塩の沈積変動（Lyle *et al.*, 2005b）
　　有機炭素，生物起源オパール，炭酸塩の沈積流量は，基本的に生物生産を反映している．Site1219 のほうが Site1218 より 700 m 深いので，深海での炭酸塩の溶解により沈積流量は小さくなっている．CAE-1 から 7 のように，炭酸塩やオパールの沈積がある時期 1-2 Myr にわたって急激に増加している時期がある．これは，概して $\delta^{18}O$ 値が高い寒冷期に対応している．炭酸塩の沈積の変化は大きく，CCD に換算して 1000 m 以上にも及んだ．

ている (Lyle et al., 2005a). 炭酸塩の沈積は単に生物起源炭酸塩の生産量の変化にとどまらず，アルカリポンプを通じて，大気中のCO_2濃度，海水のpH，陸域の炭素量ともリンクしている．現在のところ，このように短期間に大きく変化したプロセスについては不明であるが，温室期であっても地球表層の炭素循環が急激に変化するということが明らかとなった．

(3) 新生代の北極海の地球表層環境の変化

新生代の北極海の地球表層環境については，2004年のIODPの掘削（ACEX航海）により新知見が報告された．従来，新生代中期（約42 Ma）以降，南極は寒冷化し氷床が発達したが，北極は比較的温暖のままであったという考えが信じられてきた．しかし，この航海の結果，両極は基本的に同期しながら冷却していったということが明らかになった．

約55.8 MaのPETMの時代，北極海の海面水温は温暖で，亜熱帯レベル（約23℃）まで上昇していた（図5-5）(Moran et al., 2006 ; Sluijs et al., 2006). 北極海は現在は海水で満たされているが，約49 Maには大陸にはさまれていたため，少なくとも夏には水生シダの生えた淡水が卓越した環境となっていた（Pagani et al., 2006 ; Brinkhuis et al., 2006). しかし，その後寒冷化して，約45 Maには最初のIRD（Ice Rafted Debris，氷源漂流砕屑物）が観察される．IRDは春に海氷が融解するとき，海氷に含まれる砂以上のサイズの粒子群が沈積したものであり，海氷の間接指標として用いられてきた．つまり，北極海の海氷は，北米氷床が本格的に発達した時期（約8 Ma頃）よりもずっと早くから存在していたことがわかった．この時期に大規模な氷床はなかったとされているので，季節氷などに伴いIRDが形成されたのかもしれない．約14 Maの東南極氷床，約3.2 Maのグリーンランド氷床の発達に影響されて，北極海も寒冷化していった（Moran et al., 2006).

5.2.4 始新世/漸新世（Eocene/Oligocene）境界の地球表層環境

5.1.2に述べたように，始新世/漸新世境界（33.9 Ma）では，海水の$\delta^{18}O$値が突然増加し，Oi-1氷河化と呼ばれている（図5-6）．これは南極大陸の氷帽（ice cap）の主要な拡大によるもので，周辺海域でのIRDや氷礫岩の存在と整合的である（Miller, 1987). 基本的にこの時点が本格的な氷河時代

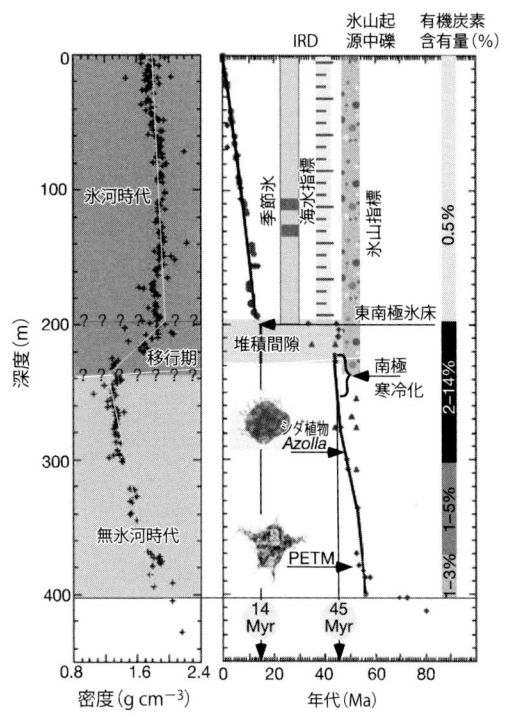

図 5-5 IODP, ACEX 航海における北極海の堆積物年代と堆積物の性質
北極海は大陸にはさまれて存在していたため,約 49 Ma には,少なくとも夏には水生シダ (*Azolla*) の生えた淡水に覆われていた (Pagani *et al.*, 2006; Brinkhuis *et al.*, 2006). また,約 45 Ma には最初の IRD が観察され,北極海の海氷はこれまで考えられてきたよりもずっと早くから存在していた.

を意味する "Ice House"(氷室地球)の開始と一致しており,その後の新生代の地球表層環境の特徴となっている.

このときの海面下降は 55-82 m と推定されており,氷帽は現在の南極氷床(海水準の変化に換算して東南極で約 63 m,西南極で 5 m)のサイズの 80-120% に相当している.気候は突然に寒冷化し,$\delta^{18}O$ 値 ($\Delta\delta^{18}O = +1.0‰$,最大値を採ると +1.5‰)は 33.6 Ma に最大となった (Coxall *et al.*, 2005). $\delta^{18}O$ 値は水温と氷量に依存するが,水温の降下の見積もりに際し,もし海水準降下が 55 m の場合,氷床形成に伴う海水準変化 1 m に対する海水中の $\delta^{18}O$ 値の変化を 0.01‰と仮定すると,海水準の降下に伴う $\Delta\delta^{18}O$ 値は 0.55

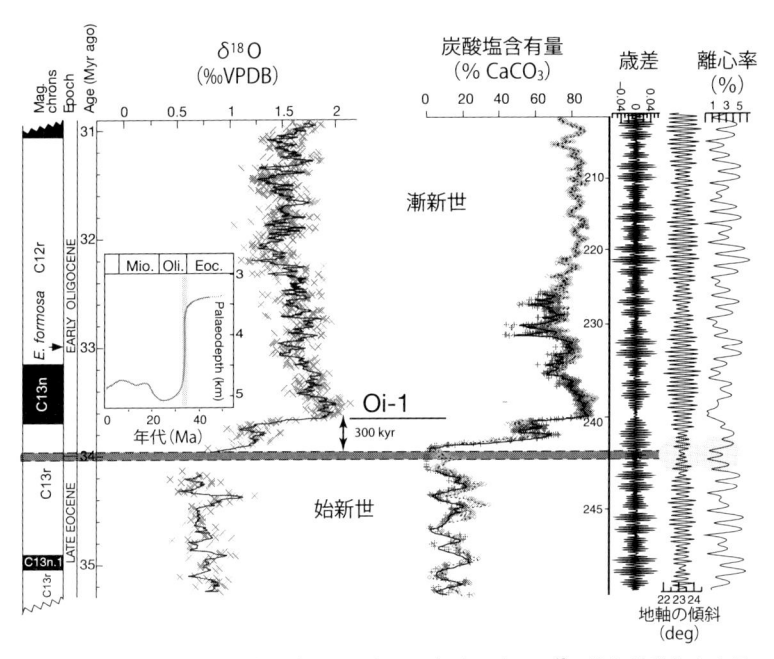

図 5-6 始新世/漸新世（E/O）境界（34 Ma）あたりの $\delta^{18}O$ 値と炭酸塩含有量
(Lyle *et al.*, 2005a ; Coxall *et al.*, 2005)
なお，E/O 境界と Oi-1 とは 300 kyr の時間差が存在している．

‰となるので深層水の温度は 2℃寒冷化したことを意味し，82 m の場合には $\Delta\delta^{18}O$ 値は 0.82‰となるので 1℃寒冷化したことが計算よりわかる．

この急激な水温変化が精密な解析より明らかにされており，温暖な始新世から寒冷な漸新世にいたる E/O 境界での経過が認識され，遷移的状態が約 200 kyr，2 つの寒冷化の移行期がそれぞれ 40 kyr，合計で 300 kyr 以内に変化は完了したと推定されている（Coxall *et al.*, 2005）．なお，$\delta^{13}C$ 値も正の方向に急激に変化した（Miller *et al.*, 1991）．この遷移帯は気候/海洋システムの大きな変化を伴っていたようで，炭酸塩の保存が促進され，CCD（炭酸塩補償深度）はずっと深くなり［GME 9.1.3］，一次生産も変化した（Salamy and Zachos, 1999 ; Van Andel *et al.*, 1975）．

(1) 炭酸塩補償深度（CCD；Carbonate Compensation Depth）の変化

E/O 境界では，CCD は 1200-1500 m 深くなり，地球的規模で炭酸塩の保

存が促進（炭酸塩の溶解が抑制）された（Van Andel and Moore, 1974）．これは南極大陸に氷床が急速に拡大していったのと対応していた．この劇的な変化は，太平洋では新第三紀を通じてCCDの変化は基本的に200 m以下で，第四紀の更新世（Pleistocene）の氷期・間氷期の変動では海水準が130 m以上も変動したが，そのような場合でもCCD変化は通常わずか100 m以下であったのと対照的である［GME図9-2］（Farrell and Prell, 1989）．このCCDの変化はδ^{18}O値の変化とも完全に呼応していた．炭酸塩の保存がよくなり，太平洋赤道域での炭酸塩の堆積は，現在より緯度方向で10度ほど高緯度域まで拡大した（Shipboard Scientific Party Leg 199, 2000）．Oi-1氷河化イベント後の200 kyr後までに炭酸塩の沈積は50％減少したが，CCDは基本的にこれ以降始新世のレベルまで浅くなることはなかった．

(2) タスマン海峡（Tasman Gateway）の開通

始新世/漸新世境界の顕著な寒冷化の原因に関しては，原因として2つの説が考えられるが，まだ決着していない：①南極大陸の熱的孤立化を招いたであろうタスマン海峡の開通（Kennett, 1977），② p_{CO_2} 大気の閾値以下への減少．

南極大陸とオーストラリア大陸との分離は白亜紀後期に開始したが，最終的な分離が起こりタスマン海峡が開通したのは，始新世の最終期であった（図5-7）（Exon et al., 2003）．タスマン海峡が開通したといっても，34 Ma

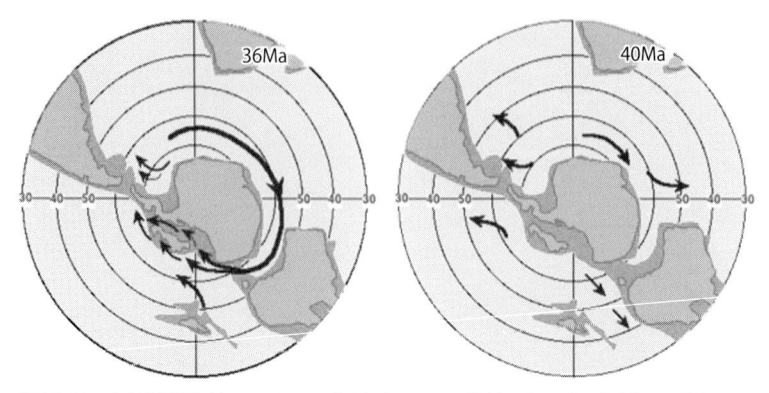

図5-7　南極周辺海域での2つの海峡（タスマン海峡・ドレイク海峡）が形成される過程（Kennett, 1977；Stickley et al., 2004；Scher and Martin, 2006）

には水深50m程度で,約32Maに2000m以上にまで深くなり,浮遊性と浅海性生物が南インド洋と太平洋の間を直接行き来するようになった(Kennett, 1977; Stickley et al., 2004). これにより,南極大陸の熱的孤立化が促進され,南極大陸やその周辺海域で雪や氷が増加することによりアルベドが高くなり,強い正のフィードバックが働いたと考えられる.

新生代の寒冷化は,p_{CO_2}と関係があるとしばしば説明されている. 実際,新生代を通じてp_{CO_2}の減少が報告されているが,p_{CO_2}の微妙な変化が,氷床量の変化のトリガーとして熱放射に影響を与えるだけでなく,大気循環パターンや湿度の変化にも影響を与える可能性も高い(図7-6). ただし,氷床を形成するためには,p_{CO_2}変化に伴う寒冷化ばかりでなく,水分供給も決定的な要素であった(Bartek et al., 1996).

(3) ドレイク海峡(Drake Passage)の開通

基本的にタスマン海峡およびドレイク海峡が完全に開通して,南極周極流は完璧なものとなった. ドレイク海峡の開通については,①32-33Maの漸新世初期,②中新世初期(22-17Ma),の2つの説が現在知られている. このように大きな食い違いがあるのは,スコティア(Scotia)島弧やスコティアマイクロプレートの発達などの推定が難しいからである. 太平洋と大西洋との通路が開通したとしても,点々とした大陸塊の存在や海底地形がさまざまに影響したと考えられる(Livermore et al., 2005; Scher and Martin, 2006).

5.2.5 寒冷化気候の生命圏への影響

新生代の寒冷化は,生物化学循環システムにも重大な影響をもたらした.

(1) 珪藻の進化と草本地の拡大

珪藻は,現在一次生産の約40%,エクスポート生産の約50%を担うなど,炭素循環を扱う上でも重要な独立栄養プランクトンで,海洋のみならず淡水域にも生息しており,生態学的に最も成功した真核生物であるといわれている[GME 口絵3](Smetacek, 1999). 細胞は,生物起源オパールの被殻(frustule)に入っている. 珪藻のブルーム(大増殖)である赤潮[*5C]は一般に沿岸域で起こり,外洋域のブルームは,とくに春期の北太平洋中高緯度域では湧昇プロセスが関係している[GME6.2.3].

新生代の珪藻の多様性は，K/Pg 境界での絶滅の後，極小から増大が開始したが，水温が比較的高かった暁新世および始新世の時期にはあまり変化がなかった．その後，始新世/漸新世（E/O）境界，そして中新世中・後期以降，急激に増加して現在にいたっている（Spencer-Carvato, 1999）．珪藻の繁殖には原料となるケイ酸などの主要栄養塩が必要である［GME6.2.1］*5D．

　これは，E/O 境界以降，南極大陸に氷床が発達したことと関係している．氷床の発達は極域の水温が低く保持されていたことを示していて，密度の高い深層水あるいは底層水の形成も促進され，海洋の大循環が活発化したと考えられている［GME 図 3-4］．極域での表層水温の降下は，鉛直混合を促し，結果として，表層水への栄養塩の供給を増大させる［GME 図 3-5］．また，海洋全体への陸からの栄養塩の供給については，基本的に大陸の風化作用が重要である．風化量は，陸塊の上昇速度と降水量によって大きく影響を受ける．大陸塊の衝突などによる大陸の上昇速度と河川の懸濁物の供給総量とは正の相関があり（Holland, 1981），陸上の生態系変化も河川による海洋へのシリカの供給に影響を与えたかもしれない．

　草本は E/O 境界あたりまではまだまばらであったが，高緯度域の氷河化などにより乾燥化が進み，地域を拡大し，これと呼応して有蹄類（ウマなど）も増加していった（Janis et al., 2002）．草本は最大で 15 重量％のシリカを含むことができ，プラントオパール*5E を残す．草本の C3 植物の花粉は始新世初期約 55 Ma までさかのぼることができ（Jacobs et al., 1999），プラントオパールは始新世後期以降増加したことが報告されている（Retallack, 2001）．草本は根を通じて地中深くからシリカを吸収し，枯草あるいはこの草を食した動物の遺骸が風化すると，河川や地下水を通じてより多くのシリカが海洋に供給されることになる．草地はまず C3 植物が優勢で約 17 Ma 頃

---

*5C：赤潮をひきおこす生物には，珪藻の他に渦鞭毛藻などもある．
*5D：海洋の一次生産を支える主要栄養塩には，硝酸，リン酸，ケイ酸がある．
*5E：プラントオパール（plant opal or phytolith）は，土壌中に残された植物ケイ酸体の総称．イネ科（イネ・タケ・ヨシ・ススキなど）やカヤツリグサなどの草本からカシなどの樹木は，ケイ質化した細胞が存在し，植物が枯死したあとも植物ケイ酸体が土壌中に化石として残る．これが風化して，河川より海に供給されると海洋でのケイ酸を高める働きとなる．なお，プラントオパールに関係するが，被子植物単子葉類は双子葉植物より SiO_2 の含有量が高い．

までにはかなり拡大したと推定され (Retallack, 2001), その後 C4 植物が約 7 Ma に進出してきた (図 5-12). これらの陸域の環境変化は海洋へのシリカの供給を増やし, 新第三紀の珪藻の第 2 の多様性の拡大に影響を与えたとの説がある (Falkowski et al., 2004). 一般に C3 植物は木, 灌木, 香草ほか多数の草本に多く, C4 植物は熱帯および亜熱帯のサバンナの草本, 温帯の大草原の草本, 乾燥域の草本に多い.

(2) 円石藻, 渦鞭毛藻

渦鞭毛藻類は, 栄養物として粒子状有機物のみならず溶存有機物を同化することができる. ジュラ紀および白亜紀の海洋では, 海進により増大した沿岸域環境および外洋での貧栄養な環境両方で, この戦略はうまく機能したに違いない (図 4-3). 光合成能力を持つ渦鞭毛藻は, 一次生産者として食物連鎖において重要な位置を占める. とくに褐虫藻は, 渦鞭毛藻類の単細胞藻類の総称で, サンゴと共生をすることで有名である [GME 6.3.4].

円石藻は現在では中/貧栄養な環境で棲息するグループに属する. アルケノンを生産する *Emiliania huxleyi* や, 示相化石である *Coccolithus pelagicus* が有名である [GME 口絵 3]. 基本的に外洋域における重要な一次生産者で, ココリスと呼ばれる小さな炭酸塩生物殻で覆われている [GME 6.3.2]. ジュラ紀および白亜紀に多様性を増した (図 4-3).

渦鞭毛藻と円石藻の多様性は, 始新世以降減り始める (図 4-3). 基本的に海水準が新生代の中後期に向けて低下していった時期と整合的である.

(3) クジラ (鯨) 類の進化

珪藻の興隆と関連があるのではないかと考えられているのが, 海洋の食物連鎖の上位に位置するクジラ (鯨) 類である. クジラ目に属する水生の哺乳類で, 現存しているクジラの大きさは約 2 m から 25 m 超であり, 生息域も赤道域から極域, また陸棚から外洋域まで非常に棲息範囲が広い. 大きな分類では, ハクジラ亜目 (Odontoceti), ヒゲクジラ亜目 (Mysticeti), 始新世の最後までに絶滅してしまった原クジラ亜目 (Archaeoceti) に分類される. 最初のハクジラは始新世中期 (52 Ma) に出現したが, ハクジラ亜目もヒゲクジラ亜目の相当科も漸新世に出現した. イルカ (Dorphine) はハクジラに含まれ, 中新世後期に出現した.

以下のような環境変化がクジラの進化に大きく影響を与えたものと考えられている．すなわち，アフリカ大陸とインド亜大陸がアジア大陸に衝突し，テチス海に消滅した頃に原クジラ亜目のプロトケトゥス科が出現した．クジラは基本的に陸域に生息していた偶蹄類（カバの祖先）が，現在のパキスタンあたりから海洋に進出したのではないかと考えられている．漸新世には南極大陸とオーストラリア大陸および南米大陸が離れ，南極周極流が形成されて南極大陸が熱的に孤立化するとともに，南極海での湧昇が活性化した．その頃に多くのハクジラ亜目とヒゲクジラ亜目が出現した．世界中の鯨が食する餌の消費量は魚，軟体動物（イカなど），甲殻類（オキアミ）などが主要な餌であるが，オキアミは一次生産者である珪藻を餌としている．とくに，始新世から漸新世への極域の寒冷化は湧昇を誘発し，一次生産を高めたが，クジラ類の進化もこのような環境変化を反映したものと推察されている（Fordyce and Barnes, 1994）．

5.3　新第三紀の地球表層環境

　新第三紀（Neogene period）とは，中新世（Miocene；23.03-5.332 Ma），鮮新世（Pliocene；5.332-2.588 Ma）の期間である．

5.3.1　中新世におけるテチス海の消滅の完了
　テチス海は暁新世の時期には，中低緯度を全球で周回する海流の通路であった．南極海は，南極大陸とオーストラリア大陸や南米大陸が結合していたために，大西洋-インド洋と太平洋に分かれていた．テチス海と北極海とは浅海で結ばれていたと推定されている（巻末図）．
　テチス海の閉鎖は，①インド亜大陸のアジア大陸への衝突（図5-8），②アフリカ大陸のアジア大陸そしてヨーロッパ大陸への衝突，③そして最終的にオーストラリア大陸のアジア大陸への接触に及んで現在にいたっている．インドネシア多島海は，現在，地球的規模の海洋大循環において，太平洋表層水が大西洋に戻っていくときの通過域で，地球表層環境にも非常に重要な海域となっている．インドネシア諸島を通過する深層水は，すでに中新世中

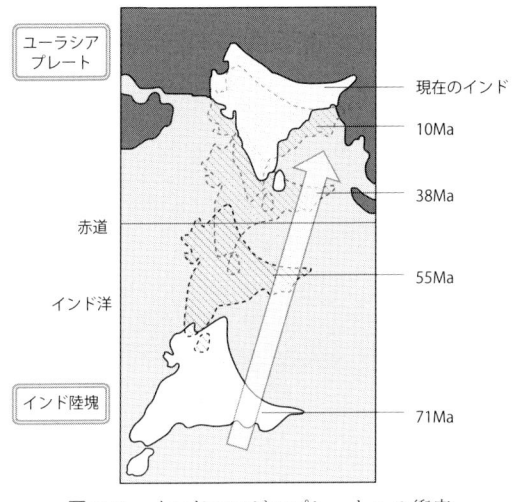

図 5-8 インドのアジアプレートへの衝突

期には制限されていて,放散虫の群集にインド洋と西太平洋との差が認められ出した 11 Ma には,海水の交換はかなり難しくなっていたと考えられる (Linthout et al., 1997).

5.3.2 中新世の前半の地球表層環境

漸新世/中新世 (O/M) 境界では,Mi-1 氷河化として表される短期間 (約 200 kyr) の $\delta^{18}O$ 値の変化を伴っており,これは氷河化の急激な進行を反映したものと考えられている (Shackleton et al., 2000). Oi-1 氷河化,Mi-1 氷河化の両方とも生物の絶滅などに関する影響は,PETM と比べて小さかった.しかし,Oi-1 氷河化,Mi-1 氷河化では,小さいながらも急激な $\delta^{13}C$ 値の正のシフト(約 0.8‰)が見られ,地球的規模での炭素循環の乱れが示唆される(図 5-1).

漸新世後期 (26 Ma) から中新世中期 (15 Ma) の気候は,その前後と比べて温暖で安定していた (Miller et al., 1987). 白亜紀の無氷河期と比べると,海水準は 50-60 m 降下した程度で,現在と比べるとずっと氷床は少なかった.とくに,中新世中期 (17-15 Ma) の温暖化は地球的規模で,中新世中期気

候最適期（middle Miocene climatic optimum）と呼ばれ，$δ^{18}O$ 値に基づくと高緯度海域の表層水温も始新世後期と同様のレベルであった．この温暖期は，古植生や古土壌からも証明されている（Schwartz, 1997）.

一方，中新世中期（16-14 Ma）の p_{CO_2} は，現在とほぼ同じか，それ以下（100-250 ppm）であった（Pagani et al., 1999a,b, 2005；Pearson and Palmer, 2000）．しかし，なぜ温室効果気体の上昇なしに気候が温暖であったのかについてはよくわかっていない．16 Ma 頃に，水蒸気量の増大，温室効果気体のメタン濃度の上昇，海洋－大気の配置の変化などが起こった可能性がある．コロンビア（Columbia）川の洪水玄武岩（flood basalt）の最大の噴火はこの 16-14 Ma に一致しているが，p_{CO_2} を顕著に上昇させることはなかったらしい．

5.3.3 地殻変動による気候や炭素循環への影響

山脈形成，プレート沈み込みなどの地殻変動要因は，長期にわたって地球表層環境システムに影響を与える．とくに，非常に高い山脈の形成は，大気循環，水循環を介して，気候モード（様式）の変更をもたらすこともある．始新世以降のヒマラヤ山脈・チベット高原の形成の場合には，規模が大きいので，地域的（regional）というより全球的（global）な影響が気候にもたらされたと考えられる．すなわち，ヒマラヤ山脈の上昇は，北太平洋の亜熱帯高気圧およびアリューシャン低気圧を強化した．一方で，ヒマラヤ山脈と大西洋およびインド洋の循環システムとの遠隔相関（teleconnection）に関しては，ヒマラヤ山脈が上昇するにつれて，北大西洋の高気圧が強化され，北大西洋の温暖化がもたらされた．ヒマラヤ山脈の形成は，全球的な乾燥化（Cerling et al., 1997）とインドモンスーンの強化（Prell et al., 1992）の一因となったとされる．

地殻変動と炭素循環も含めた気候への影響は，地球温暖化作用と寒冷化作用の2つに分類できる．温暖化をもたらすプロセスとしては，①沈み込んだ炭酸塩が，変成作用により脱ガスすることによる地圏から大気圏への CO_2 の供給，②プレート沈み込みに伴う有機炭素の分解，③リソスフェアへの有機炭素付加量の減少に伴う，地球表層リザーバーでの炭素量の増大と大気中

CO_2 の増加,が挙げられる.

逆に,寒冷化に寄与する作用としては,①火成岩や変成岩のアルミのケイ酸塩の化学風化 (1.1.3 (1)),②化学風化作用による地殻岩が溶脱し,リン酸などの主要栄養塩が陸域から海洋へ供給された結果としての一次生産の促進と有機炭素の沈積,③沈み込み帯で一時的(数百万年以上)に保存される有機炭素の貯蔵,が挙げられる.化学風化の間接指標として,海水中の Sr(ストロンチウム)および Os(オスミウム)同位体比がある (7.2.7).海成炭酸塩の Sr および Os 同位体比の値が,ともに始新世/漸新世にかけて緩やかに増大することから,変成岩に富み相対的に年代が古い広大な面積の地殻が活発に風化していたということが示唆される (Pegram *et al.*, 1992).

(1) ヒマラヤ山脈・チベット高原の成立とアジアモンスーン

南極大陸およびオーストラリア大陸から分離し,中生代に北進を続けてきたインド亜大陸がユーラシア大陸と両方の縁辺部で約 50 Ma に衝突を開始した後,その衝突帯の前縁に生じた大規模な褶曲・衝上断層帯がヒマラヤ山脈である(図 5-8).衝突はインド亜大陸の西側,すなわち現在のパキスタンに近い方で,ほぼ赤道上を通過したあたりで始新世初期に開始された.通常,標高に関しては,①古植生,②標高により違いの見られる降水の $\delta^{18}O$ 値,③山脈の前面に運搬・堆積する堆積物量,などから推定される.現在のところ一般に比較的受け入れられている説では,沈み込みに伴う山脈はすでに白亜紀あるいは暁新世に形成されていて,幅は狭かったものの,部分的には標高約 3000 m 以上に達していたとされる.30 Ma にいたり,ヒマラヤ山脈の平均的な高さは約 3000 m となった (Harrison *et al.*, 1998).中新世の 24-17 Ma になると上昇スピードは加速し,$\delta^{18}O$ 値および古植生からは 15-10 Ma までには標高は 5000 m に達したと示唆されている (Spicer *et al.*, 2003;Rowley *et al.*, 2001).

ヒマラヤの北側に広がるチベット高原は,インド亜大陸がユーラシアプレートの下に衝突沈み込んで,アンダープレーティングしたために地殻が厚くなり,アイソスタシーによって隆起して標高 5000 m の広大な高原が形成されたとされる.南東チベット高原の上昇は 13-9 Ma に起こったとされている (Clark *et al.*, 2005).一方で,中部チベット高原はすでに 15 Ma に標高

5000mに達していたとの説もある．いずれにしても，標高の高い地域が広大に広がったことは，地球的規模の気候に大きな影響を与えたと考えられる．

インドモンスーンは10-8 Maに強くなり（Prell et al., 1992），これはヒマラヤ山脈やチベット高原の発達と関係があると一般的に考えられている．

(2) ヒマラヤ山脈・チベット高原の隆起と風化

ヒマラヤ・チベット地域の隆起は，河川による削剥を招き，アジアモンスーンの強化による降雨の増大ともあいまって，化学風化が促進されたと考えられる．大陸の化学風化は概してp_{CO_2}の低下をもたらしたと考えられるが，海水中のSr同位体比の上昇が間接証拠として挙げられる場合が多い（7.2.7）．化学風化での化学反応式は式（1-1, 2, 3, 4）のとおりで，要約すると，炭酸塩の風化の場合には正味においてp_{CO_2}の増減はないが，アルミノケイ酸塩の風化の場合には実質p_{CO_2}を減少させることとなる．従来，新生代後期の寒冷化は，ヒマラヤ山脈の化学風化でp_{CO_2}が減少（Raymo and Ruddiman, 1992）したためとされてきた．

しかしながら，近年，ヒマラヤ・チベット地域での現代の風化に関して，ケイ酸塩よりも炭酸塩岩風化由来の重炭酸イオンの寄与が大きく（82％），ガンジス・ブラマプトラ川の$^{87}Sr/^{86}Sr$比も高くなっていることが指摘されている（図5-9）（Quade et al., 1997；Blum et al., 1998；Jacobson and Blum, 2000）．この事実は，新生代後期の海洋Sr同位体比の上昇とp_{CO_2}との間の関係についても，ヒマラヤ・チベット地域の隆起に伴うアルミノケイ酸塩の風化以外のプロセスも考慮する必要があることを意味している．風化量の増大については，南極も含めた高緯度域の寒冷化・氷河の拡大に伴い，低緯度域だけでなく高緯度域での岩石の風化量が増大したこととも関連があるとの指摘もある（Zachos et al., 1999）．

(3) 日本海の成立と鉱床の形成

一般に，縁海は島弧活動と関連して形成され，島弧や背弧海盆からの火山ガスなどの放出によって，地球的規模での炭素循環にも影響を与えてきた．ここでは，日本に関係して，中新世に活発な活動が観察された日本海の形成と，それに伴う鉱物資源と炭化水素資源を紹介する．

日本海の拡大は28 Maに開始した．日本列島はアジア大陸から分離し，

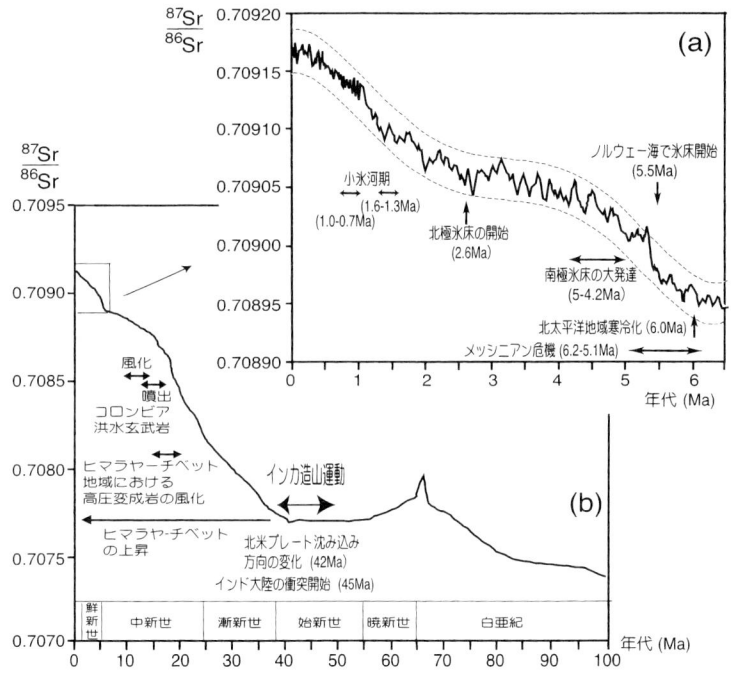

図 5-9　海水中の $^{87}Sr/^{86}Sr$ 比の変化とテクトニクスイベント（Raymo and Ruddiman, 1992 などから中野, 2003 がまとめた）

太平洋へ向かって移動し，東北日本の時計まわりの拡大の回転も徐々に起こった．西南日本の時計まわりの回転は，15 Ma 頃に急激に起こった．拡大停止は 10 Ma とされているが，確定はしていない（玉木, 1992；Tamaki et al., 1992；Jolivet et al., 1994）．

黒鉱（Kuroko）は黒色の鉱石で，閃亜鉛鉱（ZnS），方鉛鉱（PbS），黄銅鉱（$CuFeS_2$）からなり，それぞれ亜鉛，鉛，銅などの鉱石として広く採掘された．黒鉱鉱床は，第三紀火山岩と成因的関係を有する鉱床とされ，日本列島の中でグリーンタフ（緑色凝灰岩）地域の比較的狭い（約 50 km）幅で分布している．主に北海道南部から東北にかけての地域に位置し，黒鉱ベルトと呼ばれ，秋田県の花岡鉱山，小坂鉱山が有名である．黒鉱は日本海（背弧海盆）拡大のピークであった 15 Ma 頃の一時期，島弧リフトに生成した．

形態からは塊状硫化物鉱床（massive sulfide deposit）に分類される．鉱床は海底の熱水の活動により形成されたが，熱水が反応した母岩が島弧の岩石で，これらの岩石が中央海嶺玄武岩よりも金銀などに富むので，さらに酸性岩からのマグマ水の寄与の可能性もあり，中央海嶺で観察される熱水沈殿物より金，銀などの貴金属含有量が高い．

　日本の炭化水素（石油）鉱床は，秋田，山形，新潟県の新第三紀堆積盆内に分布している．これらの油田の鉱床には，火山岩を貯留岩としているものが非常に多く，世界の油田の大部分が砂岩や炭酸塩岩であるのと対照的である（土谷，1995）．油田地帯海成層に挟在する火山岩は，西黒沢層で主に玄武岩，女川層・船川層では安山岩など，天徳寺層では凝灰質砂岩・礫岩というように，玄武岩から安山岩と酸性火山岩へと変化していった．火成岩の主たる活動の時期は，西黒沢層で 13 Ma，女川層で 10 Ma である．

　女川層は東北地方日本海側に広く分布する，いわゆるケイ質頁岩あるいは硬質頁岩と呼ばれる地層である．ケイ質頁岩は，野外においては珪藻土や珪藻質泥岩と互層する産状を示し，ときには珪藻土へと水平方向に移化することもある．変質あるいは再結晶作用の進んでいない場合には，鏡下で珪藻殻が観察される．日本海の拡大に伴う海域の変化，珪藻の高生産量をもたらす湧昇流などが，特異なケイ質堆積岩相の形成を支配したと考えられている（Saito et al., 1984）．なお，珪藻の繁殖海域は，概して高栄養塩供給そして高一次生産海域に対応している．

5.3.4　中新世後期の地球表層環境

　中新世と鮮新世との大きな違いは，気候の寒冷化に伴い，降雨に代表されるような水循環も鮮新世に顕著に衰えていったことであるが，すでにその兆候は中新世後期に存在した．中新世後半の 15-5 Ma の期間には，北米で夏期の降雨が減少していき，北米大陸内部に砂漠が形成された．この原因として，北米西岸の現在のワシントン州からカリフォルニア州のあたりまで山脈が形成されたことが挙げられるが，これが気候に与えた影響は軽度であったと考えられている．それよりも，北太平洋の表層水温の降下に原因があるとの説がある．

アラスカ循環（Alaskan Gyre）域の表層水は，8 Ma の夏期の水温が現在よりも 5℃ も高いなど，中新世後期の表面海水温は現代よりもずっと温暖であったが，北太平洋は寒冷化が進行した．アラスカ循環は鮮新世に向けて寒冷化しつづけていった．最初の IRD の堆積は 6.6 Ma で（Krissek, 1995），アラスカでの氷河の本格的な発達は 4.3 Ma に始まった（Rea and Snoeckx, 1995）．この中新世後期の寒冷化はシャツキーライズでも確認されている（Bralower et al., 2006）．

北部北太平洋での大きなできごととしては，ベーリング海峡が太平洋と北極海の間でつながったことが挙げられる．その時期については現在でも議論があるが，大西洋種の二枚貝が太平洋に出現したのが 5.5-5.4 Ma なので，この時期には海水の交換は十分に行われていたと考えられる（Gladenkov, 2006）．現在のベーリング海では太平洋から大西洋に向かって海水が流れており，その流量は 0.8 Sv（10^6 m^{3}s^{-1}）である（Coachman and Agaard, 1981）．水深は約 40 m で，氷期と退氷期には陸化していたので，1.4 Ka に人類（ホモサピエンス）はここを通過してアメリカ大陸に渡った．

また，熱帯域のイベントとしては，パナマ海峡の消滅が挙げられるが，この原因は南北アメリカ大陸の衝突である．しかし，カリブ海とメキシコ湾周辺においては，すでに 80 Ma に大西洋と太平洋との深層水の循環は制限されていたらしい（Droxler et al., 1998）．太平洋と大西洋との CCD の違いが 10 Ma 程度には観察されるので，深層循環が制限されたのは約 10 Ma で，浮遊性有孔虫の $\delta^{18}O$ 値の違いより，海峡が閉じて両大洋が最終的に分離したのは 4 Ma であったと推定されている（Duque-Caro, 1990；Lyle et al., 1995）．

(1) メッシニアン地中海塩分危機

メッシニアン期（Messinian age, 7.256-5.332 Ma）は中新世最後の時代区分で，この期間中に地中海で大量の岩塩や石膏などからなる蒸発岩が形成されたので，「メッシニアン地中海塩分危機（The Mediterranean Messinian salinity crisis）」と呼ばれている（Ryan et al., 1973）．この岩塩形成は，5.96-5.33 Ma で，顕生代の中でも最大級のものであった（図 5-10）．

この時期には，地球的規模での寒冷化などの影響で海水準は低下し，ジブ

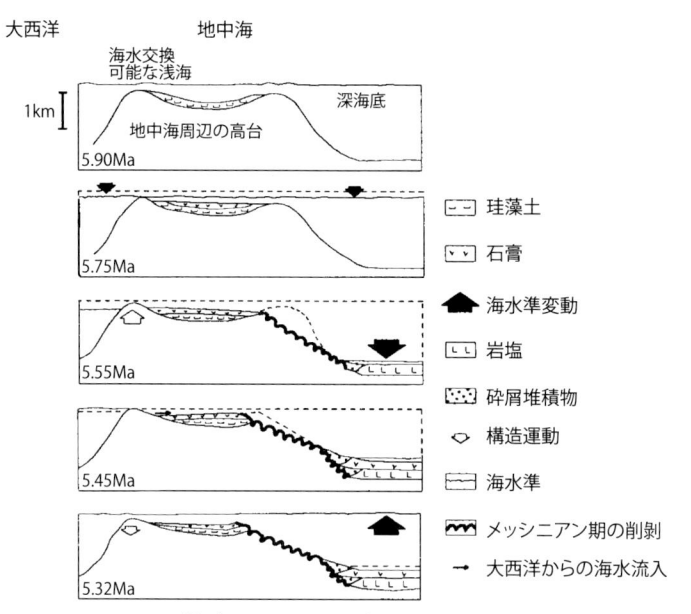

図 5-10 メッシニアン期 (7.256-5.332 Ma) における地中海での地殻変動とそれに伴う岩塩層の沈積 (Clauzon *et al.*, 1996)

ラルタル海峡 (the Gibraltar Sill) の水深以深まで海水準は低下した[*5F]．この結果，地中海は大西洋から分離してしまった．地中海は基本的に河川からの流入よりも蒸発の方が卓越しているため，巨大な一連の内海が乾燥して莫大な量 (1×10^6 km^3) の蒸発岩が形成された．現在の地中海の水の容量は 3.7×10^6 km^3 で，降雨を差し引いた蒸発の純量は 3.3×10^3 km^3 yr^{-1} となっている．実際，現在の地中海の塩分も北大西洋の海水のそれより高くなっている．もし，海峡で大西洋からの海水の流入がなかったら，現在の地中海は約1kyrで完全に干上がってしまうことになる．

塩分を35，海塩の密度を 1.35 g cm^{-3}，海盆の平均深度を2700mと仮定すると，地中海が完全に干上がった場合，1回で約70mの厚さの岩塩層が形成される．メッシニアン時代におけるいくつかの沈積では，岩塩層の厚さ

[*5F]：現在の海底水深は320mで，当時の海水準の低下は100mだったと予想され，なぜ地中海が孤立したのかについては，現在でもよくわかっていない．現在では，沈み込みによる隆起説もある．

が3000mに及ぶものがあり，それらは40回程度の量の海盆内の海水の蒸発量に匹敵している．ODP 846測点の結果を基にすると（Shackleton et al., 1995)，実際は2段階で形成されたらしい：①第1フェーズ（5.75-5.60 Ma）では，海水準が少し下がり，縁辺部で蒸発岩形成が起こった．②第2フェーズ（5.60-5.32 Ma）では，地中海は完全に孤立し，海底峡谷は露出し，侵食が起こり，深部に岩塩が堆積した（Clauzon et al., 1996).

　全球の地球表層環境との関連では，海水準と塩分に影響が出たはずである．地中海で干上がった水は，海水準を10mほど上昇させたと計算される（＝3800 m（平均水深）×$3.7×10^{15}$ m^3/$137×10^{16}$ m^3（全海水量））．Na, Clなどの平均滞留時間は100万年以上のオーダーで非常に長い．メッシニアン岩塩が形成されると，大西洋，太平洋などの外洋域の海水からこの岩塩に相当する塩分が除去されることになる．単純計算によると塩分は3.8ほど低下した可能性が高く，これは凝固点を約0.16℃上昇させる効果がある［GME 図3-8］．結果として高緯度域での海氷の形成が促進されたと推定される．氷の形成は，地球のアルベドを高くし，地球的規模の寒冷化を促進する方向に働いたと考えられる．ただし，メッシニアン地中海塩分危機と直接呼応して全球の気候に影響が出たかどうかについて，明瞭な証拠は現在のところ報告されていない．

(2) 中新世後期におけるC3からC4植物への植生変化

　新生代の特徴として，草本を中心とした生態系の発達がある．熱帯域のサバンナは低緯度域の半分以上の面積を占め，草本を中心とした生態系は，北米大陸やアジア大陸中央部で顕著である．草本の多くはイネ科（Poaceae）に分類され，イネ，コムギ，オオムギ，トウモロコシ，タケ，ヨシ，サトウキビ，キビ，ススキなど数百属と約1万種が含まれ，被子植物単子葉類に属している．作物ではトウモロコシや雑穀類がC4植物であり，イネやコムギといった主要作物はC3植物である．

　C4植物は，高温や乾燥，低いp_{CO_2}，貧窒素土壌という悪い条件下に呼応するために進化したといわれ，CO_2を固定するのに余分に大きなエネルギーを使っているので，C3植物より通常効率よくCO_2を固定することができる．C4植物の特徴としては次の3点がある：① C4植物の補償点[*5G]はC3植物

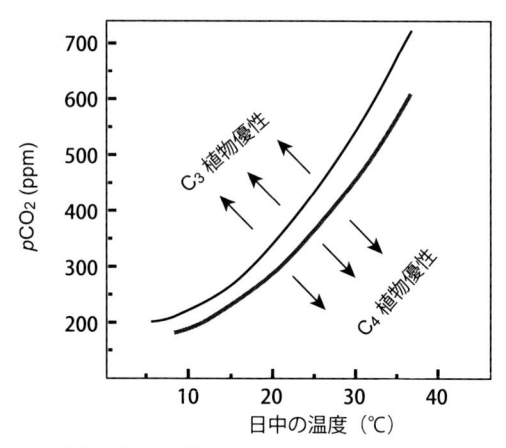

図 5-11 C3, C4 植物の回路の違い
　p_{CO_2} は C3 植物と C4 植物で数倍ほど違い, C4 植物は低 p_{CO_2} でも生育可能である.

の p_{CO_2} 補償点の (40-100 ppm) と比較すると小さく, 2-5 ppm である. ② C4 植物は C3 植物に比べ水分使用率 (光合成に利用する水と蒸散で失う水の比) が高く, 半乾燥状態での生育が可能である. ③ C4 植物は C3 植物に比べ, 窒素利用効率が高い (図 5-11).

　C3 および C4 植物の $δ^{13}C$ 値は, それぞれ -26‰ および -12‰ である. 現代では, ほとんどの C4 植物は草本で, 低緯度から中緯度 (40 度) に分布している. また, C3 植物は高緯度, 高標高あるいは地中海気候などで観察されるように冷涼で生育する季節を有する地域で観られる. 化石の歯および古土壌の炭酸塩の $δ^{13}C$ 値の増加は C4 植物の増加を反映し, 生態系の C3/C4 植物比を記録していると考えられている.

　北米のウマ (equids) のアパタイトの $δ^{13}C$ 値は, 約 7 Ma に彼らの食料が C4 植物に突然変化したことを示している (Cerling et al., 1997). 食料と生物アパタイトの間の $δ^{13}C$ 値の分別 (増加) は約 14‰ なので, 生物アパタイト

＊5G：補償点は基本的に, 植物において, 光合成速度と呼吸速度が等しくなるような大気中の二酸化炭素濃度である. また, 光量に関する補償点の場合, 呼吸による酸素の消費量と光合成による放出量が釣り合って, 見かけ上ガス交換がないときの光の強さである.

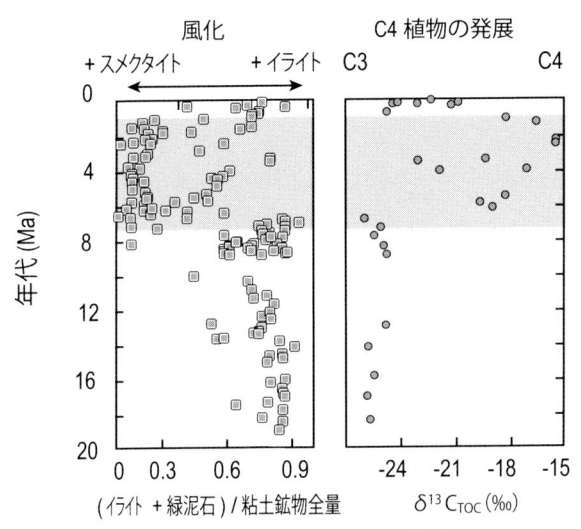

図 5-12 約 7 Ma を境界とした陸域生態系での $\delta^{13}C$ 値の変化（Bouquillon et al., 1990；Frano-Lanord and Derry, 1994 を改変）

の $\delta^{13}C$ 値が 0‰ 以上の場合はもとの有機炭素の $\delta^{13}C$ は -14‰ より大きな値となるので，C4 植物を食料としたことを意味している（図 7-4）．同様に $\delta^{13}C$ 値が -8‰ 以下の場合は C3 植物が食料であったと考えられる．南アジア（パキスタン）とアフリカ（ケニヤ）では，中新世最後期（8-5 Ma）に C3 植物から C4 植物主体に（90% 以上）食餌が変化した（Cerling et al., 1997）．この時期の植物の変化に呼応して，哺乳類の主要な動物相の変化がほとんどの大陸で起こった．

全体をまとめると，草本は始新世後期に発展を始め，中新世を通じて発展し，鮮新世前期から中期に主たる地位を確立したと示唆される．草本は基本的に乾燥化と呼応していた．この 7 Ma あたりの時期には，ヒマラヤ山脈やチベット高原が隆起し，これにより風化の促進，それに伴う p_{CO_2} の低下，そして寒冷化したと予想される（図 5-12）．低 p_{CO_2} では，C3 植物よりも光呼吸が少ない C4 植物のほうが生育に有利である場合が多い．

現在のところ，C4 植物が p_{CO_2} の低下，あるいは乾燥への適応のどちらの因子に主に適応してきたのかについては，依然として不明瞭である．C4 植物の出現自体は白亜紀とされ，進化についての重要な知見として，C4 植物

は単子葉植物と双子葉植物の両方に見られるので，両者が進化的に分離する以前に，被子植物にC4植物に特異的な一連の遺伝子群がすでに備わっていたのではないかと推定されている．

5.3.5 鮮新世の地球表層環境

鮮新世は5.332-2.588 Maで，地球表層環境が現在より温暖であった最後の時期である．鮮新世前半は現代より3℃ほど温暖で，鮮新世最終期までに北半球の周期的な氷河化の開始となる．その境界は2.75 Maで，地球環境は厳しい氷期に突入していく．

北半球の氷河形成は急速に起こり，アラスカ沖での珪藻の沈積が突然減少し（Rea et al., 1995），IRDが突然増加したり，火山活動による降灰などとのリンクも指摘された（Prueher and Rea, 2001）．基本的には，表層水が成層化し，栄養塩が湧昇しにくくなり，水温も急速に変化した．北太平洋は氷期のように海氷などが卓越する海洋へと変化し，2.75 Maに北米大陸に氷床が発達し始めたと考えられる（Haug et al., 2005）．大西洋での変化は太平洋より緩やかであったものの，グリーンランド-アイスランド-ノルウェーではIRDが3.2 Maに急速に増加した．2.72 MaにはIRDはさらに増大し，分布する海域ももっと広くなり，北大西洋へと拡大していった．このことは，氷河が増大し氷河起源物質の海洋への供給が盛んになったことを意味している．

北半球の氷河化は鮮新世後期に本格的に確立したが，それにいたる道筋については，氷河化は鮮新世前期の4.6 Maから徐々に進行していて，パナマ海峡の閉鎖（Haug and Tiedemann, 1998），インドネシア多島海での海水流動の制限などが徐々に進行したためと解釈されている．赤道太平洋の東側の海水の$\delta^{18}O$値が低下し始めたのが3 Maで，西側と東側で顕著な差が現れ，ウォーカー循環（Walker circulation）[*5H]が形成されたのが1.5 Maと推定

[*5H]：緯度が同じであると，基本的に日射量は同程度となる．しかし，陸地の方が海洋より暖められやすいので，陸上の空気の方が温度は上がる．陸地では上昇気流が，相対的に温度が低い海洋で下降気流が卓越する．熱帯地方では，インドネシア多島海，アフリカ大陸，南アメリカ大陸で上昇気流，太平洋東部，インド洋西部，大西洋で下降気流となる．このような東西方向の空気の循環はウォーカー循環と呼ばれている．

されている (Ravelo and Wara, 2004). すなわち, 鮮新世の寒冷化は 2 段階で起こり, 寒冷化には地域差があり, 低緯度域では第 1 段階が 3-2.5 Ma, 第 2 段階が 2-1.5 Ma と推定される (Ravelo et al., 2004). 当時の p_{CO_2} は 370 ppm 程度と, 第四紀の間氷期の値のそれの 130% 程度と推測されている (Van der Burgh et al., 1993).

(1) パナマ海峡の閉鎖

パナマ海峡の閉鎖は赤道域のみならず, 地球的規模での気候・環境変動にも影響を与えた. パナマ海峡, つまり大西洋が太平洋とつながる中央アメリカ水路 (Central American Seaway) が, 約 3.0-2.5 Ma 頃に閉鎖されたことにより, 大西洋赤道域における温暖な表層水に起源を持つメキシコ湾流は北上するようになった (Bartoli et al., 2005). これにより, 高塩分の海水が北部北大西洋にもたらされることとなり, 地球的規模での大循環は活発化した. さらに, メキシコ湾流は北上により北部北米大陸に大量の水分を供給することになり, 氷床の発達を促した. この熱塩循環の活性化は, 明らかに寒冷化に正のフィードバック機構を持っていたことになる. なお, 大西洋で観察された急激な環境変化は, 北太平洋においても報告されており, 地球的規模の現象であったことがわかる (Shimada et al., 2009).

(2) 鮮新世のアフリカでの乾燥化

人類最古のアルディピテクス属のラミダス猿人 (*Ardipithecus ramidus*) は, 約 4400 Ka にエチオピアで生息していた (White et al., 2009) (図 8-1). 約 5-4 Ma にはアフリカは乾燥化し, 人類の進化にも影響を与えたと示唆されている. アフリカの湿潤/乾燥は, 太平洋の低緯度域での環境とリンクしていると考えられている. 現代では, 西太平洋暖水塊 (WPWP; Western Pacific Warm Pool) は表層海水温が世界で最も高く (年平均で 28°C 以上) [GME 図 7-13], インドネシア多島海を中心として存在し, 熱貯蔵庫として機能している. この水塊からインドネシア通過流 (Indonesian Through Flow) を通じて, 膨大な熱量がインド洋に運搬されている. 当時, インドネシア通過流によって輸送される熱量の減少が, 赤道インド洋の水温低下をもたらし, 結果的に鮮新世のアフリカの乾燥化の原因になったと考えられている (Lyle et al., 2005a).

6．第四紀(Quaternary period)の地球表層環境

　新生代の時代の区分けで最後の時代は，第四紀（2588 ka から現在まで；Head *et al.*, 2008）と呼ばれ，①中高緯度域や山岳地帯での氷河の発達を伴う氷期と，間氷期という周期的気候変動，②人類の発展，という特徴がある．また，③堆積物や地層に環境記録が最も残っている時代なので，分析・解析手法もほかの時代と比較すると精密である．

　第四紀は2つに区分される*[6A]：①更新世（Pleistocene）（2588-11.7 Ka），②完新世（Holocene）は，ヤンガードライアス寒冷期（Younger Dryas stadial；YD期）が終了して温暖になり始める時期以降，暦年で 11.7 Ka（^{14}C 年代で約1万年前）から現在までの温暖な時期である（図1-11）（町田ほか編，2003）．

6.1　第四紀の氷期・間氷期とミランコビッチサイクル

6.1.1　ミランコビッチサイクル（10^4-10^5年周期）

　氷期・間氷期にはいくつかの周期が内在しており，セルビアの地球物理学者ミランコビッチにちなんで，ミランコビッチサイクル（Milankovitch cycle）と呼ばれている（図6-1）．この理論は高緯度域の日射量変化に重点をおくもので，まだ完全には証明されていないが，実際に観察される気候・環境変動と整合的である（e.g., Hays *et al.*, 1976；Imbrie and Imbrie, 1979；Berger, 1988；Broecker and Denton, 1990；Covey, 1984；増田, 1993）．

＊6A：第四紀の下限は2588 kaで，MIS 103の下限である．ちなみに，ガウス/松山境界は2582 ka である（http://www.quaternary.stratigraphy.org.uk/）．この層準で突然，氷床拡大や寒冷化が始まったわけではないが，2.7-2.8 Ma に始まる世界的な寒冷化が恒常的となった時代で，かつ古地磁気により明確に指示される層準が基底として定義された（奥村ほか，2009；遠藤・奥村，2010）．なお，Ka = 1000年暦年前，ka = 1000年前（^{14}C 年代）．

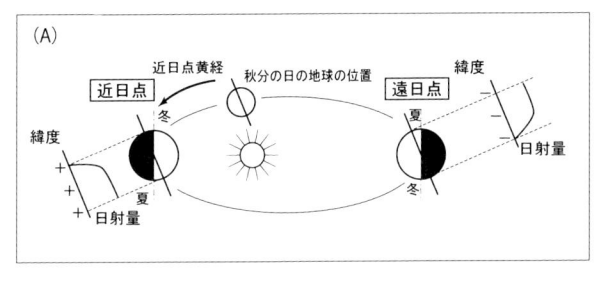

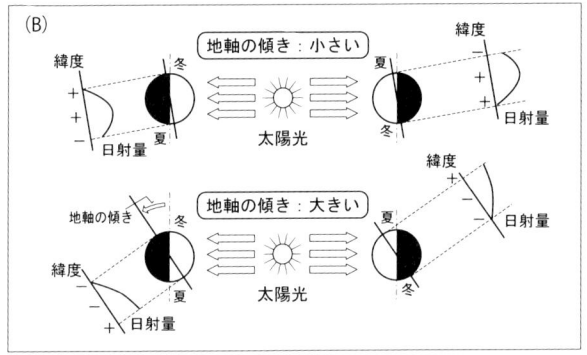

図6-1　ミランコビッチサイクルの模式図
　　軌道要素と緯度ごと，季節ごとの太陽放射量との関係（増田，1993）．＋，−はその緯度・季節の長期平均からの偏差の符号を示す．（A）近日点の季節による違い，（B）地軸の傾きによる違い．

　日射量は地球の軌道を特徴付ける3つのパラメータによって支配されている：①公転軌道離心率（eccentricity），②地軸の傾斜（obliquity），③歳差運動（precession）（図6-2）．地球の公転軌道は真円でないので，軌道離心率は約100 kyr周期で0.005-0.006まで変化する[*6B]．地軸の傾きは22.1-24.5度まで変化し，周期は約41 kyrである．歳差運動はコマのような首振り運動で，地軸の方向に関係していて，周期は19 kyr，22 kyr，24 kyrである．これらの地球環境に対する影響を時系列に解析すると，深層大循環（熱

[*6B]：正確には，95 kyr，125 kyr，400 kyrの周期を示す．地軸の傾きがわずかな範囲に収まっているのは，衛星としては大きな月が関与しているためとされる．火星では衛星が相対的にずっと小さいので，地軸の傾きは100 kyr周期で15-35度と変化幅が大きくなっている．

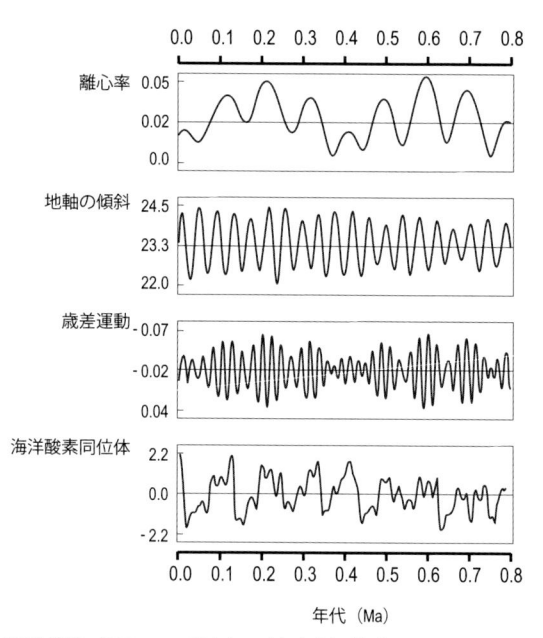

図6-2 中期更新世（800 Ka〜現在）の地球公転軌道の離心率，地軸の傾斜，歳差運動の変化，および一般的な海洋酸素同位体比変動（Imbrie *et al.*, 1984を改変）

塩循環）のような高緯度域が原因の場合には，離心率の周期41 kyrが，エルニーニョ・南方振動のように低緯度域が原因の場合には，歳差運動の周期が表れる場合が多い．

軌道離心率の日射量への影響については，離心率が大きくなると近日点と遠日点との差が大きくなり，歳差運動効果の振幅を大きくする．しかし，軌道離心率の年間日射量への効果は小さく，過去100万年間に限ると変動は0.3％に過ぎない．さらに，地軸の傾きと歳差運動は，各緯度と季節の日射量の分布を変えるだけで全日射量に変化はない．これらのことは，軌道要素の変化の全日射量への変化は小さいということになってしまう．そこで，ミランコビッチ理論では，全日射量ではなく，20％も大きく変動する北半球高緯度（北緯78度）の夏の日射量が，氷期・間氷期を引き起こす原動力であると提案した．すなわち，氷期・間氷期変動には，北半球氷床の不安定性が関与している．第四紀の地球での北半球高緯度は海洋よりも陸地が大変多く，

大陸は海洋より熱容量が小さいので,熱しやすく冷めやすい.その地域の夏の日射が弱くなると,冷涼な夏となり,冬の積雪が融解せず越年の氷床量が増加し,これが継続すると大氷床へと発展するということになる.なお,過去700 Ka では,100 kyr の周期が卓越していることが知られているが,離心率の変動が小さいのになぜ100 kyr 周期の気候変動が起こるのかについては,現在でも大問題となっている.その理由として100 kyr 周期は氷床の形成・衰退に関連した固有振動を反映したものかもしれないとの説がある(図6-2)(Abe-Ouchi, 1993).

6.1.2 海洋堆積物に保存されたミランコビッチサイクル

ミランコビッチサイクルは,海水の $\delta^{18}O$ 値の大きな変動に最も表れている.この $\delta^{18}O$ 値の変動は,基本的に氷床量の増減を反映しているが,2500-900 Ka までの期間では41 kyr の周期が,700 Ka 以降は100 kyr の周期が卓越している(図1-9)(Ruddiman et al., 1986;Lisiecki and Raymo, 2005).顕著な100 kyr 周期の中で,$\delta^{18}O$ 値の増減は非対象な鋸状の形をしている.これは氷が成長するときの方が,消滅するときよりはるかに時間がかかることを意味している(図1-9).なお,太平洋・大西洋・インド洋から得られた $\delta^{18}O$ 値カーブは,類似した変動パターンを与えるので,地域的な偏差を除くと地球的規模での変化量となり,年代としても使用できる.天文変数などを考慮してSPECMAPと呼ばれる標準酸素同位体比カーブが用意されている(1.2.4(1)).

ミランコビッチサイクルは,さまざまな環境変動にも認められている.大気経由で運搬される鉱物粒子を主体とした風送塵の変動は,地域から地球的規模の気候変化を反映している場合が多いが(Windom, 1975;Prospero et al., 1981;Janecek and Rea, 1985),アラビア海ではアジアモンスーンに影響された風送塵の供給に関し,100 kyr,41 kyr,23 kyr,19 kyr の周期帯が認められた(Sirocko and Sarnthein, 1989).また,生物生産に関係して,大西洋と太平洋の赤道域の有機炭素沈積流量と $\delta^{18}O$ 値は3種類のミランコビッチの周期を示していた(Lyle et al., 1988;Pedersen et al., 1988;Kawahata et al., 1998).深海底での炭酸塩の溶解では,100 kyr と 41 kyr の周期が認めら

れ,海洋の深層大循環変動が北大西洋や南極海などの高緯度域で支配されていることと整合的であった(Boyle, 1984; Peterson and Prell, 1985b).

6.2　氷期・間氷期の環境

海水の酸素同位体比の変化(図1-11)に示されているように,$\delta^{18}O$値は氷期に極大,間氷期に極小という周期を,第四紀に何回も繰り返してきた.$\delta^{18}O$値の値が氷期ごとに少しずつ異なることから,氷期であっても各々差があったということがわかる.同様なことは間氷期にもあてはまる.しかしながら,氷期・間氷期を見渡して,共通の特徴を抽出することも重要である.ここでは,最もデータがそろっている最終間氷期から現代まで,つまりMIS(Marine Isotope Stage)5(約133 ka)からMIS 1までの1サイクルを中心に整理する.

まず,MIS 5は最終間氷期であり,温暖な期間であった.その中でも約125 KaのMIS 5eと呼ばれる時期は,$\delta^{18}O$値の極小期で最も温暖であった時期で,完新世(後氷期)に対応する時期とされている.MIS 4は,$\delta^{18}O$値も増加し,氷床も拡大して寒冷化した時代である.MIS 3はMIS 4と比べると$\delta^{18}O$値も減少し,温暖化したが,MIS 5と比較すると明らかなように,氷床量も多く,気候も寒冷であったので,氷期として扱われることが多い.次のMIS 2は最終氷期で,$\delta^{18}O$値が極大を示した.とくにピークは最終氷期最盛期(Last Glacial Maximum;LGM, 20-21 ka)と呼ばれ,氷床量は最大となり,厚さ2-3 kmにも及ぶ氷床が北米のカナダおよびヨーロッパのスカンジナビアなどに存在して,高緯度の気温もp_{CO_2}も極小を示した.MIS 1はほぼ後氷期に対応し,現代のような温暖な期間である.

6.2.1　海底堆積物からの氷期・間氷期の復元

最も基本的な環境因子である水温については,1970年代に行われたCLIMAP(Climate: Long-Range Investigation Mapping and Prediction)プロジェクトで,深海底の微化石群集解析などを基に,グローバルな氷期の水温が復元されている(図6-3)(CLIMAP Project Members, 1976).20 Ka

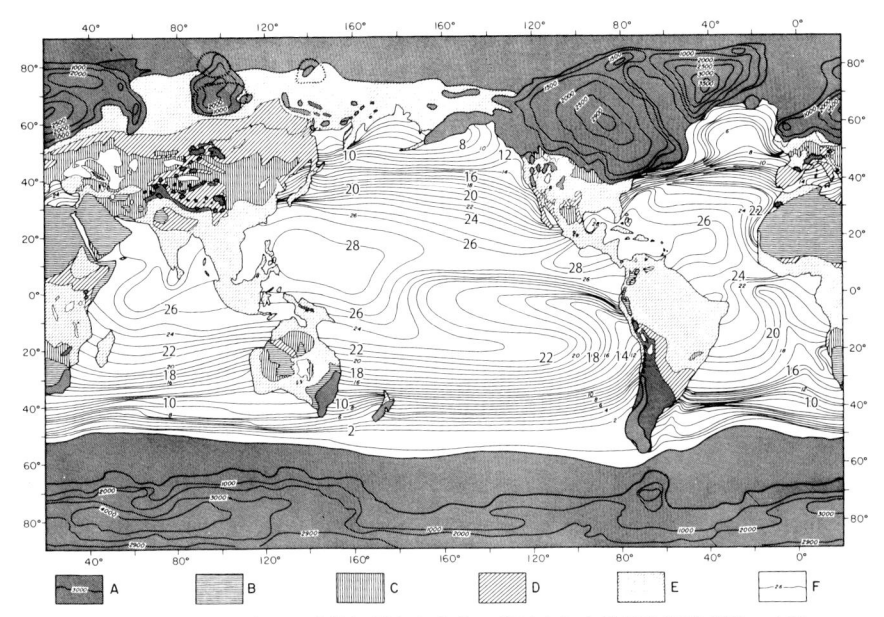

図6-3 深海底の微化石群集解析などを基に復元された最終氷期最盛期の水温
(CLIMAP Project Members, 1976)
A：雪と氷，B：砂漠，C：ステップ，D：サバンナ，E：森林，F：海洋．

のLGMの表層水温の低下は，現在のそれと比べると熱帯域では小さく（1-2℃程度），高緯度域では大きかった（10℃以上）．このように温度変化が熱帯域で小さく，高緯度域で大きいという特徴は，地球表層環境システムの根本的特性であり，①白亜紀と現代とを比較すると，白亜紀では赤道域では数℃，高緯度域では20℃以上温暖化していた事実，②将来の地球温暖化での高緯度域での大きな昇温予測（IPCC, 2001），とも整合的である．

LGMには現在ある南極氷床，グリーンランド氷床のほかに，大陸氷床として，北米氷床（ローレンタイド Laurentide，コルディレラ Cordilleran，イヌイット Innuitian），北部ヨーロッパの氷床（スカンジナビア Scandinavian，英国 British，バレンツ海 Barents Sea，カラ海 Kara Sea）が発達したため，海水準は現在よりも約120 m低下していた（図6-4）．正確な見積りは，バルバドス，パプアニューギニア，タヒチなどのサンゴ礁，ボナパルト海盆などの大陸棚の地形を利用して推定された（Fairbanks, 1989；Chappel and

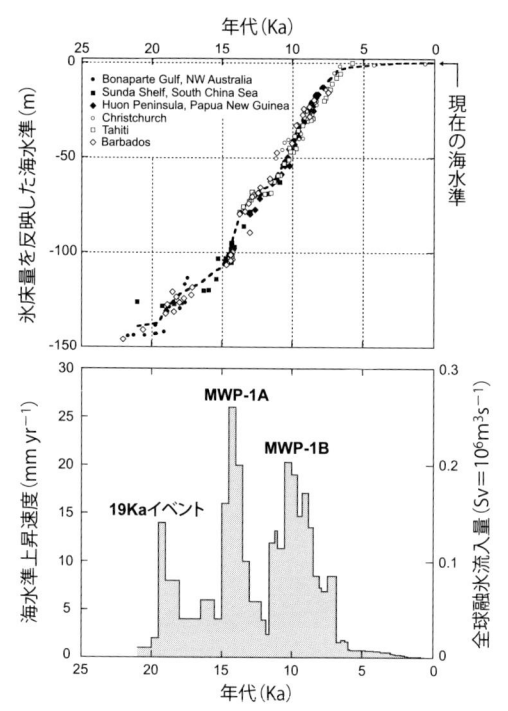

図 6-4 過去 2 万 5000 年間の海水準変化（上）および同変化より求めた 100-500 年間の平均海水準上昇速度および全球融水流入量（下）
19 Ka イベントとともに 2 回の融氷パルス（MWP-1A, MWP-1B）で，氷が大量に融解したことがわかる（大河内，2008 より引用；Fairbanks, 1989；Chappell and Polach, 1991；Bard et al., 1996；Yokoyama et al., 2000；Hanebuth et al., 2000 のデータに基づく）．

海水準変動は全球を通じて一様ではなく，場所によって大きな差異があることが知られるようになった．すなわち，相対的な海水準変化は，氷量の変化と単純な関係を有しておらず，glacio-hydro-isostasy を考慮した補正が必要である．

Polach, 1991；Bard et al., 1996；Yokoyama et al., 2000；Hanebuth et al., 2000；Lambeck et al., 2002；Yokoyama and Esat, 2011）．

海水準は LGM 以降，約 19.0 Ka に始まる急激な昇温により上昇を開始した（Yokoyama et al., 2000）．その中でもとくに急激なものは，融氷パルス MWP-1A（Melt Water Pulse 1A）と呼ばれており，その時期はアメリカのバルバドスで 13.7±0.1〜14.2±0.1 Ka，スンダ大陸棚で 14.6-14.3 Ka と報告されている．同様の融氷パルス 1B は 11 Ka にもあったとも指摘されて

いる．融氷パルス時の海水準の上昇スピードは非常に速く，最大で 27 mm yr^{-1}（瞬間的には 40 mm yr^{-1}）にも達していた．なお，海水準の変化は海水の δ^{18}O，δD 値の変化を引き起こすが，LGM は完新世と比較すると，δ^{18}O，δD 値はそれぞれ 1.0±0.1‰，8±1‰高かった．このときの氷床の平均 δ^{18}O 値は約 -30‰と推定されている（Duplessy et al., 2002；Schrag et al., 2002）．氷の同位体組成が均一であると仮定すると，海水準変動 120 m を考慮すると海水準変動 m あたり 0.0088‰という値を得るが，造礁サンゴに基づく平均値として 0.011‰ m^{-1} を使用して計算を行っている論文もある（Fairbanks and Matthews, 1978）．

氷床の発達・衰退は，アルベドや大気・水循環にも大きな影響を与えてきた．氷床の面積的な拡大や大陸棚の陸化は，アルベドの上昇を招き，LGM の北半球の寒冷化の一要因となった（Broccoli, 2000）．厚さ 2-3 km にも及ぶ超巨大氷床は，北半球の大気循環にも影響を与え，その後，退氷時のアイソスタシーによる陸塊の上昇時にも，再度大気の流れに影響を与えた．

海洋の中深層大循環の変遷は，底生有孔虫炭酸塩殻の栄養塩指標（Cd/Ca 比や δ^{13}C 値）から推定されてきた．深層水は年代が古くなると，栄養塩濃度が上昇し，δ^{13}C 値，pH そして溶存酸素濃度は低下する［GME6-21］．現在深層水は，北部北大西洋（Northern North Atlantic）で誕生し，インド洋や太平洋に流れ込むので，大西洋の深層水の方がインド洋や太平洋のそれより δ^{13}C 値は高い値を，栄養塩濃度は低い値を示している．過去 225 kyr にわたり，この傾向は氷期・間氷期にかかわらず継続していたことが示され（Boyle and Keigwin, 1985/1986），基本的な深層水の流れは大西洋から他の大洋に向かっていた［GME 図 3-6，GME 図 3-7］．ただし，北太平洋での海水の δ^{13}C 値の極小値を示す水深は，完新世には 2000 m なのに対して LGM には 3000 m で，異なった鉛直水塊構造が形成されていた可能性が高い．同様の傾向がインド洋，大西洋でも示唆された（Matsumoto et al., 2002）．

北大西洋深層水（NADW；North Atlantic Deep Water）の流量は，氷期・間氷期に呼応して顕著に盛衰を繰り返した（Curry and Lohmann, 1983）．LGM には，NADW が形成される海域は現在より南方に移動し，生成量も減少した．それにより，大西洋の深層循環は概して弱まり，滞留時間が増加

したため，深層水の平均年齢は増加した．そこで，海洋表層から沈降してくるプランクトンの遺骸などが深層で分解して生成する栄養塩の濃度は増加した．さらに，深層水の厚さも増加したため，中深層に多量の溶存 CO_2 が蓄積された．CO_2 は酸性気体なので，中深層水の pH は下がり，大西洋では炭酸塩の溶解が氷期に促進された（Duplessy et al., 1991）．基本的なプロセスは以上のようなものであるが，近年のより詳細な研究では，LGM の北大西洋の深層は，従来考えられていたほど停滞していなかったことが示唆されており，現在も研究が進行している（Lynch-Steiglitz et al., 2007）．なお，堆積物中の間隙水の $\delta^{18}O$ 値と塩化物イオン濃度より，LGM の大西洋，南極海，南太平洋の 2000-4000 m の海底付近の海水の塩分は 1 単位以上高く，-1〜-2℃ と結氷水温に近かったことが示されている（Adkins et al., 2002）．

6.2.2 氷床コアからの氷期・間氷期の復元

氷床コアは毎年積もった雪が氷となって沈積し，年縞となったもので，大気を中心とした非常に高時間解像度の記録が残っている．氷床コアはグリーンランド（たとえば，グリップ GRIP，ギスプ GISP），南極（ボストーク Vostok，ドームふじ，エピカ EPICA），高山から採取されている．

南極大陸の氷床を掘削したボストークコアの過去 40 万年にわたる記録を図 6-5，図 6-6 に示す（Petit et al., 1999）．氷の水素同位体比（δD 値）（図 6-5a，図 6-6b）は氷が形成された上空の大気の気温を記録している．もっとも，この同位体は気団の同位体比を反映するとの異説もある．気温は氷期・間氷期で大きく変動（変動幅は約 12℃）していた．気温の極小値はほとんど一定（1℃以内）だったのに対し，極大値には MIS 5.5，7.5，9.3 のときに現在（完新世）より高くなっていた．興味深いのはスペクトル解析結果で複数の周期が認められたものの中で，とくに 41 kyr の周期が日射量の変化と同期しており，北半球高緯度における日射量が，ボストークの気温におおいに影響していたと理解できることである．一方，$\delta^{18}O_{atm}$ 値（図 6-5b）は氷に閉じ込められた空気の $\delta^{18}O$ 値で，地球的規模の氷床量（図 6-6d）と水循環を反映している．これは，海底堆積物コアから得られた $\delta^{18}O$ 値カーブ（図 6-5 c）を基に推定された氷床量ともよい相関があるが，それ以上に，

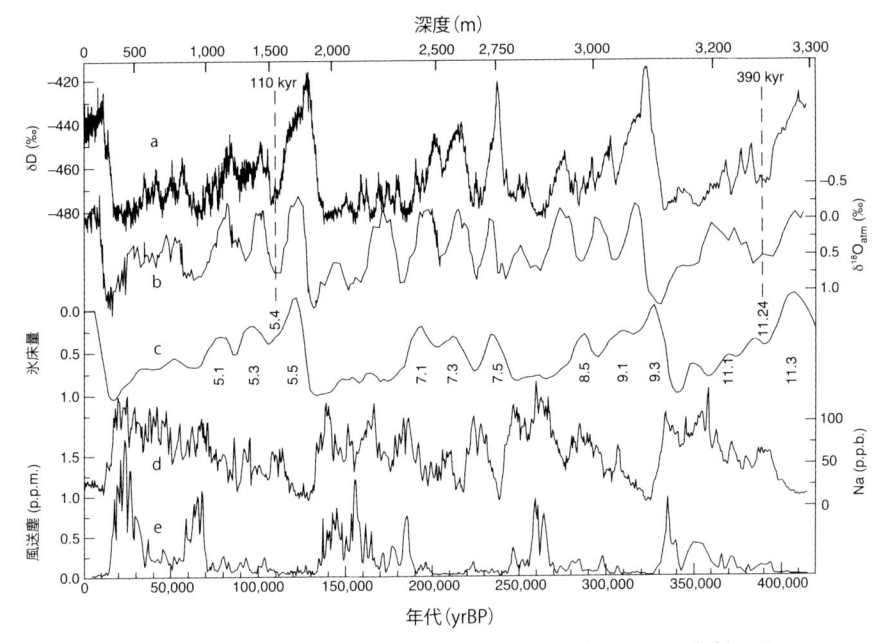

図 6-5 南極大陸のボストーク氷床コアの過去 40 万年にわたる記録・その 1 (Petit *et al.*, 1999)
a：氷の水素同位体比（δD 値）（‰），b：氷に閉じ込められた空気中の O_2 の $\delta^{18}O$ 値（‰），c：海底堆積物コアから得られた $\delta^{18}O$ 値カーブから推定した氷床量，d：ナトリウム（Na）含有量（ppb），e：風送塵（ppm）．

$\delta^{18}O_{atm}$ 値のプロファイルは，北緯 65 度の 6 月半ばの日射量変化（図 6-6e）と類似しており，地球的規模での気候変動を驚くほど正確に反映している．

風送塵（dust）は大気経由で何千 km も運搬される粒子状物質，すなわち，狭義にはアルミノケイ酸塩鉱物や石英を主体とした大陸起源物質，広義にはこれに海塩などを加えたものを指している．氷床コア中のナトリウム（Na）含有量（図 6-5d）は海塩の量を，風送塵は砂漠地帯からのアルミノケイ酸塩鉱物の運搬量（図 6-5e）を表している．海塩は氷期には 120 ppb（ng g^{-1}）程度と完新世の 3-4 倍に増加し，気温とは逆相関（$r^2=0.70$）を示し，しかも 100 kyr, 40 kyr, 20 kyr のスペクトルを示していた．現在，海塩の運搬や積雪は南半球の冬（9 月）に最大となっているので，氷期においては緯度方向の温度差が拡大し，風が発達した時期に海塩が運ばれたらしい．

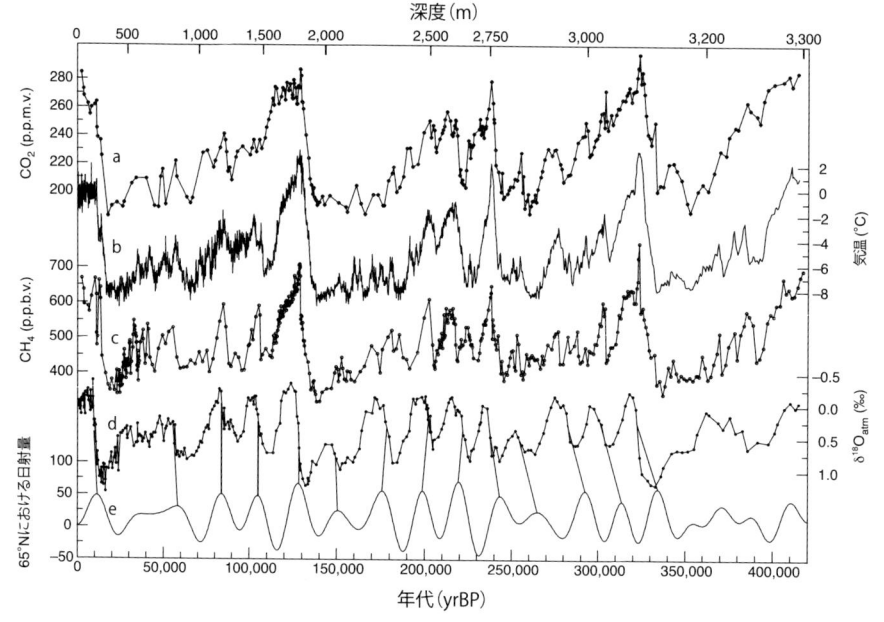

図6-6　南極大陸のボストーク氷床コアの過去40万年にわたる記録・その2
(Petit et al., 1999)
　　a：氷に閉じ込められたCO_2濃度（ppmv），b：氷の水素同位体比（δD値
（‰））から推定した気温，c：氷に閉じ込められた空気のメタン濃度（ppbv），
d：O_2の$\delta^{18}O$値カーブ，e：北緯65度における6月半ばの日射量.

　一方，鉱物を主体とした風送塵は1-2桁以上の変動を示し，間氷期に約50 ppbと低く，氷期に1.0-1.5 ppmと高いなど，定性的には氷期・間氷期に変動はしているものの，氷床の酸素・水素同位体などから求められた気温変動因子と定量的な相関はあまり認められなかった．この変動幅は非常に大きく，通常堆積物から得られる風送塵の変動が氷期・間氷期で数倍程度であるのと大きく異なっており，高緯度域での風送塵の運搬・沈積に関して氷期・間氷期で大きく偏りが出ることが示唆された．ボストークの風送塵は，SrやNdの同位体分析より，南アメリカのパタゴニア起源といわれているが（Basile et al., 1997），氷期には極前線が低緯度側に移動し，偏西風もアンデス山脈をまたぐように中心軸を北上させたため，パタゴニア砂漠周辺が冷たく乾燥した環境となることで，風送塵の生産が急増するとともに運搬も促

進されたということで説明できる（Petit *et al.*, 1999）.

　図6-6a, cは，氷に封入された温室効果ガスであるCO_2とCH_4濃度を表している．両者ともに間氷期に最大値，氷期に最小値を示し，範囲はそれぞれ180-280 ppm（MIS 9のみ300 ppm），320-350〜650-770 ppbであった．退氷期において，これらの気体濃度と温度との相関は，それぞれr^2で0.71と0.73と高かった．温室効果ガス濃度の変化のみの地球的規模での温暖化効果は約0.95℃と計算され，実際の全球平均温度変化（2-3℃）に対する寄与率は約50％であった．ちなみに，この残りの寄与分は水蒸気そのほかの正のフィードバック効果によるものとされている．

6.2.3　退氷期（融氷期）の環境

　15 Ka以降の，氷期から完新世（後氷期）への退氷期の温暖化は，単純に一方的に進行したのではない．北部ヨーロッパではオールデストドライアス寒冷期（Oldest Dryas stadial），ベーリング温暖期（Bolling Interstadial），オールダードライアス寒冷期（Older Dryas stadial），アレレード温暖期（Allerod Interstadial），ヤンガードライアス寒冷期（Younger Dryas stadial）というように，寒冷期と温暖期とが交互に繰り返された．一般に氷期・退氷期の中でも，短期間で寒冷・温暖を繰り返しており，寒冷期は亜氷期（stadial），間氷期は亜間氷期（interstadial）とも呼ばれている．寒冷期間のドライアスという名前はヨーロッパなどの亜高山に生息するチョウノスケソウ属（Dryas）の名前に，ベーリングやアレレードなど温暖期間に付けられた名前はデンマークの湿原の名前に由来する．

　ヤンガードライアス期（YD期，12.9-11.55 Ka）の始まりには，アメリカ大陸北部を覆っていたローレンタイド氷床と呼ばれる巨大な大陸氷床の融解が，大きな役割を果したといわれている．当時のカナダは厚さ2-3 km程度のローレンタイド氷床に覆われていたが，15 Ka以降の温暖化により融け始め，融けた冷水は，氷河の前縁に現在の五大湖の数倍もある氷河湖を形成していた．その土手は厚い氷河でできていたが，東側の土手を作っていた氷河が12.9 Kaに融けたために，冷たい淡水が一気にセントローレンス川経由で北部北大西洋に流出した（ただし図6-7は8.2 kaのときの例である）[*6C]．

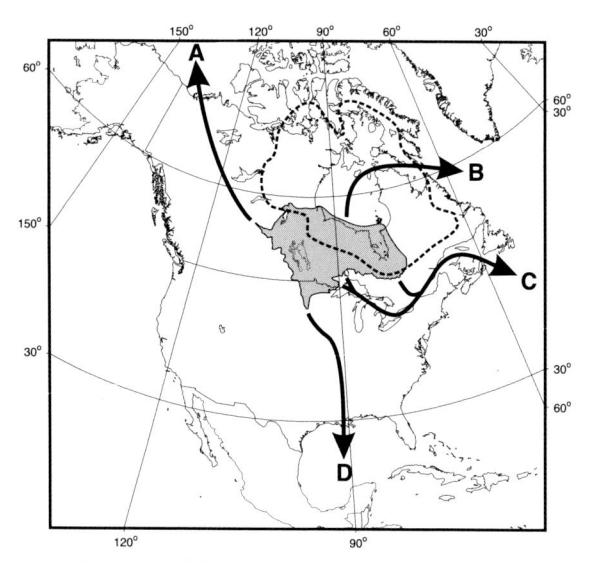

図6-7 北米氷床の融解に伴うアガシー湖からの淡水の可能な流出経路（Teller et al., 2002）
　点線は9 ka のときのローレンタイド氷床の範囲を示す．A：マッケンジー峡谷からハドソン湾への流出経路，B：ハドソン湾から北極海への流出経路，C：セントローレンス水路から北部北大西洋への流出経路，D：ミシシッピ川からメキシコ湾への流出経路．

　北部北大西洋は深層水の誕生の場である．氷床融解に伴う淡水の流入は，北部北大西洋の表層水の密度を減じ，深層水形成海域に蓋をするような働きとなり，深層水の形成を抑制し，海洋大循環を介して地球的規模の気候に大きな影響を与えた．この性質は基本的に氷期のシステムと同等なので，気候は突然亜氷期となった．当時のグリーンランドの氷床の $\delta^{18}O$ 値は LGM と完新世との差の約半分の変化量を示し，山頂部では現在よりも 15℃ 寒冷であったことからも，この事件の重大さが認識できる（Severinghaus et al., 1997）．なお，YD 期の終了局面では気温は急激に上昇したが，これに要した時間はきわめて短期間（50年以下）だったとの推定がある（Alley et al., 1993）．

＊6C：これには異説もあり，12.9±0.1 ka の地層から微小なダイヤモンドが見付かったことから，北米大陸に炭酸塩コンドライト質の隕石あるいは彗星が衝突したことが YD 期への原因になったという説もある（Kennett et al., 2009）．

6.2.4 完新世(後氷期)の環境

　後氷期である過去11.7 kyrは完新世と呼ばれており,8.2 Kaの寒冷化を除くと(Alley et al., 1997),氷床コアの気温,風送塵,メタン濃度などもこの期間には安定している(図6-5,図6-6).完新世がほかの間氷期と比べてなぜ安定しているのかは謎である.この問題は,温暖化した将来の地球環境も引き続き安定なのか,それともある閾値を越えると不安定に戻るのか,といった議論とも相まって注目されている.

　近年のより詳細な研究は,安定していると考えられてきた完新世にも,小さな変化幅の温暖・寒冷期の繰り返しのあったことが全球的規模で報告されている(O'Brien et al., 1995 ; Bond et al., 1997 ; Bianchi and McCave, 1999 ; Bond et al., 2001).たとえば,Bond et al.(2001)は,日射量変化による大気循環の変動が,北部北太平洋(Northern North Pacific)での水温躍層の変化によってより増幅されていると報告している.低緯度域であってもアジアモンスーンの降雨や西アフリカの表層水温の変化が,北部北大西洋の1000年程度の同期の事変と呼応しているらしい(Fleitmann et al., 2003 ; Wang et al., 2005 ; deMenocal et al., 2000).

　このような結果を最も明らかに示したのは,中国南部のドンゲ洞窟(Dongge cave)の石筍(atalagmite)のδ^{18}O値である(図6-8).これは,アジアモンスーンが,9 Kaから現在まで北半球高緯度域の夏期日射量の減少に対応して,概して弱くなってきたことを示していた.ただし,いくつかのイベントは,乾燥気候を示唆する高δ^{18}O値を示し,10-500年程度継続していた.イベントの時期は,8.2 Kaとともに,4.0 Kaあたりの新石器時代の文化の崩壊に相当する時代,7.2 Ka, 6.3 Ka, 5.5 Ka, 2.7 Ka, 1.6 Ka, 0.5 Kaが含まれ,いくつかはボンドイベントと一致していた(Wang et al., 2005).ボンドイベントとは,北大西洋の堆積物中の氷源漂流砕屑物が増加するイベントで,相対的に冷たい氷期に相当する(Bond et al., 2001).このような夏期モンスーンの弱い時期と,ボンドイベントで示唆される北部北大西洋での寒冷期が概して一致していることは,インド洋南西部からも報告されている(Gupta et al., 2003).

　完新世の気候変動の中で最大のものは,8.2 Kaの寒冷化である(Björck et

al., 1996). グリーンランドの氷床コアの記録によると，大気の気温は約 5℃ 降下し，温暖で湿潤な気候に戻るのに約 200 年を要した．この変動幅は YD 期の変動幅の約半分にも相当するほど大きかった．この原因としては 8.5 Ka にカナダの北部のハドソン湾およびそのまわりに存在していた最大の厚さ 1000-2000 m にも及ぶローレンタイド氷床の後退により，ラブラドル湾に大量の淡水が供給され，それにより北部北大西洋が冷やされたという仮説が提案されている．基本的に YD 期の開始時期の時と同様に，淡水の北部北大西洋への流入で，海洋循環が変化したことが原因とするものである．ただし，量の大小は定かでないが，ほかの経路でも流出があったことが報告されている（図 6-7）(Teller *et al.*, 2002；Clarke *et al.*, 2003)．

6.2.5 過去 5 回の間氷期の違い

過去 42 万年間に 5 回の間氷期があったが，深海底堆積物コアの底生有孔虫殻の酸素同位体比変動から推定された間氷期の温暖の程度は，暖かい方から MIS 5e, 9, 11, 1, 7 の順であったらしい (Oba and Banakar, 2007)．MIS 11 は 420-360 Ka と過去 50 万年間で最も温暖で最も長く継続した温暖期で

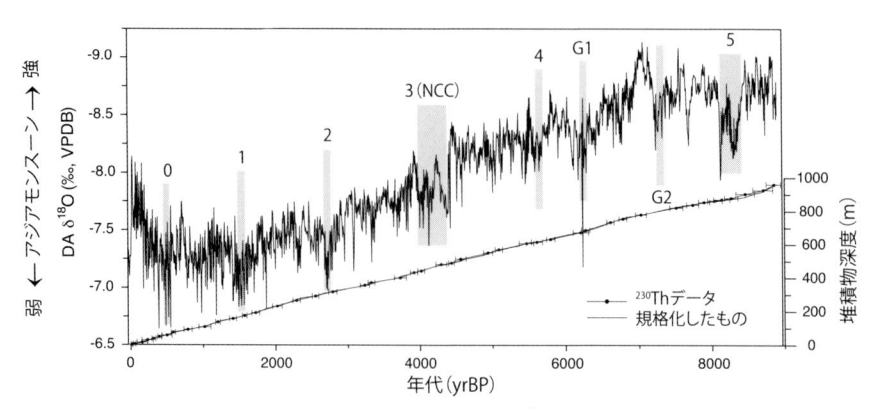

図 6-8 中国南部のドンゲ洞窟（DA）の石筍の $\delta^{18}O$ 値 (Wang *et al.*, 2005)
　　0〜5 までの番号は北大西洋でのボンドイベントの番号を表す．とくに 5 は，ローレンタイド氷床からの大量の淡水の流入と時期が呼応している．NCC は中国の新石器文化の崩壊を表す．G1, G2 はアジアモンスーンが弱体化した時期を示し，北大西洋で氷源漂流砕屑物が増加した時期と整合的である．

(Jerry et al., 2003). 地球軌道要素による太陽入射量の変化や, 推定された p_{CO_2} が, 現在の間氷期の状況 (および今後の予測された温暖期初期) と類似している (Raynaud et al., 2005) (図1-11). このように MIS 5e と 11 は, 間氷期の変動の要因やメカニズムを考察する上で重要視されている.

6.3 短周期の環境変動 (ダンスガード・オシュガーサイクル, 10-10^2 年周期)

　完新世は概してほとんど気温変動がなかった時代であるが, それ以前には 10〜数十年という短期間で気温の急激な上昇・下降が何度も起きていた. この現象はグリーンランドの氷床コアから発見されたが, 発見者の名前であるダンスガード (Dansgaard, W.) とオシュガー (Oeschger, H.) にちなんで, ダンスガード・オシュガーサイクル (D-O cycle) と呼ばれている. このような急激な変動を起こすプロセスが地球表層環境システムに存在するということで, D-O サイクルは注目をあびている.

　グリーンランドのキャンプセンチュリーとダイスリーの氷床コアの水の $\delta^{18}O$ 値によると, 最終氷期・退氷期に短時間で突然かつ急激な気候変動 (D-O サイクル) がたびたび起きていた (Dansgaard et al., 1993). これは, わずか数十年間に 10℃ におよぶ気温変化となっていたが, $\delta^{18}O$ 値は3つの準安定 (−41.5, −38, −35‰) の間をジャンプしていていたことが示唆された (図6-9).

　一方, 北部北大西洋, とくにドライツァック海山周辺で堆積物コアが採取され, その中には陸源粗粒砕屑物の層が過去 120 kyr に 10 回堆積していた (Heinrich et al., 1988). この陸源物質の堆積は氷床の大規模な崩壊とリンクしていると考えられた. 大規模な氷山の流出したイベントは, ハインリッヒイベント (Heinrich event) と呼ばれ, ローレンタイド氷床をはじめとする北半球氷床が, D-O サイクルに対応して, ほぼ同時に崩壊を繰り返し, 氷源漂流砕屑物 (Ice-Rafted Debris ; IRD) 層が堆積したとされる. 氷床の崩壊は, D-O サイクルの寒冷化ステージの最終段階で起こり, D-O サイクルを特徴付ける急激な温暖化に先立っていると報告されている. このように氷床の崩壊と急激な気候変動が密接に結び付いていることが明らかとなった.

最近になって，北太平洋のカムチャツカ半島沖，カリフォルニア沖のサンタバーバラ海盆，アラビア海北部など世界中で，D-Oサイクルに対応するような海洋環境変動が確認されている（Kotilainen and Shackleton, 1995; Shulz et al., 1998; Hendy and Kennett, 2000）．日本海，インド洋ではD-Oサイクルに対応した大気循環の変化が示唆されている．この事実はグローバルな気候変動・環境変動の始動源が，ハインリッヒイベントを引き起こす北部北大西洋にあることを示唆しているとともに，D-Oサイクルは地球表層システムを構成するさまざまなサブシステムの相互作用を伴っていると予想される．

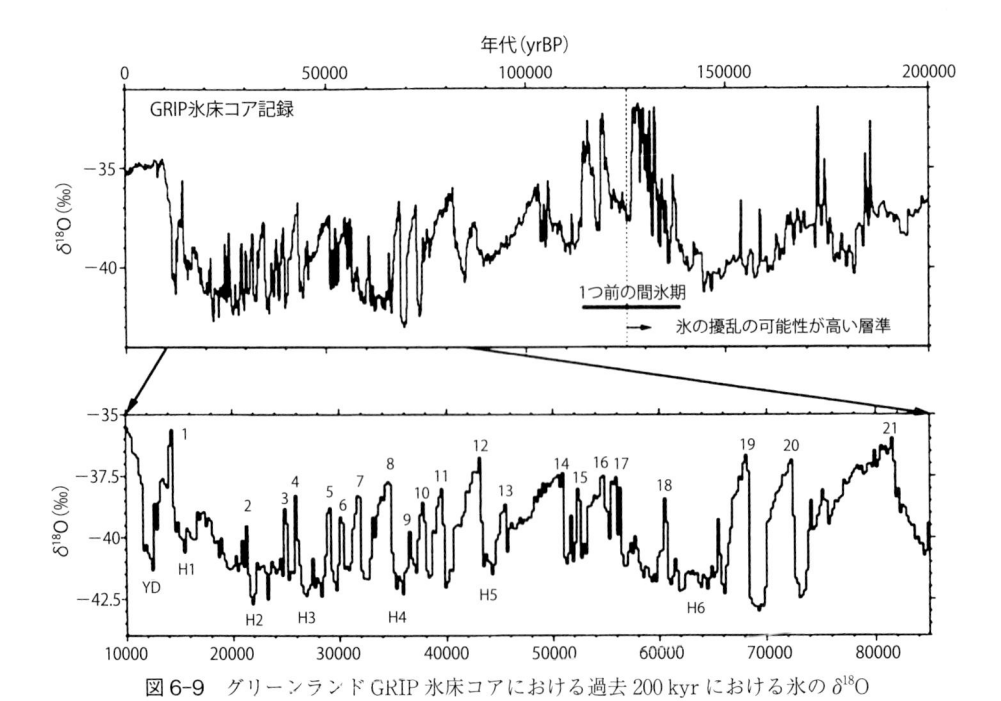

図6-9　グリーンランドGRIP氷床コアにおける過去200 kyrにおける氷の$\delta^{18}O$値の変動（Dansgaard et al., 1993）
　下の図の数字はD-Oサイクルで，全部で25のうち21までを示してある．H1〜H6はハインリッヒイベント．

6.4 氷期・間氷期の物質循環変動

物質循環の中でも最も重要で注目を浴びているのが,炭素循環である.とくに,大気中の p_{CO_2} は氷期(約 180 ppm)・間氷期(約 280 ppm)の間を変動してきたが,その詳細な定量的メカニズムは未だに不明である(Neftel *et al.*, 1982;Barnola *et al.*, 1987).これに影響を与える風送塵,炭酸塩溶解,そして一次生産をここでは取り上げる.

6.4.1 大陸起源の風送塵の供給と炭素循環への影響

大陸起源のアルミノケイ酸塩や石英を主体とした風送塵の流量は,現在 450 Tg yr^{-1}(河川経由のその供給量の 3%)と推定される(Rothlisberger *et al.*, 2004;Jickells *et al.*, 2005).風送塵の生産では,①降雨,②風,③植生,④地形,⑤気温が重要因子で,とくに「乾燥していること」が大切である(Jickells *et al.*, 2005).ほかの条件が同じであると,その生産量は風速の 3 乗に比例する(Prospero *et al.*, 2002).

アジアモンスーンとの関連について見ると,インド亜大陸周辺では,冬期には北東の乾燥風が陸から海に,夏期には沿岸から陸に向かって風が吹く〔GME 図 7-12〕(Nair *et al.*, 1989;Wang, 2006).

西アラビア海では,6 月から 8 月の夏期モンスーンをピークとして,ソマリアやアラビア半島から風送塵が供給される(Chester *et al.*, 1985;Sirocko and Sarnthein, 1989).西アラビア海(ODP721 と 722 掘削孔)では,風成陸源物質の沈積流量と陸源の磁性鉱物(帯磁率)との間に非常に強い正相関が認められ(相関係数=0.98;n=94),過去 3.2 Ma にわたって 100 kyr,41 kyr,23 kyr,19 kyr の周期が,とくに 3.2-2.4 Ma の期間では,23-19 kyr の周期が卓越していた.スペクトル解析の結果,歳差運動に関連した日射量と調和しており,位相同調係数(coherency)は 0.89 と高かった.2.4 Ma 以降では 41 kyr の周期が増加した.この周期が移行する時期は,北半球の氷床発達の開始時期と一致しており,高緯度に特徴的な氷床発達と中低緯度のモンスーンの変動が結び付いていることが示唆された(Raymo *et al.*, 1989).

風送塵の中で，東アジア起源のものは黄砂と呼ばれる（成瀬，2006）．風送塵の海洋の物質循環への影響について，偏西風の経路の直下，北太平洋中緯度域（ヘス海膨 Hess Rise）で解析が進んでいる（図6-10）(Kawahata *et al.*, 2000)．風送塵（黄砂石英）の沈積流量は概して氷期に多く，間氷期に少ない．これは，2000 km 西のシャツキーライズやオーストラリア沖の南半球の結果とも整合的であった（Kawahata, 2002 ; Maeda *et al.*, 2002）．黄砂供給源であるアジア大陸東部（タクラマカン砂漠，ゴビ砂漠）では，氷期には間氷期よりも夏のアジアモンスーンが弱まるために，降水が減少して乾燥化するとともに，氷期には緯度方向の温度差の増加に伴い，風も強くなったと考えられ，その両方の効果により氷期に黄砂量が増加したものと考えられる[GME図5-7]．風送塵中の炭酸塩による海洋表層中の p_{CO_2} 降下への影響を解析したが，その効果は非常に小さかった．

次に，風送塵から溶出する栄養塩の生物生産への影響については，リンなどの主要栄養塩の供給で有機物生産が増加する可能性は低いが，溶出したシリカにより生物起源オパールなどが増加する効果も概して小さかった．過去190 kyr 間の風送塵，有機炭素，生物起源オパールの3つの時系列グラフが，物質循環的には因果関係が薄いにもかかわらず類似性を示したが，この原因は，風送塵の生産・輸送，湧昇などによる有機物や生物起源オパール生産の支配因子が，みな独立にミランコビッチサイクルによって影響され，同位相であったためと考えられる（Kawahata *et al.*, 2000）．以上をまとめると，p_{CO_2} 変動に関しては，風送塵の寄与はあまり大きくなかったということになる．

6.4.2 深海での炭酸塩の溶解

炭酸塩は堆積物に含まれる炭素の約 75-80％を占めている．現在の海洋では炭酸塩の生産は生物が担っている．生産された炭酸塩の約80％は深海で溶解してしまい，約20％が堆積物中に埋没する．基本的に炭酸塩の含有量の変動を支配するのは，中深層での溶解強度である．溶解については，①炭酸塩（方解石，アラレ石，Mg方解石）の種類，②飽和度（主に炭酸イオン濃度（$[CO_3^{2-}]$），正確には活量と圧力に依存），が最重要因子となる．

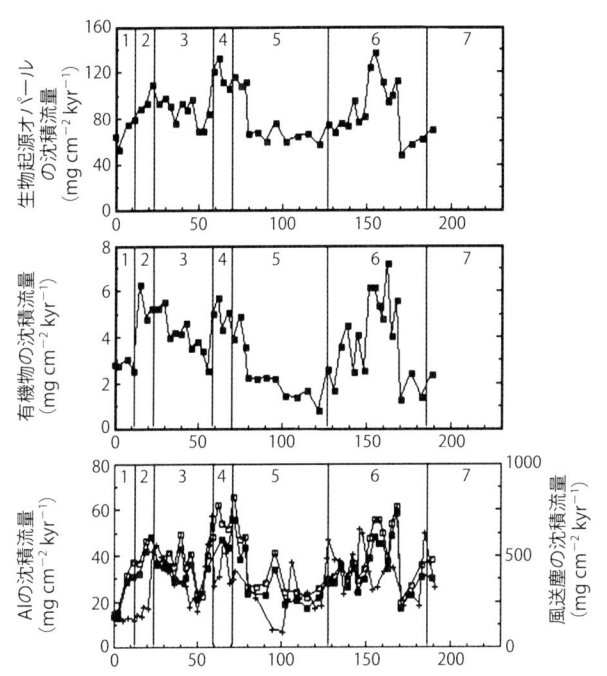

図6-10 ヘス海膨から得られた堆積物コア H3571 の過去 200 kyr における生物起源オパール,有機炭素,アルミニウム,風送塵の沈積流量(MAR)
　ここで,MAR (mg cm^{-2} kyr^{-1}) = 10×LSR×DBD×wt.% で,LSR (Linear Sedimentation Rates) は堆積速度 (cm kyr^{-1}),wt.%は沈積流量を求める成分の重量%,DBD は乾燥密度 (Dry Bulk Density) (g cm^{-3}) である(Kawahata et al., 2000).

[CO_3^{2-}] は酸性度が増すと(pH が下がると),減少する.溶解度は圧力とともに上昇するので,同じ水質の海水でも,表層で過飽和であっても,中深層では不飽和となることが多い [GME 図6-17].海洋大循環においては,中深層水の酸性度は年代が古くなるほど増加するので,炭酸塩の溶解を促進する.225 Ka から現在まで,大局的には深層の海水の流れは,大西洋から太平洋・インド洋という方向であったので,炭酸塩の保存性は概して太平洋より大西洋の方がよかった.

　氷期・間氷期の時間スケールでの海洋大循環の経路や循環速度の変動に呼応して,炭酸塩の保存・溶解が変化してきた.大西洋では,氷期に間氷期と

比べて，炭酸塩の溶解が促進され，CCD（Carbonate Compensation Depth）やリソクラインが深く，逆に太平洋では溶解強度が改善されたことが報告されている［GME 図 9-2］（Crowley, 1983；Farrell and Prell, 1989）．太平洋は大西洋の変化を補償するように変化した．太平洋では，氷期には大西洋からの NADW の輸送が衰え，相対的に南極海底層水（AABW; Antarctic Bottom Water）が強くなったために，海水の酸性度は弱まり，炭酸塩の保存は氷期によくなった［GME 図 9-2］．なお，溶解変動のスペクトル解析をすると，北部北大西洋，西赤道太平洋，インド洋では，100 kyr と 41 kyr の周期を示し，溶解変動が高緯度域で引き起こされた深層循環の変動に呼応していることと整合的である（Boyle, 1984；Peterson and Prell, 1985a；Kawahata et al., 1997）．

6.4.3 一次生産

現在の一次生産（primary production）は，海陸併せて約 100 PgC yr^{-1} と推定される（Koblentz-Mishke et al., 1970；Sundquist, 1985；Asanuma, 2006；Awaya et al., 2006）．氷期・間氷期サイクルに応じて，大気中に貯蔵される炭素は大きく変化したが，これを炭素の重量で表示すると 390-600 PgC となり，一次生産量は数年で大気中の炭素を交換するくらい大きいことがわかる．

とくに氷期には，北半球高緯度域に大規模な大陸氷床が発達し，風送塵量も増加したことから，乾燥域での砂漠化も進行し，陸上の生物圏に貯蔵された炭素量は確実に減少したと推定されている．実際，海水の δ^{13}C 値が約 0.35‰ 下がっており，陸域起源の炭素が海洋へ大量に輸送されたためと考えられる．このような状況下で，大気中の p_{CO_2} を大幅に下げるためには，海洋というリザーバーでの炭素の貯蔵量の増大が求められる．

現在の一次生産は沿岸域，南極海，赤道湧昇帯で高くなっている．高い一次生産を維持するためには，主要栄養塩と呼ばれる硝酸，リン酸，また生物起源オパール殻を作る場合にはケイ酸が必要である．また，微量栄養塩である Fe なども必要である．図 6-11 の濃灰色は湧昇を，灰色はシリカが律速の海域を，淡灰色は HNLC（高栄養塩低生物生産 High Nutrient Low

Chlorophyll)を表す.HNLC海域では,主要栄養塩と光量が十分であるにもかかわらず,生産が十分でない海域で,Feなどの微量栄養塩不足が原因と考えられている[GME 6.1.5](Martin and Whitfield, 1983；Martin, 1990).有機炭素の堆積物への埋没量の変動を規制するのは主に一次生産の変化なので(Lyle *et al.*, 1988；Pedersen *et al.*, 1988),海洋コアに基づき一次生産を顕著に反映するエクスポート生産量[GME 図 6-2, 図 6-3]を氷期(LGM,この場合18-22 ka)と間氷期(5 ka〜現在)で比べると,地球的規模での合計量は氷期の方が高かったが,一部の海域(APF：Antarctic Polar Front 南極極前線)より高緯度(南方)の海域,北極海,オホーツク海,ベーリング海,北米沿岸域)では氷期の方が低かった(Kienast *et al.*, 2004；Kohfeld *et al.*, 2005)(図 6-11a).一次生産が下がった原因として,海洋成層化,水

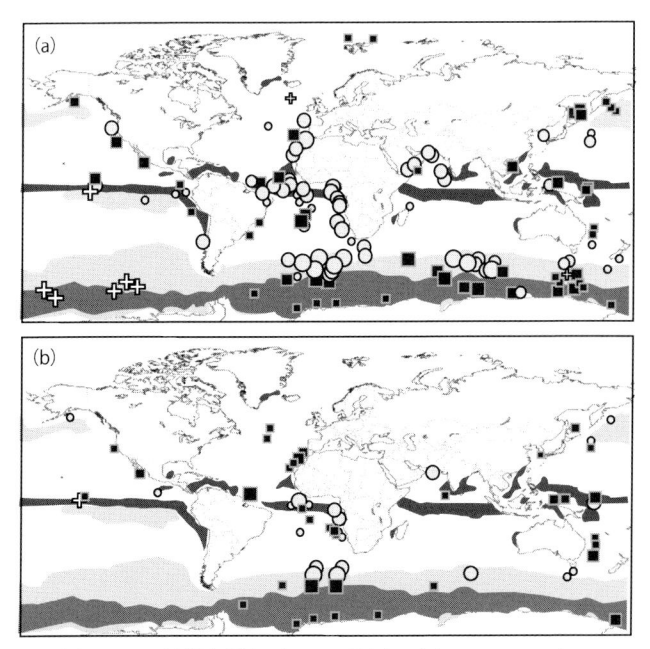

図 6-11 (a) LGM〜後期完新世(5 ka〜現在),(b) MIS 5a-d(80-110 ka)〜後期完新世(5 ka〜現在)のエクスポート生産量の変化(Kohfeld *et al.*, 2005 を改変)
 大きい黒四角は減少,小さい黒四角はわずかに減少,大きい白丸は増加,小さい白丸はわずかに増加,＋印は明らかなトレンドを示さないことを表す.

温の低下,海氷の被覆度(面積,期間)などが挙げられている(Jaccard et al., 2005;Minoshima et al., 2007).

氷期に一次生産が増大する赤道大西洋,赤道東太平洋,赤道西太平洋で周期解析を行うと,有機炭素沈積流量と $\delta^{18}O$ 値は,基本的に3種類のミランコビッチの周期を示していた(Lyle et al., 1988;Rea et al., 1991;Kawahata et al., 1998).しかし,最も顕著な 100 kyr に関して,ほかの赤道域から得られた結果と位相について比較したところ,赤道大西洋では, $\delta^{18}O$ 値に対して有機炭素はほとんど位相のずれがなかったが,太平洋赤道域では,西から東に向かうにつれて遅れが大きくなる傾向が認められた(Lyle, 1988).歳差運動に起因したサイクルは,高緯度域よりも低緯度域の変動の影響が大きいといわれている.これは貿易風の変動との関連を示唆している.太平洋赤道域の東部より西部にかけての時間的なずれは,貿易風の強弱→北赤道海流の変動→赤道反流の変動→赤道湧昇の変動→表層水への栄養塩供給量の変動→基礎生物生産量の変動という一連の過程の時間差を反映しているのかもしれない(Kawahata et al., 1998).

6.4.4 大気中の p_{CO_2} の支配要因

炭素リザーバーにおける炭素量は,大気:海洋:陸域植物および土壌=1:52:3なので,大気中の p_{CO_2} の変動に海洋が大きな役割を果たしてきたことは明らかである[GME 図 9-1](図 6-6).前述したように,氷期には陸域の炭素リザーバーは縮小しており,この分の p_{CO_2} の増加分(10-45 ppm)も海洋が吸収したはずである(Kaplan et al., 2002).

海洋への CO_2 の吸収過程は3つに分類される:①溶解ポンプ(気体の液体への溶解効果で,低温海水ほど CO_2 を吸収できる),②生物ポンプ(光合成により有機物が生産される効果で,栄養塩が多く光合成が活発になるほど CO_2 を吸収できる),③アルカリポンプ(炭酸塩が CO_2 と反応するとアルカリ度が大きくなる.深層水のアルカリ度が増加し,それが表層で大気と接すると CO_2 を吸収できる)(Berger and Keir, 1984;Boyle, 1988a,b).

気体の溶解度は,水温下降で上昇し,塩分上昇で下降する.LGM の平均水温は 2℃ ほど下がったとされるが,氷床形成に伴う塩分増加で,①による

p_{CO_2} を下げる効果は 10 ppm 程度となる（Broecker and Takahashi, 1984；Sundquist, 1985）.

②の生物ポンプについてはプロセスがいくつか提案されている：（i）風送塵の増加に伴う Fe などの HNLC 海域への供給増加，それによる一次生産増加と栄養塩の再分配（Martin, 1990；Matsumoto et al., 2002）．現代の HNLC 海域などに Fe を散布すると一次生産が増大することが，赤道太平洋，南極海，北西北太平洋で確かめられている（Boyd et al., 2000；Tsuda et al, 2003）．加えて，LGM 時に p_{CO_2} が極小となったときに，風送塵も完新世の 2-3 倍に増加していたという事実があるので，この説は魅力的である．しかし，風送塵の供給について，完新世とわずかに寒冷化した時期（MIS 5a-d（だいたい 80-110 ka），当時の p_{CO_2} は 230 ppm）の比較では，供給量は両者ともに低く，後者の時期の方が生物生産は下がっていたという事実があり（図6-11b），これのみでは説明できないことが指摘されている．生物生産を介して，海洋リザーバーに炭素貯蔵量を増加させるプロセスとしては，そのほかに（ii）海水準の低下に伴い陸化した大陸棚の堆積物からの栄養塩の付加，（iii）北大西洋での深層水形成の抑制による海洋大循環の変化に伴う栄養塩の利用効率上昇，さらに（iv）全炭酸／硝酸／リン酸比の変化（Broecker, 1982），（v）プランクトングループの変化（Archer and Maier-Reimer, 1994），（vi）水温変化による有機物分解速度の変化，などがある．

なお，生物ポンプが強すぎると，深層は有機物の分解に伴う溶存酸素消費で無酸素水塊となってしまうが［GME 図 6-13］，当時中深層がそのような状況になったという証拠はない．生物ポンプは p_{CO_2} の変化に重要とは考えられているものの，その貢献度およびプロセスの詳細についてはさらに解析が必要である．

③のアルカリポンプによる方法は，無酸素水塊を作り出さないという利点がある．実際，大西洋では大量の炭酸塩が溶解していることは前章で説明した．アルカリポンプでは，深海底での炭酸塩の溶解が重要である［GME 図 6-13］．Boyle（1988b）の計算によると，大気中の p_{CO_2} 濃度を約 54 ppm 減少させることができる．アルカリポンプでは深海が重要であるが，これには海洋大循環が大きく関係している．大循環のオーダーは数百〜1000 年である．

一方,氷床コアのp_{CO_2}変化は気温などと敏感に応答している.アルカリポンプの重要性は認識されているが,この時間的応答の鈍さが問題点として挙げられる.

現在のところ氷期のp_{CO_2}を一つの説でうまく説明できておらず,上記の説のいくつかを組み合わせて説明する努力がなされている(Sarmiento and Gruber, 2006).炭素循環のモデリングでも氷期・間氷期スケールあるいは高時間解像度でのp_{CO_2}の変化は再現されていない.しかしながら,氷期・間氷期のp_{CO_2}変動のメカニズムを明らかにすることは,p_{CO_2}が上昇する将来の地球的規模の環境を解析する上でも重要である.

6.5 気候・環境変動への地球的あるいは地域的な応答

地球の気候・環境変動を模式的に表すと,低緯度域は太陽エネルギーを受け取る「熱エンジン」,高緯度域は深層水の形成などを通じて「スイッチ」の役目を果してきたといえる.熱帯域は温度が高く,蒸散が盛んなため,エネルギー輸送あるいは水循環にとって重要である.一方,高緯度域はミランコビッチ理論の基礎となる北半球高緯度域の夏の日射量変化,深層水・底層水の誕生などで,これも地球的規模の環境にとって重要である.なお,温度(気温,水温)は環境を決定する最も重要な因子の一つで,一般的に気温の上昇は飽和水蒸気量を増加させるので湿潤となり,気温の低下は乾燥となる傾向がある.実際,氷期には北太平洋中高緯度域では,風送塵が増加したことから乾燥化していたことが証明されている.

本節では,「原因は必ず結果の前にある」という考え方を基に,気候・環境変化のより詳細な解析を紹介する.また,地球的規模の環境変動といえども,いくつかのパターンがある:①地球的規模で同じ変動をするもの.氷床量の盛衰に伴う海水準変動,大気中のガス濃度(p_{CO_2}など)は,全球レベルでほぼ同様の変動を示す.②炭酸塩の溶解などは,海盆・地域(regional)によってシーソーのように相互に補償するような変動をする.ここで扱う事項の研究は日進月歩なので,近い将来改訂されることもあるかもしれない.

6.5.1 中・低緯度の環境変動とグローバルな環境変動

　福井県水月湖の年縞堆積物コアについて，高時間分解能（最大でほぼ15年間隔）での花粉分析に基づくと，ベーリング・アレレード温暖期（Bolling/Allerod interstatial）の開始が，北大西洋での開始よりも数百年早く（Nakagawa et al., 2003），海洋大循環などより偏西風などの大気循環プロセスを介して北部北太平洋域が北部北大西洋域の変動に先行したのではないかと指摘されている．

　次に，低緯度域である西太平洋暖水塊内のインドネシア多島海で氷期から間氷期への移行期（MIS 2 → 1, MIS 6 → 5）を詳細に解析した結果では，表層水温は3.5-4.0℃の上昇を示し，全球的なp_{CO_2}の上昇とほぼ同調していたが，水温上昇は北半球の氷床融解よりも2-3 kyr先行していた（Visser et al., 2003）．

　この2つの結果は，中・低緯度が気候・環境変化の先行地域であることを示唆しているが，観測された場所が限られているため，それを一般化するのは難しいかもしれない．というのは，以下に述べるように氷床コアの高時間解像度の精密研究に基づくと，高緯度が変化の発端の地域ではないかとの説の方が現在では有力である．

6.5.2 高緯度の環境変動とグローバルな環境変動

　Shackleton（2000）は，後期第四紀で最も顕著な周期（100 kyr）に注目し，天文学的なパラメータで補正した解析を行った．p_{CO_2}，南極大陸の気温，深層水の水温などがほぼ同期して変動する一方，氷床の量はこれらの変動に遅れて変動していたことを突き止めた．このことは，100 kyrの周期をもった氷期・間氷期の環境変動が，これまで考えられてきたように北半球の氷床の変化が原因なのではなく，p_{CO_2}などが原因であることを強く示唆するものであった．換言すると，南極大陸のp_{CO_2}と深層水の水温が同期していることは，南極海が氷期・間氷期といった環境変動にとって発信地として重要であることを示唆している．

　しかしその後，LGMから退氷期にかけてのタイミングの詳細な検討がなされた．約19.0 Kaの大規模な海面上昇では（図6-4）（Yokoyama et al.,

2000；Clark et al., 2004)．融解氷床の起源は北半球で，そのタイミングは氷床中の p_{CO_2} の上昇開始（少なくとも約 18.0 Ka 以降）より早かったことが判明した．これは，p_{CO_2} よりむしろ北半球高緯度の夏期日射量の増大が鍵であることを示唆している．実際，グリーンランドの氷床コアの $\delta^{18}O$ 値は最寒気が約 24 Ka で，高緯度日射量の極小期とほぼ一致し，約 19 Ka まで徐々に上昇していったとの報告と整合的である（Alley et al., 2002)．また，熱帯の表層水温は，p_{CO_2} や退氷に約 1 kyr ほど先行していたとの観測データとも整合的である（Stott et al., 2007)．

6.5.3　南北両極域間の相互作用

メタン濃度，O_2/N_2 濃度比が高解像度の年代対比に応用され，南極とグリーンランドの氷床コアの精密な対比を通じた解析が近年発展している（Blunier et al., 1998；Blunier and Brook, 2001；EPICA, 2006；Kawamura et al., 2007)．南北両極の詳細な比較から，D-O サイクルにおいて，グリーンランドが寒冷化する間（1-2 kyr）に，南極では緩やかに温暖化し，その後，グリーンランドが急激に温暖化するときに南極の気温は極大となり，その後急激に下降することがわかった．この時期，北半球高緯度は温暖となり，南極は寒冷となる．グリーンランドでは緩やかに寒冷化していくが，この間に南極は極小となり，これで 1 周期となる（図 6-12）（Blunier and Brook, 2001)．

この一連の現象は，氷山の流出や氷床の融解によって，北部北大西洋に流入した淡水により，北部北大西洋での深層水形成が抑制されると，太平洋全体の循環が衰え，赤道域から北部北大西洋への表層流も弱まる．その結果，赤道域から北向きの表層流による熱輸送が減少し，グリーンランド，北米，西欧が寒冷となるが，一方，南向きの熱輸送は増加するので，南極は温暖化することになる．これは南北間の熱輸送のシーソーを意味する（Stocker and Johnsen, 2003)．

6.5.4　南北半球における降水量の逆相関

低緯度域に存在する熱帯収束帯（ITCZ；Intertropical Covergence Zone）

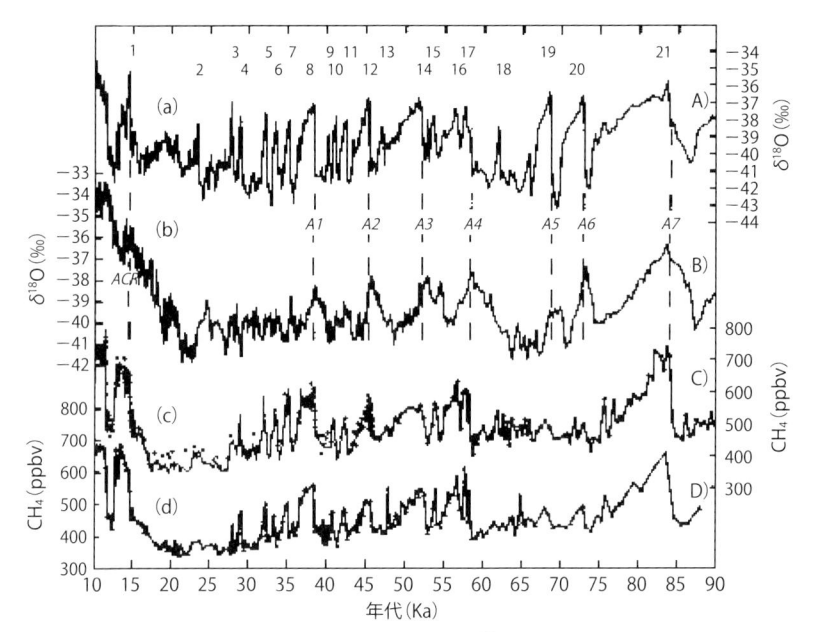

図 6-12 (a) グリーランド GISP2 氷床コアの $\delta^{18}O$ 値（‰），(b) 南極大陸バード氷床コアの $\delta^{18}O$ 値（‰），(c) グリーランド GISP1 と 2 氷床コアと (d) 南極大陸バード氷床コア中の空気に含まれるメタン濃度（ppbv）の変化（Blunier and Brook, 2001）

最上段の番号は D-O イベントを表し，A1〜A7 は南極の温暖期イベントを表す．

は，エルニーニョ・南方振動およびモンスーンとも結び付いて，全球的な気候に影響を与える．中国とブラジルの石筍の $\delta^{18}O$ 値から降水量が復元されている（図 6-13）(Wang et al., 2001, 2007；Yuan et al., 2004)．中国での降水量は，夏に吹く南西からの湿った温かい風，すなわち夏モンスーンの強弱を反映している．D-O サイクルの時間解像度で，南北半球における降水量は逆位相を示していた．すなわち，中国東部が湿潤のときには，ブラジル南部は乾燥していたことになる．このことは，ITCZ の緯度方向の移動によって説明できる．D-O サイクルの亜氷期には ITCZ が南下したため，中国でのアジアモンスーンの弱化とブラジルでの湿潤化となり，D-O サイクルの亜間氷期にはその逆のパターンとなる．

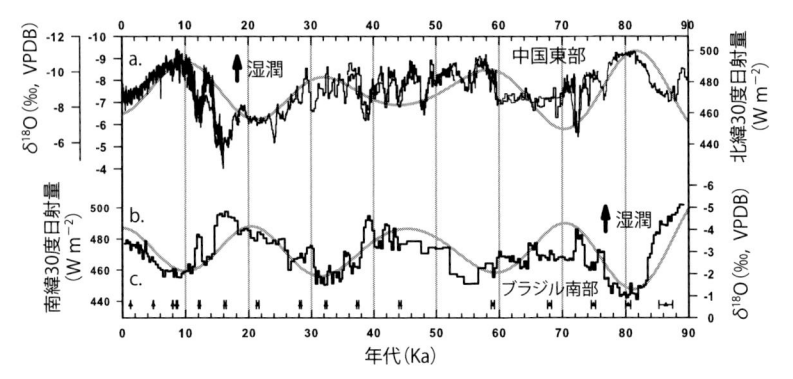

図 6-13 過去 90 kyr における中国とブラジルにおける降水量の変化（Wang et al., 2007 を改変）
(a) 中国東部のドンゲ（Dongge），フル（Hulu），シャンドン（Shandon）洞窟の石筍の酸素同位体比（折線）および北緯 30 度における夏期日射量（曲線），(b) ブラジル南部のカヴェルナ（Caverna），ボツヴェラ（Botuvera）洞窟の石筍の酸素同位体比および南緯 30 度の夏期日射量．(c) カヴェルナ，ボツヴェラ洞窟の石筍の U-Th 年代とその誤差（2σ）．酸素同位体比は基本的に降水量の間接指標と考えられている．

6.6　西太平洋での氷期・間氷期の環境変動

　西太平洋には縁海が発達し，その環境は海水準変動などに敏感で，地球的規模の環境変動の効果が増幅されている．また，亜熱帯循環を構成する黒潮および黒潮続流は極東アジアのみならず北米大陸の気候にも影響したといわれている．ここでは，北から南に向かって西太平洋での後期第四紀の環境変動について解説する．

6.6.1　海氷と北太平洋中層水の形成（オホーツク海および周辺海域）

　オホーツク海は，北半球海氷が分布する海域の中で最も低緯度であることが特徴で，海氷の発達はアムール川の淡水の流入によるところが大きい．現在オホーツク海北西部陸棚域では，冬期海氷の生成時に高塩分水が形成され，過冷却も伴って，これらの水は北西部北太平洋の中層（水深 500-800 m）に分布する NPIW（北太平洋中層水 North Pacific Intermediate Water）の主な起源となるが，アムール河から供給された Fe などの微量栄養分もこのル

ートで北太平洋に輸送されている．現在の北西部北太平洋では海洋大循環によってもたらされた深層水が湧昇し，冬期の鉛直混合によって栄養塩が有光層へと供給されるため一次生産の高い海域となっており，溶存酸素極小層も発達している（原田ほか，2009）（図6-14）．

LGMには，北西北太平洋は水深2000m付近を境に，海水交換（ventilation）がよく栄養塩に乏しい氷期北太平洋中層水（GNPIW；Glacial North Pacific Intermediate Water）と，栄養塩に富む氷期太平洋深層水（GPDW；Glacial Pacific Deep Water）の2つの主要な水塊が形成された（Keigwin, 1998；Matsumoto et al., 2002）．有光層への栄養塩供給減少により，現在よりも一次生産は低かった．GNPIWの起源域は，現在と異なりオホーツク海ではなく，ベーリング海（Horikawa et al., 2010）であったと考えられている．

退氷期の2つの温暖化イベントの時期には，成層化が解消され，湧昇が起こり，とくにベーリング海を含む高緯度域で一時生物生産が高くなった（Crusius et al., 2004）．これに伴い溶存酸素極小層も発達し，堆積物にラミナ層が観察されることもある（Shibahara et al., 2007；Ishizaki et al., 2009）．オホーツク海やベーリング海では，この時期堆積物中の炭酸塩含有量が場合によっては10倍以上高くなった（Okazaki et al., 2005a,b）．

オホーツク海の海洋表層環境は，D-Oサイクルに呼応して，D-Oサイクル亜間氷期には夏から秋に水温上昇と低塩分化が起こったことが，円石藻が形成する長鎖不飽和脂質，アルケノンから示唆された（Seki et al., 2007；Harada et al., 2006）．これは中国の鍾乳石に記録された降水量（夏期アジアモンスーンの強さ）の増加とも整合的で，偏西風ジェット気流がチベット高原の北側に北上したことに原因が求められた（Wang et al., 2001；Harada et al., 2006, 2008）．また，氷源漂流砕屑物（IRD）は海氷形成時に増加するが，亜間氷期にはIRDが減少し，海氷形成が弱まっていたことが示された（Sakamoto et al., 2005, 2006）．基本的に上記の環境指標は氷期には逆の性質を示した．

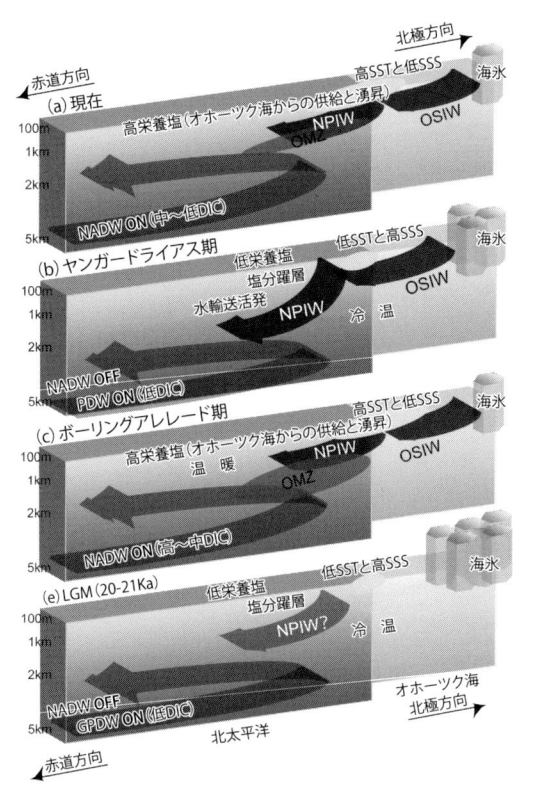

図6-14 北西部北太平洋およびオホーツク海における過去21 Kaの中・深層水塊および一次生産変動（原田ほか，2009）
DIC：溶存無機炭素（Dissolved Inorganic Carbon），GPDW：氷期における太平洋深層水（Glacial Pacific Deep Water），NADW：北太平洋深層水（North Pacific Deep Water），NPIW：北太平洋中層水（North Pacific Intermediate Water），OMZ：溶存酸素極小層（Oxygen Minimum Zone），OSIW：オホーツク海中層水（Okhotsk Intermediate Water），SSS：表層海塩分（Sea-surface salinity），SST：表層海水温（Sea-surface temperature）

6.6.2 氷期での孤立海と成層化による無酸素水（日本海）

日本海の環境は氷期・間氷期で大きく変動してきた．日本海は，表層は対馬・朝鮮海峡（現在の最大水深130 m），津軽海峡（130 m），宗谷海峡（55 m），間宮海峡（15 m）を通じて，外洋域と海水交換が活発であるが，最大水深は3700 mと深く，太平洋の深層水等は日本海の深層に直接流入できな

いので，中深層はかなり孤立性の高い海盆となっている．しかも，氷期に海水準が低下したときには，表層水の交換すら停止し，孤立海盆を何度か経験してきた．現在の表層水の流れに関しては，黒潮から分岐した暖流が対馬海峡から流入，一部はさらに北上し，津軽海峡より太平洋に出るものと，残りはさらに北上し，宗谷岬を回ってオホーツク海に達するものがある．

　日本海の深層には日本海固有水が存在している．とくに，日本海の2000 m以深には，水温や溶存成分の濃度から見て，非常に均一な底層水が存在している．この海水は高溶存酸素，低塩分という特徴があるが，これは日本海の北部で冬期にシベリア高気圧の影響できわめて寒冷な気候で冷却され，密度が高くなった表面海水が沈み込んだためである．

　日本海の環境変遷は海峡での海水の出入りも含めて，明らかになってきている（Oba et al., 1991；Ishiwatari et al., 1999；Takei et al., 2002；Kuroyanagi et al., 2006；黒柳ほか，2006）（図6-15）．① 85-27 Kaには主要な海峡が開いていたものの，典型的な塩分の高い対馬海流は流入せず，塩分がやや低い海水が流入していた．それに伴い，弱い鉛直循環によって底層環境は無酸素状態（anoxic）からわずかに酸素がある状態（weakly oxic）の間で変動していた．② 27-17 Kaには表層での海水交換が弱まり，周辺の河川からの淡水の流入による成層化が進行し，鉛直混合が妨げられ，深海底は無酸素状態となった．③融氷期である17-10 Kaには津軽海峡より親潮が流入して，底層の溶存酸素濃度は回復してきた．④ 10-8 Kaには対馬暖流が本格的に流入し，溶存酸素は回復し，炭酸塩補償深度が1000 m以浅まで急激に浅くなった．津軽海峡での水の流れは複雑で，亜表層（水深約20-40 m以深）は依然として親潮が優勢な状況であったが，表層では日本海からの表層水が下北半島沖の表層に流入し始め，津軽暖流の影響が強まった．これは6.2 Kaまで継続した．このように上下で逆に海水が流れる状態はバロクリニック（baroclinic）と呼ばれる．⑤ 8-0 Kaには現在と同様に対馬暖流が継続的に流入し，日本海固有水が形成されて，海底は酸化的環境となった．6.2 Kaからは津軽海峡では海流がすべて日本海から太平洋へ向かって流れるようになり，現在と同じ状態となった．

(a) 8 Ka-現在

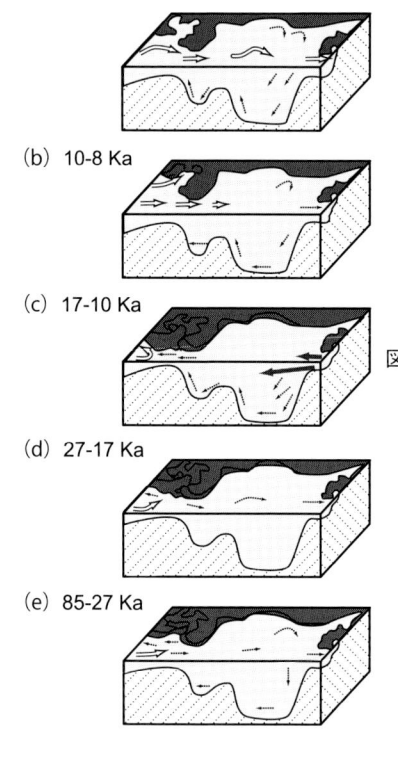

(b) 10-8 Ka

(c) 17-10 Ka

(d) 27-17 Ka

(e) 85-27 Ka

⇒ 暖流　← 寒流　---- 循環

図 6-15　日本海の古環境変遷史（Oba et al., 1991 を最近の年代測定結果にあわせて年代を改変；個々には，Takei et al., 2002；大場，2006；Kim et al., 2000；Ishiwatari et al., 1999；Kuroyanagi et al., 2006；黒柳ほか，2006 などさまざまデータがある）

　流入する海水の特徴をあわせて，海洋環境は大きく変動した．(a) 8 Ka 以降：日本海へ対馬暖流が本格的に流入，(b) 10-8 Ka：対馬暖流が対馬海峡から一進一退を繰り返しながら日本海に流入，(c) 17-10 Ka：現在よりも塩分の濃い冷たい親潮が津軽海峡から日本海へ流入，(d) 27-17 Ka：日本海表層に淡水が供給され，(e) 85-27 Ka：日本海には対馬暖流は流入せず，おそらく東シナ海から黄海にかけてのやや低塩分で寒冷な表層水が流入．

6.6.3　暗色堆積層の形成と D-O サイクル（日本海，東シナ海，南シナ海）

　日本海堆積物では，明-暗色の縞状の変動が D-O サイクルに対応していることが示唆されている（Tada, 1994; Tada et al., 1999）．暗色堆積層の形成は，D-O サイクルの亜間氷期（温暖期）に対応している．これは黄河や長江の河川流量が増し，低塩分の東シナ海沿岸水が日本海に多く流れ込み，日本海の底層水の循環が弱くなったこと，②栄養塩を多く含んだ表層水の流入で海洋表層の一次生産が高くなり，底層への有機物の輸送が増加したことが，結果として③底層水の溶存酸素不足を引き起こし，暗色堆積層の形成にいたったと推定されている．

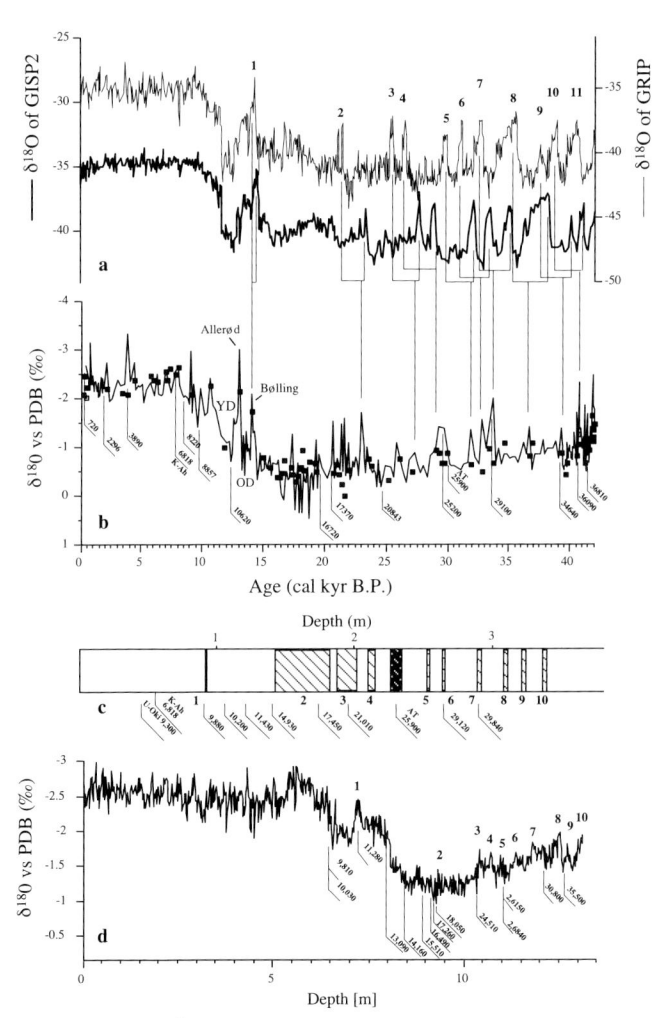

図 6-16　氷床コアの $\delta^{18}O$ 値（GISP 2：Dansgaard *et al*., 1993；GRIP：Mayewski *et al*., 1994）と（b）MD982195 コアの $\delta^{18}O$ 値の比較（Ijiri *et al*., 2005）
　（a）と（b）とを結ぶ線は，MD982195 コアの $\delta^{18}O$ 値の負方向へのピークと GRIP 2 そして GISP 氷床コアで観察された D-O サイクルにおけるイベントとの対応を表す．(b) における実線は，*G. ruber* s.s. から得られた $\delta^{18}O$ 値を示す．四角（□）は，*G. ruber* s.s. と *G. ruber* s.l. の混合試料（Wang, 2000）から得られた $\delta^{18}O$ 値を示す．(c) D-O サイクルにおけるイベントと ^{14}C 年代を付記した日本海の堆積物コアの暗色層（Tada *et al*., 1999）．(d) D-O サイクルにおけるイベントと ^{14}C 年代も表す南シナ海の堆積物コアの *G. ruber* s.s. の $\delta^{18}O$ 値（Wang *et al*., 1999）．

6.6　西太平洋での氷期・間氷期の環境変動

東シナ海北部の男女海盆では，*Globigerinoides ruber*（sensu stricto）の$\delta^{18}O$値の負の方向への異常ピークが認められた．これは淡水の流入を意味し，D-Oサイクルに対応しているものと示唆された（Ijiri *et al.*, 2005）．同様の変化は南シナ海でも報告されており，D-Oサイクルの亜間氷期に夏期のモンスーンが強くなった結果，大量の淡水が南シナ海に流れ込んで淡水の流入に伴う塩分の低下が$\delta^{18}O$値に現れたと解釈している（図6-16）（Wang *et al.*, 1999）．これら両者のテレコネクション（teleconnection）のメカニズムとして，北半球の偏西風の蛇行が関係していると指摘されている（Wang and Oba, 1998）．夏季のモンスーンは西太平洋から大陸に向かって多量の水分を輸送し，多雨をもたらす．雨の降る緯度は偏西風の位置に依存するが，現在では夏季の偏西風は北緯40-50度に位置している．LGMには北大西洋の海域は冷たくなり，高圧帯が維持され，偏西風も強くなり，東アジアでの偏西風の位置は北緯30度あたりに南下した（COHMAP members, 1988）．逆に，D-Oサイクルの亜間氷期には、東アジアの偏西風も弱まり，その位置も現在の夏季と同様，北緯40-50度に維持され，多雨がもたらされたらしい．

6.6.4　太平洋の赤道および亜熱帯循環の応答（鹿島沖，東シナ海，西赤道太平洋）

　太平洋中低緯度域には，亜熱帯・熱帯域に大きな表層循環が存在している．北赤道海流が東赤道太平洋より西太平洋暖水塊に達し，そこから出発した黒潮は東シナ海に入り，日本列島の太平洋岸に沿って北上した後，関東沖で方向を東に変えて，黒潮続流域となり，北米大陸周辺海域に達し，南東方向に向きを変えて，最終的に1巡の大きな循環となる．

　西太平洋暖水塊（Western Pacific Warm Pool）は地球上で最も水温の高い水塊で，「熱エンジン」の根源となっている．LGMには，西赤道太平洋での水温降下は小さく（Ohkouchi *et al.*, 1994；Thunnel *et al.*, 1994；Martinez *et al.*, 1997），面積的に若干縮小したものの西太平洋暖水塊は氷期にも存在していた．インドシナ半島，マレー半島，スマトラ，ボルネオ，ジャワ島の大陸棚は海水準低下により陸化し，スンダランド（Sundaland）と呼ばれた．同様にニューギニアとオーストラリアの間の大陸棚も陸化し，サフールラン

ド (Sahulland) となった．そのため，インドネシア多島海周辺海域および周辺陸地は現在より乾燥していた (Kawahata, 1999).

東シナ海も同様に，海水準変動により大陸棚が陸化し，広大な低地が出現し，海岸線は中国側より海側に約 500 km もはりだして，陸源物質の運搬にも多大な影響があった (Kawahata et al., 2006). このような低地はシルト質なので，洪水時などは不安定であったため，木本の成長には不向きで，草本が広大な低地に延々と生えているような風景であったことが，花粉の分析より明らかにされている (Kawahata and Ohshima, 2004). なお，花粉の分析より海岸線は数百 km という単位で沖側に移動したが，黒潮の流路は現在とあまり違わなかったことが示唆されている (Kawahata and Ohshima, 2002).

北太平洋亜熱帯循環の西端である鹿島沖で，夏期水温（アルケノン水温）は歳差運動に呼応した 23 kyr と 30 kyr の周期を示した (Yamamoto et al., 2004). 概して，間氷期には温暖で，氷期に寒冷化していた．この水温は，

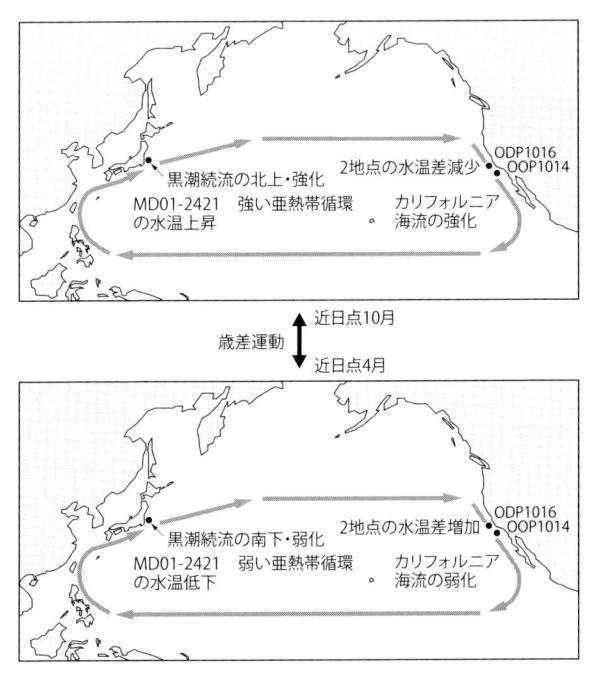

図 6-17　北太平洋亜熱帯海洋循環の歳差運動に対する応答（山本, 2009）

黒潮続流・親潮境界の緯度方向の移動を反映し，黒潮が強いときには流量が大きく温暖化し，逆になると寒冷化する（Qui and Chen, 2005）．次に，循環の東端であるカリフォルニア沖のODP1016とODP1014での2点間の水温差より，北から南に流れるカリフォルニア海流の強さを評価した．すなわち，水温の差の大小は，流れの弱強に対応する（Bograd and Lynn, 2003）．温度差は0.4-6.1℃の範囲で変化し，間氷期に小さく，氷期に大きい傾向を示した．しかも，過去140 kaにわたり，鹿島沖の表層海水温（SST；Sea Surface Temperature）とカリフォルニア沖の表層海水温の差は逆位相を示し，ともに23 kyrと30 kyrの周期を示した．しかも位相の解析より，黒潮続流の流れが強（弱）いときにはカリフォルニア海流も強（弱）いことがわかり，歳差運動強制力に応答して変動していることが示唆された．近日点が10月にあるときに循環が強く，4月にあるときに弱かった（図6-17）（Yamamoto et al., 2007）．

7. 超長期の環境変動

　地球表層環境システムを考えるにあたって，高時間解像度での解析も重要であるが，全体を俯瞰した解析も大局をつかむ上で肝要なので，ここでは超長期の表層環境変化について扱う．信頼できるデータが多い顕生代を中心とするが，大気中の p_{O_2} 濃度など生命圏の誕生，進化とも密接に関わる事項については先カンブリア時代も含めて整理した．

7.1　先カンブリア時代以降の地球表層環境システム変化

7.1.1　遊離酸素濃度（p_{O_2} と P_{O_2}）の変化

　生物地球化学の根幹をなす元素は酸素で，岩石圏も含めた地球を構成する元素の中で現在存在度が最も多い［GME 2.1］．地球上の酸素はほとんどアルミノケイ酸塩などの形で強く結合している．大気中に遊離酸素（O_2）として，また海水中に酸素分子として存在するようになるには，地球の歴史の半分位の時間の経過が必要であった．地球表層環境システムにおける大気・海洋での O_2 を増加させるプロセスには，①光合成による酸素の生成，②紫外線などの電磁波による酸化物からの結合酸素の分離，などがある．反対に，O_2 を減少させるプロセスには，①光合成で生成した有機物の酸化分解，②岩石中の C^0（元素状炭素），S^{2-}（硫化物イオン），Fe^{2+} の酸化，③火山ガスが含む SO_2，H_2S，H_2，CO などとの反応，が挙げられる．

　先カンブリア時代にシアノバクテリアなどが誕生し，光合成により酸素とともに有機物が生産されるようになった．有機物は堆積後，時間が経過すると，ケロジェン（kerogen）と呼ばれる難分解性高分子に変化する．これは，石油あるいは天然ガスの前駆物質と考えられていて，堆積岩中の有機物の約 90％以上を占めるといわれている．このようにして，堆積岩中にケロジェンおよびその熱変成物質の化石燃料として存在する有機物が生産されたときに

発生したであろう酸素生産全量は,約 129×10^{19} mol と計算される.しかし,現在の大気中には酸素は約 3.8×10^{19} mol しか存在していないので,計算された総量のわずか 3% しか現在残っていないことになる(表 7-1).以下に述べるように,原生代に形成した縞状鉄鉱床に伴う鉄の酸化($Fe^{2+} \rightarrow Fe^{3+}$)などで相当量の O_2 が消費されたと考えられるが,定量的計算を行うと,なぜこれほどの量の酸素がなくなってしまったのか,未解決課題となっている.

全地球史を通じて,大気中の p_{O_2},海水中の P_{O_2} は大きく変化してきた(図 7-1)(Holland, 2009).2700 Ma にシアノバクテリアにより O_2 が生産されるようになると,O_2 は海水中に溶存する莫大な鉄の酸化で消費された.表層水は 2400 Ma 頃には多少酸化的に変化したかもしれないが,深層では依然として無酸素状態が続いていたと推定される.1800 Ma で縞状鉄鉱床の形成がほぼ終了するが,陸域では 1900 Ma 以降赤色砂岩(red sandstone)が観察されるようになってきたので,この時点で初めて,大気,海洋(表層,深層)全般に遊離 O_2 が行き渡るようになったと考えられる.好気性のバクテリアがミトコンドリアとなり,細胞内共生したことで,真核生物はより高い P_{O_2}(p_{O_2})で効率的なエネルギー獲得が可能となった.ミトコンドリアの酸素呼吸は,パスツール点($P_{O_2}(p_{O_2})=0.01$ PAL)を超えると機能するといわれている(2.3.4 参照).初期のアクリターク(所属不明の単細胞様微化石の総称)は 2520 Ma には出現していたらしく(Zang, 2007),もし,これが真核生物であったときちんと証明できれば,その出現時期は原生代初期とな

表 7-1 地球表層環境システムにおける酸素の存在量および流量

有機物埋没による酸素の増加量 (10^{13} mol yr^{-1} O_2)		酸素の減少量 (10^{13} mol yr^{-1} O_2)	
海洋	1.00 ± 0.25	岩石中の ^0C の酸化	0.75 ± 0.19
陸域	$0.31 - 0.63$	S^{2-} の酸化	0.38 ± 0.13
増加量	$1.25 - 1.56$	Fe^{2+} の酸化	0.13 ± 0.06
		火山噴火ガス中の SO_2,H_2 などの酸化	0.16 ± 0.09
		減少量	1.41
堆積物中の有機物		570 (10^{18} mol O_2)	
石油・石炭の有機物		$0.61 - 0.84$ (10^{18} mol O_2)	
現在の大気		38 (10^{18} mol O_2)	

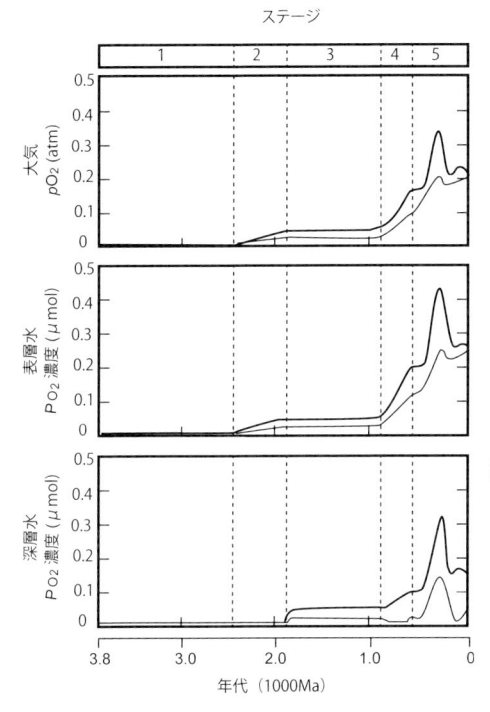

図7-1 大気中の酸素濃度（p_{O_2}）と深層海水および表層海水（P_{O_2}）の酸素濃度の変遷（Holland, 2009を改変）

上の横軸はp_{O_2}で分類したステージ．ステージ 1（3800-2400Ma），2（2400-1800Ma），3（1800-850Ma），4（850-540Ma），5（540-0Ma）．

るが，現在でも議論は多い．

その後850Maまではp_{O_2}の顕著な上昇の証拠はない．光合成による有機物の生産と分解，および大陸の化学風化による酸素の消費がバランスしていたと考えられる．850-540Maの原生代後期は，全球凍結時を除くと，炭酸塩の$\delta^{13}C$値が正の極大を示していた．この原因として，莫大な量の有機炭素が海洋リザーバーから除去されていたと推定される（Berner, 2004；Halverson et al., 2005）．また，エディアカラ化石群などからわかる生物の進化も，p_{O_2}の増加に後押しされたものと推測されている．一方で，全球凍結時には氷床堆積物と併行して縞状鉄鉱床なども形成されたので，厚い氷により大気と海洋との気体の交換が妨げられ，海洋深層では無酸素状態に戻っていたとの考えもある．

カンブリア紀初期でのp_{O_2}は約20％弱で現在とほぼ同じレベルに達していた．顕生代を通じてのp_{O_2}および表層水のP_{O_2}は，大量有機物の埋没を反映

して石炭紀に極大を示し，その値は約30％に達した．白亜紀の石油の起源となった有機物の大規模な沈積もp_{O_2}および表層水のP_{O_2}の極大を伴うが，白亜紀には海洋無酸素事変（OAE；Ocean Anoxic Events）に見られるように，海洋内部で無酸素あるいは貧酸素状態に陥ったこともあったので，深層水のP_{O_2}は低下していたかもしれない．

さて，昆虫は肺も鼻の孔もなく，体の側部に気門と呼ばれる針の先ほどの孔が体節ごとに1対ずつ開いている．昆虫はこの気門から拡散してきた酸素を吸うので，吸収効率が悪く，通常サイズが小さい．しかし，石炭紀を中心とした時代にはp_{O_2}は30％程度と高かったので巨大な昆虫や陸棲節足動物が活躍できた．

人間の吐気のp_{O_2}（16％）にはかなりの酸素がまだ残っているが[*7A]，鳥類の肺に付属する気嚢は，吸うときと吐くときの2度肺に空気を通すので，より多くの酸素を取り込むことができる（平沢，2010）．現在の鳥類が空気密度の低いかなりの上空でも呼吸できたり，ジュラ紀の極小のp_{O_2}下で恐竜が巨大化できたのも，気嚢を有しているからだとされている．

産業革命以前の完新世の自然状態では，大気圏におけるp_{O_2}は定常状態でほとんど増減がなかったとされている（表7-1）．植物による光合成で生成された有機物がそのまま分解/消費されてしまうと，光合成で酸素をいくら生産しても，p_{O_2}の増減はない．逆に，その有機物が堆積物中に埋没すると，埋没した有機物が光合成を介して生成したときに発生した分のO_2が，地球表層環境システム（大気・海洋）に付加される．その流量は自然のみの物質循環では，海陸合計で約1.4×10^{13} mol yr^{-1}であるが，逆に，p_{O_2}の減少として機能する陸域岩石の風化で約1.26×10^{13} mol yr^{-1}，火山ガスの酸化で約0.16×10^{13} mol yr^{-1}と推定され，ほぼバランスがとれている．

現在は化石燃料の燃焼などでp_{CO_2}の増加（1.5 ppm yr^{-1}＝大気中の存在量に換算して0.27 Pmol yr^{-1}）に注目が集まっているが，化石燃料の燃焼はO_2

[*7A]：空気中の酸素（p_{O_2}）は21％で，水中でのP_{O_2}はたった0.5％なので，空気の方が酸素を多く含んでいる．人間が水で溺れるのは，その酸素不足のためで，酸素を21％溶解させる液体があれば，その中で呼吸ができる．ペルフルオロトルブチルアミン溶液は多量の酸素を溶存させることができるため，実験用ネズミで液体中でも呼吸ができることが確認されている．

を消費するので，p_{O_2} は 3.3 ppm yr^{-1}（= 0.60 Pmol yr^{-1}）のスピードで減少している［GME 図 5-8］．この流量を風化（0.069 ppm yr^{-1} = 1.26×10^{13} mol yr^{-1}）と比べると約 50 倍となる．

7.1.2 海水の溶存遷移金属濃度の変化

海水中に溶存する遷移金属濃度は，p_{O_2} や P_{O_2} と密接に関係してきたと推測され，その変動を基に大きく 6 つの期間に分類できるかもしれない：① 4600-2500 Ma，② 2500-1800 Ma，③ 1800-800 Ma，④ 800-500 Ma，⑤ 500 Ma から現代（図 7-2）．2500 Ma 以前の海洋は無酸素水塊で，酸素は岩石圏にとどまっていた．これが，2700 Ma に誕生したシアノバクテリアによる遊離酸素の発生で，鉄は Fe^{2+} から Fe^{3+} に酸化され，2500-1800 Ma には縞状鉄鉱床の生成によって，溶存鉄は激減した．2500 Ma には酸化的風化の増大により，モリブデン（Mo）とレニウム（Re）の供給量が増加したと推定されている（Anbar et al., 2007）．1800-800 Ma の期間はよくわかっていないが，表層水では P_{O_2} が上昇してきたものの，中深層では依然として P_{O_2} が低く，H$_2$S に富んでいたと推定されている（Canfield, 1998；Lyons, 2008；Arnold et al., 2004）．800-500 Ma には P_{O_2} の急上昇に伴い，硫黄は硫酸イオンの形でその濃度を上昇させていった（Canfield, 2005）．

遷移金属の濃度変化は，生物地球化学の進化を反映している．2500 Ma 以前には海水は還元的環境であったので，Fe 濃度は現在より 4 桁位高い 50 μM に達していたとの計算もあるが（Holland, 1973），Fe と Mo は窒素の硝化過程などを行う酵素に重要で，800 Ma 以前の基本的に両元素の濃度の低かった時代には，硝酸などの供給が十分でなく，一次生産を抑制していたかもしれない（Anbar and Knoll, 2002）．定常的な海洋リザーバーでは，Fe の流入とともに Fe の沈殿も起こり，現在よりもダイナミックに Fe が循環していたはずである．その際，Fe の沈殿過程では（オルト）リン酸の吸着沈殿が促され，3200-1900 Ma の海水中のリン酸濃度は現在の 10-25％程度となって，生物生産が抑制されたと考えられる．これらの要因は，光合成効率と炭素埋没率の低下を招き，p_{O_2} が長期にわたり低く保持された原因となったと考えられる（Bjerrum and Canfield, 2002）．なお，Mo は酸化条件下では

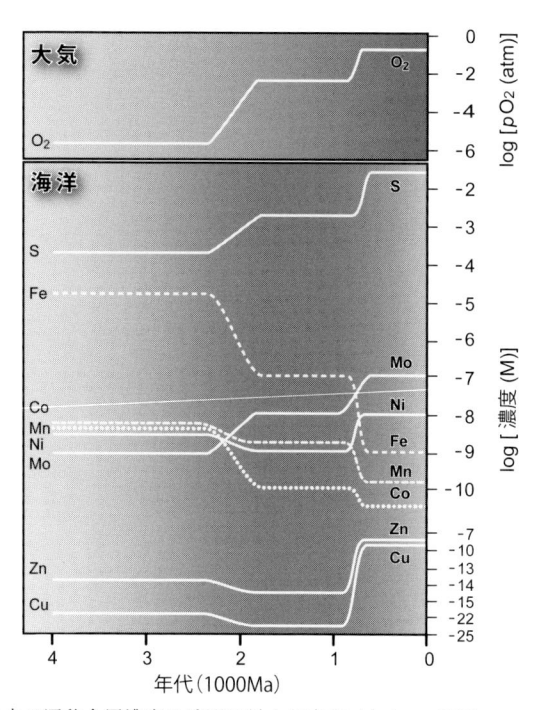

図 7-2 海水の遷移金属濃度の時間に対する変化（Anbar, 2008）
これらの推定値は近似的なもので，単純な地球化学モデルと過去の堆積物からの推測に基づいている．白黒の濃淡は，2400 Ma 以前の還元的で硫黄の乏しい環境から，1800-800 Ma の H_2S の富んだ海水への変化を表している．そして，800 Ma 以降の完全に酸化的な状態へと変化した．

MoO_4^{2-} の錯イオンとなるので，遷移金属の中で現在の海水中に最も溶存する元素となっている（平均濃度 105 nM，滞留時間約 800 kyr）．

Cu は N_2O から N_2 への脱窒過程に必要な酵素の重要元素である．そこで，Cu 濃度の低かった 800 Ma 以前は，大気は笑気ガス（N_2O）に富んでいたかもしれない（Buick, 2007）．Ni はメタン生成と関連しており，還元的な環境下でメタン生成に重要な役割を果たしてきたかもしれない．本節では，Fe，Mo，Re，Cu について濃度変化に影響を与えた因子などについて述べたが，金属元素は金属錯体として海水中に存在していたという説もあり，今後大きな進展が期待される．

なお，真核生物の進化はおおよそ 800 Ma 以降の p_{O_2} の上昇と時期が一致

しているが，p_{O_2} の増加とともに Ni, Mo, Zn, Cu の濃度は上昇し，Fe, Mn, Co の濃度は減少した．現在の真核生物の体は，原核生物よりも Zn を必要とし，Fe, Mn, Co を必要としない．さらに，酵素では Zn を Co の代用とし，硝酸同化では Mo を必要としているとされるが，これは過去の地球表層環境システムでの生育環境を反映しているのではないかと予想されている（Dupont et al., 2006）．

7.2 顕生代の地球表層環境システム変化

7.2.1 気候と海水準の変化

顕生代の気候状態は大きく変動してきた．この 542 Myr に，温暖，寒冷な気候が，それぞれ 4 回（先カンブリア時代からの継続分を含めると，寒冷気候は 5 回）訪れた（表見返し）（Frakes et al., 1992；Shaviv and Veizer, 2003）．温暖気候と寒冷気候の期間を比較すると，温暖気候の持続時間は 50-100 Myr，寒冷気候のそれは，第三紀を除くと 37-80 Myr と比較的短くなっているが，周期性はなかったらしい（Frakes et al., 1992）．

カンブリア紀の始まりは，後期原生代から続いた寒冷な気候が卓越していた（約 532 Ma まで）．初期カンブリア紀から後期オルドヴィス紀まで（約 532-463 Ma），気候は温暖で，海水準も高く，時代とともに生物の多様性も増加した．この期間の初期には岩塩や石膏などの蒸発岩が形成された．また，オルドヴィス紀の火山活動は活発であった．

後期オルドヴィス紀から初期シルル紀まで（約 463-429 Ma），海水準は依然として高かったが，気候は寒冷化していった．この持続期間は 34 Myr と短かったが，生物相に関する汎世界的な絶滅イベントは多く，とくにオルドヴィス紀-シルル紀境界のイベントは，ほとんどの化石グループが絶滅するという点で第一級のイベントと認識されている（表見返し）．これは後期オルドヴィス紀の氷河作用によって引き起こされたのかもしれない．氷河期はとくにオルドヴィス紀最後の約 10 Myr にわたって続いたが，その盛衰は 3-4 回あった．この最盛期には海水準は下がり，海洋循環は強くなり，深海での海底侵食が進み，溶存酸素量が増加した（Barnes et al., 1995）．

初期シルル紀から初期石炭紀にかけて（約429-339 Ma），気候は再び温暖な状態に戻り，気温は高くなった．初期デヴォン紀から中期石炭紀にかけては，火山活動は海陸ともに比較的活発であったのではないかと推定されており，これに伴って地球内部から地球表層リザーバーに大量のCO_2が供給されたらしい（Frakes et al., 1992）．ほぼ時期を同じくして，大量の有機炭素や炭酸塩が沈積した．また，この温暖気候期の後半には岩塩や石膏などの蒸発岩が形成した．

初期石炭紀から後期ペルム紀（約339-259 Ma）には，80 Myrにわたって気候は寒冷化し，海水準も降下した．ペルム紀には，大量の蒸発岩と石炭に富む頁岩が沈積した．

後期ペルム紀から前期ジュラ紀までの間（約259-185 Ma）には温暖な気候が優勢であった．海水準は比較的低く，降水も相対的に少なく，岩塩や石膏が沈積した．この期間には，第一級の生物絶滅イベントが2つあった（表見返し）．ペルム紀/三畳紀境界（P/T境界）の絶滅イベントでは，多くの海退による海洋海盆の消滅が生息域の破壊に関連していたらしい．これによりパンゲア超大陸の陸の面積は増加し，気候の不安定性は増した．ペルム紀の終末の手前で，海退は止まり，海進が始まった．ペルム紀の最終期頃には大規模な火山活動が起こり，海水中のP_{O_2}が下がる時期もたびたびあり，これも生物の絶滅の原因の一つになったと考えられる．絶滅にはさまざまな原因が考えられるが，その遠因としては大陸直下でのスーパープルームの活動などが指摘されている（磯﨑，1995，1997）（図3-17）．一方，海岸付近の陸域では，海進により陸上生物の生息場所が奪われ，多くが消滅した．三畳紀の最後のイベントでは，海洋生物に対する影響が大きかった（Erwin, 1995）．

ジュラ紀中期から白亜紀初期（約185-140 Ma）にかけて，気候は前後と比べて寒冷化したが，その程度は強烈なものではなく，現在よりも平均気温は高かったらしい（Frakes, 1979）．海水準はジュラ紀初期（195 Ma）から白亜紀後期にかけて概して上昇したが，白亜紀初期（140 Ma）やジュラ紀にしばしば下降することもあった（図4-4，図4-8）（Hardenbol et al., 1998）．白亜紀後期（100-70 Ma）の高海水準は，スーパープルームと関係があると考えられている（図4-5）．

白亜紀初期から始新世中期までの期間（約140-45 Ma）は，基本的に無氷河（無氷床）時代で，海水準も高く，気候も温暖であった（図4-4）．始新世/漸新世境界（33.9 Ma）に南極大陸での本格的な氷床が誕生したらしい（図5-1，図5-6）．これは南極大陸と南米・オーストラリア大陸の分離により南極周極流が形成されて，南極大陸が熱的に孤立化していったことと大いに関係しているらしい．なお，ほぼ同時期に，陸に囲まれている北極も大気循環などを通じて周囲との熱収支が変化し，寒冷化が始まった．

　新第三紀には中新世に多少温暖化することもあったが，気候は概して寒冷化していった（図5-1）．さらに，第四紀に入ると，南極大陸に加えて北米・ヨーロッパ大陸に大規模な氷床が氷期に発達するようになり，寒冷のレベルはいっそう厳しくなった（図1-11）．

7.2.2　生物多様性と有機物の埋没の変化

　生物の多様性は，地球的規模の絶滅を何度か経験しながらも，顕生代を通じて増大してきた．多様性が極端に減少した時期は，古い方から，オルドヴィス紀末（O/S境界），デヴォン紀後期（F/F境界），P/T境界，三畳紀末（T/J境界），K/Pg境界，などである．たとえば，P/T境界は顕生代中最大の絶滅と評価されているが，境界の後，主に植物プランクトンによる海洋地球生物化学循環は約0.1 Myrで回復したのに対し，種数が回復するには約20 Myr必要であった．

　生物の絶滅は種の減少に呼応するが，炭素の沈積という量的な視点から見ると，黒色頁岩，石炭，石油などの生成は，有機炭素の大規模な埋没を表している（表見返し）．大規模な石炭が生成したのは，石炭紀後期の北米とヨーロッパ地域で，リグニンのような難分解性の有機物を持った巨大なシダ植物が出現したことと関係しているらしい．一方，中国，インド，オーストラリアなどの地域の石炭の生成時期は，主にペルム紀である．三畳紀，ジュラ紀，白亜紀から第三紀にかけても石炭は生成しているが，中生代では裸子植物が優勢となったことを反映して，これらの有機物が石炭となった．

　一方，石油の生成は白亜紀が圧倒的に多く，現在の埋蔵量の約50％以上を占めている．石油の根源岩である黒色頁岩は，有機炭素を数％以上含んで

いるので，黒色を呈する．顕生代を通じて，地域や期間は限定されながらもしばしば生成してきた．とくにヨーロッパでは，白色の石灰岩層に，有機炭素に富む黒色の堆積層が挟在し，双方が対照的な色調を呈するため認識しやすい．黒色頁岩に含まれる有機物の一部は，最終的に石油に熟成するとされ，しかも貯留岩として間隙率が高い石灰岩が同時に堆積したことは，中東地域の石油の生成には非常に好都合であった．現在，石油の埋蔵は中東地域に偏っているとされるが，この地域は当時テチス海に位置しており，湧昇も盛んで一次生産が高く，有機物の堆積速度も高い地域であったはずと考えられる．

7.2.3 海水の溶存無機炭素のδ^{13}C値の変化

海水に溶存している無機炭素は，海水のpHが8.1程度であると，重炭酸イオン（HCO_3^-）が主要イオン種である［GME図2-4］．炭酸塩と重炭酸イオンの同位体分別係数は小さいので，炭酸塩のδ^{13}C値は重炭酸イオンのδ^{13}C値を反映することになる［GME 2.6］．一方，溶存重炭酸イオンと有機物との同位体分別係数は，炭酸塩の沈殿の際の分別と比べると非常に大きい．すなわち，有機物は海水の溶存無機炭素より，圧倒的に^{12}Cに富むので，有機炭素の埋没量の増加に伴い，海水リザーバーから^{12}Cが優先的に除去される（海水無機炭素および海成炭酸塩のδ^{13}C値は大きくなる）．逆に，有機物が酸化されて海洋に溶出したり，有機炭素埋没速度が低下すると，海水無機炭素および海成炭酸塩のδ^{13}C値は減少する．ちなみに，地球上の90％以上の植物を構成するC3光合成回路の場合（例：イネ，コムギ），δ^{13}C値は－25‰（－20～－30‰），C4植物の場合（例：トウモロコシ，サトウキビ），δ^{13}Cは－13‰（－6～－19‰），サボテンやパイナップルのようなCAM（Crassulacean Acid Metabolism）植物の場合，C3植物とC4植物の中間のδ^{13}C値を示す（図7-3）．そこで，海洋の溶存無機炭素や海成炭酸塩のδ^{13}C値の変化は，海底堆積物に埋没する有機炭素量の変化，植物のグループを反映したものになる．

海水中の溶存無機炭素のδ^{13}C値の顕生代の変動曲線は，主に腕足類の低Mg方解石，有孔虫の方解石などから求められている（表見返し）．顕生代のδ^{13}C値カーブは，－1±1‰から＋2±1‰ PDBと漸増する超長期的なトレ

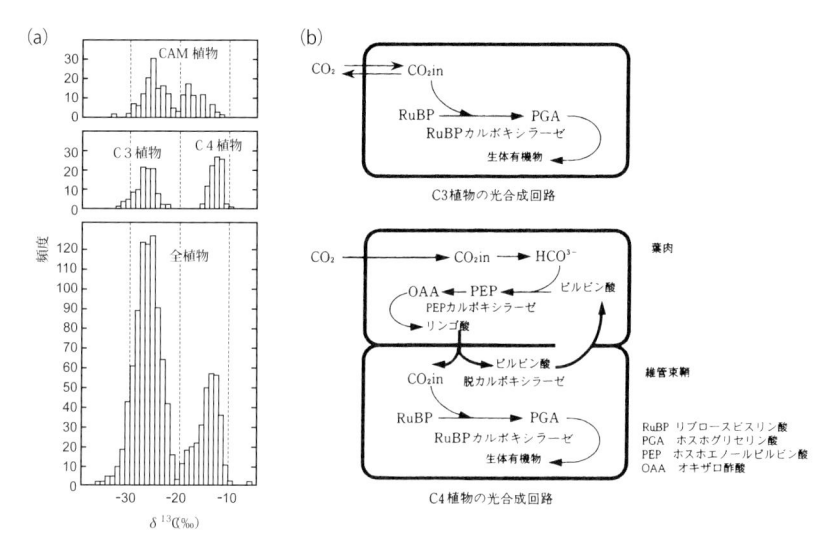

図 7-3 (a) 陸上植物 C3, C4, CAM 植物の有機炭素の δ^{13}C 値, (b) C3, C4 植物の光合成回路

ンドに加えて，カンブリア紀からシルル紀にかけて上昇し，デヴォン紀に極小値を示した後，石炭紀まで上昇し，古生代は高い値を保持した．中生代および新生代には 1-3‰ の範囲であった．これらの長期変動に，短期的なカーブが重なっている．短期的なピークは炭素同位体イベント (carbon isotopic event) と呼ばれて，有機物に富む頁岩の堆積，一次生産の増大，生物の大量絶滅などを反映しており，同位体比層序の鍵層として用いられることも多い (Hasegawa, 1997).

さて，地球表層の炭素リザーバーが変動すると，有機物の δ^{13}C 値も同様に変化するはずである．両者を定量的に詳細に解析した結果は少ないが，長期的な炭酸塩と有機炭素の炭素分別は，従来の 25‰ といった見解よりは，平均で 30‰ と大きいというのが，最近の結果の示すところである (Hayes et al., 1999). 実は炭素同位体の分別作用は植物の種類のみならず p_{CO_2} にも依存することが知られており，それが原因ではないかといわれている (Kump and Arthur, 1999). 基本的に，地球表層リザーバーから有機炭素が除去され，その埋没量が増えれば，p_{CO_2} は減少し，炭酸塩および有機炭素の両方の δ^{13}C

値が増加する．

7.2.4 硫黄同位体比の変化

　大気 – 海洋 – 地殻の相互作用における硫黄の循環では，主に3つのプロセスが重要である：①海水中に溶存する硫酸イオンが石膏/硬石膏として堆積岩に除去され，その堆積岩が陸化し，雨水により溶解し，海洋に戻る．②海水中に溶存する硫酸イオンが，硫酸還元バクテリアによって堆積岩に黄鉄鉱（FeS_2）などの硫化物として除去され，その堆積岩が陸化し，雨水によって酸化され，再び硫酸イオンとして，海洋に戻る．③海嶺の熱水循環系で，海洋地殻岩と海水の硫酸イオンが反応し，還元され，硫化鉱物として除去される．その硫化鉱物は，海溝より沈み込み，一部はマグマに含まれ，陸上火山活動によってSO_2やH_2Sとして大気に放出される．そのSO_2やH_2Sは，光反応等により短時間のうちに硫酸イオンに代わり，海洋に戻る（図7-4）．

　海洋に存在する硫酸イオンがすべて堆積岩や海洋地殻に除去され，海洋リザーバーにもどる1循環に要する時間は8 Myrと推定されている．

　海水中の溶存する硫酸イオンと石膏/硬石膏との間の同位体分別は，無視できるほど小さいので（Raab and Spiro, 1991），蒸発岩中の硫酸塩の$\delta^{34}S$値は，海洋に溶存している硫酸塩のそれを記録していることになる．一方，現代の環境において，硫酸還元菌の活動による生成硫化物と硫酸イオンの間には，40-60‰の分別作用があり，軽い同位体に富んだ硫黄が，還元態である硫化物に濃集する．そこで，軽い$\delta^{34}S$値を持つ堆積物中の硫化物が風化し，酸化されて海洋に運搬されると，海水中の硫酸イオンの$\delta^{34}S$値は再び減少することになる（表見返し）．

　古生代初期における$\delta^{34}S$値は+30‰という最大値を示し，デヴォン紀に最小値+17‰まで減少し，短期間で+28‰まで増加し，古生代最後のペルム紀最後期に最小値+10‰を示す．その後，現在の+20‰まで変化した．Kump（1989）のモデルによると，黄鉄鉱の埋没は，古生代前半では現代よりも2倍ほど大きく，その後石炭紀からペルム紀には現代の0.5倍位まで落ち込み，最近の180 Myrはあまり変化していなかったことが，顕生代の$\delta^{34}S$値のカーブの背景にあるとされている．$\delta^{34}S$値の解析では，蒸発岩のみ

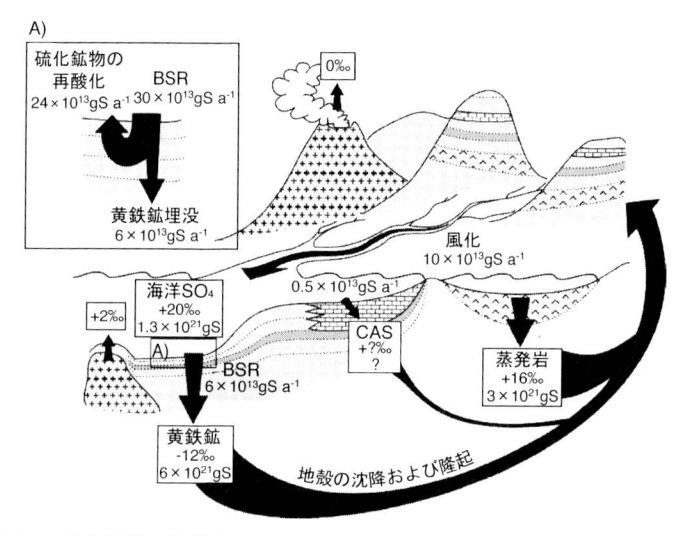

図7-4 硫黄循環の模式図 (Bottrell and Newton, 2006)
図中のBSR, CASはそれぞれ,バクテリアによる硫酸還元 (bacterial sulfate reduction), 炭酸塩に付随する硫酸塩 (carbonate-associated sulfate) を表す.

ならず,海成炭酸塩に含まれる硫酸イオンのδ^{34}S値を測定する方法がある (Burdett et al., 1989;Kampschulte et al., 2001).

新生代の海水中の硫酸イオンのδ^{34}S値の変化については,重晶石 (barite, $BaSO_4$) を用いた研究があり,65 Maから55 Maの間に+19‰から+17‰へと減少,55 Maから45 Maにかけて+17‰から+22‰へと増加,35 Maから2 Maにかけてほぼ一定,その後,0.8‰減少していることがわかった(表見返し).

7.2.5 大気中の二酸化炭素濃度 (p_{CO_2}) の変化

大気中のp_{CO_2}は,温室効果,海洋のpHを介して,地球表層環境システムに大きな影響を及ぼしてきた.地質学的な記録によると,顕生代には炭酸塩の沈積が突然中断した時期があったことが報告されている.原因としてp_{CO_2}の急速な増加が指摘されている.たとえば,三畳紀/ジュラ紀の境界では,火山活動の急増により,p_{CO_2}が上昇した (Palfy, 2003).これにより,地球

的規模で生物が絶滅した．アラレ石（aragonite）は方解石（calcite）より酸性に弱く，溶解しやすいので，アラレ石の生物殻を持つ生物が方解石の生物殻の生物に置換するような進化が起こった（Palfy, 2003；Hautmann, 2004）．なお，p_{CO_2} は pH を下げ，炭酸塩の溶解のレベルに影響して生物硬化作用に影響を与えるのに対し，海水の Mg/Ca 比は結晶形成機構に作用して生物殻の炭酸の種類を支配する（7.2.8 参照）．

　炭酸塩生物殻を作る生物グループの盛衰は，多かれ少なかれ，p_{CO_2} に依存していたのではないかと考えられ，溶存炭酸イオン種の量は pH に依存するが，生物がどの溶存炭酸イオン種を利用するのかについても，p_{CO_2} とリンクしていたのではないかと考えられている．カンブリア紀から新生代まで p_{CO_2} は大きく変化してきた．シアノバクテリア，藻類はどちらかというと高 p_{CO_2}，低 p_{CO_2} 時にそれぞれ優勢であるとの説もある（Yates and Robbins, 2001）．なお，低 p_{CO_2} の方が，pH が上昇するため重炭酸イオンの比率は高くなる（図 7-5）［GME 図 2-4］．

　海水に溶存するホウ素（B）は pH によりイオン種の割合が異なり，しかも，イオン種により同位体比も異なる［GME 図 9-11］．そこで，炭酸塩に保存されたホウ素同位体比を分析することにより，当時の pH が求まる．さらに，全炭酸やアルカリ度などを仮定することにより，最終的に P_{CO_2} を求めることが可能である．新生代については，このようにして推定された P_{CO_2} が発表されている（Pagani et al., 2005）．新生代初期（約 60-45 Ma）には p_{CO_2} は現在よりもかなり高かったと信じられている．たとえば，60-52 Ma には，浮遊性有孔虫の $\delta^{11}B$ 値から推定された pH に基づくと，p_{CO_2} はたぶん 2000 μatm 以上であったと示唆されている（Pearson and Palmer, 2000）．この値は，白亜紀の p_{CO_2} と同等か，さらに高いので（Takashima et al., 2006），値が大きすぎるではないかといった批判もある．過去の海水の $\delta^{11}B$ 値にかなりの誤差があるらしいことが，推定値に不確かさをもたらす原因と考えられている（Lemarchand et al., 2000；Pagani et al., 2005）．

　p_{CO_2} の推定法には，このほかに植物の葉の気孔の密度などの性質に基づくものもある．その化石の情報に基づくと，58-54 Ma の時期の p_{CO_2} は 300-450 ppm と，ホウ素同位体に基づくものと比べると小さな値となっている

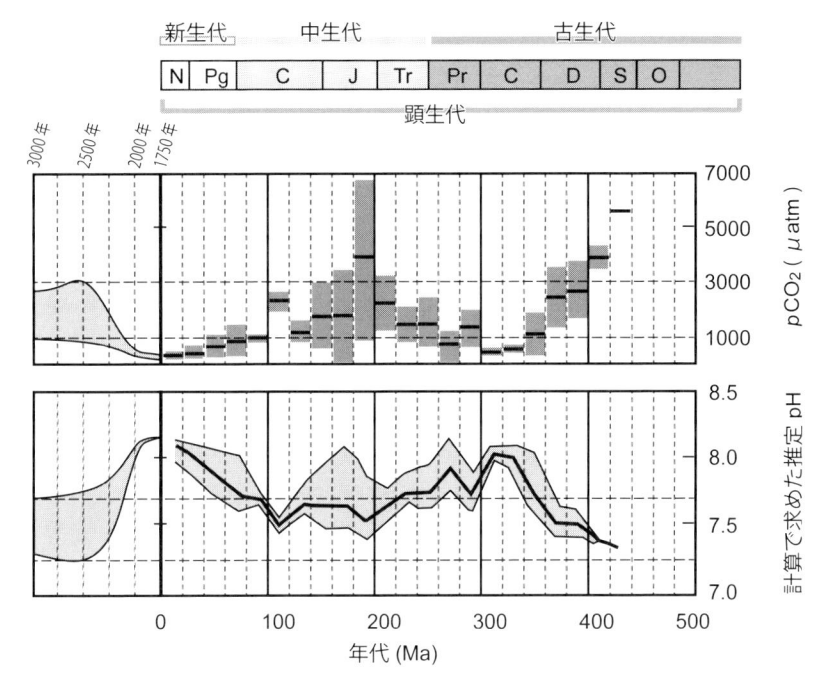

図 7-5 顕生代（図の右側）と将来予想される（図の左側）(a) p_{CO_2} と (b) 計算から求めた海洋の pH の変化（Ridgwell and Zeebe, 2005）
　　　　横の点線は、来世紀の予想される p_{CO_2} と pH の範囲を表している．図中の灰色と黒線は顕生代の p_{CO_2} と pH の範囲（±1σ）と平均値をそれぞれ表している．

(Royer et al., 2001).

7.2.6 海水の $\delta^{18}O$ 値の変化

　第四紀の海水中の $\delta^{18}O$ 値は、10^4-10^5 年の短いスケールで大きく変化してきたが、これは大陸氷床の盛衰で説明されている（1.1.2 (2) と 6.2）．長時間スケール（10^6-10^8 年）では、水圏と岩石圏との反応が重要である．全地球の $\delta^{18}O$ 平均値は、月の玄武岩やコンドライト質隕石の全岩の $\delta^{18}O$ 値に類似し、約 +6‰（SMOW スケール）と推定されており、全マントルカンラン岩の +5.5‰、海洋地殻の約 +6‰という値もこれを反映している．

　海水と岩石圏との反応では、温度が非常に重要である：①低温での海水と海洋地殻との反応では、風化により粘土鉱物が生成するが、粘土鉱物は ^{18}O

に富むので，海水の$\delta^{18}O$値は減少し，低温ほどこの傾向は増大する．②逆に，海洋地殻との高温での熱水反応では，変質岩の$\delta^{18}O$値は減少し，海水の値$\delta^{18}O$値は増加する．この反応温度の分かれ目は約250℃で，緑泥石，緑簾石（りょくれんせき）が出現する緑色岩の生成と一致する［GME 10.3］．そのため，海洋底の拡大が小さくなると，熱水反応が抑制され，海水の$\delta^{18}O$値は減少するということになる．しかし，拡大速度を変化させても，その影響は小さく，海水の$\delta^{18}O$値の変化量は±1‰にとどまるとされている（Gregory and Taylor, 1981）．

Veizer *et al.*（1999）は，腕足類を中心とした低Mg方解石の生物起源炭酸塩を対象に2000試料を分析した．これによると，最低値だったオルドヴィス紀から第四紀までの500 Myrに$\delta^{18}O$値は約7‰上昇したことを示していた．彼らの研究で用いた生物起源炭酸塩は，現生の新鮮な炭酸塩殻に匹敵するくらい変質を免れているので，$\delta^{18}O$値は二次的（堆積後の変質作用）な値でなく，初生値をかなり保持しているものと考えられた．この図の値を信用すると，顕生代については時代が新しくなるにつれて$\delta^{18}O$値が増加していくトレンドは，海水と海洋地殻との高温反応がより弱くなったか，あるいは低温での風化が増加したことに原因を求めることができる．換言すると，前者は拡大速度が減少したこと，後者は陸域あるいは海底での風化が増加したことを反映したことになる（Walker and Lohmann, 1989）．

これとは独立に，海水量の変化がこのような$\delta^{18}O$値に影響を与えたとする説がある．すなわち，現代は，海洋地殻の変質岩に伴い海溝よりマントルに除去される水の量が，マントルより放出される水の量を超えているとモデルより計算されるので，海水量は減少していることになる（図7-6）（Wallmann, 2001）．この計算によると，顕生代の間に海水量は6-10％（0.09-0.14×10^{24} g）減少し，水分は高温変質岩の含水鉱物によってマントルに運搬され，より$\delta^{18}O$値が低い水が除去されてきたことになる．最終的に海水中の$\delta^{18}O$値が増大し，生物起源炭酸塩に保存されたという記録と整合的である．

7.2.7 海水のSr（ストロンチウム）同位体比の変化

　海水中のSrの滞留時間は4100 kyrであり，海水の混合（約1.5 kyr）と比較して十分に長いので（Veizer, 1989），ある時間面では全海洋で同一の組成を示す．海水中のSrには3つの起源がある：①花崗岩などの陸を構成している岩石の風化生成物である河川水で，^{87}Sr/^{86}Sr比は0.711以上の高い値を示す．②玄武岩などの塩基性岩で通常中央海嶺における熱水活動によって海水に供給され，^{87}Sr/^{86}Sr比は0.703程度の低い値を示す．③海水から沈殿した炭酸塩であるが，これは海水の組成とあまり違わない．基本的に海水の

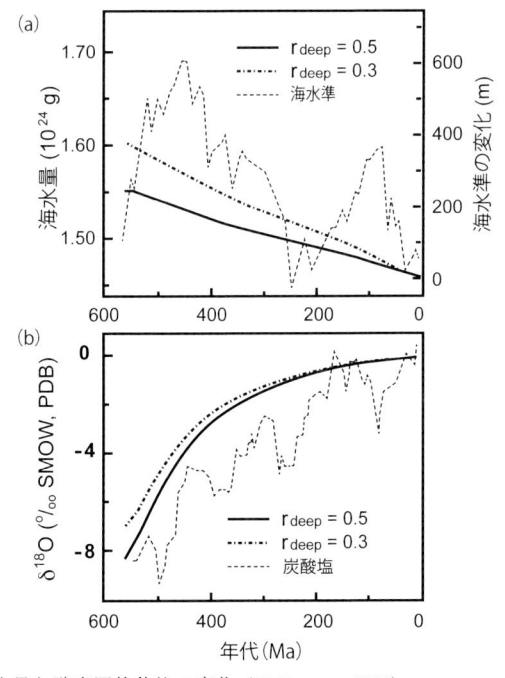

図7-6　海水量と酸素同位体比の変化（Wallmann, 2001）
　（a）顕生代全般を対象とした2つのモデル計算より得られた海水量とHallam（1992）による海水準変化．海水量が10％減少すると，地球的規模での海水準効果はだいたい400 mに相当する．（b）ボックスモデルにより計算された海水のδ^{18}O値（‰ SMOW）の変化とVeizer *et al.*（1999）によりコンパイルされた海洋の生物起源炭酸塩のδ^{18}O値（‰ PDB）との比較．モデル計算で沈み込み帯において続成作用や変成作用により放出され海洋に戻るリサイクリング率（r）を変えた場合の海水中のδ^{18}O値の変化を点線で示す．

^{87}Sr/^{86}Sr 比は①と②の寄与率によって決定される．河川の相対的寄与が大きくなると比は増加し，海嶺拡大にともなう熱水活動が活発になると減少する（Burke et al., 1982）．なお，注意が必要なのは，大陸性の砕屑物が海洋に運搬されたのみでは海水の ^{87}Sr/^{86}Sr 比は上昇しない．すなわち，海水の ^{87}Sr/^{86}Sr 比を変化させるには，河川水，地下水，熱水などに Sr が溶存体となり寄与することが必須である．

　^{87}Sr および ^{86}Sr は両方とも，安定同位体であるが，岩石により ^{87}Sr/^{86}Sr 比が異なる理由は以下のように説明できる．岩石中の ^{87}Sr は ^{87}Rb の壊変によって生成する．^{87}Rb は半減期 488 億年で ^{87}Sr に壊変する（表 AP-1）．最初に ^{87}Sr/^{86}Sr 比が同じであっても，Rb に富む岩石は時間とともに ^{87}Sr/^{86}Sr 比が増加することになる．一般に，大陸地殻を構成する岩石には Rb が多く，逆に，マントルを構成する岩石には Rb が少ない．海洋地殻は相対的に Rb に乏しいマントル岩より生成するので ^{87}Sr/^{86}Sr 比は大陸地殻より小さくなる．

　^{87}Sr/^{86}Sr 比は，顕生代の初期には現在とほぼ同様の 0.709 であったが，450 Ma，370 Ma，330 Ma，250 Ma，150 Ma に極小値を示した．海洋底に証拠が多く残って検証可能な白亜紀を見ると，スーパープルームの活動が活発で大規模な海台が形成され（Larson, 1991），約 125–80 Ma には海洋地殻も拡大速度が速くなり現在の 1.5-2 倍に増加して（表見返し），熱水活動も活発化し，低い ^{87}Sr/^{86}Sr 比を示す熱水の海洋に対する寄与が大きくなり，^{87}Sr/^{86}Sr 比が小さい値を示したものと考えられている．

　スーパープルームは中期白亜紀以外にも，中期オルドヴィス紀に活動したと指摘されている．粘土岩であるベントナイト（bentonite）に変質した火山灰が広範囲に分布しており，Hoff et al. (1992) はオルドヴィス紀中期の K－ベントナイトを 454 Ma と年代決定している．これは，1000 km^3 の量の火山灰に相当し，顕生代中に知られる噴火の中で最大規模のものであったらしい．オルドヴィス紀のイベントを白亜紀と比較すると，類似する点がかなりある．すなわち，①この時期の海水準は顕生代の中で最も高く，②炭酸塩の沈積も広範囲で（Berner, 1990），③磁気は正磁極で逆転記録はまれであったこと，④ 469-443 Ma 位に黒色頁岩が広範囲に沈積した，という特徴がある．これらの火山活動で生成した岩石の変質あるいは熱水活動によって，海

水中の $^{87}Sr/^{86}Sr$ 比も小さい値を示したものとされる．なお，オルドヴィス紀中期の黒色頁岩などの沈積は，普通なら無酸素水塊の形成とリンクしていたはずであるが，生物圏，とくに底生生物相にほとんど影響を与えなかったらしいことが不思議とされている．

7.2.8　海水の Mg/Ca 比の変化

　Mg は岩石圏，水圏，生物圏の主要元素である．海水の濃度は，河川からの元素の流入，堆積物による除去，海嶺の熱水活動に関係した熱水変質によって支配されている（Von Damm et al., 1985a,b；Von Damm and Bischoff, 1987）．とくに Mg については，河川からの流入量の約 50％が海底熱水系で除去されている．海水中での平均滞留時間はおよそ 13 Myr と非常に長いものの，海嶺活動に密接に関連した熱水活動の盛衰により，顕生代の間に海水の Mg/Ca 比は大きく変動してきた［GME 図 10-10］．実際，海水中の溶存 Mg/Ca 比の変化は，海水の $^{87}Sr/^{86}Sr$ 比と鏡像関係をなし，蒸発岩のデータから求められた海水の Mg/Ca 比の変動曲線と整合的である（Hardie, 1996）．

　近年，海水の Mg/Ca 比の変動が注目を浴びているのは，これが生物硬化作用へ大きな影響を与えていると評価されてきているからである．形成鉱物種に関しては，高 Mg/Ca 期にはアラレ石，低 Mg/Ca 期には方解石骨格を持つ生物が優占していることが化石より指摘されている（Lowenstein et al., 2001）．現生生物を用いた飼育実験でも，これを支持する結果（Ries, 2004）が得られている．さらに，鉱物種のみならず生物鉱化の速度にも大きな影響が示唆されている（Stanley et al., 2005）．ただし，Stanley などが対象としているのは，海洋炭酸塩の沈殿物，セメント物，ウーイド（ooids）などをもたらす下等な生物である（Stanley and Hardie, 1998, 1999）．石灰化生物の中でも有孔虫などは高等なグループに属し，自分で体内水の化学組成を調整できるので，外界の Mg/Ca などで鉱物が変わることは通常ない．

　下等な石灰化生物のグループを中心に，方解石が卓越した時期は，古生代のカンブリア紀から石炭紀初期，ジュラ紀から白亜紀までで，カンブリア紀初期，石炭紀中期から三畳紀，そして新第三紀はアラレ石が卓越した時期となっている．とくに，カンブリア紀は最初期から中期にかけて，石灰殻の鉱

物が大きく変わったことが知られており，海洋環境の大きな変化を反映しているらしい．中生代のスーパープルームの活動が活発であったときは，方解石骨格を持つ生物が卓越した．西ヨーロッパによく見られる白亜の崖は，円石藻の方解石殻から構成され，チョーク（chalk）が大量に堆積したが，これも当時の Mg/Ca 比などの海水組成と整合的であった．

7.2.9 海水の Ca（カルシウム）同位体比の変化

顕生代の海水の $\delta^{44/40}$Ca 比が，炭酸塩とリン酸塩の Ca 同位体分析より得られている．ここで，

$$\delta^{44/40}\text{Ca} = [(^{44}\text{Ca}/^{40}\text{Ca})_{試料}/(^{44}\text{Ca}/^{40}\text{Ca})_{標準} - 1] \times 1000 \quad *7B$$

これらの鉱物の値は，海水の Ca 同位体比（$\delta^{44/40}\text{Ca}_{sw}$），沈殿した鉱物，水温，速度論的効果によって影響される（表 7-2）．現代の $\delta^{44/40}\text{Ca}_{sw}$ 比は，1.88±0.1‰で，水深の浅深にかかわらず地球的規模で同一の値をとる．その理由は，滞留時間が約 1 Myr と長く，深層大循環の 1.5 kyr と比較すると大変よく混合しているからである．海水の $\delta^{44/40}\text{Ca}_{sw}$ 比に影響を与える因子として，河川からの流入についてはあまり正確にわかっていないが，0.8±0.2‰とされる（Zhu and Macdougall, 1998）．高温熱水の $\delta^{44/40}$Ca 比は約 0.9±0.2‰で，短時間に大きく変化したことはないと考えられている（Amini et al., 2006）．中央海嶺では，低温の噴出も大事だといわれており，この値はより小さいと考えられ，熱水全体としての $\delta^{44/40}$Ca 比は 0.7‰程度と推定されている．ドロマイト（dolomite）化時に放出される水中の $\delta^{44/40}$Ca 比は 0.3±0.2‰とされている．また，沈殿する方解石とアラレ石の $\delta^{44/40}$Ca 比は約 0.95±0.3‰，約 0.4±0.2‰で，炭酸塩全体としては約 0.7±0.2‰と推定されている．

推定された $\delta^{44/40}\text{Ca}_{sw}$ 比は，大局的にオルドヴィス紀の約 1.3‰から現在の約 2.0‰までの増加，石炭紀初期からペルム紀初期，オルドヴィス紀中期，デヴォン紀中期/後期，ペルム紀後期などのより短期的な正のピーク，そし

---

*7B：カルシウム同位体の標準として用いられているのは，アメリカ合衆国の国立標準技術研究所（National Institute of Standards and Technology）が供給している認証標準物質（Standard Reference Material），試薬番号 915a である．

表 7-2 海水と方解石殻間（腕足類，矢石，有孔虫，二枚貝，海洋の自生リン酸塩）の Ca 同位体分別の値（$\alpha_{CC/SW}$）

物質	$\alpha_{CC/SW}$	1000 ln ($\alpha_{CC/SW}$) (‰)	$\delta^{44/40}$Ca 温度依存性 (‰℃$^{-1}$)
腕足類	0.99915[a]	−0.85	<0.015
矢石	0.99860[b]	−1.40	<0.020
有孔虫	0.99906[c]	−0.94	<0.020
二枚貝	0.99850[d]	−1.50	~0.250[f]
海洋の自生リン酸塩	0.99910[e]	−0.90	<0.020

[a] Gussone *et al.*, 2005; Farkas *et al.*, 2007; [b] Farkas *et al.*, 2007; [c] Heuser *et al.*, 2005; [d] Steuber and Buhl, 2006; [e] Schmitt *et al.*, 2003; [f] Immenhauser *et al.*, 2005.

て，シルル紀中期，デヴォン紀後期，石炭紀初期，ジュラ紀後期，白亜紀初期/後期，新第三紀などの短期的な負のピークが観察されている．この変化を解析するために，海嶺拡大速度，ドロマイト化，p_{CO_2}，大陸風化などを ^{87}Sr/^{86}Sr 比，Mg/Ca 比などを用いて計算したところ，$\delta^{44/40}$Ca$_{SW}$ 比を支配する究極の因子は熱水活動などの地殻変動関連因子で，これに沈積する鉱物種の変化が加わったのではないかと示唆されている（図7-7）(Farkas *et al.*, 2007)．なお，von Allmen *et al.* (2010) は，腕足動物の現生種について同一殻内部において約 0.3‰ の不均質を認め，過去の $\delta^{44/40}$Ca 比を系統的に復元する際に，化石試料のどの部分を分析すべきか，ということについて疑問を投げかけた．

7.2.10 海水のシリカ濃度

先カンブリア時代には，溶存シリカはオパール（$SiO_2 \cdot nH_2O$），粘土鉱物，ゼオライト，有機物，たぶんバクテリアとの反応は存在したものの，海洋リザーバーからの除去については，基本的に無機的沈殿であった (Siever, 1992)．しかし，このような無機的な除去は，オルドヴィス紀以降は大規模には起こらず，生物起源オパールの生成・沈積という生物プロセスが主要な役割を演じてきた (Maliva *et al.*, 1989)．真核生物による溶存シリカの固定については，カンブリア紀に出現した放散虫の，オルドヴィス紀以降の進化とともに変化したと考えられる．その当時の海水中の溶存シリカ濃度は，チャート形成の際にオパール (Opal)-CT という鉱物がノジュールなどに沈積

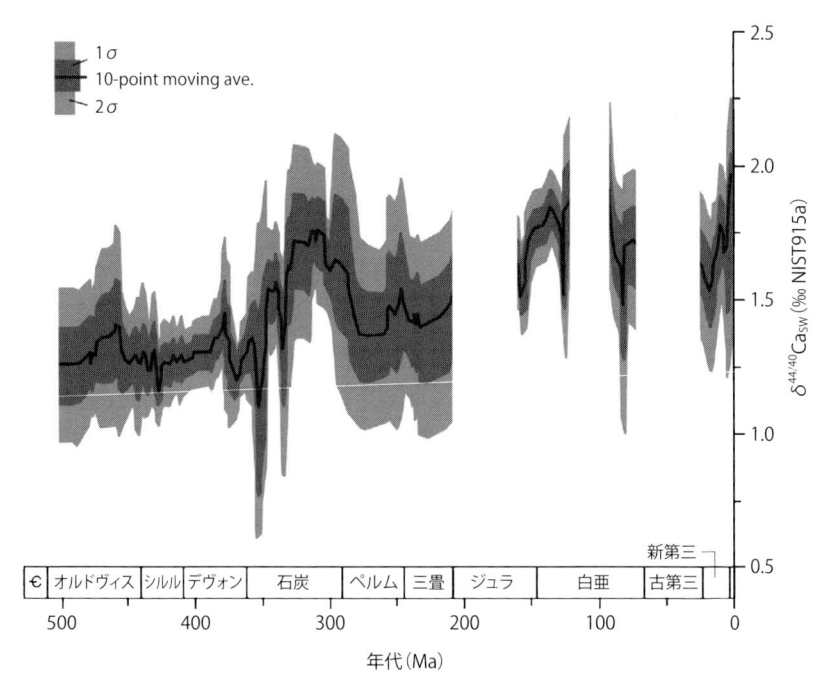

図 7-7　海洋の生物起源炭酸塩の分析値に基づく顕生代の $\delta^{44/40}Ca_{sw}$ 比の変化
移動平均（太線）は 10 データごとの平均で，灰色のハッチをかけた部分は，Gaussian 分布で 68 %（±1 σ）と 95 %（±2 σ）の範囲を表す（Farkas et al., 2007；時間スケールは Harland et al., 1990）．

していることから，たぶんこの鉱物の飽和レベルより少しだけ高い濃度であったと考えられている．実際，溶存シリカに飽和した場合には，放散虫の生産は，硝酸や鉄などが制限元素となっている．そして，最終的に白亜紀に登場した珪藻により（4.3.5 参照），溶存シリカ濃度は現在のレベル位まで下がってしまったと考えられる（図 7-8）（Racki and Cordey, 2000）．

　古生代の溶存シリカ濃度は 60 mg L^{-1} を超えるほど高かったが，溶存シリカ濃度は，P/T 境界近くの大量絶滅の後，漸移的というより，段階をへて減少し，新生代には珪藻の繁殖とともに 2 mg L^{-1} を下回るまでに下がった．古生代から中生代の時代では，溶存酸素と Fe，そして溶存シリカがリンクしていた可能性が指摘されている．P/T 境界の海洋では，無酸素状態（anoxic）が出現したとされ，そのような状況になると海水中の Fe 濃度は

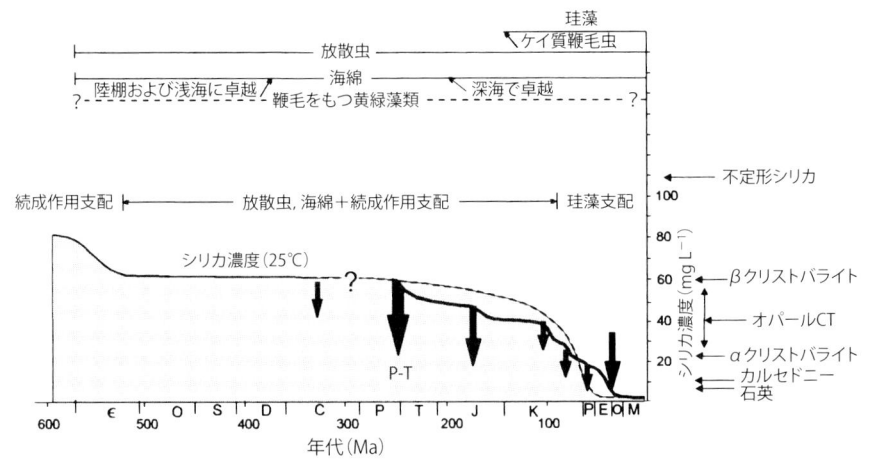

図7-8 顕生代を通じたシリカ濃度の変化 (Racki and Cordey, 2000)

上昇したものと推定される．珪藻は酵素を介してFeを選択的に利用するので (Falkowski et al., 1998)，このような状況はケイ質プランクトンの進化にも影響を与えたかもしれない．

現在の海洋における溶存シリカ濃度は，典型的な深層水で50-100 μM（3-6 mg L^{-1}），表層水では0-30 μM（0-1.8 mg L^{-1}）で，大西洋ではもっと低くなっている (Nelson and Dortch, 1996)［GME図3-5］．また，珪藻や放散虫の一部について，生産が非常に高い場所は極域の湧昇帯となっており，個体の大きさおよび殻が厚い珪藻は，基本的に湧昇が活発な高緯度域に見られる (Falkowski et al., 1998)．大局的には，新生代を通じて，放散虫の殻の重さの減少と珪藻の多様性の増大は逆相関している (Harper and Knoll, 1975)．浅海水層に棲息していた海綿についても，殻が薄くなるか，シリカ濃度が高いより深い海に棲息場を変えたものもいる (Gammon et al, 2000)．

現代では，鞭毛藻 *synurophyte flagellates* は溶存シリカ濃度がとても低い状態でも生存し，生物硬化作用を行うことが知られており，このような状況下では珪藻より優勢となる (Sandgren et al., 1996)．このグループは，将来何らかの原因で溶存シリカ濃度がもっと下がった場合，生態系で優勢種となる可能性がある．

7.3 宇宙線の気候への影響

これまで地球表層環境システムに影響を与えた地球外の現象のうち,隕石などの短時間の衝撃的な事項のみにふれてきたが,太陽系外での諸事変が地球表層環境や生命進化に関係してきたという考えが近年議論されているので,紹介する (Svensmark, 2007).

地面に達する太陽日射の熱量は約 200 W m^{-2} で,1750 年と比較して,現在は +1.6 W m^{-2} 増加していると推定されている.増加原因のほとんどは CO_2 を始めとする温室効果気体であるが,この推定に欠けているものとして,定量的評価が困難な雲量がある.IPCC のレポートにおいても,雲による気候への放射強制力は $-0.3 \sim -1.8$ W m^{-2} と評価の幅が大きく,CO_2 によるそれの +1.7 W m^{-2} と比べても大きな値となっている.低層雲は現在平均して地球表面の 25% 以上を覆っているとされ,これは日射を反射する.単純なモデルで仮定すると,雲量が 2% 増加するだけで放射強制力は -1.2 W m^{-2} となる.雲の生成には,日射に含められる可視光線や紫外線などよりも強力な,銀河から到達する宇宙線,すなわち高エネルギーの新星などが発する μ 粒子が大切で,とくに高度 3.2 km より低層の雲とこのような宇宙線量 (CRF ; Cosmic Ray Flux) との相関は非常に高かった (Marsh and Svensmark, 2000).

現在のところ,この宇宙線による気候への影響仮説は,気候科学者あるいは環境科学者の認知を受けていないが,地球の経験してきた気候・環境をうまく説明できる点をここでは指摘したい(図 7-9).

顕生代の気候状態は,寒冷と温暖な気候が交互に繰り返されてきた (Frakes et al., 1992).しかしながら,その原因はよくわかっていない.実際,一番影響がありそうな p_{CO_2} と寒暖の間には大局的にあまり相関が認められない.ただし,この相関のなさは,数億年での p_{CO_2} の推定がモデリングに基づくので,その精度に問題があるのかもしれない.一方,CRF と炭酸塩の $\delta^{18}O$ 値から求められた水温との間には強い相関が認められ,海水温変動の 66% が CRF に起因すると解析された.この CRF の変動は,基本的に太陽系が銀河の渦状腕 (spiral arms) を横切るときに増加し,その間のときに減少

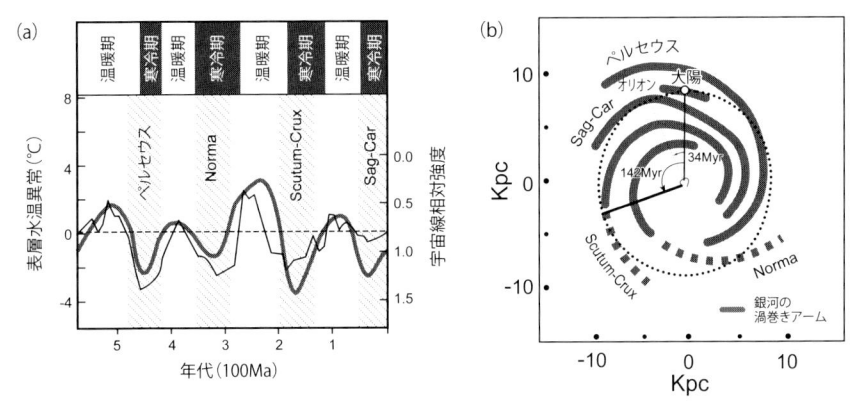

図 7-9 (a) 熱帯域の表層水温のカーブ (温度℃で表示) でも示されるように，顕生代にわたり「温暖地球」と「寒冷地球」を 4 回くり返してきた．寒冷化気候の時期は，太陽系が銀河の渦状腕 (spiral arms) を横切るときに呼応した宇宙線量の増加時期に呼応していた．太線は宇宙線量を細線は水温を表す．(b) 銀河系の渦状腕と太陽系の位置関係は，過去 200 Myr については，角度 ϕ の違いで表示できる．最近渦状腕を通過したのは，$\phi 1$ そして $\phi 2$ についてそれぞれ 100° そして 25° 戻したときであった (Svensmark, 2006)．太陽系が各々の渦状腕を通過すると雲量が増加して，気候は寒冷化した (Svensmark, 2007)．

する．

過去 200 Ma にわたり銀河の渦状腕と太陽系との関係を解析したところ，Spr-Car と呼ばれる渦状腕，Scrutum-Crux と呼ばれる渦状腕を通過したのは，34 ± 6 Ma と 142 ± 8 kyr と推定され，赤道地域での水温低下と一致していた．

太陽の輝きは地球が誕生した初期には現在の 67.7% のレベルで，大気組成などが現在と同じであると 25 K 寒冷化することになるが，地球誕生以来 20 億年間は氷河期の記録はないので，温暖であったと考えられる．誕生当時の太陽は活動的であったので，太陽風が強く，エネルギーの高い宇宙線は吹き飛ばされたために，雲などが形成されず，地球表層は温暖に保たれたのかもしれない．

8．人間圏の成立と現代・近未来環境の行方

　人類は新第三紀の最後に誕生したが，第四紀に大きく発展した．その活動は，20世紀後半には地球的規模の環境問題を引き起こすところまで拡大し，「人間圏」と呼べるような世界を構築した（松井，2005）．8章では人類時代の環境変遷について述べるとともに，46億年間の地球表層環境全史の観点から，「人間圏」が拡大する現代と近未来の地球表層環境について象徴的な事項について考察する．なお，人類の進化系統樹については，いくつかの教科書に記載があるので，ここでは簡略にふれるにとどめる（町田ほか，2003；日本第四紀学会ほか編，2007）．

8.1　人類の発展と環境

8.1.1　人類の進化系統樹

　人類は霊長類から枝分かれしたと考えられているが，その誕生と進化は化石人類を研究する古人類学と，遺伝子情報から祖先を探る分子生物学的研究の両面から探究されてきた．DNAの分析からは，ヒトはチンパンジーと類縁関係にあることがわかる．類人猿と猿人の境界に位置し，脳容量は約350ccと猿より大きいものの，人類の特徴である二足歩行の証拠は得られていないものとして，サヘラントロプス（*Sahelanthropus*）の化石が中央アフリカ，チャドの7000-6600 Ka[*8A]の地層から発見された．人類最古の全身骨格からなる化石，アルディピテクス属のラミダス猿人（*Ardipithecus ramidus*）（約4400 Ka）は，エチオピアで発見され，その身長は約120 cm，体重は約50 kgで，直立二足歩行をしていた（White *et al.*, 2009）（図8-1）．
　アウストラロピテクス属では脳容量は約400-500 ccまで増加し，頭骸骨は類人猿のものとは明らかに違っていた．エチオピアのアファー地域に分布

[*8A]：Ka = 1000年暦年前，ka = 1000年前（^{14}C年代）．

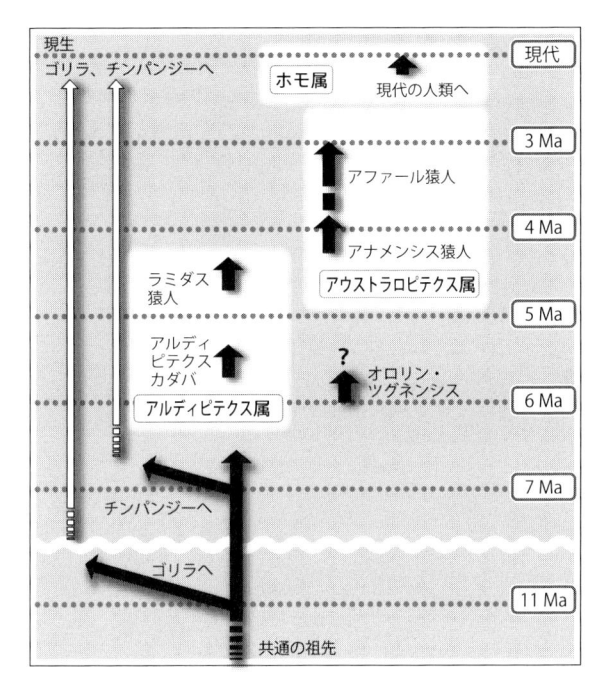

図 8-1 サルよりヒト属（Homo）への進化
人類は 11 Ma にゴリラ，7 Ma にチンパンジーと分かれ，4.4 Ma に誕生した．猿人，原人，新人と発展し，現代人にいたった．全身骨格としては，アルディピテクス属のラミダス猿人が最古のものとなる（White et al., 2009）．

する 3000 Ka の地層からアウストラロピテクスアファレンシス（*Australopithecus afarensis*）（脳容量は約 400 cc）が発見されている．アウストラロピテクス属に引き続きホモハビリス（*Homo habilis*）（脳容量は 600 cc）が，そしてホモエレクトス（*Homo erectus*）が現れ，その脳容量は 800 cc 以上にまで大きくなった（図 8-2）．

私たちはホモサピエンス（*Homo sapiens sapiens*）に属し，最初に道具を使用したホモハビリス，火を用いたホモエレクトス（原人）に引き続くもので，ホモサピエンスの脳容量は 1200 cc を超えるまでに発達した．類人猿の化石はすべてアフリカで発見されているので，人類の誕生の地はアフリカであると推定されるものの，これらが各地に散らばり派生したジャワ原人（*Homo erectus erectus*）（約 1500-1000 Ka）や，北京原人（*Homo erectus*

8.1 人類の発展と環境 —— 239

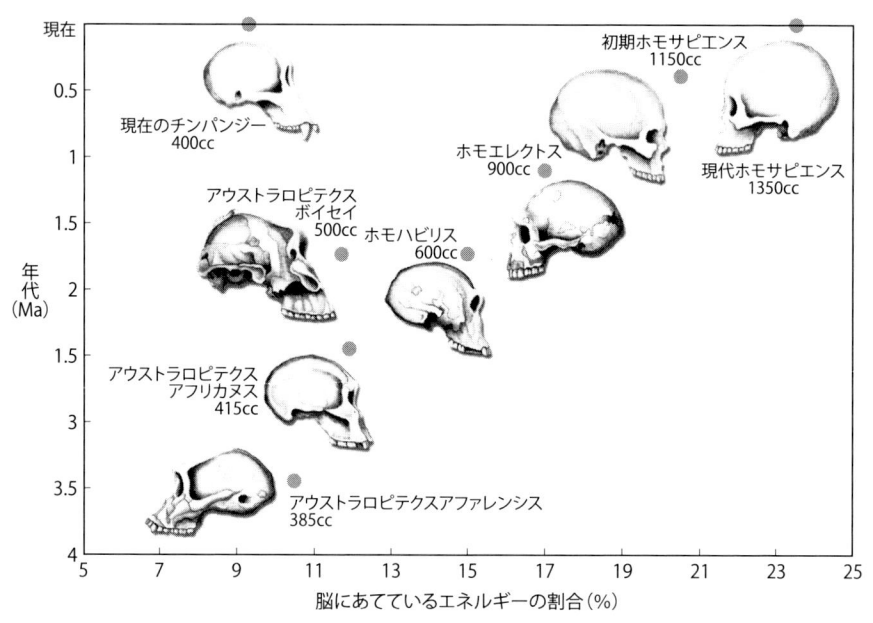

図 8-2　肥大化する脳と増大する必要エネルギー（Milton, 1993）
　　　人類の進化の歴史を見ると，脳は時代ととも大きくなり，より多くのエネルギーを必要とするようになった．現代人はアウストラロピテクス類に比べて，脳に割り当てるエネルギー量の割合は 10-12% も多い．

pekinensis）（約 500-230 Ka）は，名前の通りホモエレクトスに属していて，私たちの直接の先祖とはならなかった．直接の祖先はアフリカで 20 万年前（約 196 Ka）に誕生し，数万年前（約 60 Ka）の氷期に各地に散らばっていったと考えられている（海部，2005；McDougall *et al.*, 2005）．

　ほかの動物にはさまざまな亜種がいるのに，人類には 1 種しかないのは，人類があらゆる動物をしのぐ移動力と適応力を有した史上最強の生物だからである．ただし，35 Ka 頃にヨーロッパではネアンデルタール人が，シベリアではホモエレクトスも生存していたとの報告があり，短期間ではあるものの，地球上に複数の種が共棲していた時代はあったようである．人類のニッチには，ほかの動物のような地理的なすみわけが存在しなかった．そのため，完新世になる頃には，ホモサピエンスがすべてのニッチを独占することとなった．

人類はアフリカを出発して，世界中に拡散していったが，ヨーロッパのように緯度が高く，日射量が弱い地域では，紫外線を体に取り込んでビタミンDなどを皮膚で合成することにより骨の発育を促進したり，免疫系の異常を回避するためには，皮膚の色が白い方が有利であった．白人はメラノーマ（ほくろに類似した悪性腫瘍）になる人が相対的に多く，黄色人種である日本人の100倍にもなる．白人は高緯度域に適応したために皮膚が白くなったが，近年のオゾン層破壊による紫外線増加で，オーストラリアなどの南半球では，オゾンホールに起因する紫外線の増大により白人の皮膚がんが急増している．

8.1.2　人類の進化と代謝消費エネルギー

　人類は，進化の端成分である霊長類とは，直立二足歩行，巨大な脳，寒冷地までの分布などに関して根本的に違うとされる．とくに文明をもたらした脳の発達は，エネルギー代謝と密接に関連していることが最近の研究で報告されている（Leonard, 2002）．

　栄養学的に見ても私たちの巨大な脳は非常に特殊で，単位重量で比較すると，安静時でさえ筋肉組織の16倍ものエネルギーを消費している．人類の安静時の基礎代謝（消費エネルギー）は同サイズの哺乳類と比べてとくに多いわけではないが，毎日の摂取エネルギーの多くを脳に割り当てている．成人の脳の基礎代謝量は総エネルギー消費の20-25％にも達し，普通の霊長類の8-10％を大きく上回り，哺乳類一般の3-5％をはるかにしのいでいる．

　成人1人の脳は，最大活性時には1時間に10 gのグルコースを酸化できる（佐藤・細矢, 1998）．37℃（310.15 K）におけるグルコース，二酸化炭素，酸素の生成エンタルピーを見てみよう．

$$\Delta Hf(C_6H_{12}O_6) = -1274 \text{ kJ mol}^{-1}, \quad \Delta Hf(CO_2) = -393.5 \text{ kJ mol}^{-1},$$
$$\Delta Hf(H_2O) = -285.4 \text{ kJ mol}^{-1}$$

である．グルコースの反応式は，

$$C_6H_{12}O_6 + 6O_2(気相) = 6CO_2(気相) + 6H_2O(液相)$$

なので，グルコースの酸化反応のΔHfは，$-2799 \text{ kJ mol}^{-1}$ $\{=6\times(-393.5)+6\times(-285.4)-(-1274)\}$ となる．グルコースの分子量は180なので，脳

の発熱量は

$$43 \text{ W} = (10 \text{ g}) \times (2799 \text{ kJ mol}^{-1}) / \{(180 \text{ g mol}^{-1})(3600 \text{ s})\}$$

と計算される．

　食物を摂取，消化すると，ほとんどを新陳代謝で熱として放出する．20代男性で必要とされるカロリー量は，平均体重を 65 kg とすると約 2000 kcal（＝Kcal＝8400 kJ）である．これは，通常の電灯と同じ約 100 W に相当する（97 W＝8400×1000/(24 hr×60 min×60 s)）．そして，C_p（比熱容量）＝4.2 kJ K^{-1} kg^{-1} で，肉体は閉じた系とすると，体温は 31℃（30.8 K＝(8400 kJ)/{(4.2 kJ K^{-1} kg^{-1})×(65 kg)}）上昇することになる．実際には，熱的に解放系で，肉体での発熱と外部への熱の放出（水分の蒸発および皮膚からの熱の放出）でバランスされる．脳の活動の活性化にはカロリーが必要で，そのためには効率的によりカロリーに富んだ食事をとる必要があったとの考えがある（Milton, 1993）．

8.1.3　中東地域での融氷期から完新世への環境変動と人類の活動

　現在黒海の水深 150-200 m 以深は，高濃度の硫化水素が存在する無酸素水塊となっている．嫌気的海洋環境になったのは最近 5-6 Ka のことで，氷期には海水準が低く，ボスポラス海峡を超えて海水は流入しなかったので，黒海は淡水湖であった（Degens and Ross, 1972）．最終氷期には東ヨーロッパ周辺でも海水準が低く，融氷期には融氷水がドナウ川などに沿って黒海に流れ込み，黒海の水位は急速に上昇した．このため黒海周辺に移住していた人々は移動せざるをえず，民族移動の引きがねになったといわれている．ノアの大洪水のいわれを，この海水準の上昇に求める説もある（Ryman and Pitman, 1999）．しかしながら，10 Ka から黒海と地中海とはずっとつながっていたとの報告もあり，現在も論争が続いている．

　シリアからレバノンにかけての地中海沿岸のレバント地方では，約 10 Ka に北方から民族移動があった．このレバント地方は幅数十 km の大地溝帯であるが，麦耕作が始まった地とされている．約 25 Ka には，このレバント回廊には巨大な湖が存在し，死海の水面も現在より 150 m 高かったとされる．LGM（最終氷期最盛期）を経て，融氷期には湖面は急速に低下し，ヤンガ

ードライアス（YD）期（寒冷期）になると，レバント回廊は著しく乾燥化した．人類は食糧危機に直面し，この乾燥化した低地において農耕活動を開始したのではないかと推測されている．栽培型イネ科の花粉が出現するのは，YD 期に対応している（安田，2004a）．

中東地域以外まで見わたすと，農耕は世界の何カ所かで多源的に開始されたのではないかと考えられている．農耕自体は狩猟・採取と比較すると，メンテナンスに関して多大な労力を要し，移動生活ができないなど欠点もあるが，一方で穀物食料を貯蔵・保管できるという大きな利点がある．

8.1.4 完新世の人類の活動と周辺環境

四大文明の中のメソポタミア文明，インダス文明，黄河文明は，いずれも乾燥アジアと湿潤モンスーンアジアなどが接する，乾燥と湿潤のはざまを流れる大河の流域で誕生した．このような気候に敏感な地域では，気候が安定していたとされる完新世でさえも環境が大きく変動したらしい．これらの地域では，5.7 Ka に気候の乾燥化が顕著となり，周辺の乾燥地から遊牧民が大河のほとりに集まる一方，大河の流域で生活していた農耕民族と文化が融合して都市文明が開化したのではないかとの説がある（安田，2004a）．

先史時代から現代にいたる人類の活動と周辺環境の関係については，ドイツのホルツマール湖より報告がある（安田，2004b）．ここでは，人類活動により 7.3 Ka（5300 BC）に湖周辺の生態系が改変され，土壌などの流入量が増加したため堆積物中の年縞の厚さが増大したと考えられている．6.3 Ka（4300 BC）には穀物花粉が増加したことから，農耕がさらに顕著になったと推定されている．この原因として気候の寒冷化が指摘され，農耕はそれへの人類の適応であったと解釈されている．4.5-3.8 Ka（2500-1800 BC）までいったん居住が放棄されたようだが，その直後に青銅器時代人の居住が始まる．とりわけ，3.8 Ka（1800 BC）からの鉄器時代の開始時に，開墾などにより森林破壊が進んだ．年縞堆積物の沈積速度は急上昇し，この状態はローマ時代末の 400 AD まで続いた．民族大移動期を経て，950 AD に中世の大開墾時代を迎えて農耕活動は活発化し，現在にいたっている．

8.1.5 縄文時代

縄文時代は更新世末期から完新世にかけて日本で見られる時代で，世界的には，中石器時代から新石器時代に呼応している．縄文時代は地域により差があるものの，約 16.5 Ka から典型的な水田耕作が実施される弥生時代までの期間となり，縄の文様がついている縄文土器が産出することが特徴である（たとえば，川幡，2009）．土器の形式より 6 つの時代に分類される：草創期（^{14}C 年代で約 13 ka（約 15.5 Ka（IntCal09 で暦年に換算））〜約 9.5 ka（約 10.7 Ka）），早期（〜6 ka（〜6.8 Ka）），前期（〜5 ka（〜5.7 Ka）），中期（〜4 ka（〜4.4 Ka）），後期（〜3 ka（〜3.2 Ka）），晩期（〜2.5 ka（〜2.7 Ka））（Habu, 2004）．

縄文時代は，退氷期から完新世にかけての期間となるので，その初期には海水準も低く，寒冷な気候が卓越していた（Lambeck and Chappell, 2001）．海水準はその後上昇し，とくに縄文時代中期（約 5 Ka）には，関東地方では内陸まで海が侵入し，縄文海進と呼ばれる．気候が現代より温暖な時期になったと推定されている（松島，2006；日本第四紀学会，2007）．住居は竪穴式住居が多く，集落を構成していた．縄文時代は基本的に食物採集に基づく生活をしていて（佐々木，1991），全食料の 40 ％が魚介類，30 ％が獣肉，30 ％が C3 型植物からの栄養摂取という食事をしていたらしい（赤沢・南川，1989；南川，2001）．日本の全人口は縄文初期で 2 万人，縄文中期で最大 26 万人に達し，晩期で 8 万人に減少した．全国的な傾向なので，平均気温と相関があるのではないかと指摘されているが，証明されていない．平均寿命は約 15 年で短かった[*8B]（小山・杉藤，1984；小山，1984）．なお，日本の人口は，弥生時代に 60 万人，平安中期に 500 万人，室町時代に 1000 万人，江戸時代後期に 3000 万人と増加した（鬼頭，2007）．

(1) 三内丸山遺跡（縄文中期）

三内丸山遺跡は青森市に位置し，日本で最も考古学的に縄文時代の研究が進んでいる遺跡である（青森県，2002；青森県教育委員会，2002；Habu, 2008）．従来の縄文人の生活観では，人々は狩猟採集を行い，動物や植物がなくなる

[*8B]：ただし，15 歳の人の平均余命は，男性で 16.1 歳，女性で 16.3 歳なので（小山，1984），ある程度成長した人は 30 歳くらいまでは生きたらしいことがわかる．

と食料を得るために移動生活を行うと考えられていた．しかし，この遺跡は完新世中期（縄文中期）のもので，従来の縄文人の生活観を大きくぬり変えるような重要な発見が次々となされてきた．彼らは，定住生活を行って，かなり生活程度の高い暮らしをしていたと考えられている．発掘調査および放射性炭素年代測定より，存在期間は暦年代で約 5.9 Ka から約 4.2 Ka までの約 1700 年間であった．

陸域は削剥の場なので記録が欠落するため，遺跡に近い陸奥湾で連続記録が残る海底柱状堆積物コアを採取し，過去 8 kyr の海陸環境を復元した（Kawahata et al., 2009）．三内丸山遺跡では，約 5.9 Ka には気候の温暖化によりクリの実などが採取できた．DNA の類似性などから，クリは栽培の可能性も指摘されている（たとえば，辻，1995；Kitagawa and Yasuda, 2004）．魚，貝，海藻などの海洋生物生産も高くなり，海産物も多くなった．そのため縄文人は約 5.9 Ka にこの地で定住を始めたものと推定される（たとえば，辻ほか，1983；吉田，2006）．しかし，約 4.2 Ka に水温，気温が 2.0℃急激に下がったため，クリなどの陸域の実りが急減し，人々は遺跡を放棄したと考えられる（図 8-3）．

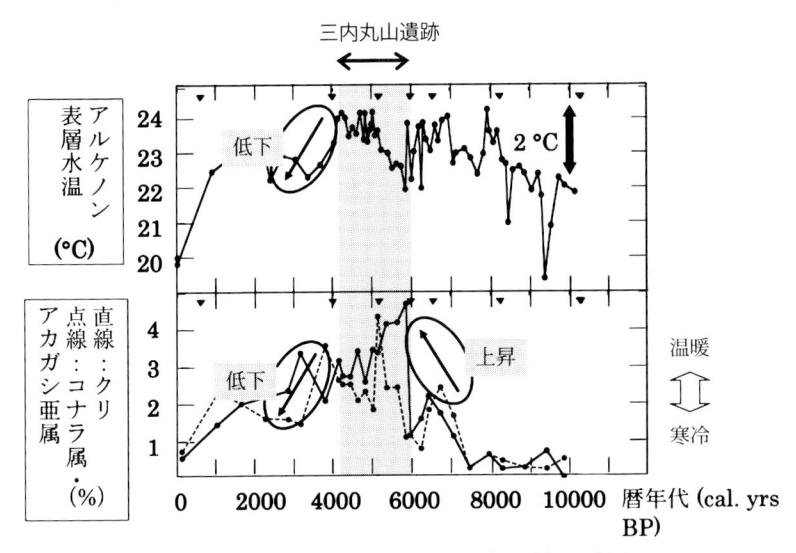

図 8-3 三内丸山遺跡における水温，気温（花粉分布）の変遷
　　　4200 年前に水温が急激に下がったことがわかる（Kawahata et al., 2009）．

この時期，北方メソポタミア文明（4.2 Ka）（Weiss et al., 1993；deMenocal, 2001），長江文明（Shijiahe culture, 4.2-4.0 Ka）（Yasuda et al., 2004）など世界の文明も衰退した．現代の地球温暖化では，今世紀中に世界の平均気温が2℃程度上昇するという推定もあり，現代社会においても，とくに農林水産業部門などは気候の影響を受けやすく，2℃という気温変化は，一次産業などが主体の共同体には大きな衝撃をもたらすかもしれない．

8.1.6 紀元以降の人類の活動と周辺環境

氷床コアや樹木年輪の幅などを駆使した過去1000年間の北半球の気温の復元によると，1886-1975年の平均と比較して，鎌倉時代は平年並み，室町時代初期は寒冷で，室町時代安定期には平年並み，応仁の乱あたりは寒冷で，以降，戦国時代，江戸時代と比較的寒冷で，20世紀の後半は異常に温暖であった（図8-4）（Mann et al., 1999）[*8C]．この結果は，中世のヨーロッパでも温暖・寒冷期があり，それぞれ中世温暖期（Medieval Warm Period；MWP，約900-1230 AD）と小氷期（Little Ice Age；LIA, 1600-1850 AD）と呼ばれている従来の定性的な推定と整合的である．

この原因として，太陽の活動や火山活動に原因があるとの指摘がある．温暖・寒冷期は太陽活動の中世極大期（1100-1250 AD），マウンダー極小期（1645-1715 AD）におおむね対応しているともいわれてきた．また，1815 ADのインドネシアでのタンボラ山（Tambora）大噴火では，ピナツボ火山の大爆発（1991 AD）のように，火山灰を大気中にまきちらし，翌年の夏の気温が全球で年平均0.5-1.0℃下がったと推定されている．ただし，火山活動による気候への影響は短期間であると信じられており，全球的な気温を長期間下げるためには，全球的に火山活動が活発化する必要がある．

これらの気温の寒暖は歴史時代なので，文献記録にも残っている．17世

[*8C]：Mann et al. (1999) によるものは，データのコンパイルによる北半球の平均である．$\delta^{13}C$ 値を基にした半定量的な気温推定によると，日本では古墳時代，奈良時代，鎌倉時代，江戸時代は概して寒かったとされるが，Mann et al. (1999) の推定と矛盾する部分がある（丸山，2008）．一方，日本近海で，アルケノンによる水温解析も始まっているが，Mann et al. (1999) や丸山（2008）とも違う部分があり，今後定量的な解析がまたれる．

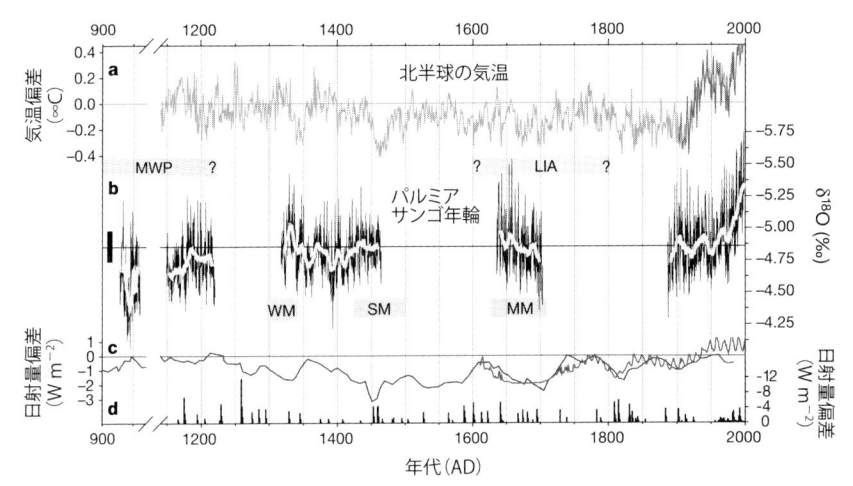

図 8-4 歴史年代の気温と日射量の変化（Cobb et al., 2003）
(a) さまざまな間接指標を駆使して求めた北半球の気温の平均（ただし，1900 年以降の重なったデータは測器による観測データ），(b) パルミア（Palmyra（6°N, 162°W））サンゴ年輪の $\delta^{18}O$ 値（細線は月ごとのデータ，太線は 10 年間の平均），(c) 黒点の数の増減（折線）と ^{10}Be（ジグザグ）に基づく日射量偏差，(d) 氷床コア中の火山灰の記録．LIA（Little Ice Age）は小氷期，MWP（Medieval Warm Period）は中世温暖期を表す．MM（Maunder minimum）はマウンダー極小期，SP（Spoerer minimum）はシュペーラー極小期，WM（Wolfe minimum）はウォルフ極小期という太陽活動の極小期を表す．

紀半ばにはヨーロッパの氷河は前進し，オランダの運河・河川では完全に凍結する光景が頻繁に見られ，このような場所で人々はスケート等を行うことができた（Van Andel, 1981）．1780 年の冬にはニューヨーク湾が凍結した．一方，日本では京都での桜の開花記録から，平安時代は比較的温暖であったことがわかるが，1600-1850 AD の寒さは厳しく，大雪・冷夏が相次ぎ，淀川が大阪近辺で完全に氷結したこともあった．

近年のモデリングの結果によると，地球に入射する太陽エネルギー 350 W m^{-2} に対して，太陽活動の変動によるエネルギー減少が約 0.3 W m^{-2}，火山灰によるエネルギー減少が 0.2 W m^{-2} 程度で小氷期の状態が再現できるので，たった 1‰ の入射エネルギーの違いでも地球表層環境への効果は大きいといえる．

なお，中世の温暖期・小氷期は，外国の教科書も含めてしばしば記載されてきたが，2001年のIPCC（Intergovernmental Panel on Climate Change，気候変動に関する政府間パネル）レポートによると，気温変化の世界的な同時性，平均気温の降温傾向について，顕著なトレンドを見出せず，地球的（global）というより広域的（regional）規模であった可能性の高いことが指摘されている．また，ENSOについての過去1000年間の解析によると，最強のENSO活動は17世紀中期に起こり，平均気温などの関連はあまり認められなかった（Cobb et al., 2003）．なお，ENSOがいつ始まったのかについては議論があるが，350万年前のサンゴ骨格にその記録があることが最近明らかにされた（Watanabe et al., 2011）．

8.1.7 完新世の人類の活動と地質災害（geohazard）

地質災害には，地震，津波，火山，地すべりなど，いろいろな災害が含まれる．現代でも地質災害は人間社会に深刻な影響を及ぼすが，過去においてはより大きな地質災害が報告されている．

沈み込み帯での火山活動は，しばしば爆発的噴火を伴う．大規模な噴火は巨大火砕流や津波を伴い，近隣地域に壊滅的な被害を及ぼす．さらに，微粒子や二酸化硫黄・ハロゲンなどのガスが大気中に大量に放出されるため，表層環境や生態は広域的に大きな影響を受ける．

薩摩半島の南に位置する鬼界カルデラの大規模水中噴火（7.3 Ka）では，マグマ噴火量は54 km^3，火砕流は海上を100 km以上北上し，鹿児島周辺に達して火砕流堆積物を残した．また，南下して屋久島にも達した（図8-5）（Maeno and Taniguchi, 2007）．これにより南九州の縄文文化は壊滅的打撃を受け，中断を余儀なくされた．この降下火山灰は鬼界アカホヤ（K-Ah）テフラとして東北地方にまで運ばれ，古環境を解析する際の火山灰年代の決定に大変役立っている（町田・新井，2003）．

同様の大規模火山噴火としては，1883 ADのインドネシア国のクラカトア（Krakatau）（Carey et al., 2000；Winchester, 2003），3.5 Kaのギリシャのサントリーニ（Santorini）（McCoy and Heiken, 2000；Sigurdsson et al., 2006）が有名である．ピナツボ火山の噴火は今世紀最大で，多量の火山灰が

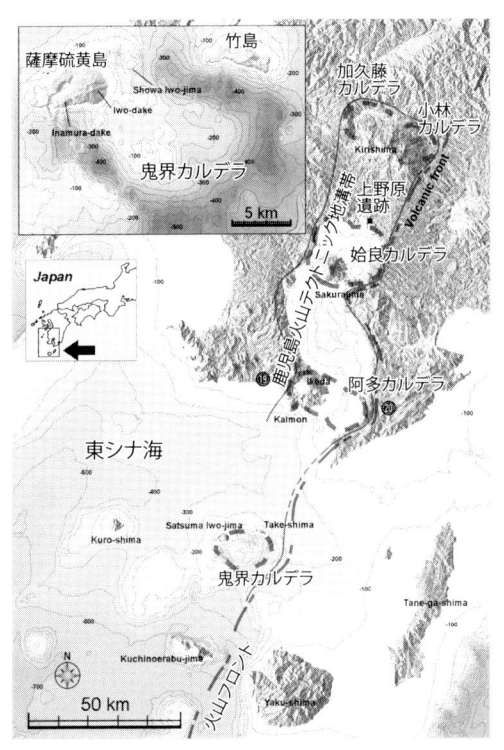

図 8-5 鹿児島県大隅海峡，鬼界カルデラ周辺の地形図（Maeno and Taniguchi, 2007）
現在，海面上に見える薩摩硫黄島や竹島は，鬼界カルデラの北縁に相当する．火砕流は屋久島にも達したので，縄文杉は鬼界カルデラの大噴火より若いという根拠にもなっている．縄文時代の上野原遺跡も K-Ah にのみこまれた．

南シナ海に沈積した（Wiesner et al., 1995）．ホモサピエンスが誕生して以来，火山噴火で最大のものは，73 Ka 頃に噴火したインドネシア国スマトラ島にあるトバ（Toba）火山で，マグマ噴火量は 2800 km^3 と鬼界カルデラの 50 倍であり，地球的規模で寒冷化が数年以上継続し，世界中で人口が激減して，人類絶滅の危機に近いところまで状況が悪化したとの説もある．

火山活動は気候変動に重要な役割を果たしたという説もある．グリーンランド氷床コア（GISP2）には 110-9 Ka の期間に火山噴出に伴う硫酸塩層が約 850 枚認識されており，頻度の高い時期は 17-6 Ka, 35-22 Ka で，気候変

動が寒冷化を促したとの仮説がある (Zielinski et al., 1996).

　大地震に伴い，津波災害が引き起こされることもある．たとえば明和の津波 (1771 AD) では，沖縄諸島南部の八重山諸島で3万人が死亡し，海岸には直径3mにも及ぶサンゴ塊が大波でうち上げられた (Suzuki et al., 2008; Arakoka et al., 2010). 2011年の東日本大震災でも，沿岸のテトラポットが陸上に打ち上げられて移動したのが観察され，津波による運搬力が非常に高いことが実証された．

8.2　人間圏と現代から未来の地球表層環境

8.2.1　エネルギー消費量の増大

　人類活動の発展とともに，エネルギー消費は急激に増加してきた (図8-6). 人類をエネルギー消費によって分類する試みがあり，①原始人，②狩猟人，③初期農業人，④高度農業人，⑤産業人，⑥技術人，に分類できる (電力中央研究所編, 1998). 食料のみを消費する最も原始的な形態の生活をしていたのが原始人で，2000 kcal day^{-1} を消費していた．少し発展して，薪を燃やして暖房や料理などにエネルギーを使用するようになった狩猟人では，消費量は 5000 kcal day^{-1} に増えた．初期農業人は約 5000 BC に文明を切り開いた人々で，穀物を栽培し，家畜のエネルギーを使った．これにより消費量は原始人の数倍 (1万 2000 kcal day^{-1}) となった．14-15世紀の北西ヨーロッパでは，石炭，水力，風力などを使用して暖炉で火をたいたり，家畜を輸送道具として利用した．これら高度農業人は2万 6000 kcal day^{-1} と原始人より1桁高いエネルギーを消費した．その後，産業革命を経て，ワットの蒸気機関が発明され，18世紀には産業人が現れた．彼らは合計で7万 7000 kcal day^{-1} (内訳は食料関係，家庭・商業関係，工業・農業関係，輸送関係でそれぞれ，7000, 3万 2000, 2万 4000, 1万 4000 kcal day^{-1}) 消費した．1970年代のアメリカ人を中心とした技術人は，合計で 23万 kcal day^{-1} と，実に原始人より2桁を上回る (100倍以上) エネルギーを消費し，その後も非常に高いエネルギー消費の伸びを示している (電力中央研究所編, 1998). とくに，産業革命以降のエネルギー消費の伸び率は非常に高く，18世紀以降，

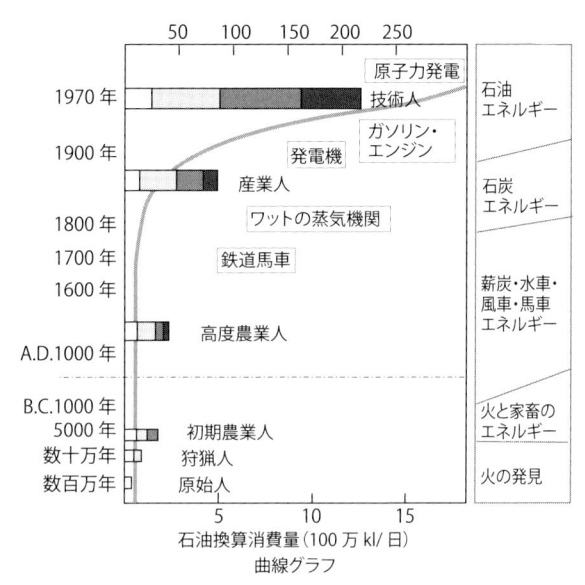

図 8-6　人類とエネルギーの関わり（電力中央研究所編，1998）
　原始人は食料のみ消費していた 1 Ma の東アフリカの人々．狩猟人は薪を使用した 100 ka のヨーロッパ人．初期農業人は穀物を栽培し，家畜を使用した 7 Ka の人々．高度農業人は水力・風力，輸送に家畜を使用した 14 世紀のヨーロッパ人．産業人は蒸気機関を使用できるようになった 19 世紀のイギリス人．技術人は電力を使用し，自動車を運転する 1970 年のアメリカ人．

石炭，石油を燃焼させて大量の CO_2 を放出してきた．

　ここで示した高度農業人，産業人，技術人という区分けは，経済発展の段階に応じて現代でも世界中に存在している．そこで，発展途上国の農業人が産業人に，あるいは産業人が技術人へと発展すると，世界全体のエネルギー消費はたとえ世界の全人口が同じであっても増加してしまう．今後，中国，インドなどの人口増加とさらなる経済発展は，エネルギー消費を促進するであろう．過去にも，10-18 世紀前半の中国，インド両国は先進国で，当時の世界の GDP の 50% 以上を担っていたことが知られている（Maddison, 2001）．

8.2.2　水問題そして仮想水

　人類活動の増大はエネルギー消費ばかりでなく，水消費にも表れている．

地球は水惑星と呼ばれているが，海水を主とした塩水が全体の97.3％を占めており，通常の生活に必要な淡水は2.7％しか存在していない．しかも，降水や河川などはかなり偏在しているので，人間生活に必要な水資源となると，場所，季節によってかなり変動することになる．1人が1日に必要な量の水は，100±50 L とされる．これは，生活用水（家庭用水，オフィスやレストランなどで使用する都市用水）を指しているが，東京都の家庭用水の場合，内訳を見ると，トイレ，風呂，炊事，洗濯でだいたい28％，24％，23％，16％となっている．先進国の人々のみがこの量（100 L day^{-1}）を消費できるが，世界の大多数の人はその恩恵にあずかっていない．

現在の世界の人口は60億人であるので，すべての人が必要量を消費した場合，全量は 6×10^{11} L day^{-1} となる（U. S. Census Bureau, 2010）．上記に加えて農業と工業製品の生産にも水が必要であるが，このように生産段階で使用される水は「仮想水」という名前で呼ばれている．今後，世界的に水の消費は高い速度で増加すると考えられるので，水問題は現代の地球環境および社会問題としてクローズアップされてきている．実際，前世界銀行副総裁イスマル・セラゲルディン氏は「21世紀は水をめぐる争いの世紀となるだろう」と述べており，2050年には90億人と推定される世界人口を養うための食糧生産に必要な水の重要性は増している（Clarke and King, 2004）．

日本での生活用水使用量は，2003年には 142×10^8 m^3 yr^{-1}（142×10^{11} L yr^{-1}）で，一人一日の平均量は316 L 人$^{-1}$day^{-1}，水道普及率は96.9％となっている（国土交通省, 2010）．また，2000年のミネラルウォーター等の輸入量は年間 19.5×10^4 m^3 yr^{-1}，ビール等を含めると年間 100×10^4 m^3 yr^{-1}である．私たちが生活していくには，このほかに産業等に関係した水が必要で，日本国内での総水資源使用量は約 900×10^8 m^3 yr^{-1} と推定されている．消費国（輸入国）でもしそれを作っていたとしたら必要であった水資源量は，仮想投入水量（virtually required water）と呼ばれる．

さまざまな食料生産にも水が必要で，精製ロスなどを考慮すると，小麦では2000倍，米では3600倍，鶏肉では4500倍，牛肉では約2万倍の水資源が必要となる．日本は食糧輸入によって，640×10^8 m^3 yr^{-1} もの国内の水資源を使用せずに済んでいると算出されている（図8-7）．一方，工業水につ

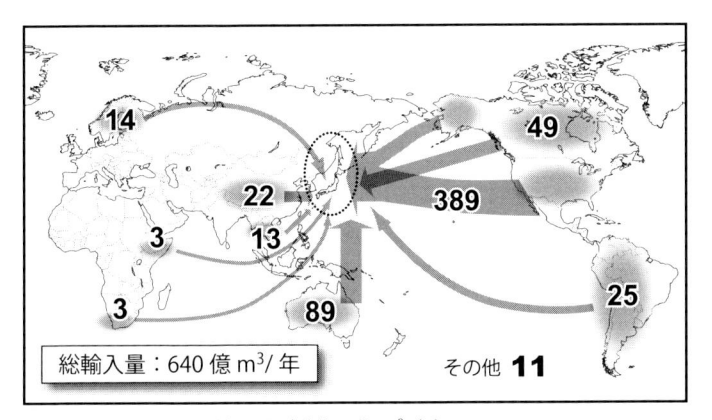

図 8-7 日本の仮想水総輸入量（単位は億 m^3/年）
　仮想水（投入）水とは，消費国（輸入国）でもしそれを作っていたとしたら必要であった水資源量をさす．日本の仮想水の輸入の大部分は食料によるもので，総量は 640 億 m^3/年となる（沖，2003）．

いては，仮想水の総輸入量 $14 \times 10^8 \, m^3 \, yr^{-1}$ は，総輸出量 $13 \times 10^8 \, m^3 \, yr^{-1}$ にほぼ匹敵している．現在日本の食料自給率は年々減少し，現在カロリーベースの自給率で 40％，穀物自給率は 28％となっており[*8D]，世界 173 カ国・地域のうち 124 位，先進国の中ではもちろん最悪で，今後も大量の食料とともに多量の仮想水の輸入も継続すると考えられる．今後食糧の自給率をヨーロッパ並みに引き上げるよう，社会・経済システムを改革することが望まれる．

8.2.3　地球温暖化で代表される環境変化速度

　地球表層の温度は，基本的に太陽放射と地球から宇宙に向けて放射される熱放射とのバランスによって決定される．温室効果気体により熱エネルギーが蓄えられ，温暖化し，気候などが変化してしまうのが，地球温暖化問題である［GME 図 4-1］．温室効果気体の地球温暖化への寄与度は，CO_2 が約 60％，メタンハイドレートが 20％，一酸化二窒素が約 6％，特定フロンなどの CFC および HCFC，ハロンなどが約 14％となっている．天候・気候により

[*8D]：ただし，金額ベースでの食料自給率は 2010 年では 69％である（鬼頭，2010）．

変動が激しいため，省略されることが多いが，水蒸気は重要な温室効果気体で，雲は太陽光を反射し，寒冷因子として機能する［GME図4-2］．

地球温暖化の影響として，以下のものが指摘されている：①陸上の氷床量の減少（グリーンランド等），②海洋の海氷量の減少（北極海等），③海面の上昇による砂浜の消失などを含む陸地やサンゴ礁の海没（菅，2009），④沿岸地域の高潮がもたらす被害の増大，⑤表面水温の上昇による熱帯性低気圧の巨大化，⑥温暖化によるマラリヤやデング熱等の伝染病の増加，⑦急速な温暖化による地域・海域の気候の変化に伴う生態系の破壊（産業として，漁業への影響も含まれる），⑧降雨などの変化による海洋表層および中層の成層化と海洋大循環への影響．

IPCCの第三次（2001）および第四次（2007）報告書などを参考にすると，20世紀の平均気温は1世紀間で0.6℃上昇し，21世紀末までには，平均気温はさらに1.4-5.8℃程度上昇すると予想されている．この変化スピードはとても速く，自然状態で変化が大きかった融氷期と比べても100-1000倍位ということが大きな特徴である．現代社会にとって数℃程度の上昇はささいなものと考える人もいるかもしれないが，農作物の収穫は気象変化におおいに影響されるので，一次産業などが主体の共同体では大きな衝撃をもたらすものと危惧される（8.1.5（1））（Kawahata *et al.*, 2009）．

現在は自然のみによると第四紀の氷期・間氷期というミランコビッチサイクルの影響下にある．完新世は小さな離心率，小さめの歳差などの特徴があり，MIS 11と類似している．これは温暖で比較的安定した間氷期がおよそ30 kyr続き，一つ前のMIS 5の間氷期がわずか3 kyrだったのとは対照的であった（EPICA, 2004；Broecker and Stocker, 2006）．そこで，完新世は今後50 kyr位継続するらしい．これは，モデリングによっても支持されている（Berger and Loutre, 2002）．さて，人為的原因によりp_{CO_2}が1000 ppmを超えて，さらに上昇した場合，どのようになるのであろうか？　私の個人的見解としては，氷期はもはや到来しないかもしれないと考えている．なぜなら，新生代に氷床形成が開始されたのはp_{CO_2}が約700-1000 ppmより下がってきてからで，この値が寒冷地球と温暖地球との閾値（しきいち）かもしれないからである．さらに，人類による大気への化石燃料によるCO_2供給速度は非常に速く，

海洋の深層循環による深層水へのCO_2の移行速度をはるかに上回り，2200-2500年にはp_{CO_2}は2000-3000 ppmに達すると予想されるからである（図7-4）．

8.2.4　p_{CO_2}の増加に伴う「海洋酸性化」と大量絶滅

CO_2は酸性気体であるため，p_{CO_2}の上昇は海水のpHを下げ，海洋酸性化を引き起こすと危惧され，新しい地球環境問題としてクローズアップされている（Kleypas et al., 1999；Orr et al., 2005；Raven et al., 2005）．現在のp_{CO_2}（380 ppm）では，海水の平均pHは8.06で，産業革命以前（280 ppm）のpH 8.17と比較すると，すでにこの200年間にpHは0.1単位下がっている．今後もCO_2の放出が継続し，2150年に最高値（約20 Gt yr^{-1}）となり，その後化石燃料の消費が減少し，海洋中深層にもCO_2が溶解していくので，2300年でのp_{CO_2}は1900 ppmとなり，表層水のpHは0.77単位下がると計算される．

p_{CO_2}が上昇すると，海水の溶存全無機炭素（＝H_2CO_3＋HCO_3^-＋CO_3^{2-}）は増加する（図8-8）．pHの低下は，イオンのバランスに影響を与え，CO_3^{2-}が急速に減少する．生物起源炭酸塩の保存性は溶解度積（Ksp）によって評価され，平衡定数Ksp（＝[Ca^{2+}][CO_3^{2-}]）は，温度，塩分，圧力（水深）の関数となっている（Millero, 1995）．海水中の[Ca^{2+}]は全海水でほとんど変化しないので，pHが減少するとCO_3^{2-}の活量が下がり，$K=$[Ca^{2+}][CO_3^{2-}]も下がり，結果として炭酸塩の飽和度が下がる［GME 2.4.10］．

現在，熱帯域の表層海水はアラレ石に関して過飽和であるが，pHレベルが低下すると，サンゴなど石灰質殻を形成する生物の石灰化速度が変化することが明らかになりつつある．P_{CO_2}が560 ppmに上昇した場合には，サンゴの骨格形成の速度は最大で40％低下すること示唆されている（Kleypas and Langdon, 2006）．トゲスギミドリイシ（*Acropora intermedia*）とフカアナハマサンゴ（*Porites lobata*）を対象とした8週間の酸性化暴露実験では，海水のP_{CO_2}約300 ppmに比べてP_{CO_2}約600 ppmあるいは約1200 ppmでは，石灰化速度がそれぞれ約80％，約60％に低下した（Anthony et al., 2008）．

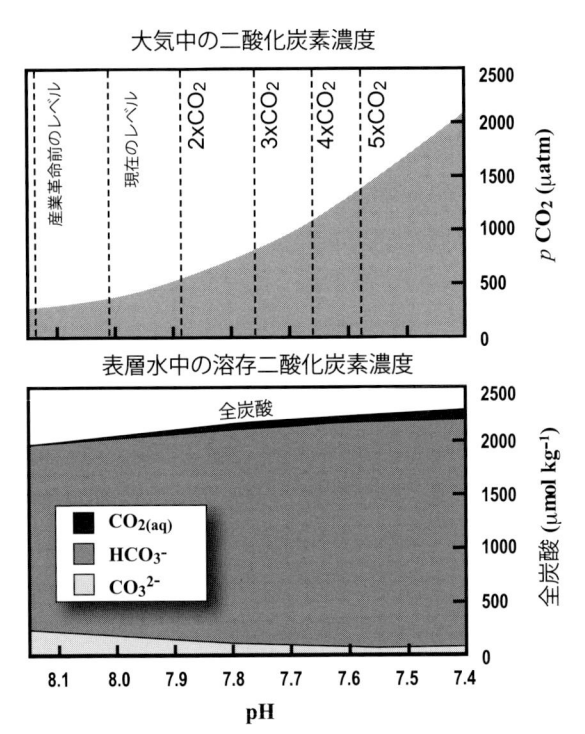

図8-8 p_{CO_2} に伴う pH, 全炭酸濃度の変化
　　　併せて, 水中溶存炭酸イオン, 重炭酸イオン, 二酸化炭素の濃度を表す.

同様の現象は底生有孔虫などでも報告されている (Kuroyanagi et al., 2009).
　海洋酸性化がより深刻なのは, 低水温で, 季節により風速も速く, 表層水がかき混ぜられる南極海あるいは北極海である. 多くの CO_2 が溶け込めるので, pHも下がり, 今世紀末に p_{CO_2} が約600 ppm になった場合, 南極海の表層水は炭酸塩（アラレ石）に関し不飽和になると計算される. そして, 翼足類, 円石藻, 有孔虫などの炭酸塩殻を有する生物が生存の危機にさらされている［GME 表6-3］(IPCC, 2007). 炭酸塩の溶解は圧力依存性があるので, 深海ではより溶解が促進される. 今後の海洋の酸性化は, 海水の pH の緩衝効果を持つ炭酸塩堆積物が少ない太平洋で, より深刻な問題になるだろう. すなわち, 暁新世/始新世境界で観察されたような, 有孔虫を中心とした大量絶滅が深海で起こると予想される (Kawahata et al., 2009).

8.2.5 エネルギー資源と地球環境問題

　主な化石燃料としては，石油，石炭，天然ガスがある．日本では2004年の統計によれば，一次エネルギー*8D の国内供給は，石炭が22％，石油関係48％，天然ガス15％，水力発電4％，原子力発電11％となっている．約30年前の1975年では，石炭が18％，石油関係73％，天然ガス3％，水力発電6％，原子力発電2％なので，石油が相対的に減少し，天然ガスと原子力発電が大幅に増加したことになる（総務省統計研修所，2007）．

　炭化水素を主体とする石炭，石油，天然ガスに関して，同量のエネルギーを得るのに排出される CO_2 の量には大きな違いがある．相対比として表すと，石炭，原油，天然ガスで100：75：57となる．窒素酸化物 NO_x では，石炭100，原油71，天然ガス20となる．日本に輸入される液化天然ガスではすでに硫黄分が除去されているので，硫黄酸化物の排出量は石炭100，原油68，天然ガス0である．そこで環境保全にとっては天然ガスの使用が最も好ましく，石炭は好ましくないといえる．換言すると，「環境に優しい生活」のためには，石炭を主に使っている場合には石油に，石油を主に使っている場合には天然ガスに転換することにより，CO_2 および関連の汚染物質の排出量を減らせるということになる．実際，日本など先進国はこの20-30年，天然ガスの消費を急速に拡大してきた（川幡，2008）．しかしながら，価格が高いため，発展途上国での天然ガスの普及は進んでいない．

　一方，原子力は発電に際して，運転にはほとんど CO_2 を放出しないので，低炭素社会の構築といった観点で近年注目をあびてきた．しかしながら，放射性核種はその元素の持つ毒性とともに放射線を発するために環境に暴露されないことが必須の条件となる．しかしながら2011年の東日本大震災での福島原子力発電所事故，1986年のチェルノブイリ原子力発電所事故，1979年のスリーマイル島原子力発電所事故など，大きな事故が起きてしまったことを考えると，人類が原子力を安全に扱っていくには，さらなる革新的な技術開発が必要であるとともに，人類がこれを扱う際のシステム管理を完璧に

＊8D：石油，石炭，天然ガス，水力など自然界にあるままの形で得られるエネルギーは，一次エネルギーと呼ばれる．電気など使いやすく加工されたエネルギーは，二次エネルギーと呼ぶ．

していくことが求められる（川幡, 2011）．

次に，究極埋蔵量を見ると，エネルギー資源は，原油と天然ガスで100年程度（Edwards, 1997），石炭で1500年程度もつものと予想されている．この資源問題を，前述した地球環境問題と併せてその特徴を考えると，地球環境の保全という意味では，石炭→原油→天然ガスのように転換するのが望ましいが，資源保護という観点では原油・天然ガス→石炭という方向が望ましく，両者の関係はまったく逆になってしまう．今世紀は両者の問題の対立点がクローズアップされると予想される．唯一の解決は低炭素社会の確立であるが，太陽光・太陽熱発電などの自然エネルギーの利用技術はまだ発展途上である．

8.2.6 陸域動物の炭素重量と「地球の容量の限界」

これまで地球温暖化問題や資源問題について述べてきたが，このような問題がクローズアップされてきたのは，一言でいうと，人類の活動の影響が地球的レベルで認識できるところまで大きくなってしまったということである．しかしながら，自然の力は地球的規模では依然として大きく，人類活動が自然を支配しているとの考えは正しくない（Lomborg, 2001）．

1970年代にローマクラブにより資源に関連して「地球の容量の限界」が認識されたが，環境においても「容量の限界」という言葉にあてはまる現象が明らかになってきた．すなわち，近年の水問題，フロンやハロンによるオゾンホールの発生，危険化学物質による環境汚染などが挙げられる．

人類の活動が世の中の物質量を支配しているといった観点を象徴的に表しているのが，陸上動物の重量である．種の数では圧倒的に昆虫が多いものの，重量比較では非常に興味深い結果となる．すなわち，野生動物はわずか150-300 T（10^{12}）gしか存在しないのに対し，ヒトは330 Tg，ウシは650 Tg，ブタは170 Tg，ヒツジ120 Tg，ニワトリ60 Tg，ウマ20 Tgとなり，動物全体（約1600 Tg）の中で野生動物はわずか10％程度，人間が20％，残りの70％は家畜となり，重量ベースでは陸域の動物はほぼ完全に人間によって支配されていることがわかる（図8-9）．人類は現在66億人で，2050年過ぎに約100億人になると予想されている．人口増加により，人間は食料

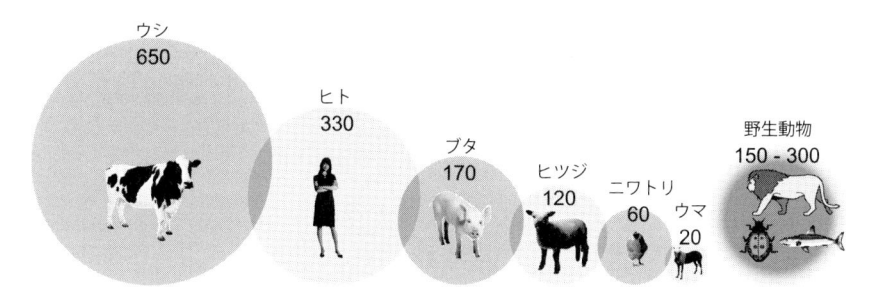

図 8-9　陸域の動物の現存量
単位は Tg（テラグラム ＝ ×10^{12} g）.

とする家畜をますます必要とするため，森林を開墾して農耕地を増やすと考えられ，ますます野生動物の棲息する範囲は狭められる．この4億年間，陸上動物は野生動物が100%を占めてきたが，重量比で10%を下まわる日も遠くないと予想される．基本的に，動物の生産は植物の一次生産に基礎をおいていて，人間が食料として利用できない牧草などを家畜により肉に変換するという意味では家畜の生産はこのプロセスを効率的に行っていると考えられるが，今世紀末には容量の限界に近づくものと推定される．

8.2.7　地球表層環境システムの重心

次に炭素循環を基に，地球表層環境システムの重心について述べよう．動物は60%程度の水分を含んでいるので，炭素に換算した重量は動物全体で約 300 TgC と推定される．陸域の生物圏には 550 PgC，土壌に 1500 P (10^{15}) gC が存在している．陸域の生物圏はほとんどが植物体なので，陸域生物圏で動物の占める炭素の割合は 0.05% ということになる．次に流量について見ると，陸域植物の光合成量は約 60 PgC yr^{-1} でとても大きく，陸域炭素循環での動物の役割は小さい．海洋の場合には，植物と動物を合計しても生物総量はたった 1.7 PgC で，植物の光合成量は約 40 PgC yr^{-1} となっている．このように，炭素循環に占める動物の割合は小さいので，物質循環という立場からは，圧倒的な植物量および光合成量によって地球表層環境システムは支配されていることになる．

地球表層の炭素リザーバーを4つに分類することが多い：①大気圏，②陸

域（生物圏および土壌），③水圏（ほとんど海洋），④地圏．現存量は，それぞれ大気圏に 750 PgC，陸域の生物圏に 550 PgC，土壌に 1500 PgC，水圏の大部分を占める海洋に 4 万 PgC が存在している．これを簡単な比率に直すと，大気圏：陸域：海洋：地圏で 1：3：50：9000 となる［GME 9.1］．地圏には莫大な量の炭素が貯蔵されているが，大気や海洋などの狭義の地球表層環境システムから隔離されているので，短い時間スケールではほかのリザーバーとの相互作用は小さい．このように海洋に圧倒的な炭素が貯蔵されており，ここに存在する炭素の 1% が大気に移動しただけでも p_{CO_2} は 150% となってしまう．また，水は熱容量も大気より大きいので，全球の温度変化についても，海洋は非常に大きな役割を担っている．氷期・間氷期が繰り返し訪れた第四紀においても，外洋域の環境が変化したときは陸域の環境も大きく変化した．このように，海洋の外洋域は環境の重心の役目を果たしているといえる．

　次に，先カンブリア時代に優勢であった化学合成細菌なども含めた細菌の活動は，どのように評価できるのであろうか？　これらは，現在でも最も根本の物質循環を担っている．すなわち，光合成で合成された有機物あるいは動物体などを，生物の死後，もとの無機的な栄養塩に戻す働きをしている．もし，このような生物がいなければ野生動物の死後，野生動物の肉体が分解できなくなり，いたるところに動物の遺骸が放置されているということになる．再生された栄養塩は再び生物に取り込まれると肉体となって生き返る．このように，地球表層環境システムにおける物質循環は，先カンブリア時代に誕生した微生物（古細菌，真正細菌，真核生物）などによって現在も支えられている．地球表層環境システムの進化は，現在のところ人間という頭脳が発達した動物を生み出したが，先カンブリア時代の物質循環の重要な機能は現在も依然継続しているといえる．

文献

文献は章ごとにまとめた．

● 1. 地球表層環境システムと年代
阿部 豊・中村正人（1997）比較惑星学．松井孝典編，岩波書店，233-365．
Alvarez, W., Kauffiman, E. G., Surlyk, F., Alvarez, L., Asaro, F. and Michel, H. V. (1984) Science, 223, 1135-1141.
Alvarez, W., Smit, J., Lowrie, W., Asaro, F., Margolis, S. V., Claeys, P., Kastner, M. and Hildebrand, A. R. (1992) Geology, 20, 697-700.
Bambach, R. K. (2006) Ann. Rev. Earth Planet. Sci., 34, 127-155.
Bard, E., Arnold, M., Fairbanks, R. G. and Hamelin, B. (1993) Radiocarbon, 35, 191-199.
Bard, E., Arnold, M., Hamelin, B., Tisnerat-Laborde, N., Cabioch, G. (1998) Radiocarbon, 40, 1085-1092.
Beck, J. W., Richards, D. A., Edwards, R. L., Silverman, B. W., Smart, P. L., Donahaue, D. J., Hererra-Osterheld, S., Burr, G. S., Calsoyas, L., Jull, A. L. and Biddulph, D. (2001) Science, 292, 2453-2458.
Broecker, W. S. and Peng, T. H. (1982) Tracers in the Sea. Lamont-Doherty Geological Observatory, Columbia University, 690p.
Currie, L. A., Klouda, G. A., Benner, Jr. B. A., Garrity, K. and Eglinton, T. I. (1999) Atm. Environ., 33, 2789-2806.
Dziewonski, A. M. and Anderson, D. L. (1981) Phys. Earth Planet. Iner., 25, 297-357.
Edwards, R. L., Chen, J. H. and Wasserburg, G. J. (1987) Earth Planet. Sci. Lett., 81, 175-192.
Eglinton, T. I., Benitez-Nelson, B. C., Pearson, A., McNichol, A. P., Bauer, J. E. and Druffel, E. R. M. (1997) Science, 277, 796-799.
Emiliani, C. (1955) J. Geology, 63, 538-575.
Godwin, H. (1962) Nature, 195, 944.
Hayes, J. D. and Pitman, III. (1973) Nature, 246, 18-22.
平野弘道（2006）絶滅古生物学．岩波書店，255p．
Hsu, L. J. and McKEnzie, J. Q. (1985) In: Natural Variation in Carbon Diozide and the Carbon Cycle, Archean to Present. Sundquist, E. T. and Broecker, W. S., eds., Geophys. Monogr. Ser., 32, AGU, 487-492.
Ikeda, T. and Tajika, E. (1999) Geophys. Res. Lett., 26, 349-352.
池谷仙之・北里 洋（2004）地球生物学―地球と生命の進化．東京大学出版会，228p．
Imbrie, J., Shackleton, N. J., Pisias, N. G., Morley, J. J., Prell, W. L., Martinson, D. G., Hays, J. D., McIntyre, A. and Mix, A. C. (1984) In: Milankovitch and Climate (Pt.2). Berger, A. L., Imbrie, J., Hayse, J., Kukla, G. and Saltzman, B., eds., D. Reidel, 269-305.
IPCC "Climate Change" 2001 (2001) http://www.ipcc.ch/ipccreports/tar/wg1/index.htm
Irving, E., North, F. K. and Couillard, R. (1974) Canad. J. Earth Sci., 11, 1-17.
伊藤 孝（1993）地質学雑誌，99, 739-753．
Kaiho, K., Kajiwara, Y., Tazaki, K., Ueshima, M., Takeda, N., Kawahata, H., Arinobu, T., Ishiwatari, R., Hirai, A. and Lamolda , M. A. (1999) Paleoceanogr., 14, 511-524.
兼岡一郎（1998）年代測定概論．東京大学出版会，315p．
唐戸俊一郎（2000）レオロジーと地球科学．東京大学出版会，251p．
加藤雅啓編，岩槻邦男・馬渡峻輔監修（1997）植物の多様性と系統．裳華房，314p．
Kaufman, A. and Broecker, W. S. (1965) J. Geophys. Res., 70, 4039-4054.
川幡穂高（1998）地質学論集，49，185-198．

川幡穂高（2008）海洋地球環境学―生物地球化学循環から読む．東京大学出版会，280p.
川上紳一（1995）縞々学．東京大学出版会，253p.
Kawamura, K., Nakazawa, T., Aoki, S., Sugawara, S., Fujii, Y. and Watanabe, O. (2003) Tellus, 55B, 126-137.
Kawamura, K., Parrenin, F., Lisiecki, L., Uemura, R., Vimeux, F., Severinghaus, J. P., Hutterli, M. A., Nakazawa, T., Aoki, S., Jouzel, J., Raymo, M. E., Matsumoto, K., Nakata, H., Motoyama, H., Fujita, S., Goto-Azuma, K., Fujii, Y. and Watanabe, O. (2007) Nature, 448, 912-916.
Kennett, J. P. (1982) In: Marine Geology, Kennett, J. P., ed., Prentice-Hall, 695-751.
Kitagawa, H. and van der Plicht, J. (1998) Radiocarbon, 40, 505-516.
小林和男（1977）海洋底科学．東京大学出版会，312p.
小玉一人（1999）古地磁気学．東京大学出版会，248p.
Larson, R. C. (1991a) Geology, 19, 549-550.
Larson, R. C. (1991b) Geology, 19, 963-966.
ラーソン，R. L.（1995）日経サイエンス，80-86.
Libby, W. F. (1952) Radiocarbon Dating. University of Chicago Press, 124p.
Lisiecki, L. E. and Raymo, M. E. (2005) Paleoceanogr., 20, PA1003, doi: 10.1029/2004PA001071.
町田　洋・新井房夫編（1992）火山灰アトラス―日本列島とその周辺．東京大学出版会，276p.
町田　洋・新井房夫編（2003）新編　火山灰アトラス―日本列島とその周辺．東京大学出版会，336p.
Martinson, D. G., Pisias, W. G., Hays, J. D., Imbrie, J., Moore, Jr, T. C. and Shackleton, N. J. (1987) Quat. Res., 27, 1-29.
Matsumoto, K., Kawamura, K., Uchida, M., Shibata, Y. and Yoneda, M. (2001) Geophys. Res. Lett., 28, 4587-4590.
Miller, K. G., Kominz, M. A., Browning, J. V., Wright, J. D., Mountain, G. S., Katz, M. E., Sugarman, P. J., Cramer, B. S., Christie-Blick, N. and Pekar, S. F. (2005) Science, 310, 1293-1298.
Mook, W. G. (1986) Radiocarbon, 28, 799.
Morrow, J. R., Schindler, E. and Walliser, O. H. (1996) In: Global Events and Event Stratigraphy in the Phanerozoic. Walliser, O. J., ed., Springer, 53-61.
夏　緑（2009）ウイルス，微生物がよくわかる本．秀和システム，208p.
North, G. R. (1981) J. Geophys. Res., 19, 91-212.
Ohkouchi, N., Eglinton, T. I., Keigwin, L. D. and Hayes, J. M. (2002) Science, 298, 1224-1227.
Ohkushi, K., Suzuki, A., Kawahata, H. and Gupta, L. P. (2003) Marine Micropaleontol., 48, 281-290.
Palmer, A. R. (1983) Geology, 11, 503-504.
Pitman, W. C. and Golovchenko, X. (1983) Society Economic Paleontology and Mineralogy (SEPM) Special publication, 33, 41-58.
Raup, D. M. and Stanley, S. M. (1971) Principles of Paleontology. Freeman, 388p.
Reimer, P. J., Baillie, M. G. L., Bard, E., Bayliss, A., Beck, J. W., Bertrand, C. J. H., Blackwell, P. G., Buck, C. E., Burr, G. S., Cutler, K. B., Damon, P. E., Edwards, R. L., Fairbanks, R. G., Friedrich, M., Guilderson, T. P., Hogg, A. G., Hughen, K. A., Kromer, B., McCormac, G., Manning, S., Ramsey, C. B., Reimer, R. W., Remmele, S., Southon, J. R., Stuiver, M., Talamo, S., Taylor, F. W., van der Plicht, J. and Weyhenmeyer, C. E. (2004) Radiocarbon, 46, 1029-1058.
Reimer, P. J., Baillie, M. G. L., Bard, E., Bayliss, A., Beck, J. W., Blackwell, P. G., Bronk-Ramsey, C., Buck, C. E., Burr, G. S., Edwards, R. L., Friedrich, M., Grootes, P. M., Guilderson, T. P., Hajdas, I., Heaton, T. J., Hogg, A. G., Hughen, K. A., Kaiser, K. F., Kromer, B., McCormac, F. G., Manning, S. W., Reimer, R. W., Richards, D. A., Southon, J. R., Talamo, S., Turney, C. S. M., van der Plicht, J. and Weyhenmeyer, C. E. (2009) Radiocarbon, 51, 1111-1150.
酒井　均・松久幸敬（1996）安定同位体地球化学．東京大学出版会，403p.
Sakai, H., Sakai, H., Yahagi, W, Fujii, R., Hayashi, T. and Upreti, N. (2006) Palaeogeogr. Palaeoclimatol. Palaeoecol., 241, 16-27.
Seattle: Quaternary Research Center, University of Washington.
　URL: http://radiocarbon.pa.qub.ac.uk/calib/calib.html
Sepkoski, J. J., Jr. (1995) In: Global Events and Event Stratigraphy in the Phanerozoic. Walliser,

O. H., ed., Springer, 35-51.
Shackleton, N. J. and Opdyke, N. D.(1973)Quat. Res., 3, 39-55.
鹿園直建(1995)科学, 65, 324-333.
鹿園直建(1997)地球システムの化学―環境・資源の解析と予測. 東京大学出版会, 319p.
鹿園直建(2006)地球学入門. 慶應義塾大学出版会, 246p.
鹿園直建(2009)地球惑星システム科学入門. 東京大学出版会, 232p.
Stetter, K. O.(1996)Ciba Foundation Symposium, 202, 1-18.
Stuiver, M., Reimer, P. J., Bard, E., Beck, W. E., Burr, G. S., Hughen, K. A., Kromer, B., McCormack, F. G., Plicht, J. V. D. and Spurk, M.(1998a)Radiocarbon, 40, 1041-1083.
Stuiver, M., Reimer, P. J. and Braziunas, T. F.(1998b)Radiocarbon, 40, 1127-1151.
鈴木啓三(1980)水および水溶液. 共立全書, 298p.
鈴木啓三(2004)水の話・十講―その科学と環境問題. 化学同人, 218p.
田近英一(2000)科学, 70, 397-405.
Tajika, E.(2003)Earth Planet. Sci. Lett., 214, 443-453.
田近英一(2007)地学雑誌, 116, 79-94.
Takashima, R., Nishi, H., Hayashi, K., Okada, H., Kawahata, H., Yamanaka, T., Fernando, A. G. and Mampuku, M.(2009)Palaeogeogr. Palaeoclimatol. Palaeoecol., 273, 61-74.
巽 好幸(1995)沈み込み帯のマグマ学―全マントルダイナミクスに向けて. 東京大学出版会, 200p.
上田誠也(1989)プレート・テクトニクス. 岩波書店, 268p.
横山祐典(2002)地学雑誌, 111, 883-899.
Zachos, J. C. and Arthur, M. A.(1986)Paleoceanogr., 1, 5-26.

● 2. 先カンブリア時代の地球表層環境

阿部 豊(2005)日本気象学会 2005 年度春季大会公開シンポジウム「地球環境の進化と気候変動」. 地球環境問題委員会共催, 4-7.
Amelin, Y., Lee, D. C. and Halliday, A. N.(2000)Geochim. Cosmochim. Acta, 64, 4205-4225.
Appel, P., Polat, A. and Frei, R.(2009)Chemical Geology, 258, 105-124.
Baadsgaard, H., Nutman, A. P., Bridgwater, D., Rosing, M., McGregor, V. R. and Allaart, J. H.(2007)Earth Planet. Sci. Lett., 68, 221-228.
Bottrell, S. B. and Newton, R. J.(2006)Earth Sci. Rev., 75, 59-83.
Brocks, J. J., Logan, G. A., Buick, R. and Summons, R. E.(1999)Science, 285, 1033-1036.
Buick, R.(1992)Science, 255, 74-77.
Buick, R.(2003)In: Palaeobiology II(Paleobiology). Briggs, D. and Crowther, P. R., eds., Wiley-Blackwell, 13-21.
Butterfield, N. J., Knoll, A. H. and Swett, K.(1994)Fossils and Strata, 34, 1-84.
Canfield, D. E.(1998)Nature, 396, 450-453, doi: 10.1038/24839.
Cates, N. L. and Mojzsis, S. J.(2007)Earth Planet. Sci. Lett., 255, 9-21.
Cook, P. M. and Shergold, J. H.(1986)Phosphate Deposits of the World Proterozoic and Cambrian Phosphorites, vol. 1, Cambridge University Press, 385p.
Douglas, S., Zauner, S., Fraunholz, M., Beaton, M., Penny, S., Deng, L. T., Xu, X., Reith, M., Cavalier-Smith, T. and Maier, U. G.(2001)Nature, 410, 1091-1096.
Erwin, D. H.(2003)In: Palaeobiology II(Paleobiology). Briggs, D. and Crowther, P. R., eds., Wiley-Blackwell, 25-31.
Farquhar, J., Bao, H. and Thiemens, M.(2000)Science, 289, 756-758.
Frakes, L. A., Francis, J. E. and Syktus, J. I.(1992)Climate Modes of the Phanerozoic. Cambridge University Press, 286p.
Gough, D. O.(1981)Solar Physics, 74, 21-34.
Han, T. M. and Runnegar, B.(1992)Science, 257, 232-235.
Haqq-Misra, J. D., Domagal-Goldman, S. D., Kasting, P. J. and Kasting, J. F.(2008)Astrobiology, 8, 1127-1137.
平野弘道(2006)絶滅古生物学. 岩波書店, 255p.

Hoffman, P. F., Kaufman, A. J., Halverson, G. P. and Schrag, D. P.（1998）Science, 281, 1342-1346.
Holland, H. D.（2006）Phil. Trans. Roy. Soc. B, 361, 903-915.
堀越 叡（2010）地殻進化学．東京大学出版会，360p.
Hu, G. X., Rumble, D. and Wang, P. L.（2003）Geochim. Cosmochim. Acta, 67, 3101-3118. doi: 10.1016/S0016-7037（02）00929-8
池谷仙之・北里 洋（2004）地球生物学―地球と生命の進化．東京大学出版会，228p.
井上 勲（2006）藻類 30 億年の自然史．東海大学出版会，472p.
梶原良道（1977）現代鉱床学の基礎．立見辰雄編，東京大学出版会，215-228.
Kakegawa, T. and Nanri, H.（2006）Precam. Res., 148, 115-124.
Kasting, J. F.（1987）Precam. Res., 34, 205-229.
Kasting, J. F.（1993）Science, 259, 920-926.
Kasting, J. F., Pavlov, A. A. and Siefert, J. L.（2001）Orig. Life Evol. Biosphere, 31, 271-285.
Kasting, J. F.（2004）Sci. Amer., 80-85.
Kirschvink, J. L., Gaidos, E. J., Bertani, L. E., Beukes, N. J., Gutzmer, J., Maepa, L. N. and Steinberger, R. E.（2000）Proc. Natl. Acad. Sci., 97, 1400-1405.
Klein, C. and Beukes, N. J.（1992）In: The Proterozoic Biosphere: A multidisciplinary study. Schopf, J. W. and Klein, C., eds., Cambridge University Press, 139-146.
Knoll, A. H.（2003）Life on a Young Planet: The first three billion years of evolution on earth. Princeton University Press, 277p.（斎藤隆央訳（2005）生命 最初の 30 億年．紀伊國屋書店，390p.）
Komiya, T., Maruyama, S., Nohda, S., Masuda, T., Hayashi, M. and Okamoto, S.（1999）J. Geology, 107, 515-554.
熊澤峰夫・丸山茂徳編集（2002）プルームテクトニクスと全地球史解読．岩波書店，407p.
Lepland, A., van Zuilen, M. A., Gustaf Arrhenius, G., Whitehouse, M. J. and Fedo, C. M.（2005）Geology, 33, 77-79.
丸山茂徳・磯崎行雄（1998）生命と地球の歴史．岩波新書 543，275p.
Melezhik, V. A., Fallick, A. E., Rychanchik, D. V. and Kuznetsov, A. B.（2005）Terra Nova, 17, 141-148. doi: 10.1111/j.1365-3121.2005.00600.x
Miller, R. McG.（1983）In: Evolution of the Damara Orogen of South West Africa / Namibia. Miller, R. McG. ed., Geol. Soc. South Africa, Spec. Pub., 11, 431-515.
Miller, S. L.（1953）Science, 117, 527-528.
Mojzsis, S. J., Arrhenius, G., Mckeegan, K. D., Harrison, T. M., Nutman, A. P. and Friend, C. R. L.（1996）Nature, 384, 55-59.
Mojzsis, S. J., Harrison, T. M. and Pidgeon, R. T.（2001）Nature, 409, 178-181.
Mojzsis, S. J., Coath, C. D., Greenwood, J. P., McKeegan, K. D. and Harrison, T. M.（2003）Geochim. Cosmochim. Acta, 67, 1635-1658. doi: 10.1016/S0016-7037（03）00059-0
Moorbath, S., O'Nions, R. K., Pankhurst, R. J., Gale, N. H. and McGregor, V. R.（1972）Nature, 240, 78-82.
Moorbath, S., O'Nions, R. K. and Pankhurst, R. J.（1973）Nature, 245, 138-139.
Ohmoto, H., Kakegawa, T. and Lowe, D. R.（1993）Science, 262, 555.
大本 洋（1994）科学，64, 360-370.
大谷栄治・掛川 武（2005）地球・生命―その起源と進化．共立出版，196p.
O'Neil, J., Carison, R. W., Francis, D. and Stevenson, R.（2008）Science, 321, 1828-1831.
Ono, S., Eigenbrode, J. L., Pavlov, A. A., Kharecha, P., Rumble III, D., Kasting, J. F. and Freeman, K. H.（2003）Earth Planet. Sci. Lett., 213, 15-30. doi: 10.1016/ S0012-821X（03）00295-4
大島泰郎（1995）生命は熱水から始まった．東京化学同人， p.
Rashby, S. E., Sessions, A. L., Summons, R. E. and Kewman, D. K.（2007）Proc. Natl. Acad. Sci., 104, 15099-15104.
Rasmussen, B., Fletcher, I. R., Brocks, J. J. and Kiburn, M. R.（2008）Nature, 455, 1101-1104.
Schidlowski, M.（1988）Nature, 333, 313-318.
Schidlowski, M.（1993）In: Organic Geochemistry, Engel, M. H. and Macko, S. A., eds., Plenum Press, 639-655.

Schopf, J. W. (1999) Gradle of Life. Princeton University Press, 367p.
Scott, C., Lyons, T. W., Bekker, A., Shen, Y., Poulton, S. W., Chu, X. and Anbar, A. D. (2008) Nature, 452, 456-459.
Seilacher, A., Bose, P. K. and Pfuger, F. (1998) Science, 282, 80-83.
Stanley, S. M. (1992) Exploring Earth and Life through Time. W. H. Freeman and Co., 538p.
Stetter, K. O. (1994) In: Early Life on Earth. Nobel Symposium No. 84, Bengtson, S., ed., Columbia University Press, 143-151.
Stetter, K. O. (1999) FEBS Lett., 452, 22-25.
Symons, D. T. A. (1975) Geology, 3, 303-306.
Takai, K., Gamo, T., Tsunogai, U., Nakayama, N., Hirayama, H., Nealson, K. H. and Horikoshi, K. (2004) Extremophiles, 8, 269-282.
Ueno, Y., Yamada, K., Yoshida, N., Maruyama, S. and Isozaki, Y. (2006) Nature, 440, 516-519.
Ueno, Y., Johnson, M., Danielache, S., Eskebjerg, C., Pandey, A. and Yoshida, N. (2009) Proc. Natl. Acad. Sci., 106, 14784-14789.
Wilde, S. A., Valley, J. W., William, H., Peck, W. H. and Graham, C. M. (2001) Nature, 409, 175-178.
Xiao, S. (2004) In: The Extreme Proterozoic: Geology, Geochemistry, and Climate. Jenkins, G., Mc-Menamin, M., Sohl, L. and Mckay, C., eds., Geophys. Monogr. Ser., AGU, 146, 199-214.
山中健生 (1999) 独立栄養細菌の生化学. アイピーシー, 207p.
Yang, W. and Holland, H. D. (2003) Amer. J. Sci., 303, 187-220.

● 3. 古生代の地球表層環境
Ahlberg, P. E. and Milner, A. R. (1994) Nature, 368, 507-514.
Algeo, T. J. and Scheckler, S. E. (1998) Phil. Trans. Roy. Soc. Lond. B, 353, 113-130.
Ashman, M. R. and Puri, G. (2002) Essential Soil Science: A clear and concise introduction to soil science. Blackwell, 198p.
Beerling, D. J. and Woodward, F. I. (2001) Vegetation and the Terrestrial Carbon Cycle: modeling the first 400 million year. (及川武久監修 (2004) 植生と大気の4億年. 京都大学学術出版会, 454p.)
Berner, R. A. (1997) Science, 276, 544-546.
Boisvert, C. A. (2005) Nature, 438, 1145-1147.
Boisvert, C. A., Mark-Kurik, E. and Ahlberg, P. E. (2008) Nature, 456, 636-638.
Bowring, S. A., Erwin, D. H., Jin, Y. G., Martin, M. W., Davidek, K. and Wang, W. (1998) Science, 280, 1039-1045.
Briggs, D. E. G. (1991) Amer. Scientist, 79, 130-141.
Briggs, D. E., Erwin, D. H., Collier, F. J. and Clark, C. (1991) The Fossils of the Burgess Shale. Smithsonian Institute, 238p. (大野照文監訳 (2003) バージェス頁岩化石図譜. 朝倉書店, 231p.)
Chen, J. Y., Huang, D. Y., Peng, Q. Q., Chi, H. M., Wang, X. Q. and Feng, M. (2003) Proc. Natl. Acad. Sci., 100, 8314-8318.
Coates, M. I. (2003) In: Palaeobiology II (Paleobiology). Briggs, D. and Crowther, P. R., eds., Wiley-Blackwell, 74-82.
Crowell, J. C. (1999) Memor. Geol. Soc. Amer., no. 192.
DiMichele, W. A. and Phillips, T. L. (1994) Palaeogeogr. Palaeoclimatol. Palaeoecol., 106, 39-90.
DiMichele, W. A. (2003) In: Palaeobiology II. Briggs, D. E. G. and Crowther, P. R., eds., Blackwell Science, 79-82.
Edwards, D., Selden, P. A., Richardson, J. B. and Axe, L. (1995) Nature, 377, 329-331.
Edwards, D. (2003) In: Palaeobiology II (Paleobiology). Briggs, D. and Crowther, P. R., eds., Wiley-Blackwell, 63-66.
Erwin, D. H. (1990) Trends Ecol. Evol., 4, 225-229.
Forey, P. and Janvier, P. (1993) Nature, 361, 129-134.
Fortey, R. (2000) Trilobite！Alfred A. Knopf, 320p. (垂水雄二訳 (2002) 三葉虫の謎―「進化の

目撃者」の驚くべき生態. 早川書房, 342p.)
Frakes, L. A., Francis, J. E. and Syktus, J. I. (1992) Climate Modes of the Phanerozoic. Cambridge University Press, 286p.
Gastaldo, R. A., DiMichele, W. A. and Pfefferkorn, H. W. (1996) GSA today, 6, 1-7.
Gehling, J. G., Jensen, S., Droser, M. L., Myrow, P. M. and Narbonne, G. (2001) Geol. Mag., 138, 213-218.
Gould, S. J. (1989) Wouderful Life: Evolutionary history of life, Burgess Shale. W. W. Norton, 347p.(渡辺政隆訳 (2000) ワンダフル・ライフ—バージェス頁岩と生物進化の物語. ハヤカワ文庫 NF, 602p.)
Gray, J. (1993) Palaeogeogr. Palaeoclimatol. Palaeoecol., 104, 153-169.
Hallam, A. and Wignall, P. B. (1999) Earth Sci. Rev., 48, 217-250.
平野弘道 (2006) 絶滅古生物学. 岩波書店, 255p.
Irving, E. and Pullaish, G. (1976) Earth Sci. Revi., 12, 35-64.
Isozaki, Y., Maruyama, S. and Furuoka, F. (1990) Tectonophys., 181, 179-205.
Isozaki, Y. (1994) In: Pangea: Global Environments and Resources. Embry, A. F., Beauchamp, B. and Glass, D. J., eds., Canad. Soc. Petrol. Geol., Memoir, 17, 805-812.
磯﨑行雄 (1995) 科学, 65, 90-100.
Isozaki, Y. (1997) Science, 276, 235-238.
磯﨑行雄 (1997) 科学, 67, 543-549.
Isozaki, Y., Kawahata, H. and Ota, A. (2007) Global Planetary Change, 55, 21-38.
Jeran, A. J., Selden, P. A. and Edwards, D. (1990) Science, 205, 658-666.
Jin, Y. G., Zhang, J. and Shang, Q. H. (1994) Canad. Soc. Petrol. Geol. Mem., 17, 813-822.
Kani, T., Fukui, M., Isozaki, Y. and Nohda, S. (2008) J. Asian Earth Science, 32, 22-33.
Kanmera, K., Sano, H. and Isozaki, Y. (1990) In: PreCretaceous Terranes of Japan. Ichikawa, K., Mizutani, S., Hara, I., Hada, S. and Yao, A., eds., Publication IGCP Project #224, Osaka, 49-62.
Kawahata, H., Okamoto, T., Matsumoto, E. and Ujiie, H. (2000) Quat. Sci. Rev., 19, 1279-1291.
Kirschvink, J. L. and Raub, T. D. (2003) Compres Rendus Geoscience, 335, 65-78.
小林快次・栃内 新 (2008) 地球と生命の進化学. 沢田 健ほか編集, 北海道大学出版会, 143-160.
Little, C. (1983) The Colonisation of Land: origins and adaptations of terrestrial animals. Cambridge University Press, 308p.
Long, J. A. (2003) In: Palaeobiology II (Paleobiology). Briggs, D. and Crowther, P. R., eds., Wiley-Blackwell, 52-57.
松井正文編, 岩槻邦男・馬渡峻輔監修 (2006) 脊椎動物の多様性と系統. 裳華房, 403p.
三木成夫 (1989) 生命形態の自然誌 (第1巻). うぶすな書院, 484p.
Morris, S. C. (1997) Journey to the Cambrian: the Burgess Shell and the explosion of animal life. (松井孝典監訳 (1997) カンブリア紀の怪物たち. 講談社現代新書, 301p.)
Musashi, M., Isozaki, Y. and Kawahata, H. (2010) Global Planetary Change, 73, 114-122.
Nakazawa, T. and Ueno, K., (2009) Palaeoworld, 18, 162-168.
Nakazawa, T., Ueno, K., Kawahata, H., Fujikawa, M. and Kashiwagi, K. (2009) Sedimentary Geology, 214, 35-48.
夏 緑 (2009) ウイルス, 微生物がよくわかる本. 秀和システム, 208p.
Parker, A. (2003) In the Blink of an Eye: the cause of the most dramatic events in the history of life. Perseus Pub., 316p. (渡辺政隆・今西康子訳 (2006) 眼の誕生. 草思社, 382p.)
Putnam, N. H., Butts, T., Ferrier, D. E., Furlong, R. F., Hellsten, U., Kawashima, T., Robinson-Rechavi, M., Shoguchi, E., Terry, A., Yu, J. K., Benito-Gutiérrez, E. L., Dubchak, I., Garcia-Fernàndez, J., Gibson-Brown, J. J., Grigoriev, I. V., Horton, A. C., de Jong, P. J., Jurka, J., Kapitonov, V. V., Kohara, Y., Kuroki, Y., Lindquist, E., Lucas, S., Osoegawa, K., Pennacchio, L.A., Salamov, A., Satou, Y., Sauka-Spengler, T., Schmutz, J., Shin-I, T., Toyoda, A., Bronner-Fraser, M., Fujiyama, A., Holland, L. Z., Holland, P. W., Satoh, N., Rokhsar, D. S. (2008) Nature, 453, 1064-1071.
Raup, D. M. (1979) Science, 206, 217-218.
Retallack, G. L. (2001) Soils of the Past: an introduction to paleopedology. Wiley-Blackwell, 512p.

Ross, C. A. and Ross, J. R. P.（1987）Late Paleozoic Sea Levels and depositional Sequences. Cushman Foundation for Foraminiferal Research Special Publication, 24, 137-149.
實吉達郎（2008）おもしろすぎる動物記―六時虫，凶暴なブタ，伝説の毒鳥，陸を行く魚…．ソフトバンククリエイティブ，208p.
佐藤矩行編（1998）ホヤの生物学．東京大学出版会，258p.
Scheckler, S. E.（2003）In: Palaeobiology II（Paleobiology）. Briggs, D. and Crowther, P. R., eds., Wiley-Blackwell, 67-71.
Selden, P. A.（2003）In: Palaeobiology II. Briggs, D. E. G. and Crowther, P. R., eds., Blackwell Science, 71-74.
Sepkoski, J. J. Jr（1981）Paleobiology, 7, 36-53.
Sepkoski, J. J. Jr（1986）In: Patterns and Process in the History of Life. Raup, D. M. and Jablonski, D., eds., Springer-Verlag, 277-295.
白山義久編，岩槻邦男・馬渡峻輔監修（2000）無脊椎動物の多様性と系統．裳華房，324p.
Shu, D., Conway Morris, S. and Zhang, X. L.（1996）Nature, 384, 156-157.
Shu, D., Chen, L., Han, J. and Zhang, X.（2001）Nature, 411, 472-473.
鈴木庸一・真下 清（2002）有機資源化学―石炭・石油・天然ガス．三共出版，236p.
Tatsumi, Y., Kani, T., Ishizuka, H., Maruyama, S. and Nishimura, Y.（2000）Geology, 28, 580-582.
Urashima, T. and Saito, T.（2005）J. Appl. Glycosci., 52, 65-70.
van Tuinen M. and Hadly, E. A.（2004）J. Mol. Evol., 59, 267-276 .
Westneat, M. W., Betz, O., Blob, R. W., Fezzaa, K., Cooper, J. and Lee, W.（2003）Science, 299, 558-560.
Whittaker, R. H. and Likens, G. E.（1975）In: Primary Productivity of the Biosphere. Lieth, H. and Whittaker, R. H., eds., Ecol. Stud. 14, Springer-Verlag, 305-328.
Wray, G. A. Levinton, J. S. and Shapiro, L. H.（1996）Science, 274, 568-573.
矢部 衛（2006）脊椎動物の多様性と系統．松井正文編，岩槻邦男・馬渡峻輔監修，裳華房，46-93.
安井金也・窪川かおる（2005）ナメクジウオ―頭索動物の生物学．東京大学出版会，276p.
Young, G. C.（1997）Journal of Vertebrate Paleontology, 17, 1-25.

● 4. 中生代の地球表層環境

Archibald, J. D.（1996）Dinosaur Extinction and the End of an Era. Columbia University Press, 226p.
Arthur, M. A. and Natland, J. H.（1979）In: Maurice Ewing Series, 3. Talwani, M., Hay, W. and Ryan, W. B. F., eds., AGU, 385-401.
Arthur, M. A., Dean, W. E. and Schlanger, S. O.（1985）In: Natural Variation in Carbon Diozide and the Carbon Cycle: Archean to Present. Sundquist, E. T. and Broecker, W. S., eds., Geophys. Monogr. Ser., 32, AGU, 504-529.
Alvarez, L. W., Alvarez, W., Asaro, F. and Michel, H. V.（1980）Science, 208, 1095-1108.
Alvarez, W., Kauffiman, E. G., Surlyk, F., Alvarez, L., Asaro, F. and Michel, H. V.（1984）Science, 223, 1135-1141.
Alvarez, W., Smit, J., Lowrie, W., Asaro, F., Margolis, S. V., Claeys, P., Kastner, M. and Hildebrand, A. R.（1992）Geology, 20, 697-700.
Barron, E. J. and Washington, W. M.（1982）Palaeogeogr. Palaeoclimatol. Palaeoecol., 40, 103-133.
Barron, E. J. and Peterson, W. H.（1990）Paleoceanogr., 5, 319-337.
Benest, D. and Froeschlé, C.（1998）Impacts on Earth. Springer, 223p.
Berner, R. A.（1990）Science, 249, 1382-1386.
Berner, R. A.（1994）Amer. J. Sci., 294, 56-91.
Berner, R. A. and Kothavala, Z.（2001）Amer. J. Sci., 301, 182-204.
Bice, K. L. and Norris, R. D.（2002）Paleoceanogr., 17, 1029/2002PA000778.
Bice, K. L., Birgel, P. A., Meyers, K. A., Dahl, K.-U. and Norris, R. D.（2006）Paleoceanogr., 21, 1029/2005PA001203.
Bown, P. B., Lees, J. A. and Young, J. R.（2004）In: Coccolithophores from Molecular Processes to Global Impact. Thierstein, H. R. and Young, J. R., eds., Springer, 481-508.

Brumsack, H. J. (1980) Chemical Geology, 31, 1-25.
Brusatte, S. (2008) Dinosaurs. Quercus Publishing. (椿 正晴訳・北村雄一監修 (2010) よみがえる恐竜・大百科. ソフトバンククリエイティブ, 224 p.)
Caldeira, K. and Rampino, M. R. (1991) Geophys. Res. Lett., 18, 987-990.
Cerling, T. E. (1991) Amer. J. Sci., 291, 377-400.
Chacon-Baca, E., Beraldi-Campesi, H., Cevallos-Ferriz, S. R. S., Knoll, A. H. and Golubic, S. (2002) Geology, 30, 279.
Chiappe, L. M. (2001) In: Paleobiology II. Briggs, D. E. G., ed., Blackwell Science, 102-106.
Coccioni, R. and Luciani, V. (2005) Palaeogeogr. Palaeoclimatol. Palaeoecol., 224, 167-185.
Coffin, M. F. and Eldholm, O. (1994) Rev. Geophys., 32, 1-36.
Coffin, M. F., Duncan, R. A., Eldholm, O., Fitton, J. G., Frey, F. A., Larsen, H. C., Mahoney, J. J., Saunders, A. D., Schlich, R. and Wallace, P. J. (2006) Oceanogr., 19, 159-160.
Dameste, J. S. S. and Koster, J. (1998) Earth Planet. Sci. Lett., 148, 165-173.
Dean, W. E. (1981) Init. Repts. DSDP, 62, 869-876.
DeConto, R. M. and Pollard, D. (2003) Palaeogeogr. Palaeoclimatol. Palaeoecol., 198, 39-52.
Deroo, G., Herbin, J. P., Roucache, J., Tissot, B., Albrecht, P. and Schaeffle, J. (1978) Init. Repts. DSDP, 41, 865-873.
Duval, B., Moore, J. C., et al. (1984) Init. Repts. DSDP, 78A.
Ekart, D. D., Cerling, T. E., Montanez, I. P., and Tabor, N. J. (1999) Amer. J. Sci., 299, 805-827.
Eldholm, O. and Coffin, M. F. (2000) In: The History and Dynamics of Global Plate Motions. Richards, M. A., Gordon, R. G. and van der Hilst, R. D., eds., Geophys. Monogr., 121, AGU, 309-326.
Erbacher, J., Huber, B. T., Norris, R. D. and Markey, M. (2001) Nature, 409, 325-327.
Erwin, D. H. (1995) In: Global Events and Event Stratigraphy in the Phanerozoic. Walliser, O. H., ed., Springer, 251-264.
Falkowski, P. G., Katz, M. E., Knoll, A. H., Quigg, A., Raven, J. A., Schofield, O. and Taylor, F. J. (2004a) Science, 305, 355-360.
Falkowski, P. G., Schofield, O., Katz, M. E., van de Schootbrugge, B. and Knoll, A. H. (2004b) In: Coccolithophores: from molecular processes to global impact. Therstein, H. and Young, J. R., eds., Elsevier, 429-453.
Fassett, J. E., Heaman, L. M. and Simonetti, A. (2011)Geology, 39, 159-162.
Fastovsky, D. E. and Weishampel, D. B. (2005) The Evolution and Extinction of the Dinosaurs. (真鍋真監訳 (2006) 恐竜学―進化と絶滅の謎. 丸善, 496p.)
Forster, A., Schouten, S., Moriya, K., Wilson, P. A. and Sinninghe Damsté, J. S. (2007) Paleoceanogr., 22, PA1219.
Frakes, L. A. (1979) Climates throughout Geologic Time. Elsevier, 310p.
Frakes, L. A. and Francis, J. E. (1988) Nature, 333, 547-549.
Frakes, L. A., Francis, J. E. and Syktus, J. I. (1992) Climate Modes of the Phanerozoic. Cambridge University Press, 274p.
Freeman, K. H. and Hayes, J. M. (1992) Global Biogeochemical Cycles, 6, 185-198.
Furnas, M. J. (1990) J. Plankton Res., 12, 1117-1151.
Hallam, A. (1981) Palaeogeogr. Palaeoclimatol. Palaeoecol., 35, 1-44.
Hallam, A. (1984) Ann. Rev. Earth Planet. Sci., 12, 205-243.
Hallam, A. (1992) Phanerozoic Sea-level Changes. Columbia University Press, 266p.
Haq, B. U., Hardenbol, J. and Vail, P. R. (1987) Science, 235, 1156-1167.
Hillebrandt, A. von (1994) Cahiers de l'universite Catholique de Lyon, Series Science, 3, 27-53.
平野弘道 (2006) 絶滅古生物学. 岩波書店, 255p.
平山 廉 (2001) 恐竜のすべて. 新星出版社, 142p.
House, M. R. (1988) In: Cephalopods: Present and Past. Wiedmann, J. and Kullumann, J., eds., Schweizerbat'sche Verlag, 1-16.
Huber, B. T., Leckie, R. M., Norris, R. D., Bralower, T. J. and CoBabe, E. (1999) J. Foraminiferal Res., 29, 392-417.

Huber, B. T., Norris, R. D. and MacLeod, K. G.（2002）Geology, 30, 123-126.
Hughes, N. F.（1994）The Enigma of Angiosperm Origins. Cambridge University Press, 303p.
池谷仙之・北里 洋（2004）地球生物学―地球と生命の進化．東京大学出版会，228p.
Irving, E., North, F. K. and Couillard, R.（1974）Canad. J. Earth Sci., 11, 1-17.
磯﨑行雄（1997）科学，67，543-549.
Jenkyns, H. C.（1980）Geol. Soc. Lond. J., 137, 171-188.
Ji, Q., Currie, P., Norrell, M. A. and Ji, S. A.（1998）Nature, 393, 753-761.
Kaiho, K., Kajiwara, Y., Tazaki, K., Ueshima, M., Takeda, N., Kawahata, H., Arinobu, T., Ishiwatari, R., Hirai, A. and Lamolda , M. A.（1999）Paleoceanogr., 14, 511-524.
川幡穂高（1998）地質学論集，49，185-198.
Kawahata, H., Suzuki, A. and Ohta, H.（1998）Geochem. J., 32, 125-133.
Keller, G.（2001）J. Planet. Space Sci., 49, 817-830.
Klemme, H. D. and Ulmishek, G. F.（1991）Amer. Assoc. Petrol. Geolog. Bull., 75, 1809-1851.
Kooistra, W. H. C. F. and Medlin, L. K.（1996）Molecular Phylogenetist Evolution, 6, 391-407.
Kuroda, J. and Ohkouchi, N.（2006）Paleontol. Res., 10, 345-358.
Kuroda, J., Ogawa, N. O., Tanimizu, M., Coffin, M. F., Tokuyama, H., Kitazato, H. and Ohkouchi, N.（2007）Earth Planet. Sci. Lett., 256, 211-223.
黒田潤一郎・鈴木勝彦・大河内直彦（2010）地学雑誌，119，534-555.
Kuypers, M. M. M., Schouten, S., Erba, E. and Sinninghe Daste, J. S.（2004）Geology, 32, 853-856.
Larson, R. C.（1991a）Geology, 19, 549-550.
Larson, R. C.（1991b）Geology, 19, 963-966.
丸山茂徳・深尾良夫・大林政行（1993）科学，63，373-386.
Maruyama, S.（1994）J. Geol. Soc. Jpn., 100, 24-49.
丸山茂徳（1997）科学，67，498-506.
松井正文編，岩槻邦男・馬渡峻輔監修（2006）脊椎動物の多様性と系統．裳華房，424p.
松井孝典（1999）再現，巨大隕石衝突―6500万年前の謎を解く．岩波科学ライブラリー，117p.
Merico, A., Tyrrell, T., Brown, C. W, Groom, S. B. and Miller, P. I.（2003）Geophys. Res. Lett., 30, article number 13371337.
Miller, K. G., Sugarman, P. J., Browning, J. V., Kominz, M. A., Hernandez, J. C., Olsson, R. K., Wright, J. D., Feigenson, M. D. and Van Sickel, W.（2003）Geology, 31, 585-588.
Miller, K. G., Kominz, M. A., Browning, J. V., Wright, J. D., Mountain, G. S., Katz, M. E., Sugarman, P. J., Cramer, B. S., Christie-Blick, N. and Pekar, S. F.（2005）Science, 310, 1293-1298.
Miller, K. G.（2009）Nature Geoscience, 2, 465-466.
Moriya, K., Nishi, H., Kawahata, H., Tanabe, K. and Takayanagi, Y.（2003）Geology, 31, 167-170.
Moriya, K., Wilson, P. A., Friedrich, O., Erbacher, J. and Kawahata, H.（2007）Geology, 35, 615-618.
守屋和佳（2008）日本古生物学会第157回例会予稿集，C5.
Moriya, K., Kawahata, H., Wilson, P. A. and Nishi, H.（2009）8th International Symposium on the Cretaceous System. Hart, M. H., ed., Plymouth, 144-145.
Moriya, K.（2011）Paleontol. Res., 15, in press.
Norris, R. D., Kroon, D., Klaus, A., et al.（1998）Proc. ODP, Init. Repts., 171B, College Station, TX（ODP）.
Ohkouchi, N., Kawamura, K., Wada, E. and Taira, A.（1997）High abundances of hopanols and hopanoic acids in Cretaceous black shales. Ancent Biomolecules, 1, 183-192.
Olsen, P. E., Fowell, S. J., and Cornet, B.（1990）Geol. Soc. Amer. Spec. Pap., 247, 585-594.
Orr, J. C., Fabry, V. J., Aumont, O., Bopp, L., Doney, S. C., Feely, R. A., Gnanadesikan, A., Gruber, N., Ishida, A., Joos, F., Key, R. M., Lindsay, K., Maier-Reimer, E., Matear, R., Monfray, P., Mouchet, A., Najjar, R. G., Plattner, G. K., Rodgers, K. B., Sabine, C. L., Sarmiento, J. L., Schlitzer, R., Slater, R. D., Totterdell, I. J., Weirig, M. F., Yamanaka,Y. and Yool, A.（2005）Nature, 437, 681-686.
Padian, K. and Chiappe, L. M.（1998）Biological Rev., 73, 1-42.
Rau, G. H., Arthur, M. A. and Dean, W. E.（1987）Earth Planet. Sci. Lett., 82, 269-279.

Retallack, G. J., Veevers, J. J. and Morante, R. (1996) Geol. Soc. Amer. Bull., 108, 195-207.
Retallack, G. J. A. (2001) Nature, 411, 287-290.
Ridgwell, A. (2005) Marine Geol., 217, 339-357.
Sano, Y. and Pillinger, C. T. (1990) Geochem. J., 24, 315-325.
Savin, S. M. (1977) Ann. Rev. Earth Planet. Sci., 5, 319-355.
Schlanger, S. O. and Jenkyns, H. C. (1976) Geologie en Mijnbouw, 55, 179-184.
Shackleton, N. J. and Kennett, J. P. (1975) Init. Repts. DSDP, 29, 743-755.
Shaviv, N. and Veizer, J. (2003) GSA Today, 13, 4-10.
鹿園直建 (1995) 科学, 65, 324-333.
Spencer-Carvato, C. (1999) Palaeontologica Electronica, 2, art. 4.
多田隆治 (2004) 進化する地球惑星システム. 東京大学地球惑星システム科学講座編, 東京大学出版会, 139-158.
Takashima, R., Nishi, H., Huber, B. T. and Leckie, M. (2006) Oceanogr., 19, 82-92.
Takashima, R., Nishi, H., Hayashi, K., Okada, H., Kawahata, H., Yamanaka, T., Mampuku, M. (2009) Palaeogeogr. Palaeoclimatol. Palaeoecol., 273, 61-74.
Tejada, M. L. G., Suzuki, K., Kuroda, J., Coccioni, R., Mahoney, J. J., Ohkouchi, N., Sakamoto, T. and Tatsumi, Y. (2009) Geology, 37, 855-858.
Tierstein, H. R. and Young, J. R. (2004) Coccolithophores from Molecular Processes to Global Impact. Springer, 562p.
Tissot, B. (1979) Nature, 277, 463-465.
Vail, P. R., Mitchum, R. M., Todd, R. G., Widmier, J. M., Thompson III, S., Sangree, J. B., Bubb, J. N. and Hatlelid, W. G. (1977) In: Seismic Stratigraphy-Applications to Hydrocarbon Exploration. Payton, C. E., ed., Mem. Amer. Assoc. Petrol. Geol., 26, 49-205.
Yamamura, M., Kawahata, H., Matsumoto, K., Takashima, R. and Nishi, H. (2007) Palaeogeogr. Palaeoclimatol. Palaeoecol., 254, 477-491.
Yapp, C. J. and Poths, H. (1996) Earth Planet. Sci. Lett., 137, 71-82.
Zehr, J. P., Carpenter, E. J. and Villareal, T. A. (2000) Trends in Microbiology, 8, 68-73.

● 5. 新生代の地球表層環境
Anderson, L. D. and Delaney, M. L. (2005) Paleoceanogr., 20, 1-16.
Bartek, L. R., Henrys, S. A., Anderson, J. B. and Barrett, P. J. (1996) Marine Geol., 130, 79-86.
Bartoli, G., Sarnthein, M., Weinelt, M., Erlenkeuser, H., Garbe-Schonberg, D. and Lea, D. W. (2005) Earth Planet. Sci. Lett., 237, 33-44.
Blum, J. D., Gazis, C. A., Jacobson, A. D. and Cham-berlain, C. P. (1998) Geology, 26, 411-414.
Boehme, M. (2003) Palaeogeogr. Palaeoclimatol. Palaeoecol., 195, 389-401.
Bouquillon, A., France-Lanord, C., Michard, A. and Tiercelin, J. (1990) In: Proc. ODP, Sci. Res., 116, Cochran, J. R., Stow, D. A. V., et al. eds., College Station, TX (Ocean Drilling Program), 43-58.
Bralower, T. J., Premoli Silva, I. and Malone, M. J. (2006) [online] Proc. ODP Sci. Results, Leg 198, 47p (http://www-odp.tamu.edu/publications/198_SR/VOLUME/SYNTH/SYNTH.PDF)
Brinkhuis, H., Schouten, S., Collinson, M. E., Sluijs, A., Sinninghe Damsté, J. S., Dickens, G. R., Huber, M., Cronin, T. M., Onodera, J., Takahashi, K., Bujak, J. P., Stein, R., van der Burgh, J., Eldrett, J. S., Harding, I. C., Lotter, A. F., Sangiorgi, F., van Konijnenburg-van Cittert, H., de Leeuw, J. W., Matthiessen, J., Backman, J., Moran, K. and the Expedition 302 Scientists (2006) Nature, 441, 606-609.
Cerling, T. E., Harris, J. M., MacFadden, B. J., Leakey, M. G., Quade, J., Eisenmann, V. et al. (1997) Nature, 389, 153-158.
Clark, M. K., Maheo, G., Saleeby, J. and Farley, K. A. (2005) GSA Today, 15, 4-10.
Clauzon, G., Suc, J.-P., Gautier, F., Berger, A. and Loutre, M.-F. (1996) Geology, 24, 363-366.
Coachman, L. K., and Agaard, K. (1981) In: The Eastern Bering Sea Shelf: Oceanography and Resources. Hood, D. W. and Calder, J. A., eds., University of Washington Press, 95-110.
Corfield, R. M. (1994) Earth Sci. Rev., 37, 225-252.

Coxall, H. K., Wilson, P. A., Palke, H., Lear, C. H. and Backman, J. (2005) Nature, 433, 53-57.
Crouch, E. M., Heilmann-Clausen, C., Morgans, H. E. G., Rogers, K. M., Egger, H. and Schmitz, B. (2001) Geology, 29, 315-318.
Dickens, G. R., Castillo, M. M. and Walker, J. G. C. (1997) Geology, 25, 259-262.
Dickens, G. R. (2004) Nature, 429, 513-515.
Droxler, A. W., Burke, K. C., Cunningham, A. D., Hine, A. C., Rosencrantz, E., Duncan, D. S., Hallock, P. and Robinson, E. (1998) In: Tectonic Boundary Conditions for Climate Reconstructions. Crowley, T. J. and Burke, K. C., eds., Oxford University Press, 169-191.
Duque-Caro, H. (1990) Palaeogeogr. Palaeoclimatol. Palaeoecol., 77, 203-234.
Exon, N. F., Kennett, J. P. and Malone, M. J. (2003) Proc. ODP Sci. Results, 189, 1-37.
Falkowski, P. G., Schofield, O., Katz, M. E., van de Schootbrugge, B. and Knoll, A. H. (2004) In: Coccolithophores: from Molecular Processes to Global Impact. Therstein, H. and Young, J. R., eds., Elseveir, 429-453.
Farrell, J. W. and Prell, W. L. (1989) Paleoceanogr., 4, 447-466.
Fordyce, R. E. and Barnes, L. G. (1994) Ann. Rev. Earth Planet. Sci., 22, 419-455.
France-Lanord, C. and Derry, L. A. (1994) Geochim. Cosmochim. Acta, 58, 4809-4814.
Gladenkov, A. Yu. (2006) Stratigraphy and Geological Correlation, 14, 73-90.
Harrison, T. M., Yin, A. and Ryerson, F. J. (1998) In: Tectonic Boundary Conditions for Climate Reconstruction. Crowley, T. J. and Burke, K. C., eds., Oxford University Press, 39-72.
Haug, G. H. and Tiedemann, R. (1998) Nature, 393, 673-676.
Haug, G. H., Ganopolski, A., Sigman, D. M., Rosell-Mele, A., Swann, G. E. A., Tiedemann, R., Jaccard, S. L., Bollmann, J., Maslin, M. A., Leng, M. J. and Eglinton, G. (2005) Nature, 433, 821-825.
Holland, H. D. (1981) River transport to the oceans. The Sea, 7, Emiliani, eds., John Wiley & Sons, 763-800.
Hovan, S. A. and Rea, D. K. (1992) Geology, 20, 15-18.
Jacobs, B. F., Kingston, J. D. and Jacobs, L. L. (1999) Annals of the Missouri Botanical Garden, 86, 590-643.
Jacobson, A. D. and Blum, J. D. (2000) Geology, 28, 463-466.
Janecek, T. R. (1985) Init. Repts. DSDP, Heath, G. R., Burckle, L. H. et al. eds., 86, 589-603.
Janis, C. M., Damuth, J. and Theodor, J. M. (2002) Palaeogeogr. Palaeoclimatol. Palaeoecol., 277, 184-198.
Jolivet, L., Tamaki, K. and Fournier, M. (1994) J. Geophys. Res., 99, B11, 22237-22259.
加藤雅啓編, 岩槻邦男・馬渡峻輔監修 (1997) 植物の多様性と系統. 裳華房, 314p.
Katz, M. E., Pak, D. K., Dickens, G. R. and Miller, K. G. (1999) Science, 286, 1531-1533.
Kelly, D. C., Bralower, T. J., Zachos, J. C., Silva, I. P. and Thomas, E. (1996) Geology, 24, 423-426.
Kennett, J. P. (1977) J. Geophys. Res., 82, 3843-3860.
Kennett, J. P. and Barker, P. F. (1990) Proc. ODP Sci. Results, 113, 937-960.
Kennett, J. P. and Stott, L. D. (1991) Nature, 353, 225-229.
Krissek, L. A. (1995) Proc. ODP Sci. Results, 145, 179-195.
Lear, C. H., Elderfield, H. and Wilson, P. A. (2000) Science, 287, 269-272.
Leng, M. J. and Eglinton, G. (2005) Nature, 433, 821-825.
Linthout, K., Helmers, H. and Sopaheluwakan, J. (1997) Tectonophys., 281, 17-30.
Lisiecki, L. E. and Raymo, M. E. (2005) Paleoceanogr., 20, PA1003, doi: 10.1029/2004PA001071.
Livermore, R., Nankivell, A., Eagle, G. and Morris, P. (2005) Earth Planet. Sci. Lett., 236, 459-470.
Lyle, M., Dadey, K. A. and Farrell, J. W. (1995) Proc. ODP Sci. Results, 138, 821-837.
Lyle, M., Barron, J., Bralower, T. J., Huber, M., Lyle, A. O., Revelo, A. C., Rea, D. K. and Wilson, P. A. (2005a) Rev. Geophys., 46, RG2002.
Lyle, M. W., Lyle, A. O., Backman, J. and Tripati, A. (2005b) Proc. ODP Sci. Results, 199, 1-35. (http://www-odp.tamu.edu/publications/199_SR/VOLUME/CHAPTERS/219.PDF)
Miller, K. G. (1987) Paleoceanogr., 2, 1-19.
Miller, K. G. and Katz, M. E. (1987) Micropaleontol., 33, 97-149.

Miller, K. G., Fairbanks, R. G. and Mountain, G. S. (1987) Paleoceanogr., 2, 1-19.
Miller, K. G., Wright, J. D. and Fairbanks, R. G. (1991) J. Geophys. Res., 96, 6829-6848.
Moran, K., Backman, J., Brinkhuis, H., Clemens, S. C., Cronin, T., Dickens, G. R., Eynaud, F., Gattacceca, J., Jakobsson, M., Jordan, R. W., Makinski, M., King, J., Koc, N., Krylov, A., Martinez, N., Matthiessen, J., McInroy, D., Moore, T. C., Onodera, J., O'Regan, M., Pälike, H., Rea, B., Rio, D., Sakamoto, T., Smith, D. C., Stein, R., St. John, K., Suto, I., Suzuki, N., Takahashi, K., Watanabe, M., Yamamoto, M., Farrell, J., Frank, M., Kubik, P., Jokat, W. and Kristoffersen, Y. (2006) Nature, 441, 601-605.
中野孝教 (2003) 資源環境地質学—地球史と環境汚染を読む. 資源地質学会, 217-226.
Pagani, M., Arthur, M. A. and Freeman, K. H. (1999a) Paleooceanogr., 14, 273-292.
Pagani, M., Freeman, K. H. and Arthur, M. A. (1999b) Science, 285, 875-877.
Pagani, M., Zachos, J. C., Freeman, K. H., Tipple, B. and Bohaty, S. (2005) Science, 309, 600-603.
Pagani, M., Pedentchouk, N., Huber, M., Sluijs, A., Schouten, S., Brinkhuis, H., Sinninghe Damsté, J. S., Dickens, G. R. and Expedition 3102 Scientists (2006) Nature, 443, 671-675.
Pearson, P. N. and Palmer, M. R. (2000) Nature, 406, 695-699.
Pegram, W. S., Krishnaswami, S., Ravizza, G. E. and Turekian, K. K. (1992) Earth Planet. Sci. Lett., 113, 569-576.
Prell, W. L., Murray, D. W., Clemens, S. C. and Anderson, D. M. (1992) Geophys. Monogr. Ser., 70, Duncan, R. A. and Rea, D., eds., AGU, 447-469.
Prueher, L. M. and Rea, D. K. (2001) Palaeogeogr. Palaeoclimatol. Palaeoecol., 173, 215-230.
Quade, J., Roe, L., DeCelles, P. G. and Ojha, T. P. (1997) Science, 276, 1828-1831.
Ravelo, A. C. and Wara, M. W. (2004) Oceanogr., 17, 32-41.
Ravelo, A. C., Andreasen, D. H., Lyle, M., Lyle, A. O. and Wara, M. W. (2004) Nature, 429, 263-267.
Raymo, M. E. and Ruddinman, W. F. (1992) Nature, 359, 117-122.
Rea, D. K. and Snoeckx, H. (1995) Proc. ODP Sci. Results, 145, 247-256.
Rea, D. K., Basov, I. A., Krissek, L. A. and the Leg 145 scientific party (1995) Proc. ODP Sci. Results, 145, 577-595.
Retallack, G. (2001) J. Geology, 109, 407-426.
Röhl, U., Bralower, T. J., Norris, R. D. and Wefer, G. (2000) Geology, 28, 927-930.
Rowley, D. B., Pierrehumbert, R. T. and Currie, B. S. (2001) Earth Planet. Sci. Lett., 188, 253-268.
Ryan, W. B. F. and nine others, eds. (1973) Init. Repts. DSDP, 13, Washington, D.C., U.S. Government Printing Office, 1447p.
Saito, Y., Takayasu, T. and Matoba, Y. (1984) Memoirs of the National Science Museum, 17, 15-22.
酒井治孝 (1997) ヒマラヤの自然誌—ヒマラヤから日本列島を遠望する. 東海大学出版会, 292p.
Salamy, K. A. and Zachos, J. C. (1999) Palaeogeogr. Palaeoclimatol. Palaeoecol., 145, 61-77.
Scher, H. D. and Martin, E. E. (2006) Science, 312, 428-430.
Schwartz, T. (1997) Palaeogeogr. Palaeoclimatol. Palaeoecol., 129, 37-50.
Shackleton, N. J., Hall, M. A. and Pate, D. (1995) Proc. ODP Sci. Results, 138, 337-355.
Shackleton, N. J., Hall, M. A., Raffi, I., Tauxe, L. and Zachos, J. (2000) Geology, 28, 447-450.
Shimada, C., Sato, T., Yamasaki, M., Hasegawa, S. and Tanaka, Y. (2009) Palaeogeogr. Palaeoclimatol. Palaeoecol., 279, 207-215.
Shipboard Scientific Party of Leg 199 (2002) Proc. ODP Sci. Results, 199, 1-87.
Sloan, L. C., Walker, J. C. G., Moore, T. C., Rea, D. K. and Zachos, J. C. (1995) Paleoceanogr., 10, 347-356.
Sluijs, A., Schouten, S., Pagani, M., Woltering, M., Brinkhuis, H., Sinninghe Damsté, J. S., Dickens, G. R., Huber, M., Reichart, G.-J., Stein, R., Matthiessen, J., Lourens, L. J., Pedentchouk, N., Backman, J., Moran, K. and the Expedition 302 Scientists (2006) Nature, 441, 610-613.
Smetacek, J. (1999) Protist, 150, 25-32.
Spencer-Carvato, C. (1999) Palaeontologica Electronica, 2, 1-268.
 (http://palaeo-electronica.org/1999_2/neptune/issue2_99.htm)

Spicer, R. A., Harris, N. B. W., Widdowson, M., Herman, A. B., Guo, S., Valdes, P. J., Wilfe, J. A. and Kelley, S. P. (2003) Nature, 421, 622-624.
Stickley, C. E., Brinkhuis, H., Schellenberg, S. A., Sluijs, A., Röhl, U., Fuller, M., Grauert, M., Huber, M., Warnaar, J. and Williams, G. L. (2004) Paleoceanogr., 19, PA4027, doi: 10.1029/2004PA001022.
Svensen, H., Planke, S., Malthe-Sorenssen, A., Jamtveit, B., Myklebust, R., Eidem, T. R. and Rey, S. S. (2004) Nature, 429, 542-545.
玉木賢策（1992）科学, 62, 720-729.
Tamaki, K., Suehiro, K., Allan, J., Ingle, J. C. and Pisciotto, K. A. (1992) Proc. ODP Sci. Results, 127-128, 1333-1350.
Thomas, D. J., Bralower, T. J. and Zachos, J. C. (1999) Paleoceanogr., 14, 561-570.
土谷信之（1995）地質ニュース, 495, 47-53.
Van Andel, Tj, H. and Moore, T. C. (1974) Geology, 2, 87-92.
Van Andel, Tj, H., Heath, G. R. and Moore, T. C. (1975) Geol. Soc. Amer., 143, 134p.
Van der Burgh, J., Visscher, H., Dilcher, D. L. and Kurschner, W. M. (1993) Science, 260, 1788-1790.
Weissert, H. (2000) Nature, 406, 356-357.
White, T. D., Asfaw, B., Beyene, Y., Haile-Selassie, Y., Lovejoy, C. O., Suwa, G. and WoldeGabriel, G. (2009) Science, 326, 75-86.
Zachos, J. C., Stott, L. D. and Lohmann, K. C. (1994) Paleoceanogr., 9, 353-387.
Zachos, J. C., Opdyke, B. N., Qinn, T. M., Jones, C. E. and Halliday, A. N. (1999) Chemical Geology, 161, 165-180.
Zachos, J., Pagani, M., Sloan, L., Thomas, E. and Billups, K. (2001) Science, 292, 686-693.
Zachos, J. C., Röhl, U., Schellenberg, S. A., Sluijs, A., Hodell, D. A., Kelly, D. C., Thomas, E., Nicolo, M., Raffi, I., Lourens, L. J., McCarren, H. and Kroon, D. (2005) Science, 308, 1611-1615.

● 6. 第四紀の地球表層環境
Abe-Ouchi, A. (1993) Zurcher Geographische Schriften, No.54, 134p.
Adkins, J. F., McIntyre, K. and Schrag, D. P. (2002) Science, 298, 1769-1773.
Alley, R. B., Meese, D. A., Shuman, C. A. Gow, A. J., Taylor, K. C., Grootes, P. M., White, J. W. C. Ram, M., Waddington, E. D., Mayewski, P. A. and Zielinski, G. A. (1993) Nature, 362, 527-529.
Alley, R. B., Mayewski, P. A., Sowers, T., Stuiver, M., Taylor, K. C. and Clark, P. U. (1997) Geology, 25, 483-486.
Alley, R. B. Brook, E. J. and Anandakrishnan, S. (2002) Quat. Sci. Rev., 21, 431-441.
Archer, D. and Maier-Reimer, E. (1994) Nature, 367, 260-264.
Asanuma, I. (2006) In: Global Climate Change and Response of Carbon cycle in the Equatorial Pacific and Indian Oceans and Adjacent Landmasses. Kawahata, H. and Awaya, Y., eds., Elsevier Oceanography Series, Vol. 73, Elsevier, 89-106.
Awaya, Y., Kodani, E. and Zhuang, D. (2006) In: Global Climate Change and Response of Carbon cycle in the Equatorial Pacific and Indian Oceans and Adjacent Landmasses. Kawahata, H. and Awaya, Y., eds., Elsevier Oceanography Series, Vol. 73, Elsevier, 107-133.
Bard, E., Hamelin, B., Arnold, M., Montaggioni, L., Cabioch, G., Faure, G. and Rougerie, F. (1996) Nature, 382, 241-244.
Barnola, J. M., Raynaud, D., Korotkevich, Y. S. and Lorius, C. (1987) Nature, 329, 408-414.
Basile, I, Grousset, F. E., Revel, M., Petit, J. R., Biscaye, P. E. and Barkov, N. I. (1997) Earth Planet. Sci. Lett., 146, 573-589.
Berger, A. L. (1988) Rev. Geophys., 26, 624-657.
Berger, W. H. and Keir, R. (1984) In: Climate Processes and Climate Sensitivity. Hansen, J. E. and Takahashi, T., eds., Geophys. Monog., 29, AGU, 337-351.
Bianchi, G. G. and McCave, N. (1999) Nature, 397, 515-517.
Björck, S., Kromer, B., Johnsen, S., Bennike, O., Hammarlund, D., Lemdahl, G., Possnert, G., Rasmussen, T. L., Wolfarth, B., Hammer, C. U. and Spurk, M. (1996) Science, 274, 1155-1160.

Blunier, T., Chappellaz, J., Schwander, J., Dällenbach, A., Stauffer, B., Stocker, T. F., Raynaud, D., Jouzel, J., Clausen, H. B., Hammer, C. U. and Johnsen, S. J. (1998) Nature, 394, 739-743.
Blunier, T. and Brook, E. J. (2001) Science, 291, 109-112.
Bograd, S. and Lynn, R. (2003) Oceanogr., 50, 2355-2370.
Bond, G., Showers, W., Cheseby, M., Bond, R., Almasi, P., deMenocal, P., Priore, P., Cullen, H., Hajdas, I. and Bonani, G. (1997) Science, 278, 1257-1266.
Bond, G., Kromer, B., Beer, J., Muscheler, R., Evans, M. N., Showers, W., Hoffmann, S., Lotti-Bond, R., Hajdas, I. and Bonani, G. (2001) Science, 294, 2130-2136.
Boyd, P. W., Watson, A. J., Law, C. S., Abraham, E. R., Trull, T., Murdoch, R., Bakker, D. C. E., Bowie, A. R., Buesseler, K. O., Chang, H., Charette, M., Croot, P., Downing, K., Frew, R., Gall, M., Hadfield, M., Hall, J., Harvey, M., Jameson, G., LaRoche, J., Liddicoat, M., Ling, R., Maldonado, M. T., McKay, R. M., Nodder, S., Pickmere, S., Pridmore, R., Rintoul, S., Safi, K., Sutton, P., Strzepek, R., Tanneberger, K., Turner, S., Waite, A. and Zeldis, J. (2000) Nature, 407, 695-702.
Boyle, E. A. (1984) In: Climate Processes and Climate Sensitivity. Hansen, J. E., and Takahashi, T., eds., Geophys. Monogr. Ser., 29, AGU, 360-368.
Boyle, E. A. and Keigwin, L. D. (1985/86) Earth Planet. Sci. Lett, 76, 135-150.
Boyle, E. A. (1988a) Nature, 331, 55-56.
Boyle, E. A. (1988b) J. Geophys. Res., 93, 15701-15714.
Broccoli, A. J. (2000) J. Climate, 13, 951-976.
Broecker, W. S. (1982) Geochim. Cosmochim. Acta, 46, 1689-1705.
Broecker, W. S. and Takahashi, T. (1984) In: Climate Processes and Climate Sensitivity. Hansen, J. and Takahashi, T., eds., Geophys. Monogr., 29, AGU, 314-326.
Broecker, W. S. and Denton, G. H. (1990) Sci. Amer., 262, 48-66.（前野紀一訳（1990）日経サイエンス，3, 57-67.)
Chappell, J. and Polach, H. (1991) Nature, 349, 147-149.
Chester, R., Sharples, E. J., and Sanders, G. S. (1985) J. Sediment. Petrol., 55, 37-41.
Clarke, G., Leverington, D., Teller, J. and Dyke, A. (2003) Science, 301, 922-923.
Clark, P. U., McCabe, A. M., Mix, A. C. and Weaver, A. J. (2004) Science, 304, 1141-1144.
CLIMAP Project Members (1976) Science, 191, 1131-1137.
COHMAP members (1988) Science, 241, 1043-1052.
Covey, C. (1984) Sci. Amer., 250, 58-66.（前野紀一訳（1984）日経サイエンス，4, 144-154.)
Crowley, T. J. (1983) Marine Geology, 51, 1-14.
Crusius, J., Pedersen, T. F., Kienast, S., Keigwin, L. and Labeyrie, L. (2004) Geology, 32, 633-636.
Curry, W. B. and Lohmann, G. P. (1983) Nature, 306, 577-580.
Dansgaard, W., Johnsen, S., Clausen, H. B., Dahl-Jensen, D., Gundestrup, N. S., Hammer, C. U., Hvidberg, C. S., Steffensen, J. P., Sveinbjornsdottir, A. E., Jousel, J. and Bond, G. (1993) Nature, 364, 218-220.
deMenocal, P., Ortiz, J., Guilderson, T. and Sarnthein, M. (2000) Science, 288, 2198-2202.
Duplessy, J.-C., Labeyrie, L., Juillet-Leclerc, A., Maitre, F., Duprat, J. and Sarnthein, M. (1991) Oceanologica Acta, 14, 311-324.
Duplessy, J. C., Labeyrie, L. and Waelbroeck, C. (2002) Quat. Sci. Rev., 21, 315-330.
遠藤邦彦・奥村晃史（2010）第四紀研究，49, 69-77.
EPICA (2006) Nature, 444, 195-198.
Fairbanks, R. G. and Matthews, R. K. (1978) Quat. Res., 10, 181-196.
Fairbanks, R. G. (1989) Nature, 342, 637-642.
Farrell, J. W. and Prell, W. L. (1989) Paleoceanogr., 4, 447-466.
Fleitmann, D., Burns, S. J., Mudelsee, M., Neff, U., Kramers, J., Mangini, A. and Matter, A. (2003) Science, 300, 1737-1739.
Gupta, A. K., Anderson, D. M. and Overpeck, J. T. (2003) Nature, 421, 354-357.
Hanebuth, T., Stattegger, K. and Grootes, P. M. (2000) Science, 288, 1033-1035.
Harada, N., Ahagon, N., Sakamoto, T., Uchida, M., Ikehara, M. and Shibata, Y. (2006) Global and Planetary Change, 53, 29-46.

Harada, N., Sato, M. and Sakamoto, T. (2008) Paleocenogr., 23 , PA3201, doi: 10.1029/2006PA001419.
原田尚美・木元克典・岡崎裕典・長島佳菜・Axel Timmermann・安部彩子 (2009) 第四紀研究, 48, 179-184.
Hays, J. D., Imbrie, J. and Shackleton, N. J. (1976) Science, 194, 1121-1132.
Head, M. J., Gibbard, P. and Salvador, A. (2008) Episode, 31, 234-237.
Heinrich, H. (1988) Quat. Res., 29, 142-152.
Hendy, I. L. and Kennett, J. P. (2000) Paleoceanogr., 15, 30-42.
Horikawa, K., Asahara, Y., Yamamoto, K. and Okazaki, Y. (2010) Geology (in press).
Ijiri, A., Wang, L., Oba, T. Kawahata, H., Huang, C. Y. and Huang, C. Y. (2005) Palaeogeogr. Palaeoclimatol. Palaeoecol., 219, 239-261.
Imbrie, J. and Imbrie, K. P. (1979) Ice ages: Solving the Mystery. Enslow, 224p. (小泉 格訳 (1982) 氷河時代の謎をとく. 岩波書店, 273p.)
Imbrie, J., Hays, J. D., Martinson, D. G., McIntyre, A., Mix, A. C., Morley, J. J., Pisias, N. G., Prell, W. L. and Shackleton, N. J. (1984) In: Milankovitch and Climate: Understanding the Response to Orbital Forcing, Part 1. Berger, A., Imbrie, J., Hays, J., Kukla, G. and Saltzman, B. D., eds., Reidel, 269-305.
IPCC, "Climate Change" (2001) The Scientific basis. Contribution of Working Group1 to the Third Assessment Report of the Intergovernmental Panel on Climate Change. Cambridge University Press.
Ishiwatari, R., Yamada, K., Matsumoto, K., Houtatsu, M. and Naraoka, H. (1999) Paleoceanogr., 14, 260-270.
Ishizaki, Y., Ohkushi, K., Ito, T. and Kawahata, H. (2009) Geo-Marine Letters, 29, 125-131.
Jaccard, S. L., Haug, G. H., Sigman, D. M., Pedersen, T. F., Thierstein, H. R. and Roehl, U. (2005) Science, 308, 1003-1006.
Janecek, T. and Rea, D. K. (1985) Quat. Res., 24, 150-163.
Jerry, M. Oppo, D., Cullen, J. and Healey, S. (2003) Geophys. Monogr., 137, 69-85.
Jickells, T., An, Z. S., Andersen, K. K., Baker, A. R., Bergametti, G., Brookes, N., Cao, J. J., Boyd, P. W., Duce, R. A., Hunter, K. A., Kawahata, H., Kubilay, N., LaRoche, J., Liss, P. S., Mahowald, N., Prospero, J. M., Ridgwekkm, A. J., Tegen, I. and Torres, R. (2005) Science, 308, 67-71.
Kaplan, J. O., Prentice, I. C. and Buchmann, N. (2002) Geophys. Res. Lett., 29, 1079.
Kawahata, H., Ahagon, N. and Eguchi, N. (1997) Geochem. J., 31, 85-103.
Kawahata, H., Suzuki, A. and Ahagon, N. (1998) Marine Geology, 149, 155-176.
Kawahata, H. (1999) Paleoceanogr., 14, 639-652.
Kawahata, H., Okamoto, T., Matsumoto, E. and Ujiie, H. (2000) Quat. Sci. Rev., 19, 1279-1291.
Kawahata, H. (2002) Palaeogeogr. Palaeoclimatol. Palaeoecol., 184, 225-249.
Kawahata, H. and Ohshima, H. (2004) Global and Planetary Change, 41, 251-273.
Kawahata, H., Nohara, M., Aoki, K., Minoshima, K. and Gupta, L. P. (2006) Global and Planetary Change, 53, 108-121.
Kawamura, K., Parrenin, F., Lisiecki, L., Uemura, R., Vimeux, F., Severinghaus, J. P., Hutterli, M. A., Nakazawa, T., Aoki, S., Jouzel, J., Raymo, M. E., Matsumoto, K., Nakata, H., Motoyama, H., Fujita, S., Goto-Azuma, K., Fujii, Y. and Watanabe, O. (2007) Nature, 448, 912-916.
Keigwin, L. D. (1998) Paleoceanogr., 13, 30-42.
Kennett, D. J., Kennett, J. P., West, A., Mercer, C., Que Hee, S. S., Bement, L., Bunch, T. E. and Sellers, M. (2009) Science, 323, 94.
Kienast, S. S., Hendy, I. H., Crusius, J., Pedersen, T. F. and Calvert, S. E. (2004) J. Oceanogr., 60, 189-203.
Kim, J.-M., Kennett, J. P., Park, B.-K., Kim, D. C., Kim, G. Y. and Roark, E. B. (2000) Paleoceanogra., 15, 254-266.
Koblentz-Mishke, O. J., Volkovinsky, V. V. and Kabanova, J. G. (1970) In: Scientific Exploration of the South Pacific. Wooster, W. S., ed., National Academy of Sciences, 183-193.
Kohfeld, K. E., Quéré, C. E., Harrison, S. P. and Anderson, R. F. (2005) Science, 308, 74-76.

Kotilainen, A. T. and Shackleton, N. J.（1995）Nature, 377, 323-326.
黒柳あずみ・川幡穂高・大串健一（2006）化石, 79, 33-42.
Kuroyanagi, A., Kawahata, H., Narita, H., Ohkushi, K. and Aramaki, T.（2006）Global and Planetary Change, 53, 92-107.
Lambeck, K., Yokoyama, Y. and Purcell, A.（2002）Quat. Sci. Rev., 21, 343-360.
Lisiecki, L. E. and Raymo, M. E.（2005）Paleoceanogr., 20, PA1003, doi: 10.1029/2004PA001071.
Lyle, M.（1988）Nature, 335, 529-532.
Lyle, M., Lyle, A. O., Backman, J. and Tripati, A.（1988）Proc. ODP Sci. Results, 199, Wilson, P. A., Lyle, M. and Firth, J. V., eds., 1-35.
Lynch-Stieglitz, J., Adkins, J. F., Curry, W. B., Dokken, T., Hall, I. R., Herguera, J. C., Hirschi, J. J. M., Ivanova, E. V., Kissel, C., Marchal, O., Marchitto, T. M., McCave, I. N., McManus, J. F., Mulitza, S., Ninnemann, U., Peeters, F., Yu, E. F. and Zahn, R.（2007）Science, 316, 66-69.
町田 洋・大場忠道・小野 昭・山崎晴雄・河村善也・百原 新編（2003）第四紀学. 朝倉書店, 336p.
Maeda, L., Kawahata, H. and Nohara, M.（2002）Marine Geology, 189, 197-214.
Martin, J. M. and Whitfield, M.（1983）In: Trace Elements in Sea Water. Wong, C. S., Boyle, E., Bruland, K. W., Burton, J. D. and Goldberg, E. D., eds., Plenum, 265-296.
Martin, J. H.（1990）Paleoceanogr., 5, 1-13.
Martinez, J. I., De Deckker, P. and Chivas, A.（1997）Marine Micropaleontology, 32, 311-340.
増田耕一（1993）気象研究ノート, 177, 223-248.
Matsumoto, K., Oba, T., Lynch-Stieglitz, J. and Yamamoto, H.（2002）Quat. Sci. Rev., 21, 1693-1704.
Mayewski, P. A., Meeker, L. D., Whitlow, S. I., Twickler, M. S., Morrison, M. C., Bloomfield, P., Bond, G. C., Alley, R. B., Gow, A. J., Grootes, P. M., Meese, D. A., Ram, M., Taylor, K. C. and Wumkes, M. A.（1994）Science, 263, 1747-1751.
Minoshima, K., Kawahata, H. and Ikehara, K.（2007）Palaeogeogr. Palaeoclimatol. Palaeoecol., 254, 430-447.
Nair, R. R., Ittekkot, V., Manganini, S. J., Ramaswamy, V., Haake, B., Degens, E. T., Desai, B. N. and Honjo, S.（1989）Nature, 338, 749-651.
Nakagawa, T., Kitagawa, K., Yasuda, Y., Tarasov, P. E., Nishida, K., Gotanda, K., Sawai, Y. and Yangtze River Civilization Program Members（2003）Science, 299, 688-691.
成瀬敏郎（2006）風成塵とレス. 朝倉書店. 197p.
Neftel, A., Oeschger, H., Schwander, J., Stauffer, B. and Zumbrunn, R.（1982）Nature, 295, 220-223.
Oba, T., Kato, M., Kitazano, H., Koizumi, I., Omura, A., Sakai, T. and Takayama, T.（1991）Paleoceanogr., 6, 499-518.
大場忠道（2006）地学雑誌, 115, 652-660.
Oba, T. and Banakar, V. K.（2007）The Quaternary Research, 46, 223-234（in English with Japanese abstract）.
O'Brien, S. R., Mayewski, P. A., Meeker, L. D., Meese, D. A., Twickler, M. S. and Whitlow, S. I.（1995）Science, 270, 1962-1964.
Ohkouchi, N., Kawamura, K., Nakamura, T. and Taira, A.（1994）Geophys. Res. Lett., 21, 2207-2210.
大河内直彦（2008）チェンジング・ブルー——気候変動の謎に迫る. 岩波書店, 346p.
Okazaki, Y., Takahashi, K., Asahi, K., Katsuki, K., Hori, J., Yasuda, H., Sagawa, Y. and Tokuyama, H.（2005a）Deep-Sea Research II, 52（16-18）, 2150-2162.
Okazaki, Y., Takahashi, K., Katsuki, K., Ono, A., Hori, J., Sakamoto, T., Uchida, M., Shibata, Y., Ikehara, M. and Aoki, K.（2005b）Deep-Sea Research II, 52, 2332-2350.
奥村晃史・佐藤時幸・熊井久雄・鈴木毅彦・渡辺真人（2009）日本第四紀学会講演要旨集, 39, 56-57.
Pedersen, T. F., Pickering, M., Vogel, J. S., Southon, J. N. and Nelson, D. E.（1988）Paleoceanogr., 3, 157-168.

Peterson, L. C. and Prell, W. L. (1985a) In: Natural Variation in Carbon Dioxide and the Carbon Cycle, Archean to Present, Geophys. Monogr. Ser., 32, Sundquist, E.T. and Broecker, W.S., eds., AGU, 251-269.
Peterson, L. C. and Prell, W. L. (1985b) Marine Geology, 64, 259-290.
Petit, J. R., Jouzel, J., Raynaud, D., Barkov, N. I., Barnola, J. M., Basile, I., Bender, M., Chappellaz, J., Davis, M., Delaygue, G., Delmotte, M., Kotlyakov, V. M., Legrand, M., Lipenkov, V. Y., Lorius, C., Pepin, L., Ritz, C., Saltzman, E. and Stievenard, M. (1999) Nature, 399, 429-436.
Prospero, J. M., Glaccum, R. A. and Nees, R. T. (1981) Nature, 289, 570-572.
Prospero, J. M., Ginoux, P., Torres, O, Nicholson, S. E. and Gill, T. E. (2002) Revi. Geophys., 40, 1002.
Qui, B. and Chen, S. (2005) J. Phys. Oceanogr., 35, 2090-2103.
Raymo, M. E., Ruddiman, W. F., Backman, J., Clement, B. M. and Martinson, D. G. (1989) Paleoceanogr., 4, 413-446.
Raynaud, D., Barnola, J. M., Souchez, R., Lorrain, R., Petit, J. R., Duval, P. and Lipenkov, V. Y. (2005) Nature, 436, 39-40.
Rea, D. K., Pisias, N. G. and Newberry, T. (1991) Paleoceanogr., 6, 227-244.
Rothlisberger, R., Bigler, M., Wolff, E. W., Joos, F., Monnin, E. and Hutterli, M. A. (2004) Geophys. Res. Lett., 31, Art. No. L16207.
Ruddiman, W. F., Raymo, M. and McIntyre, A. (1986) Earth Planet. Sci. Lett., 80, 117-129.
Sakamoto, T., Ikehara, M., Aoki, K., Iijima, K., Kimura, N., Nakatsuka, T. and Wakatsuchi, M. (2005) Deep-Sea Research II, 52, 2275-2301.
Sakamoto, T., Ikehara, M., Uchida, M., Aoki, K., Shibata, Y., Kanamatsu, T., Harada, N., Iijima, K., Katsuki, K., Asahi, H., Takahashi, K., Sakai, H. and Kawahata, H. (2006) Global and Planetary Change, 53, 58-77.
Sarmiento, J. L and Gruber, N. (2006) Ocean Biogeochemical Dynamics. Princeton University Press, 526p.
Schrag, D. P., Adkins, J. P., McIntyre, K., Alexander, J. L., Hodell, D. A., Charles, C. D. and McManus, J. F. (2002) Quat. Sci. Rev., 21, 331-342.
Seki, O., Nakatsuka, T., Kawamura, K., Saitoh, S. and Wakatsuchi, M. (2007) Marine Chemistry, 104, 253-265.
Severinghaus, J. P., Todd Sowers, T., Brook, E. J., Alley, R. B. and Bender, M. L. (1997) Nature, 391, 141-146.
Shackleton, N. J. (2000) Science, 289, 1897-1902.
Shibahara, A., Ohkushi, K., Kennett, J. P. and Ikehara, K. (2007) Paleoceanogr., 22, PA3213, doi: 10.1029/2005PA001234.
Shulz, H., Rad, U. V. and Erlenkeuser, H. (1998) Nature, 393, 54-57.
Sirocko, F. and Sarnthein, M. (1989) In: Paleoclimatology and Paleometeorology: Modern and past patterns of global atmospheric transport. Leinen, M. and Sarnthein, M., eds., NATO ASI Ser., 401-433.
Stocker, T. F. and Johnsen, S. J. (2003) Paleoceanogr., 18, 1087, doi: 10.1029/2003PA000920.
Stott, L., Timmermann, A. and Thunell, R. (2007) Science, 318, 435-438.
Sundquist, E. T. (1985) In: Natural Variation in Carbon Dioxide and the Carbon Cycle, Archean to Present, Geophys. Monogr. Ser., 32, Sundquist, E. T. and Broecker, W. S., eds., AGU, 5-59.
Tada, R. (1994) Paleogeogr. Paleoclimatol. Paleoecol., 108, 487-508.
Tada, R., Irino, T. and Koizumi, I. (1999) Paleoceanogr., 14, 236-247.
Takei, T., Minoura, K., Tsukawaki, S. and Nakamura, T. (2002) Paleoceanogr., 17, 11-1-10.
Teller, J. T., Leverington, D. W. and Mann, J. D. (2002) Quat. Sci. Rev., 21, 879-887.
Thunell, R., Anderson, D., Gellar, D. and Miao, Q. (1994) Quat. Res., 41, 255-264.
Tsuda, A., Takeda, S., Saito, H., Nishioka, J., Nojiri, Y., Kudo, I., Kiyosawa, H., Shiomoto, A., Imai, K., Ono, T., Shimamoto, A., Tsumune, D., Yoshimura, T., Aono, T., Hinuma, A., Kinugasa, M., Suzuki, K., Sohrin, Y., Noiri, Y., Tani, H., Deguchi, Y., Tsurushima, N., Ogawa, H., Fukami, K., Kuma, K. and Saino, T. (2003) Science, 300, 958-961.

Visser, K., Thunell, R. and Stott, L. (2003) Nature, 421, 152-155.
Wang, B. (2006) Asian monsoon. Springer, 787p.
Wang, L. and Oba, T. (1998) The Quaternary Research, 37, 211-219. (in English with Japanese abstract)
Wang, L., Sarnthein, M., Erlenkeuser, H., Grimalts, J., Grootes, P., Heilig, S., Ivanova, E., Kienast, M., Pelejero, C. and Pflaumann, U. (1999) Marine Geology, 156, 245-284.
Wang, L. (2000) Palaeogeogr. Palaeoclimatol. Palaeoecol., 161, 381-394.
Wang, X., Auler, A. S., Edwards, R. L., Cheng, H., Ito, E., Wang, Y., Kong, X. and Solheid, M. (2007) Geophys. Res. Lett., 34, L23701, doi: 10.1029/2007GL031149.
Wang, Y., Cheng, H., Edwards, R. L., An, Z. S., Wu, J. Y., Shen, C.-C. and Dorale, J. A. (2001) Science, 294, 2345-2348.
Wang, Y., Cheng, H., Edwards, R. L., He, Y., Kong, X., An, Z., Wu, J., Kelly, M. J., Dykoski, C. A. and Li, X. (2005) Science, 308, 854-857.
Windom, H. L. (1975) J. Sediment. Petrol., 45, 520-529.
Yamamoto, M., Oba, T., Shimamune, J. and Ueshima, T. (2004) Geophys. Res. Lett., 31, L16311, doi: 10.1029/2004GL020138.
Yamamoto, M., Yamamuro, M. and Tanaka, Y. (2007) Quat. Sci. Rev., 26, 405-414.
山本正伸 (2009) 化石, 86, 44-57.
Yokoyama, Y., Lamberk, K., De Deckker, P., Johnston, P. and Fifield, L. K. (2000) Nature, 406, 713-716.
Yokoyama, Y. and Esat, T. M. (2011) Oceanography, 24, 54-69.
Yuan, D. X., Cheng, H., Edwards, R. L., Dykoski, C. A., Kelly, M. J., Zhang, M. L., Qing, J. M., Lin, Y. S., Wang, Y. J., Wu, J. Y., Dorale, J. A., An, Z. S. and Cai, Y. J. (2004) Science, 304, 575-578.

● 7. 超長期の環境変動
Amini, M., Eisenhauer, A., Bohm, F., Fietzke, J., Bock, B., GarbeSchonberg, D., Lackschewitz, K. S. and Hauff, F. (2006) Geophys. Res., Abstr. 8, Sref-ID: 1607-7962/gra/EGU06-A-08864.
Anbar, A. D. and Knoll, A. K. (2002) Science, 297, 1137-1142.
Anbar, A. D., Duan, Y., Lyons, T. W., Arnold, G. L., Kendall, B., Creaser, R. A., Kaufman, A. J., Gordon, G. W., Scott, C., Garvin, J. and Buick, R. (2007) Science, 317, 1902-1906.
Anbar, A. D. (2008) Science, 322, 1481-1483.
Arnold, G. L., Anbar, A. D., Barling, J. and Lyons, T. W. (2004) Science, 304, 87-90.
Barnes, C., Fortey, R. A. and Williams, S. H. (1995) In: Global Events and Event Stratigraphy in the Phanerozoic. Walliser, D. H., ed., Springer, 139-172.
Berner, R. A. (1990) Science, 249, 1382-1386.
Berner, R. A. (2004) The Phanerozoic Carbon Cycle: CO_2 and O_2. Oxford University Press.
Bjerrum, C. and Canfield, D. E. (2002) Nature, 417, 159-162.
Bottrell, S. H. and Newton, R. J. (2006) Earth Sci. Rev., 75, 59-83.
Buick, R. (2007) Geobiology, 5, 97-100.
Burdett, J. W., Arthur, M. A. and Richardson, M. (1989) Earth Planet. Sci. Lett., 94, 189-198.
Burke, W. H., Denison, R. E., Hetherington, E. A., Koepick, R. B., Nelson, H. F. and Otto, J. B. (1982) Geology, 10, 516-519.
Canfield, D. E. (1998) Nature, 396, 450-453.
Canfield, D. E. (2005) Ann. Rev. Earth Planet. Sci., 33, 1-36.
Dupont, C. L., Yang, S., Palenik, B. and Bourne, P. E. (2006) Proc. Natl. Acad. Sci., 103, 17822-17827.
Erwin, D. H. (1995) In: Global Events and Event Stratigraphy in the Phanerozoic, Walliser, O. H., ed., Springer, 251-264.
Falkowski, P. G., Barber, R. T. and Smetacek, V. (1998) Science, 281, 200-206.
Farkas, J., Buhl, D., Blenkinsop, J. and Veizer, J. (2007) Earth Planet. Sci. Lett., 253, 96-111.
Frakes, L. A. (1979) Climates throughout Geologic Time. Elsevier, 310p.
Frakes, L. A., Francis, J. E. and Syktus, J. I. (1992) Climate modes of the Phanerozoic.

Cambridge University Press, 274p.
Gammon, P. R., James, N. P. and Pisera, A. (2000) Geology, 28, 855-858.
Gregory, R. T. and Taylor, H. P. (1981) J. Geophys. Res., 86, 2737-2755.
Gussone, N., Boehm, F., Eisenhauer, A., Dietzel, M., Heuser, A., Teichert, B. M. A. and Reitner, J. (2005) Geochim. Cosmochim. Acta, 69, 4485-4494.
Hallam, A. (1992) Phanerozoic Sea-Level Changes. Columbia University Press.
Halverson, G. P., Hoffman, P. F., Schrag, D. P., Maloof, A. C. and Rice, A. H. (2005) Geol. Soc. Amer. Bull., 117, 1181-1207.
Hardenbol, J., Thierry, J., Farley, M. B., Jaquin, T., de Graciansky, P.-C. and Vail, P. R. (1998) In: Mesozoic and Cenozoic Sequence Chronostratigraphic Framework of European Basins. Graciansky, P.-C., Hardenbol, J., Jaquin, T. and Vail, P. R., eds., SEPM Spec. Pub., 60, Society for Sedimentary Geology, 3-13.
Hardie, L. A. (1996) Geology, 24, 279-283.
Harland, W. B., Armstrong, R. L., Cox, A. V., Craig, L. E., Smith, A. G. and Smith, D. G. (1990) A Geologic Time Scale. Cambridge University Press.
Harper, H. E. and Knoll, A. H. (1975) Geology, 3, 175-177.
Hasegawa, T. (1997) Palaeogeogr. Palaeoclimatol. Palaeoecol., 130, 251-273.
Hautmann, M. (2004) Facies, 50, 257-261.
Hayes, J. M., Strauss, H. and Kaufman, A. J. (1999) Chemical Geology, 161, 103-125.
Heuser, A., Eisenhauer, A., Boehm, F., Wallmann, K., Gussone, N., Pearson, P. N., Naegler, T. F. and Dullo, W.-Ch. (2005) Paleoceanogr., 20, PA2013. doi: 10.1029/2004PA001048.
平沢達矢 (2010) 科学, 80, 1091-1097.
Hoff, W. D., Bergstrom, S. M. and Kolata, D. R. (1992) Geology, 20, 875-878.
Holland, H. D. (1973) Economic Geology, 68, 1169-1172.
Holland, H. D. (2009) Phil. Trans. Roy. Soc. B, 361, 903-915.
Immenhauser, A., Nagler, T., Steuber, T. and Hippler, D. (2005) Palaeogeogr. Palaeoclimatol. Palaeoecol., 215, 221-237.
磯﨑行雄 (1995) 科学, 65, 90-100.
磯﨑行雄 (1997) 科学, 67, 543-549.
Kampschulte, A., Bruckschen, P. and Strauss, H. (2001) Chemical Geology, 175, 149-173.
Kump, L. R. (1989) Amer. J. Sci., 289, 390-410.
Kump, L. R. and Arthur, M. A. (1999) Chemical Geology, 161, 181-198.
Larson, R. C. (1991) Geology, 19, 549-550.
Lemarchand, D., Gaillardet, J., Lewin, E. and Allegre, C. J. (2000) Nature, 408, 951-954.
Lowenstein, T. K., Timofeeff, M. N., Brennan, S. T., Hardie, L. A. and Demicco, R. V. (2001) Science, 294, 1086-1088.
Lyons, T. W. (2008) Science, 321, 923-924.
Maliva, R. G., Knoll, A. H. and Siever, R. (1989) Palaios, 4, 519-532.
Marsh, N. and Svensmark, H. (2000) Phys. Rev. Lett., 85, 5004-5007.
Nelson, D. M. and Dortch, Q. (1996) Marine Ecology Progress Series, 136, 163-178.
Pagani, M., Lemarhand, D., Spivack, A. and Gaillardet, J. (2005) Geochim. Cosmochim. Acta, 69, 953-961.
Palfy, J. (2003) In: The Central Atlantic Magmatic Province: Insights from fragments of Pangea. Hames, W. E., McHone, J. G., Renne, P. R. and Ruppel, C., eds., Geophys. Monogr. Ser., 255-267.
Pearson, P. N. and Palmer, M. R. (2000) Science, 284, 1824-1826.
Raab, M. and Spiro, B. (1991) Chemical Geology, 86, 323-333.
Racki, G. and Cordey, F. (2000) Earth Sci. Rev., 52, 83-120.
Ridgwell, A., and Zeebe, R. E. (2005) Earth Planet. Sci. Lett., 234, 299-315.
Ries, J. B. (2004) Geology, 32, 981-984.
Royer, D. L., Wing, S. L., Beerling, D. J., Jolley, D. W., Koch, P. L., Hickey, L. J. and Berner, R. A. (2001) Science, 292, 2310-2313.
Sandgren, C. D., Hall, S. A. and Barlow, S. B. (1996) J. Phycol., 32, 675-692.

Schmitt, A.-D., Stille, P. and Vennemann, T.（2003）Geochim. Cosmochim Acta, 67, 2607-2614.
Shaviv, N. and Veizer, J.（2003）GSA Today, 13, 4-10.
Siever, R.（1992）Geochim. Cosmochim. Acta, 56, 3265-3272.
Stanley, S. M., and Hardie, L. A.（1998）Palaeogeogr. Palaeoclimatol. Palaeoecol., 144, 3-19.
Stanley, S. M. and Hardie, L. A.（1999）GSA Today, 9, 1-7.
Stanley, S. M., Ries, J. B. and Hardie, L. A.（2005）Geology, 33, 593-596.
Steuber, T. and Buhl, D.（2006）Geochim. Cosmochim. Acta, 70, 5507-5521.
Svensmark, H.（2006）Astron. Nachrichten, 327, 866-870.
Svensmark, H.（2007）A&G, 48, 118-124.
Takashima, R., Nishi, H., Huber, B. T. and Leckie, M.（2006）Oceanogr., 19, 82-92.
Veizer, J.（1989）Ann. Rev. Earth Planet. Sci., 17, 141-167.
Veizer, J., Ala, D., Azmy, K., Bruckschen, P., Buhl, D., Bruhn, F., Carden, G. A. F., Diener, A., Ebneth, S., Godderis, Y., Jasper, T., Korte, C., Pawellek, F., Podlaha, O. G. and Strauss, H.（1999）Chemical Geology, 161, 59-88.
von Allmen, K., Nagler, T. F., Pettke, T., Hippler, D., Griesshaber, E., Logan, A., Eisenhauer, A. and Samankassou, E.（2010）Chemical Geology, 269, 210-219.
Von Damm, K. L., Edmond, J. M., Measures, C. I., Walden, B. and Weiss, R. F.（1985a）Geochim. Cosmochim. Acta, 49, 2197-2220.
Von Damm, K. L., Edmond, J. M., and Grant, B.（1985b）Geochim. Cosmochim. Acta, 49, 2221-2237.
Von Damm, K. L. and Bischoff, J. L.（1987）J. Geophys. Res., 92, 11334-11346.
Walker, J. C. G. and Lohmann, K. C.（1989）Geophys. Res. Lett., 16, 323-326.
Wallmann, K.（2001）Geochim. Cosmochim. Acta, 65, 2469-2485.
Yates, K. K. and Robbins, L. L.（2001）In: Geological Perspectives of Global Climate Change. Gerhard, L.C., Harrison, W.E. and Hanson, B. M., eds., AAPG, 267-283..
Zang, W.-L.（2007）Precam. Res., 156, 107-124.
Zhu, P. and Macdougall, J. D.（1998）Geochim. Cosmochim. Acta, 62, 1691-1698.

● 8. 人間圏の成立と現代・近未来環境の行方
赤沢 威・南川雅男（1989）新しい研究法は考古学になにをもたらしたか．田中 琢・佐原 眞編集，クバプロ，130-143.
Anthony, K. R., Kline, D. I., Diaz-Pulido, G., Dove, S. and Hoegh-Guldberg, O.（2008）Proc. Natl. Acad. Sci., 105, 17442-17446.
青森県（2002）青森県史別編，三内丸山遺跡．501p.
青森県教育委員会（2002）特別史跡，三内丸山遺跡，年報 5，50p.
Araoka, D., Inoue, M., Suzuki, A., Yokoyama, Y., Edwards, R. L., Cheng, H., Matsuzaki, H., Kan, H., Shikazono, N. and Kawahata, H.（2010）Geochem. Geophys. Geosys., 11, Q06014, doi: 10.1029/2009GC002893.
Berger, A. and Loutre, M. F.（2002）Science, 297, 1287-1288.
Broecker, W. S. and Stocker, T. F.（2006）EOS, 87, 27.
Carey, S., Sigurdsson, H., Mandeville, C. and Bronto, S.（2000）Geol. Soc. Amer. Spec. Pap., 345, 1-14.
Clarke, B. and King, J.（2004）The Atlas of Water: Mapping the world's most critical resource. Earthscan.
Cobb, K. M., Charles, C. D., Cheng, H. and Eswards, R. L.（2003）Nature, 424, 271-276.
Degens, E. T. and Ross, D. A.（1972）Chemical Geology, 10, 1-16.
deMenocal, P. B.（2001）Science, 292, 667-673.
電力中央研究所編（1998）次世代エネルギー構想—このままでは資源が枯渇する，電力新報社，21.
Edwards, J. D.（1997）Amer. Assoc. Petrol. Geol.（AAPG）Bull., 81, 1292-1305.
EPICA community members（2004）Nature, 429, 623-628.
Habu, J.（2004）Ancient Jomon of Japan. Cambridge University Press, 332p.
Habu, J.（2008）Antiquity, 82, 571-583.

IPCC（Intergovernmental Panel on Climate Change，気候変動に関する政府間パネル）（2001）IPCC 第三次評価報告書．気候変化 2001，統合報告書．30p.
IPCC（Intergovernmental Panel on Climate Change，気候変動に関する政府間パネル）（2007）IPCC 第 4 次評価報告書第一作業部会政策決定物向け要約，25p. Climate Change 2007 Synthesis report, Cambridge University Press.
海部陽介（2005）人類がたどってきた道—"文化の多様化"の起源を探る．NHK ブックス，日本放送出版協会，332p.
菅 浩伸（2009）温暖化と自然災害—世界の六つの現場から．古今書院，155p.
川幡穂高（2008）地質ニュース，641, 17-27.
川幡穂高（2009）地質ニュース，659, 11-20.
Kawahata, H.（2009）JpGU, Abstract, J235-015.
Kawahata, H., Yamamoto, H., Ohkuchi, K., Yokoyama, Y., Kimoto, K., Ohshima, H. and Matsuzaki, H.（2009）Quat. Sci. Rev., 28, 964-974.
川幡穂高（2011）地質ニュース，678, 1-8.
Kitagawa, J. and Yasuda, Y.（2004）Quat. Int., 123-125, 89-103.
鬼頭 宏（2007）人口で見る日本史．PHP，229p.
鬼頭 宏（2010）2100 年，人口 3 分の 1 の日本．メディアファクトリー，228p.
Kleypas, J. A., Buddemeier, R. W., Archer, D., Gattuso, J.-P., CLangdon, C. and Opdyke, B. N.（1999）Science, 284, 118-120.
Kleypas, J. A. and Langdon, C.（2006）In: Coral Reefs and Climate Change: Science and Management, 61, Phinney, J. T., Hoegh-Guldberg, O., Kleypas, J., Skirving, W. and Strong, A., eds., AGU Monograph Series, Coastal and Estuarine Studies, AGU, 73-110.
国土交通省（2010）http://www.mlit.go.jp/tochimizushigen/ mizsei/c_actual/actual03.html.
小山修三（1984）縄文時代—コンピュータ考古学による復元．中公新書，206p.
小山修三・杉藤重信（1984）国立民族学博物館研究報告，9, 1-39.
Kuroyanagi, A., Kawahata, H., Suzuki, A., Fujita, K. and Irie, T.（2009）Marine Micropaleontol., 73, 190-195.
Lambeck, K. and Chappell, J.（2001）Science, 292, 679-686.
Leonard, W. R.（2002）Sci. Amer., 287, 106-115.（日経サイエンス（2003）3 月号，43-52.）
Lomborg, B.（2001）The Skeptical Environmentalist; Measuring the Real State of the World. Cambridge University Press, 540p.（山形浩生訳（2003）環境危機をあおってはいけない—地球環境のホントの実態．文藝春秋，671 p.）
McDougall, I., Brown, F. H. and Fleagle, J. G.（2005）Nature, 433, 733-736.
町田 洋・新井房夫（2003）新編火山灰アトラス—日本列島とその周辺．東京大学出版会，360p.
町田 洋・大場忠道・小野 昭・山崎晴雄・河村善也・百原 新編（2003）第四紀学．朝倉書店，336p.
Maddison, A.（2001）The World Economy: A Millennial Perspective, Development Center of the Oganization for Exonomic Co-operation and Development. OECD.（金森久雄監訳・政治経済研究所訳，経済統計で見る世界経済 2000 年史．柏書房，441p.）
Maeno, F. and Taniguchi, H.（2007）Geophys. Res. Lett., 24, 205-208.
Mann, M. E., Bradley, R. S. and Hughes, M. K.（1999）Geophys. Res. Lett., 26, 759-762.
丸山茂徳（2008）「地球温暖化」論に騙されるな！．講談社，192p.
松井孝典（2005）宇宙生命，そして「人間圏」．ワック出版，229p.
松島義章（2006）貝が語る縄文海進．有隣堂書店，219p.
McCoy, F. W. and Heiken, G.（2000）Geol. Soc. Am., Spec. Pap. 345, 43-70.
Millero, F. J.（1995）Geochim. Cosmochim. Acta, 59, 661-677.
Milton, K.（1993）Sci. Amer., 269, 86-93.（日経サイエンス（1993）10 月号，82-92.）
南川雅男（2001）国立歴史民俗博物館研究報告，86, 333-357.
日本第四紀学会・町田 洋・岩田修二・小野 昭編（2007）地球史が語る近未来の環境．東京大学出版会，274p.
沖 大幹（2003）http://www.kokudokeikaku.go.jp/share/doc_pdf/505.pdf
Orr, J. C., Fabry, V. J., Aumont, O., Bopp, L., Doney, S. C., Feely, R. A., Gnanadesikan, A., Gruber,

N., Ishida, A., Joos, F., Key, R. M., Lindsay, K., Maier-Reimer, E., Matear, R., Monfray, P., Mouchet, A., Najjar, R. G., Plattner, G. K., Rodgers, K. B., Sabine, C. L., Sarmiento, J. L., Schlitzer, R., Slater, R. D., Totterdell, I. J., Weirig, M. F., Yamanaka, Y. and Yool, A.（2005）Nature, 437, 681-686.
Raven, J., Caldeira, K., Elderfield, H., Hoegh-Guldberg, O., Liss, P., Riebesell, U., Shepherd, J., Turley, C. and Watson, A.（2005）Ocean acidification due to increasing atmospheric carbon dioxide. Policy Document 12/05, Royal Society, London.
Ryman, W. and Pitman, W.（1999）Noah's Flood. Simon & Schuster Publisher, 319p.（川上紳一・戸田裕之訳（2003）ノアの洪水．集英社，336p.）
佐々木高明（1991）日本史誕生．集英社，366p.
佐藤恒夫・細矢治夫（1998）基礎物理化学問題の解き方．東京化学同人，368p.
Sigurdsson, H., Carey, S., Alexandri, M., Vougioukalakis, G., Croff, K., Roman, C., Sakellariou, D., Anagnostou, C., Rousakis, G., Ioakim, C., Gogou, A., Ballas, D., Misaridis, T. and Nomiou, P.（2006）EOS, 87, 337-339.
総務省統計研修所（2007）日本の統計2007年版.
Suzuki, A., Yokoyama, Y., Kanda, H., Minoshima, K., Matsuzaki, H., Hamanaka, N. and Kawahata, H.（2008）Quaternary Geochronology, 3, 226-234.
辻 誠一郎・宮地直道・吉川昌伸（1983）第四紀研究，21，301-313.
辻 誠一郎（1995）三内丸山遺跡IV．青森県，205p.
U. S. Census Bureau（2010）http://www.census.gov/
Van Andel, T. H.（1981）Tales of an Old Ocean. W. H. Freeman, 186p.（水野篤行・川幡穂高訳（1994）海の自然史．築地書館，263p.）
Watanabe, T., Suzuki, A., Kawashima, T., Minobe, S., Kameo, K., Minoshima, K., Aguilar, Y. M., Wani, R., Kawahata, H. and Kase, T.（2011）Nature, 471, 209-211.
Weiss, H., Courty, M. A., Wetterstorm, W., Guichard, F., Seinor, L., Meadow, R. and Curnow, A.（1993）Science, 261, 995-1004.
White, T. D., Asfaw, B., Beyene, Y., Haile-Selassie, Y., Lovejoy, C. O., Suwa, G. and WoldeGabriel, G.（2009）Science, 326, 75-86.
Wicsner, M. G., Wang, Y. and Zheng, L.（1995）Geology, 23, 885-888.
Winchester, S.（2003）Krakatoa; The day the world exploded, Sterling Lord Literistic.（柴田裕之訳（2004）クラカトアの大噴火―世界の歴史を動かした火山．早川書房，466p.）
安田喜憲（2004a）文明の環境史観．中央公論社，347p.
安田喜憲（2004b）気候変動の文明史．NTT出版，265p.
Yasuda, Y., Fujiki, T., Nasu, H., Kato, M., Morita, Y., Mori, Y., Kanehara, M., Toyama, S., Yano, A., Okuno, M., Jiejun, H., Ishihara, S., Kitagawa, H., Fukusawa, H. and Naruse, T.（2004）Quat. Int., 123-125, 149-158.
吉田明弘（2006）第四紀研究，45，423-434.
Zielinski, G. A., Mayewsky, P. A., Meeker, L. D., Shitlow, S. and Twickler, M. S.（1996）Quat. Res., 45, 109-118.

●見返し・巻末図
Barnes, C., Hallam, A., Kaljo, D., Kauffman, E. G. and Walliser, O. H.（1995）In: Global Events and Event Stratigraphy in the Phanerozoic. Walliser, O. H., ed., Springer, 319-333.
Bluth, G. J. S. and Kump, L. R.（1991）Amer. J. Sci., 291, 284-308.
Burke, W. H., Denison, R. E., Hetherington, E. A., Koepick, R. B., Nelson, H. F. and Otto, J. B.（1982）Geology, 10, 516-519.
Frakes, L. A.（1979）Climates throughout Geologic Time. Elsevier, 310p.
Frakes, L. A., Francis, J. E. and Syktus, J. I.,（1992）Climate modes of the Phanerozoic. Cambridge University Press, 274p.
Hallam, A.（1984）Ann. Rev. Earth Planet. Sci., 12, 205-243.
Hallam, A.（1992）Phanerozoic Sea-level Changes. Columbia University Press, 266p.
Holser, W. T.（1984）In: Patterns of Change in Earth Evolution. Holland, H. D. and Trendall, A.

F., eds., Springer, 123-143.
Holser, W. T. and Magaritz, M.（1987）Modern Geology, 11, 155-180.
International Commission on Stratigraphy（2009）International Stratigraphic Chart（http://www.stratigraphy.org/upload/ISChart2009.pdf）
川幡穂高（1998）地質学論集，49, 185-198.
Keto, L. S. and Jacobsen, S. B.（1987）Earth Planet. Sci. Lett., 84, 27-41.
Kump, L. R.（1989）Amer. J. Sci., 289, 390-410.
Maruyama, S.（1994）J. Geol. Soc. Jpn, 100, 24-49.
Morrow, J. R., Schindler, E. and Walliser, O. H.（1995）In: Global Events and Event Stratigraphy in the Phanerozoic. Walliser, O. H., ed., Springer, 53-61.
日本古生物学会編（2010）古生物学事典 第2版．朝倉書店，584p.
Sepkoski, J. J. Jr.（1995）In: Global Events and Event Stratigraphy in the Phanerozoic. Walliser, O. H., ed., Springer, 35-51.
Tissot, B.（1979）Nature, 277, 463-465.
Weissert, H.（1989）Cretaceous Survey in Geophysics, 10, 1-61.

索引

ア行

アイソクロン 31, 36
アイソスタシー 6, 165, 183
赤潮 123, 159
アカントステガ 97
亜間氷期 187
秋吉帯 101
アクリターク 214
アジアモンスーン 165, 179, 189, 193
アパタイト 48, 172
亜氷期 187
アミノ酸 46
アラスカ循環 169
アラレ石 35, 83, 194, 226, 231, 255
アルカリ度 134
アルカリポンプ 155, 198
アルケノン 35
アルゴマ型縞状鉄鉱床 41, 57
アルベド 20, 23, 128, 183
アレレード温暖期 187, 201
安定同位体 32
アンモナイト 25, 94, 116, 119
イアペトゥス海 73, 83, 88
硫黄 224
——酸化細菌 50
——同位体比 52, 61, 224
維管束植物 87
イクチオステガ 97
イスア 41, 42, 57
一次生産 105, 159, 196
イノセラムス 139
イリジウム 21, 117, 141
イルガーン 39
隠花植物 17
隕石衝突 3, 14, 141

インドネシア多島海 162, 174, 201, 211
ウイルス 15
ウォーカー循環 174
渦鞭毛藻 64, 161
宇宙 12, 21
——塵反射率 21
——線 14, 21, 30, 236
ウマ 172
ウミユリ 94, 101
羽毛恐竜 121
ウラン系列年代 31, 35
エアハイドレート 10
エアロゾル 143
栄養塩 183, 196, 199
エクスポート生産 159, 197
エディアカラ生物群 18, 69
エネルギー 5, 18
——資源 257
——消費量 250
——代謝 241
——輸送 5, 19
襟鞭毛虫類 17
縁海 166
猿人 238
円石藻 20, 116, 122, 124, 161, 256
黄鉄鉱 56, 224
オゾン層 12, 59
オパール 233
オフィオライト 127
オルドヴィス紀 83
温室効果 136
——気体 11, 20, 23, 44, 51, 253
温暖地球 128
女川層 168

カ行

界 24

階 24
海峡形成 146
海溝 6, 8
海水準 7, 11, 20, 100, 169, 182, 219
海水組成 20
灰長石 22
海退 14
海台 3, 128
海氷 146, 155
海綿 18, 77
海洋 9
——酸性化 14, 133, 255
——地殻 5, 41
——無酸素事変(OAE) 122, 132, 135, 216
カオリナイト 151
化学進化 45
顎口類 89
核酸 47
核種 30
核様体 63
花崗岩 6, 40
火山ガス 20, 22, 68, 131
火山灰編年 28
火星 13
化石 24, 26, 45
——燃料 151, 216, 257
仮想水 251
加速器質量分析器(AMS) 33
褐藻類 16
上村事変 113
カラハリマンガン鉱床 69
カルビン・ベンソン回路 17, 48
岩塩 169, 219
環境変化速度 253
完新世 29, 176, 189, 242
乾燥化 3, 14, 109

間氷期　3, 28, 176, 180, 193
カンブリア紀　18, 73
　　――の生命大爆発　73
カンラン石　21
寒冷化　14, 146, 159, 189
期　25
紀　25
鬼界カルデラ　28, 248
気候　176, 200, 219, 236
季節氷　155
基礎代謝量　241
北大西洋深層水(NADW)　9, 183
北太平洋　7
　　――中層水　204
気門　103, 216
逆磁極　26
究極埋蔵量　258
旧赤色砂岩　92
暁新世　149
　　――/始新世境界(P/E境界)　148, 150
共生　121
恐竜　25, 116, 127, 143
棘魚類　89
棘皮動物　74
巨大火成岩区(LIPs)　129, 138
魚類　25, 85, 94
銀河　236
金星　13
菌類　15
クジラ類　161
雲　52, 236
クラカトア火山　248
クリプト植物　122
グリーンタフ　167
グリーンランド　11, 202
クレーター　142
黒鉱　167
黒潮　204, 210
クロロフィル　54, 65
クロン　27
系　24
ケイ酸塩　22, 160
ケイ質鞭毛藻　151
珪藻　123, 159, 234
ケロジェン　132, 213
原核生物　15, 63

顕花植物　17
原索動物　81
原始大気　42
原子力　257
原生生物　16
顕生代　3
原生代　39
玄武岩　5
高緯度域　4, 176, 200
高栄養塩低生物生産(HNLC)　196
好塩菌　17
光学異性体　46
光合成　13, 17, 65, 213
　　――細菌　54, 65
硬骨魚類　91
黄砂　194
好酸菌　17
紅色硫黄細菌　48
更新世　176
洪水玄武岩　14, 164
硬石膏　59
紅藻類　16, 63, 122
好熱菌　17
酵母菌　16
高マグネシウム方解石　36
黒色頁岩　131, 135, 221, 231
古細菌　15, 49
古生代　25, 72
古第三紀　146, 149
古地磁気編年　26
黒海　242
古テチス海　83, 88, 100, 108, 115
コノドント　111, 117
コルディレラ氷床　181
昆虫　91, 102, 216
ゴンドワナ大陸　73, 83, 92, 100, 117, 126, 146

サ行

歳差運動　21, 177
最終氷期　29
　　――最盛期(LGM)　11, 180
細胞核　16, 62
細胞内共生　65, 214
砂漠化　14, 109
サブシステム　1, 5

サメ　90
左右相称動物　18, 77
酸化還元電位　43
産業革命　3, 250
サンゴ　20, 35, 65, 84, 94, 101, 255
三畳紀/ジュラ紀境界(T/J境界)　117
酸素　13, 58, 213
　　――還元　19
　　――同位体層序編年　28
サントリーニ火山　248
三内丸山遺跡　244
三胚葉　18
三葉虫　25, 73, 78, 84, 94
残留磁化強度　28
シアノバクテリア　48, 55, 65, 122, 137, 213, 226
紫外線　12, 61
四肢動物　81, 96, 109
始新世　149, 153
　　――初期気候最適期(EECO)　148
　　――/漸新世境界(E/O境界)　148, 155
始生代　39, 51
始祖鳥　119
シダ植物　95, 101
磁鉄鉱　26, 57
シネコッカス　56
ジブラルタル海峡　169
シベリア大陸　73, 83, 88, 92
刺胞動物　18, 74, 77
縞状鉄鉱床(BIF)　57, 69
ジャックヒルズ変成岩　39
ジャワ原人　239
周期的な変動　3
獣弓類　106
重晶石　225
重心　8, 259
従属栄養生物　50, 64
重炭酸イオン　21, 222
収斂現象　71
種子植物　17
受精卵　17
ジュラ紀　118
主竜類　108, 119
硝酸イオン　19
硝酸還元　19

索引――285

蒸発岩　59, 109, 118, 169, 219, 224
小氷期　246
縄文海進　244
縄文時代　244
初期進化　45
植物　17, 84, 87, 94, 109
食物連鎖　64, 105, 124
食料自給率　253
シリカ　18, 40, 233
ジルコン　39, 42, 112
シルル紀　88
真核生物　15, 50, 62
進化系統樹　238
人口　244, 252
真正細菌　15, 50, 55
新生代　25, 146
新赤色砂岩　109
深層水　135, 183, 216
新第三紀　146, 162
針葉樹　109, 145
人類　2, 14, 176
水圏　1, 8
水蒸気　10, 20
水平移動　65
水力　257
数値年代　25
スターチアン氷河期　67
ステラン　62
ストロマトライト　55
スノーボールアース　68
スーパープルーム　3, 83, 105, 114, 129, 132, 220, 230
スペクトル解析　29, 184, 193
スペリオル型縞状鉄鉱床　57
世　25
生痕化石　71, 72, 91
正磁極　26
成層圏　12, 59
生存エネルギー　19
生態系　13, 51
生物起源オパール　124, 154
生物起源炭酸塩　14, 134, 228, 255
生物圏　1, 13
生物硬化作用　226, 231
生物種　14
生物多様性　3, 221
生物ポンプ　144, 198

生命の誕生　14, 45
脊索動物　18, 81
石筍　189, 203
赤色砂岩　56, 92, 109, 115, 214
石炭　103, 221, 251, 257
　——紀　99
脊椎動物　74, 81
赤鉄鉱　57, 92, 109
石油　132, 168, 221, 251, 257
石灰化　255
石膏　169, 219
節足動物　18, 74, 102
セルロース　95, 103
遷移金属　217
閃ウラン鉱　56
先カンブリア時代　39
　——とカンブリア紀との境界（Pc/C境界）　26, 72
全球凍結　23, 67, 215
鮮新世　162, 174
漸新世　149
　——後期温暖期　149
　——/中新世境界（O/M境界）　149, 163
全頭亜綱　90
繊毛虫　64
総鰭類　97
双子葉植物　17, 174
相対年代　24
草本　17, 160
藻類　15, 48, 65, 121, 226

タ行
代　25
大気圏　1, 12
大気組成　12, 20
大西洋　9
堆積速度　31
太平洋　10, 204
タイムスケール　5
太陽風　237
太陽放射熱量　21
第四紀　3, 146, 176
大陸　3
　——性気候　109, 115
　——地殻　6, 40, 42
　——配置　5, 146, 290
対流圏　12

滞留時間　3
大量絶滅　14, 99, 110, 117, 143, 220, 223, 255
多細胞生物　18, 63
タスマン海峡　147, 158
多足類　91, 102
炭化水素鉱床　168
単弓類　106
単細胞生物　52
炭酸塩　14, 18, 21, 79, 125, 153, 157, 179, 194, 215, 225, 255
　——補償深度（CCD）　125, 152, 157, 196
単子葉植物　17, 174
ダンスガード・オシュガーサイクル（D-Oサイクル）　191, 202, 208
炭素埋没率　217
タンパク質　46
タンボラ山噴火　246
地殻　6
地球温暖化問題　253
地球外物質　21
地球公転軌道　21, 177
地球磁場　26
地球の容量の限界　258
地圏　1, 5
地軸の傾き　21, 177
地質災害　248
地質年代編年　26
地層　24
チタン磁鉄鉱　26
地中海　12, 169
チベット高原　8, 164
チャップマン機構　60
中央海嶺　6, 51, 147
中間圏　12
中新世　162
　——中期気候最適期　149, 163
中世温暖期　246
中世極大期　246
中生代　25, 115
　——/新生代境界（K/Pg境界）　3, 140
鳥綱　81, 119
長江文明　246
超新星爆発　14, 39

超大陸　3, 8, 109
超氷河時代　67
鳥類　146, 216
チョーク　122, 232
直立二足歩行　238
月　9
津波災害　250
低緯度域　178, 200
定常解　23
底生有孔虫　140, 148, 151, 183
低層水　10, 148
デヴォン紀　92
テクタイト　142
テチス海　162
鉄還元　19
鉄酸化物　19
天然ガス　132, 257
天文学的な年代　29
統　24
同位体比層序年代　30
島弧　8
動物　17, 91
独立栄養細菌　50
都市文明　243
土壌　3, 21, 95
トバ火山　249
トリウム系列　35
ドレイク海峡　147, 159

ナ行

ナノプランクトン　56
鉛同位体比　137
ナメクジウオ　81
南極　11, 146, 158, 202
　——海低層水（AABW）　10, 196
　——周極流　159, 221
軟骨魚類　90
軟体動物　18, 74
軟体部　76
肉鰭類　97
西太平洋　204
　——暖水塊　175
二畳紀　108
日本海　166, 206
人間圏　1, 238
ヌクレオチド　47
ヌブアキトゥック緑色岩帯　41

ネアンデルタール人　240
熱塩循環　9
熱エンジン　200, 210
熱圏　12
熱収支　23, 68
熱水鉱床　69
熱水地帯　48, 51
熱水包有物　52
熱帯雨林　105
熱帯収束帯（ITCZ）　202
熱容量　8
年　25
粘菌　15
年代　24, 25
脳　238, 241
農耕　243

ハ行

バイオマーカー　46, 53, 137
バイオマス　14
ハインリッヒイベント　191
白亜紀　30, 126
　——/第三紀境界　14, 141
バクテリオクロロフィル　55, 65
バージェス頁岩　76
バージェス動物群　76
パスツール点　58
爬虫綱　81
爬虫類　25, 102, 106, 116, 127
発酵　64
ハドレー循環　92
パナマ海峡　169, 175
パノティア大陸　73
バルティカ大陸　73, 83, 88
バロクリニック　207
パンゲア超大陸　8, 93, 100, 108, 115, 126, 146
半減期　30, 35
板鰓亜綱　90
パンサラッサ海　73, 83, 88, 92, 100, 108
反射率　20
繁殖エネルギー　19
板皮類　86, 89
ピコプランクトン　56
被子植物　17, 127, 145, 150
菱鉄鉱　44, 56
微生物　15

ピナツボ火山　248
ヒマラヤ山脈　8, 164
ヒューロニアン氷河期　63, 67
氷河　11
　——化　146, 148
氷期　3, 28, 176, 180, 193
氷源漂流砕屑物（IRD）　155, 174, 191, 205
氷室地球　156
氷床　10, 23, 84, 148, 160, 178, 180, 221
　——コア　11, 184, 202
表層海水温（SST）　212
氷帽　11, 155
表面電離型質量分析計（TIMS）　37
ピルバラ　41
不安定解　23
フィードバック　20, 22, 159
封印木　102
風化　21, 160, 166
風送塵　153, 179, 185, 193, 199
フェレル循環　92
不可逆変化　3
物質循環　5, 19, 193
不等毛藻　64
腐肉食者　76
浮遊性有孔虫　125, 140, 151
ブラックスモーカー　51
プラントオパール　160
ブルーム　123, 137, 159
プレート　3, 6
　——テクトニクス　3
プロクロロコッカス　56
フロン類　1, 20, 253
分子進化速度　80
北京原人　239
ペプチド　47
ベーリング温暖期　187, 201
ベーリング海峡　169
ペルム紀　108
　——/三畳紀境界（P/T境界）　110, 115
ベレムナイト　121
扁形動物　18
変質（二次）鉱物　41
偏西風　194

鞭毛藻　235
貿易風　198
方解石　83, 194, 226, 231
放散虫　234
帽子状炭酸塩　66
胞子植物　17
放射性炭素年代測定法（^{14}C法）　32
放射性年代編年　30
放射年代　25
ホウ素　226
飽和度　194
北米氷床　155, 181
補償点　171
捕食圧　77
捕食者　76, 77
ボストークコア　184
北極海　155
哺乳綱　81
哺乳類　25, 116, 127, 146
　──型爬虫類　106
ホモエレクトス　239
ホモサピエンス　2, 239
ホモハビリス　239
ホヤ　66, 81
ボンドイベント　189

マ行

マウンダー極小期　246
マリノアン氷河期　67
マンガン還元　19
マンガン酸化物　19
マントル　3, 6, 20, 39, 125, 228
水問題　251
水惑星　8
密度　5
ミトコンドリア　65, 214
ミランコビッチサイクル　21, 176
無顎類　86
無機炭酸イオン　14
無酸素　14, 199, 207
無氷河時代　148, 221
冥王代　39
明和津波　250
メキシコ湾流　175
メソポタミア文明　243, 246
メタン（CH_4）　20, 51, 151

　──生成菌　17, 50, 52
　──ハイドレート　151
　──発酵　19, 52
メッシニアン地中海塩分危機　169
木星　13
模式地　24
モリブデン（Mo）　56, 217

ヤ行

ヤツメウナギ　86
ヤンガードライアス寒冷期　176, 187
有顎類　85
有機炭素　154, 215, 223
　──沈積流量　179, 198
有機物　3, 13, 48, 125, 221
有孔虫　20, 30, 101, 256
有櫛動物　18, 77
融氷期　187, 242
融氷パルス　182
有羊膜類　106
遊離酸素　2, 13, 55, 56, 61, 213
ユーラメリカ大陸　88, 92, 100
溶解ポンプ　198
溶存酸素　19, 134, 205
溶存シリカ　233
溶存無機炭素　222, 255
葉緑素　54
葉緑体　65, 122
翼足類　256

ラ行

裸子植物　17, 109, 116, 145, 221
ラミダス猿人　238
藍藻　16, 55
リグニン　87, 95, 103
離心率　21, 177
リソクライン　196
リボソーム　49
硫酸イオン　19, 224
硫酸還元　19
　──菌　52, 224
両生類　81, 98
緑色硫黄細菌　137
リン灰石　59

リン酸　59, 69, 73, 79, 217
類人猿　238
レイリー分別　29
暦年代　34
レバント地方　242
六放サンゴ　116
ローラシア大陸　118, 126
ローレンシア大陸　73, 83, 88
ローレンタイド氷床　181, 187, 190

ワ

腕足類　25, 74, 94, 222

アルファベット

AABW　10, 196
ATP　50
BIF　57, 69
BP　33
^{14}C法　32
C3植物　17, 48, 160, 171, 222
C4植物　17, 161, 171, 222
Ca同位体比　232
CAM植物　17, 222
CCD　125, 152, 157, 196
CDT　53
CLIMAP　180
DNA　16, 46
D-Oサイクル　191, 202, 208
EECO　148
ENSO　248
E/O境界　148, 155
F/F境界　99, 221
G/L境界　112
HNLC　196
IntCal09　34
IRD　155, 174, 191, 205
ITCZ　202
K/Pg境界　140, 146, 221
K/T境界　140
LGM　11, 180
LIPs　129, 138
Mg/Ca比　148, 231
Mi-1氷河化　149, 163
MIS　27, 28, 180
NADPH　51
NADW　9, 183
OAE　122, 132, 135, 216
Oi-1氷河化　148, 155, 163

OIS　28
Os 同位体比　165
PAL　58
^{210}Pb 法　31
Pc/C 境界　72
PDB 標準物質　121
P/E 境界　148, 150

PETM　150, 155
P/T 境界　110, 115, 221
RNA　46
RubisCO　18
SPECMAP　29, 179
Sr 同位体比　165, 229
^{87}Sr/^{86}Sr　30, 38, 83, 166, 229

T/J 境界　117, 221
δ^{13}C　14, 30, 48, 66, 113, 150, 223
δ^{18}O　27, 28, 150, 179, 227
δ^{34}S　30, 53, 224
δD　28, 183
μ 粒子　236

大陸配置図

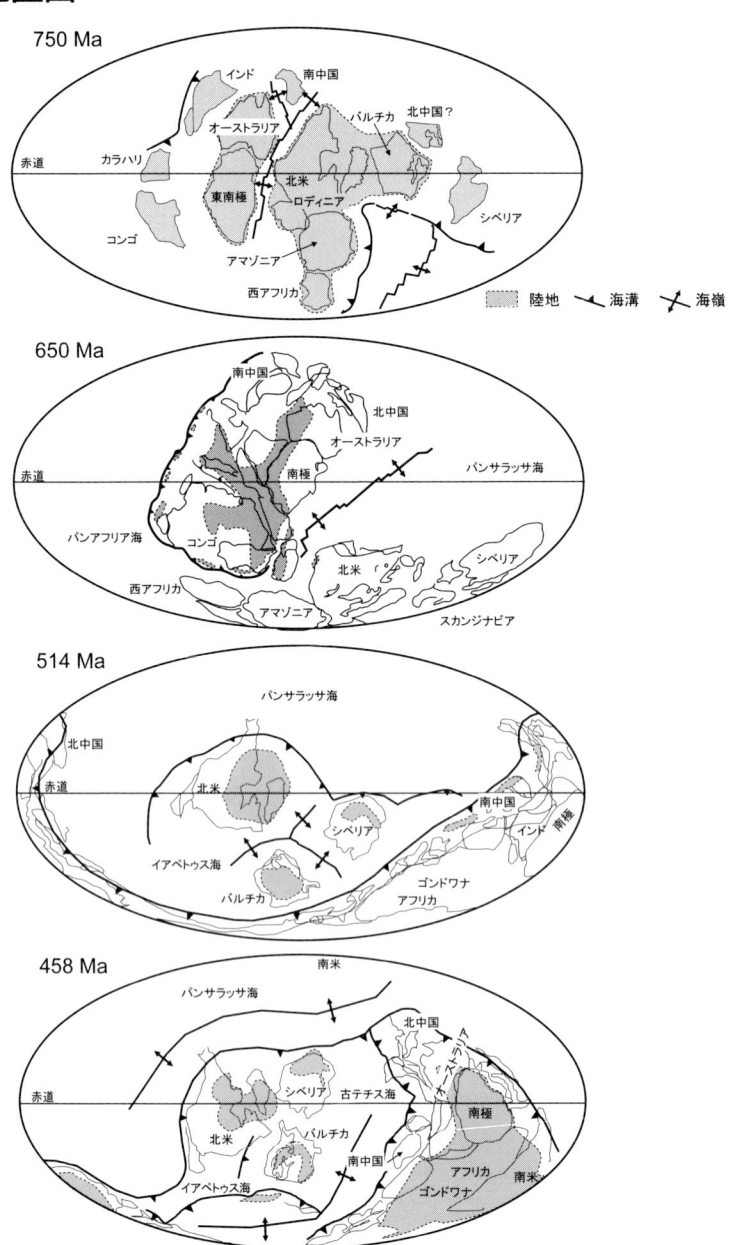

750 Ma

650 Ma

514 Ma

458 Ma

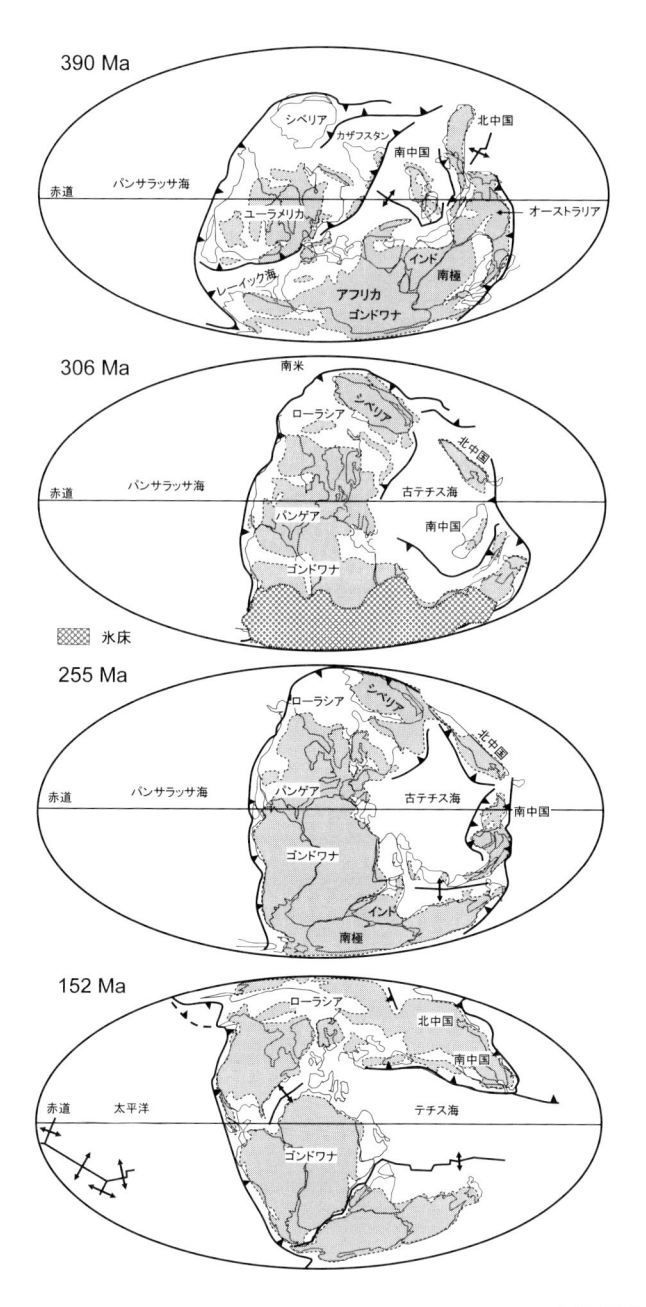

大陸配置図 ―― 291

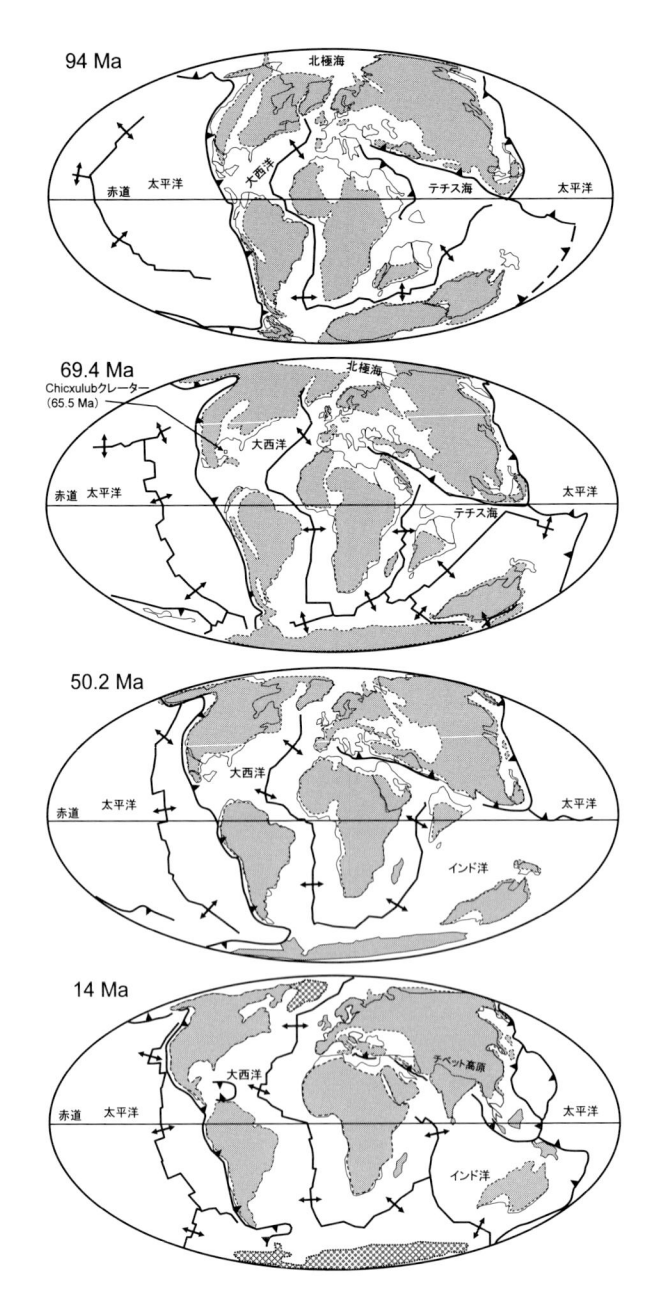

94 Ma
北極海
大西洋
赤道 太平洋 テチス海 太平洋

69.4 Ma
Chicxulubクレーター
(65.5 Ma)
北極海
大西洋
赤道 太平洋
テチス海 太平洋

50.2 Ma
大西洋
赤道 太平洋 太平洋
インド洋

14 Ma
チベット高原
大西洋
赤道 太平洋 太平洋
インド洋

(日本古生物学会,2010)

著者略歴

川幡穂高（かわはた ほだか）
- 1955 年　横浜市に生まれる
- 1978 年　東京大学理学部化学科卒業
- 1984 年　東京大学大学院理学系研究科博士課程地質学専攻修了
  - 工業技術院地質調査所，トロント大学，東北大学大学院連携講座，（独）産業技術総合研究所などを経て
- 2005 年　東京大学海洋研究所教授
- 現　在　東京大学大気海洋研究所教授，理学博士
- 著　書　『海の自然史』（ファン・アンデル著・共訳, 1994 年，築地書館）
  Global Environmental Change in the Ocean and on Land （Shiyomi, M., Kawahata, H., Koizumi, H., Tsuda, A. and Awaya, Y., eds., 2004, TERRAPUB）
  Global Climate Change and Response of Carbon Cycle in the Equatorial Pacific and Indian Oceans and Adjacent Landmasses（Kawahata, H. and Awaya, Y., eds., 2006, Elsevier）
  『海洋地球環境学――生物地球化学循環から読む』（2008 年，東京大学出版会）

地球表層環境の進化――先カンブリア時代から近未来まで

2011 年 7 月 28 日　初版発行

検印廃止

著　者　川幡穂高

発行所　財団法人　東京大学出版会

代表者　渡辺　浩

113-8654 東京都文京区本郷 7-3-1
電話 03-3811-8814　FAX 03-3812-6958
振替 00160-6-59964

印刷所　新日本印刷株式会社
製本所　株式会社島崎製本

©2011 Hodaka Kawahata
ISBN 978-4-13-062720-7　Printed in Japan

R〈日本複写権センター委託出版物〉
本書の全部または一部を無断で複写複製（コピー）することは，著作権法上での例外を除き，禁じられています．本書からの複写を希望される場合は，日本複写権センター（03-3401-2382）にご連絡ください．

川幡穂高
海洋地球環境学 生物地球化学循環から読む　　　A5 判 286 頁 / 3600 円

堀越 叡
地殻進化学　　　A5 判 360 頁 / 6400 円

熊澤峰夫・伊藤孝士・吉田茂生 編
全地球史解読　　　A5 判 560 頁 / 7400 円

池谷仙之・北里 洋
地球生物学 地球と生命の進化　　　A5 判 240 頁 / 3000 円

東京大学地球惑星システム科学講座 編
進化する地球惑星システム　　　4/6 判 256 頁 / 2500 円

川上紳一
縞々学 リズムから地球史に迫る　　　4/6 判 290 頁 / 3000 円

日本第四紀学会・町田 洋・岩田修二・小野 昭 編
地球史が語る近未来の環境　　　4/6 判 274 頁 / 2400 円

鹿園直建
地球惑星システム科学入門　　　A5 判 242 頁 / 2800 円

鹿園直建
地球システム環境化学　　　A5 判 278 頁 / 5400 円

酒井 均・松久幸敬
安定同位体地球化学　　　A5 判 420 頁 / 6700 円

ここに表示された価格は本体価格です．ご購入の
際には消費税が加算されますのでご諒承ください．

地質年代表

累代／累界	代／界	紀／系	世／統	期／階	絶対年代 (Ma)
顕生累代	新生代	第四紀	完新世		0.0117
			更新世	Upper	0.126
				"Ionian"	0.781
				Calabrian	1.806
				Gelasian	2.588
		新第三紀	鮮新世	Piacenzian	3.600
				Zanclean	5.332
			中新世	Messinian	7.246
				Tortonian	11.608
				Serravallian	13.82
				Langhian	15.97
				Burdigalian	20.43
				Aquitanian	23.03
		古第三紀	漸新世	Chattian	28.4 ±0.1
				Rupelian	33.9 ±0.1
			始新世	Priabonian	37.2 ±0.1
				Bartonian	40.4 ±0.2
				Lutetian	48.6 ±0.2
				Ypresian	55.8 ±0.2
			暁新世	Thanetian	58.7 ±0.2
				Selandian	~ 61.1
				Danian	65.5 ±0.3
	中生代	白亜紀	後期	Maastrichtian	70.6 ±0.6
				Campanian	83.5 ±0.7
				Santonian	85.8 ±0.7
				Coniacian	~ 88.6
				Turonian	93.6 ±0.8
				Cenomanian	99.6 ±0.9
			前期	Albian	112.0 ±1.0
				Aptian	125.0 ±1.0
				Barremian	130.0 ±1.5
				Hauterivian	~ 133.9
				Valanginian	140.2 ±3.0
				Berriasian	145.5 ±4.0

累代／累界	代／界	紀／系	世／統	期／階	絶対年代 (Ma)
顕生累代	中生代	ジュラ紀	後期	Tithonian	145.5 ±4.0
				Kimmeridgian	150.8 ±4.0
				Oxfordian	~ 155.6
			中期	Callovian	161.2 ±4.0
				Bathonian	164.7 ±4.0
				Bajocian	167.7 ±3.5
				Aalenian	171.6 ±3.0
			前期	Toarcian	175.6 ±2.0
				Pliensbachian	183.0 ±1.5
				Sinemurian	189.6 ±1.5
				Hettangian	196.5 ±1.0
		三畳紀	後期	Rhaetian	199.6 ±0.6
				Norian	203.6 ±1.5
				Carnian	216.5 ±2.0
			中期	Ladinian	~ 228.7
				Anisian	237.0 ±2.0
			前期	Olenekian	~ 245.9
				Induan	~ 249.5
	古生代	ペルム紀	Lopingian	Changhsingian	251.0 ±0.4
				Wuchiapingian	253.8 ±0.7
			Guadalupian	Capitanian	260.4 ±0.7
				Wordian	265.8 ±0.7
				Roadian	268.0 ±0.7
			Cisuralian	Kungurian	270.6 ±0.7
				Artinskian	275.6 ±0.7
				Sakmarian	284.4 ±0.7
				Asselian	294.6 ±0.8
		石炭紀	Pennsylvanian	Upper / Gzhelian	299.0 ±0.8
				Kasimovian	303.4 ±0.9
				Middle / Moscovian	307.2 ±1.0
				Lower / Bashkirian	311.7 ±1.1
			Mississippian	Upper / Serpukhovian	318.1 ±1.3
				Middle / Visean	328.3 ±1.6
				Lower / Tournaisian	345.3 ±2.1
					359.2 ±2.5